黄河水利委员会治黄著作出版资金资助出版图书

水文气象学分类及其在黄河治理中的应用

高治定　宋伟华　李保国
盖永岗　许明一　编著

黄 河 水 利 出 版 社
·郑 州·

内 容 提 要

近60多年来,结合治黄工作需要,黄河水利委员会开展了大量的水文气象应用研究工作。通过梳理水文气象研究成果,按其研究目标、分析方法、内容及应用特点,并参照国内外水文气象学发展,将水文气象学科再分类为水文气象预报、水文气象规律分析及水文气象计算三个分支。本书共11章,分别介绍了各分支的应用实例,并从不同层次与角度对其特点进行了评述,以期促进水文气象学及各分支学科进一步发展。

图书在版编目(CIP)数据

水文气象学分类及其在黄河治理中的应用/高治定等编著.—郑州:黄河水利出版社,2017.5
ISBN 978-7-5509-1772-9

Ⅰ.①水… Ⅱ.①高… Ⅲ.①黄河-河道整治-水文气象学-研究 Ⅳ.①TV882.1

中国版本图书馆CIP数据核字(2017)第133588号

组稿编辑:崔潇菡 电话:0371-66023343 E-mail:cuixiaohan815@163.com

出 版 社:黄河水利出版社
地址:河南省郑州市顺河路黄委会综合楼14层 邮政编码:450003
发行单位:黄河水利出版社
发行部电话:0371-66026940、66020550、66028024、66022620(传真)
E-mail:hhslcbs@126.com
承印单位:河南承创印务有限公司
开本:787 mm×1 092 mm 1/16
印张:19.25
字数:445千字 印数:1—1 000
版次:2017年5月第1版 印次:2017年5月第1次印刷

定价:98.00元

前　言

水文气象学是应用气象学、水文学的原理与方法，研究与水文要素演变有关的各种现象（自然条件、概化条件）的发生、发展（包含预测）及分布规律的一门科学。陆地与大气的水量平衡、热量平衡是水文气象学的原理基础。水文气象学主要研究大气与下垫面的水分与热量交换，降水、蒸发、温度、湿度、风等的变化规律与水文要素变化和水循环之间的关系以及水文状况变化的气象效应等。它是气象学与水文学之间的边缘学科，既是现代水文学中最富有生机的分支学科，又是应用气象学的重要组成部分。其研究成果主要运用于江河、湖、库的防洪（防凌、防风浪）、兴利、水资源调度、水环境管理、江河流域治理规划及水利水电工程的规划、设计、管理与运用。

目前，就如何理解水文气象学的基本概念与内容，认识上仍存在一定差别。首先，现今海洋水文气象学应用发展比较快，已成为与传统水文气象学并列的一门分支学科。另外，还有人提出空中水文气象学的新概念。随着社会经济发展，科学技术水平进一步提高，还可能出现其他的水文气象学分支学科。本著作仅限定在传统水文气象学范畴内，通过了解该学科在国内外的发展过程，利用黄河水利委员会近60年来在开展传统水文气象学应用方面所取得的一批实用成果认为，传统水文气象学在概念、内容和应用方面与目前一些流行看法相比，有所扩展，将传统水文气象学应用内容再分为水文气象预报、水文气象规律分析与水文气象计算三个分支。

三个分支的基本含义与内容如下：

（1）水文气象预报。

基本含义：利用实测气象、水文信息资料，主要依据气象学方法，来预报所需测站（或流域区间）的不同预见期（短期、中期、长期）的气象信息（降水、气温等），供水利部门使用。

内容特点：它主要基于气象预报发展的基础，利用可取用的气象预报成果，通过现有气象预报所依据的信息、技术，充分结合水利部门生产需要，开展相应水文气象预报业务。水文气象预报与单纯的气象预报的区别在于：其一是根据水文预报的需求，选择相应的气象预报内容；其二是预报的区域由行政区划及相应站点，改变为流域区划和相应水文控制站点；其三是根据水文预报所需时效不同，分为短期预报、中期预报和长期预报，提供不同预见期的有关气象因子，一般有降水、气温等，在长期预报业务中，也有直接利用气象因子（包含天文因子），以及和水文因子相结合的方法预报降水、气温等，也有绕过降水，直接提供需要的洪水、径流预报。

（2）水文气象规律分析。

基本含义：利用实测、历史气象、水文气象信息（包括旱情、涝情、灾情等），分析归纳有关水文及相关气象现象的演变规律，其成果可直接或间接为其他两分类研究提供参考。

主要内容：实测、历史暴雨演变规律研究；洪水分期性、两类特大洪水不遭遇性、古洪水取样时段的气候一致性等研究；黄河、淮河、海河及我国大区非常暴雨分类研究；历史年径流系列建立与演变规律研究；水文情势与气候变化相互关系研究；气温对河道凌汛规律影响研究等。

(3)水文气象计算。

基本含义:利用流域内(或邻近区域)实测与历史的气象、水文信息,采用气象成因与统计相结合等分析计算,为大型水利水电工程规划设计提供一定时段的可能最大降水量,统计、分析流域内代表系列气候特征,以及开展一些有关水文计算直接所需的专题研究。

主要内容:根据需要及分析内容与计算方法区别,现主要有两种定量计算指标:其一,用于流域防洪,包括大型水库工程设计洪水计算需要,开展的一定时段内、控制区间可能最大暴雨计算。这项研究是在现有气象一致区实测、历史特大暴雨洪水定性、定量分析计算基础上,利用统计与成因相结合、水文与气象相结合,以及区域综合分析计算,计算区域可能最大暴雨;其二,控制站或区间代表系列气候特征统计计算,为相应工作区域水利规划和相应水利工程提供气候统计指标计算成果。另外,结合工程水文计算一些特定问题,开展相应水文气象专题研究,也归于该分支学科内容。

本著作第 1 章概要地介绍了国内外传统水文气象学情况,并着重将黄河水利委员会水文局(原水文处)、黄河勘测规划设计有限公司(原水利部黄河水利委员会勘测规划设计研究院)近 60 年来在水文气象应用发展情况作概要介绍。第 2 章则在以上内容基础上,就水文气象学再分类的基本概念与内容作简要介绍。第 3 章、第 4 章分别介绍了黄河水利委员会水文局一些典型短期、中长期水文气象预报方法。第 5 ~ 10 章较全面、详细介绍了黄河勘测规划设计有限公司规划院(原黄河勘测规划设计研究院规划处)近 60 年来结合流域规划和大型水利水电工程规划、设计应用需要,在开展水文气象规律分析和水文气象计算两个分类方面所取得的一批成果。其中,第 5 ~ 8 章在水文气象学规律分析方面分六类典型应用实例予以介绍;第 9 章、第 10 章是水文气象学计算三个方面典型应用实例。第 11 章对水文气象学作简要综合评述,包括综合了水文气象学各分类应用的主要经验,初步探讨了现今水文气象学应用中的主要问题及未来发展前景。这样从各分支学科的概念、应用实例和综合评述三个层次,就水文气象学各分支学科的应用目的、方法及成果作了较系统的介绍,说明了水文气象学可再分三类的可能性与必要性,以期对推动水文气象学发展起到积极作用。

多年来,黄河水利委员会水文局和黄河勘测规划设计有限公司在开展水文气象学应用研究工作中,先后得到国家气象局及其气象科学研究所,河南省气象局,河海大学,南京信息工程大学(原南京气象学院),中国科学院大气所、地理所、寒旱所(原冰川冻土所),中国水利科学研究院,河南省等沿黄省(自治区)水利厅、设计院、水文局等单位的支持与帮助。这些研究成果凝聚了黄河水利委员会新老科技工作者的心血和汗水,编著者表示深切的敬意。编著过程中,得到史辅成、王国安、李海荣、张志红、刘红珍、慕平、李伟珮等同志的支持与帮助,在此向他们表示由衷的感谢。另外,本书的水文气象预报部分内容主要参考了黄河水利委员会水文局专家编写的专著,黄河水利委员会水文局水文气象预报专家对本书的编著提出许多宝贵意见,特此致谢。

本书由高治定主笔,宋伟华参与了第5 章、第8 章、第11 章的编写,李保国参与了第1

章、第 6 章、第 7 章的编写，盖永刚参与了第 2 章、第 9 章、第 10 章的编写，许明一参与了第 3 章、第 4 章的编写。

鉴于编著者认识水平有限，文中汇集与总结不当之处，请予指正。

编著者

2017 年 3 月

目　录

第 1 章　国内外水文气象学发展概述

1.1　水文学原理、方法、内容与发展概略综述

概略地看，水文学属于地球科学，研究的是关于地球表面、土壤中、岩石下和大气中水的发生、循环、含量、分布、物理化学特性、影响以及与所有生物之间关系的科学。

1.1.1　水文学的研究对象

水文学的研究对象主要是水体及其循环。地球上现有约 13.9 亿 km^3 的水，它以液态、固态和气态形式分布于地面、地下和大气中，形成河流、湖泊、沼泽、海洋、冰川、积雪、地下水和大气水等水体，构成一个浩瀚的水圈。水圈处于永不停息的运动状态，水圈中各种水体通过冻融、蒸发、水汽输送、降水、地面径流和地下径流等水文过程紧密联系，相互转化，不断更新，形成一个庞大的动态系统。

全球任何一个地区或水体都存在着各具特色的区域水文循环系统，各种时间尺度和空间尺度的水文循环系统彼此联系、制约着，构成了全球水文循环系统。全球每年约有 577 000 km^3 的水参加水文循环。水文循环的内因是水在自然条件下能进行液态、气态和固态三相转换的物理特性，而推动如此巨大水文循环系统的能量，是太阳的辐射能和水在地球引力场所具有的势能。水文循环是自然界最重要的物质循环，它成云致雨，影响着一个地区的气候和生态，塑造地貌和实现地球化学物质的迁移，像链条一样连接着全球的生命，为人类提供不断再生的淡水资源和水能资源。水文循环使我们生活的星球变得生机勃勃。倘若没有水和水文循环，我们的星球会像月球一样，是一幅没有生命，寂静荒漠的图景。水在循环过程中存在和运动的各种形态，如蒸发、降水、河流和湖泊中的水位涨落、冰情变化、冰川进退、地下水的运动和水质变化等，统称为水文现象。

水文现象在各种自然因素和人类活动影响下，在空间分布或时间变化上都显得十分复杂。水文现象的时间变化过程存在着有周期而又不完全重复的性质，一般称为“准周期”性质。例如，潮汐河口的水位存在以半个或一个太阴日为周期的日变化；河流每年出现水量丰沛的汛期和水量较少的枯季；通过长期观测可以看到，河流、湖泊的水量存在着连续丰水年与连续枯水年的交替，表现出多年变化。形成这种周期变化的基本原因，是地球的公转和自转、地球和月球的相对运动，还包括太阳活动，如太阳黑子的周期性运动的影响。它们导致太阳辐射的变化和季节的交替，使水文现象也出现相应的周期变化。当然，水文现象还受众多其他因素的影响，这些因素自身在时间上也不断地变化，并且相互作用和相互影响着。

1.1.2 水文学的研究特点

首先,水文科学把各种水文现象作为一个整体,并把它们同大气圈、岩石圈、生物圈和人类活动对它们的影响结合起来进行研究。例如,在借助水量平衡方法研究某个流域的水量变化时,既要考虑流域周围大气中水汽输送,也要考虑流域上空大气中水分含量的变化;既要考虑降水,也要考虑蒸发;既要考虑流域的地面径流,也要考虑流域土壤含水量和流域内外地下水的交换,而且还要考虑流域内水利工程,以及其他人类活动的影响。

其次,水文科学主要根据已有的水文资料,预测或预估水文情势未来状况,直接为人类的生活和生产服务。例如,提供洪水预报和各种水情预报,对旱涝灾害的发生做出中长期预测,为水利工程在未来运转时期中可能遇到的特大洪水做出概率预估等。

水文科学主要靠建立从局部到全球的水文观测站网,通过对自然界业已发生的水文现象的观测进行分析和研究。各种水文试验,除少数在实验室内进行外,主要是在自然界中,例如在试验流域中进行。在水文科学研究中广泛采用成因分析和统计分析的方法,并使二者尽量结合起来。成因分析主要以物理学原理为基础,通常建立某种形式的确定性模型,以研究水文现象发展演变过程中的确定性规律。统计分析法以概率论为基础,通常建立某种概率模型(纯随机模型),探讨水文现象的统计规律。

1.1.3 水文科学的分支与发展

由于水在人类生存和社会发展中的重要作用,所以水文科学不单纯是一门基础科学,也是一门广泛为生产和生活服务的应用科学。大规模兴建水利工程是水文学发展的根本动力。

水文科学不断从数学、物理学、化学等基础科学中汲取养料。它运用数学力学定律和方法描述水的运动;运用物理学中的热学、声学和光学原理,研究水体的热状态和解释水体中的声学和光学现象;根据化学键和分子缔合的理论,阐明水的液态、气态和固态的转化原因和方式等。因为水文循环使水圈、大气圈和岩石圈紧密联系,所以水文科学又与地球科学体系中的大气科学、地质学和自然地理学等关系密切。水文科学开始主要研究河流、湖泊、沼泽、冰川和积雪,以后扩展到地下水、大气中的水和海洋中的水。

传统的水文科学是按研究对象划分分支学科的,主要有河流水文学、湖泊水文学、沼泽水文学、冰川水文学、雪水文学、水文气象学、地下水水文学、区域水文学和海洋水文学等。河流水文学也称河川水文学,研究河流的自然地理特征、河流的补给、径流形成和变化规律、河流的水温和冰情、河流泥沙运动和河床演变、河水的化学成分、河流与环境的关系等。湖泊水文学主要研究湖泊中的水量变化和运动,湖水的物理特性和化学成分、湖泊沉积、湖泊的利用等。沼泽水文学研究沼泽径流、沼泽水的物理化学性质、沼泽对河流和湖泊的补给、沼泽改良等。冰川水文学主要研究冰川的分布、冰川的形成和运动、冰川融水径流的形成过程及其时空分布、冰川突发性洪水的形成机制和预测、冰川水资源的利用。雪水文学主要研究积雪的数量和分布、融雪过程、融雪水对河流和湖泊的补给、融雪洪水的形成和预报,有时把雪水文学和冰川水文学合称为雪冰水文学。水文气象学研究水圈和大气圈的相互关系,包括大气中水文循环和水量平衡以蒸发、凝结、降水为主要方式的大气与下垫面的水分交换,还包含水体相变过程中出现的冰凌问题,其中尤其着重研究暴雨和干旱发生与发展的规律,在严寒地区的一些河流还要研究气温、太阳辐射、风等气象要素对河流冰凌及其形成的凌汛洪水发生、发展规律的关系研究。地下水水文学主要研究地下水的形成和运动,地下水与河流、湖泊的相互补给,地下水资源的评价和开发利用。区域水文学着重研究某些特定地区的水文现象,如河口水文、坡地水文、平原水文、岩溶地区水文、干旱地区水文等。海洋水文学着重研究海水的物理性质和化学成分,海洋中的波浪、潮汐、洋流、海岸带泥沙运动等。上述诸学科通常也统称为普通水文学或水文学。

水文科学主要通过定点观测、野外查勘和水文试验(主要是野外试验)等手段,获得水体时空分布和运动变化的信息,因而逐渐形成了水文测验学、水文调查、水文试验三个分支学科。水文测验学研究如何正确、经济、迅速地测定各种水文要素的数量及其在时间和空间上的变化,主要包括站网布设、测验方法和资料整编方法的研究,还包括测量仪器的研制和资料存储、检索、传送系统的研究。水文调查是水文科学的野外勘测和考察部分,旨在对水体形态和数量、集水面积内的自然地理条件等做出科学的分析和评价。在中国,历史大暴雨、历史大洪水和枯水的调查是水文调查的重要内容。水文试验旨在通过野外和室内试验,揭示水文循环过程各环节中水的运动、变化的某些规律,如水向土中下渗的规律、土壤水的运动规律、径流形成规律、土壤和水面蒸发的规律,以及人类活动的水文效应等。

水文科学作为一门应用科学,主要包括工程水文学、农业水文学、森林水文学、都市水文学、医疗(卫生)水文学等分支学科,其中以工程水文学发展最为迅速。工程水文学包括水文计算、水利计算、水文预报等组成部分,水文计算和水利计算为各类防洪工程、灌溉工程、水力发电工程、航运工程、道路和桥梁工程、军事工程等的规划、设计提供水文依据;水文预报为工程的施工和运转及国民经济各部门提供洪水、枯水、冰情等各种形式的水文预报,来解决一些特定工程水文问题。农业水文学主要研究水分-土壤-植物系统中与作物生长有关的水文问题,尤其着重研究植物散发和土壤水的运动规律,为农业规划和农作物增产提供水文依据。森林水文学着重研究森林在水文循环中的作用,即森林的水文效应,包括森林对降水、蒸发和径流形成的影响。都市水文学是应用水文学中较年轻的分支学科,着重研究城市发展中的水资源、城市排水的环境效应和城市对径流形成的影响等问题。

20世纪50年代以来,随着科学技术的迅速发展,水文科学不断引入许多其他学科的新成就,出现了一些新的分支学科,例如在水文调查和水文预报中,研究遥感技术的应用,逐渐形成遥感水文学;在水文试验、地下水运动研究中应用核技术,逐渐形成同位素水文学;随机过程的理论和方法的引入,逐渐形成随机水文学。这些新的分支学科虽然在成熟程度上都还不能与水文科学体系中的原有学科相提并论,但它们表明,水文科学在继续分蘖,不断萌发新的分支。同时,人们开始看到,水已成为影响社会发展的重要因素。水在表现它的自然属性的同时,其社会属性也日益表现出来,并逐渐为人们所认识。因此,水文科学将有可能发展成为具有自然科学和社会科学双重性质的一门综合性科学。

1.2 气象学原理、方法、内容与发展概略综述

气象学是把大气当作研究的客体，研究大气中物理现象和物理过程及其变化规律，从定性和定量两方面来说明大气特征的学科。集中研究大气的天气情况、变化规律和对天气的预报。

1.2.1 气象学的研究对象

观测和研究各种各样的大气现象，大气层与下垫面之间的相互作用及人类活动所产生的气象效应；系统、科学地解释这些现象、作用和效应，阐明它们的发生和演变规律；根据所认识的规律分析、诊断和预测过去、现在和未来的天气、气候，为国民经济和人们的日常生活服务；从理论和实践上探索和模拟人为的天气过程，人为气候环境，为人工影响天气、气候提供科学依据。

1.2.2 气象学的研究内容

气象学的领域很广，其基本内容是：

(1)把大气当作研究的物质客体来探讨其特性和状态，如大气的组成、范围、结构、温度、湿度、压强和密度等。

(2)研究导致大气现象发生、发展的能量来源、性质及其转化。

(3)研究大气现象的本质，从而能解释大气现象，寻求控制其发生、发展和变化的规律。

(4)探讨如何应用这些规律，通过一定的措施，为预测和改善大气环境服务(如人工影响天气、人工降水、消雾、防雹等)，使之能更适合人类的生活和生产需要。

由于生产实践对气象学所提出的要求范围很广，在气象学上用以解决这些问题的方法差异很大，再加上随着科学技术发展的日新月异，气象学研究及应用涉及许多部门。

1.2.3 气象学的研究方法

研究的方法主要有四种，分别为观测研究、理论研究、数值模式研究及试验研究。观测研究，即观测了解不同的大气现象，可以说是气象学理论的基石之一，亦是一般气象爱好者所关注的。观测方法亦有很多种：气象站、高空气球、卫星云图、雷达回波图等。观测研究不只是观测，也有一定程度的归纳和分析，例如一句“明天转冷”，便是一种分析。此外，绘制天气图、整理热带气旋路径、气候区域分类等，亦是观测研究所要做的。理论研究，有三大部分，除观测外，物理和数学对理论研究亦很重要。理论可以从两方面产生，一方面是从观测数据中直接建立出来的，例如分析热带气旋强度的德沃扎克分析法；另一方面是从物理理论或其他气象理论演化出来的，例如地转方程、气压梯度方程等。物理理论很多时候需要数学的帮助，反过来说，数学语言有时更能使人们明白物理和气象理论；数值模式研究是较少人所认识的，它们都需要相当的理论知识、电脑程序技巧和试验技巧。数值模式研究会把不同的物理方程和气象方程，以电脑程序的方式存入电脑里，再计算出

未来温度、湿度、气压、风向等的变化，以协助天气预报或气象理论研究。试验研究同样是较少人所认识的，试验研究因数值模式研究的出现而比往日势微，但亦有其存在价值，例如要验证某些气象理论，数值模式研究是做不到的。

1.2.4 气象科学的分支与发展

气象学是大气科学的一个分支。气象学的研究领域很广，研究方法的差异很大。气象学分成许多分支学科：大气物理学、天气学、动力气象学、气候学等。随着生产的发展，气象学的应用日益广泛，又相继出现海洋气象学、航空气象学，农业气象学、森林气象学、污染气象学等应用学科。现代科学技术在气象学领域的应用，又有新的分支学科出现，如雷达气象学、卫星气象学、宇宙气象学等。气象学是一门与生产、生活密切相关的涉及许多学科的应用科学。

1.3 水文气象学原理、方法、内容与发展概略综述

1.3.1 水文气象学的原理

水文气象学是应用气象学、水文学的原理与方法，研究与水文要素演变有关的各种现象（自然条件、概化条件）的发生、发展（包含预测）及其分布规律的一门科学。陆地与大气的水量平衡、热量平衡是水文气象学的原理基础。水文气象学主要研究大气与下垫面的水分与热量交换，降水、蒸发、温度、湿度、风的变化规律与水文要素变化和水循环之间的关系以及水文状况变化与气象变化相互关系等。它是由气象学与水文学之间的边缘学科，既是现代水文学中最富有生机的分支学科，又是应用气象学重要组成部分。水文气象学主要运用于江、河、湖、库的防洪（防凌、防风浪），兴利，水资源调度，水环境管理，江河流域治理规划及水利水电工程的规划、设计、管理与运用。

1.3.2 水文气象学的研究方法

在实测资料的基础上，对水文气象现象的基本特征进行综合分析，它的特点是通过已获取的实测水文气象资料，把它们同大气圈、岩石圈、水圈、生物圈及人类活动结合起来，进行水文气象过程和水文气象规律的研究，并对将来的水文气象状况进行预测预报和分析评估。根据水文气象的这些特点，其研究方法从水文学角度可分为成因分析法、数理统计法和地理综合法。水文气象学的成因分析法是以物理学为基础，利用实测资料（包括历史雨情、水情、灾情资料）确定水文气象要素间的定量、定性关系，建立各种确定性模型。数理统计法是以概率论为基础，对水文气象观测资料进行分析处理，计算分析水文气象要素特征值的统计规律，以及各种影响因素的相关关系，建立不同要素、不同时效的分析与预报经验性模型。地理综合法是按照水文气象学的地带性规律和非地带性的地区差异，建立地区性的经验公式，揭示地区性的水文气象特征。从气象学角度，水文气象学的研究方法可以分为天气学方法、气候学方法、数值模型法和统计动力法等。

1.3.3 国外水文气象学发展概述

在俄罗斯，水文与气象的发展一直是密切联系、互相促进的，俄罗斯气候学和气象学的创始人之一——A. N. 沃叶意柯夫，同时被称为是苏联的第一位水文学家。1884 年他在其名著《世界气候与俄国气候》一书中，首次提出了“河川是气候的产物”这一科学论断，他指出，河道是水流冲出来的，而水流是降水所供给的，所以研究水文学，必须首先研究作为水文要素且是气象要素之一的降水现象。

就俄罗斯水文气象学发展内容看，在河道冬季冰冻期间的水体热力影响因素分析与计算方面进行了卓有成效的研究，为冬季河道（包括水库）冰凌生消发展提供了比较完善的计算原理与方法。

20 世纪 30 年代，美国天气局成立水文气象处，从气象资料推算可能最大降水和可能最大洪水，以满足防洪建筑设计的需要，这是水文学和气象学相结合的开始。为防洪服务开展的洪水检测与预报业务开展，推动了由气象学直接介入的降水预报业务发展，随着气象雷达、气象卫星等探测技术的发展，60 年代以来，降水监测的水平有了很大提高，70 年代以来，天气雷达已在很多国家的洪水预报警报和城市水资源管理上发挥了重要作用。70 年代初期，曾根据卫星云图照片并与天气雷达资料相比照，估计长历时和短历时降水量。70 年代末以来，欧洲和美洲的一些国家，对卫星云图可见光波段的反射辐射和红外波段的辐射强度进行数字化，利用增强显示的数字化云图估算降水量已取得了一定的成效，进而由估算的降水量推算洪水也已开始试验。为降水短时预报与洪水预报的结合创造了条件，使水文气象学得到了新的发展。

就降水预报思路与方法而言，水文气象学与气象学没有什么不同。水文气象学的降雨（或融雪）预报是针对河道防汛、水库防洪、兴利调度以及工程施工的实际需要而进行的专业化预报。一般在进行降雨预报的同时，根据河流流域地貌、流域水分状况、水利工程质量和标准，以及降雨和径流的关系等因素，针对防洪要求做出未来暴雨、洪水可能发生地区的预报；鉴别和判断流域发生非常洪水的可能性；洪水发生后，预测洪水发展趋势，以及库区来水预报等。

为了提高暴雨落区、落点、落时预报的精度，已发展出一种以气象卫星、气象雷达、常规气象观测资料相结合的暴雨监视和短时预报，预报时效为几小时到十几小时，预报精度较高。它有可能将降雨预报和洪水预报完全结合起来，从而延长洪水预报时效并提高洪水预报精度。

可能最大暴雨、洪水技术发展由为单一工程设计服务计算，到利用大量暴雨实测资料，利用统计与成因相结合方法，编制了不同历时、不同范围的可能最大暴雨等值线图。在学科历史发展进程中，水文学与气象学分化之后，它们在各自不同的领域里研究了水分循环系统的不同环节。而随着经济发展和科学技术不断进步，又在一定领域内，在高度分化的基础上进行综合，既包括学科内容的专门化，又包括学科之间的综合化。例如，近些年来，气候学原理、方法与成果逐步进入水文学一些研究领域，出现从水文气候学视野角度出发的一批相关成果，充实了水文气象学内涵，这也是现今的水文气象学在继续发展的一个动向。

1.3.4 国内水文气象学发展概述

20 世纪 50 年代，长江水利委员会（简称长委）、水利电力部水文局相继建立专业气象机构开展水文气象预报与相关业务，长委与中国科学院大气所、中央气象局等单位开展长江三峡可能最大暴雨洪水研究，这些为我国其他水利部门水文气象应用发展起到带头作用。

20 世纪 70 年代中期前后，包括黄河水利委员会（简称黄委）、淮河水利委员会（简称淮委）、珠江水利委员会（简称珠委）等各流域机构均相继建立气象预报组织，为流域防洪、水资源合理使用，开展了相应的水文气象预报业务，随着社会经济、科学技术的发展，水文气象预报经验积累，设施更新与完善，水文气象预报技术与内容得到相应发展。从这个时期开始，各流域机构设计部门及一些省（自治区、直辖市）设计院也结合大型水利水电工程建设，开展了相应的可能最大暴雨研究。随着水利水电事业的发展，不少水利部门与气象部门合作，加强了水文规律与计算方面的研究，应用水文气象学思路与方法，在水文气象规律分析与计算方面取得不少成果，例如在中线南水北调设计与西线南水北调前期规划研究中，均完成一些有关这些方面的水文气象专题研究。

1981 年中央气象局气象科学研究院出版的《中国近 500 年旱涝分布图集》，主要将我国东部地区近 500 年来有关雨情、水情、灾情资料进行综合分析，对我国大部分地区近 500 年逐年旱涝分布情况，提供了完整概念。这是一项大区域、综合性的非常有价值的水文气象基本规律研究成果，可为一些地区进一步研究河流近 500 年来历史水情演变具体规律提供条件。中国科学院寒区旱区环境与工程研究所对青藏高原及西北高寒地区冰雪水资源与气候变化关系的研究，为该区域水利开发建设提供了丰富的水文气象信息分析计算与规律研究成果。1977 年成立的水利部南京水文水资源研究所，2001 年 6 月成建制并入南京水利科学研究院。多年来开展了水文循环机制与气候变化、暴雨特性与规律、径流形成机制与模拟、洪水预报方法、设计洪水、水旱灾害等研究，出版了《中国水旱灾害》《中国历史大洪水》《中国暴雨》《中国历史干旱》《气候变化对水文水资源影响研究》等著作。这些为水利部门系统开展水文气象学研究提供了多方面经验与成果。此外，在推动我国区域性水文气象学基本规律分析及可能最大暴雨研究进一步发展中，还取得了一批具有一定创新性的实用成果，如我国水旱灾害、非常暴雨等规律研究、我国最大 24 小时点 PMP 等值线图的绘制成果等。

1.4 黄河水利委员会水文气象学应用发展概述

黄河水利委员会开展水文气象学应用研究起始于 20 世纪 60 年代初期。多年来，经黄河水利委员会有关部门的努力，在水文气象学应用研究方面取得了多项成果。这些成果对水文气象学在我国水利行业的发展情况具有较好代表性，现将多年来主要参与该方面应用研究部门的研究成果情况作简要介绍。

1.4.1 黄河水利委员会水文局水文气象预报发展概述

黄河水利委员会水文气象学自主应用研究起始于其下属部门——水文局（原黄河水利委员会水文处）水文气象预报业务的开展。自20世纪50年代末期开始，黄河水利委员会水文处开展了水文气象长期预报应用的研究。60年代初、中期，除及时接收沿黄几个省（自治区、直辖市）气象预报信息外，夏季还派有关人员至河南省气象台参与黄河中游三门峡—花园口区间（简称三花间）暴雨预报的沟通与会商。1967年，由黄河水利委员会水文处组织，并由黄河水利委员兰州水文总站、水科所和设计处共7人组成研究小组，与中央气象局研究所、中国科学院地理所、北京大学气象系、北京天文台和南京天文台等合作开展了水文气象预报方法研究，并对1968年黄河干流洪水形势做了初步预报。在这次研究中，黄河水利委员会水科所王涌泉先生参与的应用太阳黑子变化规律来预测黄河中游洪水形势，在思路与方法上具有一定启示性；黄河水利委员会设计处较系统收集、整理了黄河流域明清时期有关旱涝与灾害等历史文献资料。这些均为以后开展黄河流域水文气象研究提供了一定的基础。之后，受“文化大革命”的影响，黄河水利委员会水文气象预报应用研究工作中断。直至1977年，黄河水利委员会水文处开始组建了专业气象台，使水文气象预报业务得到快速发展，逐步开展了短期、中期、长期气象预报方法研究。至90年代中期，配置了多种气象信息自动接收、处理设备，实现了水文与气象的结合，建成了较为先进的水文气象预报系统，为防汛会商等的正确决策提供了依据。近20年来，在硬件方面先后建成天眼2000、雨情信息气象系统、热带气旋信息系统、致洪暴雨系统、云图接收处理系统、干旱监测评估业务系统和气象数字卫星信息自动接收处理系统、与郑州气象台雷达联网等，在此基础上，黄河水利委员会水文局水文气象预报业务水平得到大力发展，与多省（自治区、直辖市）气象局合作完成了具有现代化水平的长期、中期、短期水文气象预报业务系统的建立与应用。

1.4.2 黄河勘测规划设计有限公司水文气象学应用研究发展概述

黄河勘测规划设计有限公司（原水利部黄河水利委员会勘测规划设计研究院）于1972年与河海大学（原华东水利学院）和河南省气象台合作，开展了黄河三花间流域可能最大暴雨洪水研究。与一些部门合作又先后进行了海河可能最大特大暴雨，淮河大暴雨、特大暴雨，黄河大暴雨、特大暴雨可移置范围及有关暴雨移置中地形雨处理方法等的研究。之后，陆续开展了黄河龙门、三门峡、故县、陆浑和淮河宿鸭湖等多座大型水库，洛阳地区2座规划核电站，以及黄河小浪底至花园口区间（简称小花间）等的可能最大暴雨洪水研究。期间，于20世纪80年代初受水利部水利规划设计院委托，由王国安先生主持编制了我国可能最大暴雨洪水计算规范；21世纪初，受联合国水文气象组织委托，由王国安先生主持编制的世界《可能最大降水估算手册》第3版于2009年完成，将我国可能最大暴雨研究成果与方法推向世界。

多年来，黄河勘测规划设计有限公司结合黄河流域规划与大型水利水电工程及有关大型工程规划设计工作需要，在较充分地挖掘利用黄河流域气象与水文信息资料（包括明清时期水情、雨情、灾情信息资料）的基础上，将降雨（气温）—洪水（凌洪）、径流关系通过天气学、气候学、天气气候学、古气候学等学科原理与成果进行了有效的融合应用，且多次与有关科研部门、高等院校、沿黄气象部门和水利部门合作，并积极吸取了有关部门的相关科研成果，在有关水文气象基本规律分析、水文气象计算方面取得了一些实用成果，在生产实践中的水文分析与计算方面也取得了显著效果，同时这些取得的成果进一步充实了水文气象学的内容。

参考文献

[1] Marlyn L Shelton. 水文气候学视角与应用[M]. 北京：高等教育出版社，2011.

[2] 陈赞廷. 黄河洪水及冰凌预报研究与实践[M]. 郑州：黄河水利出版社，2009.

[3] 陈先德. 黄河水文[M]. 郑州：黄河水利出版社，1996.

[4] 高治定. 工程水文水利计算中水文气象学应用实践回顾[J]. 黄河规划设计，2012(2).

第 2 章　水文气象学科的再分类

2.1　基本情况

目前,水文气象学一般涉及水文气象预报和可能最大暴雨计算的内容,此外,还出现了一批涉及我国水文气象规律分析及水文气象计算成果的内容。从水文气象学并列的分支学科角度看,已有"海洋水文气象学"分支学科内容的发展,目前还有人提出"空中水文气象学"的概念,并拟将空中水汽作为一个重要环节,开展一些研究内容。综合上述情况看,在学科历史发展进程中,水文学与气象学分化之后,它们在各自不同的领域里研究了水分循环系统的不同环节。而随着经济的发展和科学技术的不断进步,在高度分化的基础上又在一定领域内进行了综合,既包括了学科内容的专门化,又包括了学科之间的综合化,水文气象学的发展是其必然结果。本著作在概括国内外有关水文气象研究内容基础上,主要总结了黄河水利委员会有关部门多年来在水文气象学传统领域内的应用和研究成果。综合这些内容看,已具有一定代表性,反映了目前在水文气象学领域内,研究思路、方法与内容已有较大扩展。在气象学领域内除天气学原理、方法与成果逐步进入水文学一些研究领域外,还出现了包括气候学、天气气候学、古气候学应用等的水文气候学视野角度的一批相关成果参与水文分析与计算,而且水文气象预报的思路与方法也趋向现代化,信息资料得以扩充与应用。以上应用和研究成果均充实了水文气象学的内涵,这也是现今传统水文气象学发展的一个动向。

综合第 1 章有关水文气象学发展的情况,不仅对原涉及的水文气象预报和可能最大暴雨计算的思路、方法与内容有明显扩展,并且在应用气象学有关信息、思路与方法,解释水文规律方面也有明显进展。另外,随着一些大型水利水电工程及相关工程的开发,对涉及的气候环境条件提出了具体分析计算要求,相应开展了一批水文气象专题研究,来补充常规水文分析计算的内容。这样无疑带动了水文气象学内容的发展。由此,结合目前已有条件对传统水文气象学内容进行再分类,可将现有成果加以归纳、总结和推广,以期促进传统水文气象学的发展。

2.2　水文气象学再分类

2.2.1　水文气象再分类方法

水文气象学再分类是在综合考虑各项成果的研究目的与要求、依据的信息、分析方法与内容,以及成果和应用的不同,进行区分的。

(1)目的与要求。水文气象学可以进行再分类,但各分类目的与要求既有共同的部分,也存在明显区别。所谓共同部分,就是均围绕需要解决的水文学问题,开展相应的水文气象学分析、计算或预报;明显区别部分,是因需要解决的水文学问题不同,则需要依据的资料、分析方法与内容、成果及应用不同,这样就产生了再分类的条件与需要。

(2)依据的信息,即所使用的基础资料及如何应用的问题。一般情况下,水文气象学问题所依据的信息必须包含气象信息资料及其应用,例如雨量、地面气温与蒸发资料可以分别来自气象部门和水文部门,在具体分析计算中,如仅涉及这些资料的应用,如雨洪关系、降雨径流关系的研究中主要涉及的降雨和蒸发资料,这类分析计算尚属水文学研究的内容;但是,如果增加了其他气象信息资料,并涉及有关气象学分析的内容,则这样雨洪关系、降雨径流关系的研究中使原成果内容增加了气象分析、计算或预报的内容,这样的应用就纳入了水文气象学的研究范畴。

(3)分析方法与内容。水文气象学分析方法与内容主要是应用气象学的原理与方法,包括天气学、雷达气象学、卫星云图气象学、气候学、天气气候学、古气候学等的原理、方法和内容,也可以将气象学有关原理与方法和水文学的一些传统方法融合应用,来研究有关水文学问题。各分类需根据不同分析要求,选用相应的方法与内容。例如,水文气象学中的暴雨预报方法研究,则主要利用暴雨发生前固定时间的有关环流形势和一些大气物理量特征指标与后续预报区域具体时间降雨量建立定性、定量关系,为水文气象预报研究内容;而一般情况下的某流域暴雨洪水天气学条件的综合研究,则属于水文气象学基本规律研究的范畴。

(4)成果和应用。需要明确的是,分析成果应与水文学所需要解决的问题紧密结合。分类成果的区分,主要涉及两个方面:一是成果的应用属性,二是成果的主要特点。目前从应用属性看,可区分为水文预报应用服务成果,以及流域规划与大型水利水电工程设计所依据的水文分析计算成果,另外往往为加强这两大类成果的研究,还利用一定条件,开展相关水文气象研究,即出现一类介于这两大类研究成果之间的成果,我们将其归纳为水文气象规律分析。

在采用上述再分类条件时,应全面综合考虑,需要注意如下几个方面:

其一,各项判别指标均需应用。

其二,在掌握第三、第四条件时,不宜考虑过细。鉴于利用水文气象学原理与方法来研究水文学问题的应用在实践中已有较多成果,再分类研究中不宜考虑过细。例如,在可能最大暴雨研究中,存在某一特定区域(工程)的可能最大暴雨成果,也存在大区范围内不同历时、不同面积的可能最大暴雨等值线图成果。由于后者是可以转化成工程所在位置、所需研究范围的可能最大暴雨的成果,故两者不宜再进行分类。

其三,在应用第四条件时,需将应用属性与成果特点加以综合判别,否则可能出现明显偏差。例如,水文气象预报与气象预报是不同学科范畴的成果,从成果特点看,可能在降雨预报方法与内容上相同,往往容易将两者混为一谈。前者预报对象是针对流域所在区域,选择一定预见期的气象预报内容来配合相应的水文预报;而一般气象部门的同类预报与水文预报的要求差距较大，两者应用属性与特点有明显差别。

再如水文气象规律分析内容，往往与其他两项有密切联系，进行区分有时会存在一定的随意与困惑。如有些成果虽涉及一些水文气象基本规律问题研究，但成果只是工程水文计算项目中的部分内容，故按水文气象计算分支内容对待。这类情况在水文预报研究中也较为常见，其中多有涉及水文气象规律研究内容。因此，应倾向于从成果属性来加以区分。如我国非常暴雨特性研究，是一项独立成果，则按水文气象规律分析类别对待。

2.2.2 水文气象预报

2.2.2.1 基本概念

利用实测气象、水文信息资料，主要利用气象学原理、方法与资料，来预报所需测站（或流域区间）的不同预见期（短期、中期、长期）的气象信息（降水、气温等），供相关水文预报和有关水利部门使用。

2.2.2.2 主要内容

水文气象预报主要在气象预报发展的基础上，包括吸取现有气象预报所依据的信息与技术的基础上，充分利用可取用的气象预报成果，结合部门需要与可能具备的技术条件，开展相应水文气象预报业务。首先，根据水文预报的需求，选择相应的气象预报内容；其次，预报的区域由行政区划及相应站点，改变为流域区划和相应控制站点；再次，根据水文预报所需时效不同，分为短期、中期和长期预报，提供不同预见期的有关气象因子，一般有降水、气温等，在长期预报业务中，也有直接利用气象因子（包含天文因子），以及和水文因子相结合的方法预报降水、气温等，也有绕过降水，直接提供需要的径流预报的业务。

2.2.3 水文气象规律分析

2.2.3.1 基本概念

利用实测、历史气象、水文气象信息（包括旱情、涝情、灾情等），采用气象学原理与方法，或结合水文学原理与方法进行融合分析，加强或增加对一些水文现象的时空演变规律及相关气象规律的认识，分析成果一般落脚到某流域、区间或控制站，但有些分析内容与成果可扩充至多流域，这些成果可直接或间接为其他两分类研究提供参考。

2.2.3.2 主要内容

将洪水（凌洪）、径流—降水、气温—天气、气候条件联系起来，采用天气学、气候学、天气气候学、古气候学等，有时还增加水文学方法，进行综合分析，进一步加强或增加对洪水（凌洪）、径流时空变化规律的认识，和水文情势（状况）变化与气象（气候）效应关系，这是一种水文规律变化与气候环境变化影响的双向分析。分析成果一般落脚到某流域或其区间、控制站水文规律认识，但有些分析内容可扩充至多流域、大区，增加了对水文规律的地区综合认识。

本书归纳有：黄河实测、历史暴雨演变规律；黄河中游洪水分期性、两类特大洪水不遭遇性、古洪水取样时段的气候一致性时段等研究；黄河、淮河、海河及我国大区非常暴雨分类研究；黄河历史年径流系列建立与演变规律研究；水文情势与气候变化相互关系研究；气温对河道凌汛规律影响研究等六类内容。

2.2.4 水文气象计算

2.2.4.1 基本概念

利用流域内(或邻近区域)实测与历史的气象、水文信息,采用气象成因与统计相结合等方法,计算控制站或区间有关应用的水文计算条件,为流域规划与大型水利水电工程及相关工程规划、设计、管理与应用提供定性和定量依据。

2.2.4.2 主要内容

根据水文分析计算需要及分析计算内容不同,现主要有三种指标:其一,用于流域防洪,例如为适应大型水库工程或核电站等的设计洪水计算需要,开展的一定时段内的某控制区间的可能最大暴雨计算,这项研究是在现有气象一致区实测、历史特大暴雨洪水定性、定量分析计算基础上,利用统计与成因相结合、水文与气象相结合,以及区域综合分析计算,计算区域可能最大暴雨;其二,用于控制站或区间代表系列气候特征统计计算,主要是为相应工作区域水利规划和相应水利工程提供气候统计指标计算成果;其三,开展了一些有关影响水文情势变化的水文气象专题研究,主要是提供一些概念性指标或内容。这些均直接或间接涉及大型水利水电工程及相关工程规划、设计的有关水文计算问题。

参考文献

[1] 高治定. 工程水文水利计算中水文气象学科发展综合评述[J]. 黄河规划设计,2012(3):4-6.

第3章　水文气象预报之一：黄河水文气象短期降雨预报

3.1　概　述

为了增长洪水预报预见期，需要进行降雨预报。黄河三门峡水库在1960年蓄水应用后，黄河中游三花间面积达4.16万 km^2，仍是黄河中游暴雨洪水的一个重要来源区。该区间暴雨洪水依旧对黄河下游安全构成威胁，是短期暴雨预报的重点研究区域。黄河水文气象研究主要收集1977年以前河南、山西、陕西、山东气象部门提供的短期降雨预报。其中，1963～1969年期间，每年汛期增派专业气象预报人员参与河南省气象短期预报会商。1977年开始建立专业气象机构，来进行暴雨预报。1980～1983年，由中央气象局组织河南、山西、陕西、山东气象部门和黄河水利委员会进行汛期暴雨联防，加强汛期暴雨会商。到20世纪80年代末，黄河水利委员会水文局增设测雨雷达和卫星云图接收设备，与天气图配合，加强了短期降雨预报[1]。

随着气象科技发展，黄河水利委员会水文局增加水文气象预报所需基础设施及积累相应研究工作经验，多年来短期降雨预报方法得到较快发展。在20世纪90年代中期以前，短期降雨预报方法主要有：①天气图经验预报方法，此方法为黄河中游常用的暴雨预报方法，主要根据黄河中游各区暴雨出现时各种天气系统配置及其活动情况，概括出暴雨产生时各种天气系统特点，利用概略模式图表示出来；②暴雨统计学预报方法，20世纪90年代初，通过普查三花间降水因子，分析历史121个天气个例（达大雨至暴雨的个例11个）及采用郑州、西安、延安三角区物理量资料，研究得到预报大雨至暴雨以上过程降水有无的方程式；③三花间暴雨预报专家系统，1993年完成的专家系统预见期为12～24 h，系统由知识库、数据库、推理机和解释系统4个部分组成[2]。20世纪末期开展了黄河中游地区中尺度降水预报AREM模式研究，2000年汛期业务正式运行。该模式适用于微机Windows95/98/2000环境的暴雨数值预报模式，模式水平分辨率34 km，垂直分层20层，提供黄河中游地区（重点是黄河三花间）的数值降水预报，预报时效是48 h[2]。

21世纪初期，进一步开展了黄河中游暴雨预报技术开发与研究，主要为黄河中游地区中尺度降水预报MM5模式建立与应用、气象卫星暴雨预报技术开发与应用、天气雷达暴雨预报技术开发与应用，对1993年完成的黄河三花间暴雨预报专家系统改进完善，气象信息综合分析服务机制加强与改进[3]等。

近10多年来仍在不断提高与完善现代天气预报制作与服务方式，形成了比较现代化的新一代基本气象信息加工分析预测业务技术体系。建成具有预报强对流发生发展能力的中尺度数值预报业务系统，短期预报准确率在现有基础上提高3%～5%，对灾害性天气和气候变化的预报预测能力明显提高，总体业务水平接近同期国际先进水平[4]。

3.2 暴雨预报专家系统简介

1993 年完成的黄河中游三花间短期暴雨预报专家系统有较丰富的知识库，但预报因子与方法尚有不足之处，于 2006 年改进完善，建立了新的黄河中游三花间短期暴雨预报专家系统[4]。

3.2.1 主要思路

新的三花间暴雨预报专家系统有以下特点：取消预报分型，各种预报因子尽可能量化，增加不利降雨的预报因子；将雨强分 8 个等级，并与量化预报因子进行分级拟合，经修正、筛选和补充来提高预报精度与客观性，操作便利。系统预报的预见期为 12 ~ 24 h，将三花间区域干流及伊河、洛河、沁河下游作为主要暴雨预报区，为区域洪水预报增长预见期提供依据。

3.2.2 方法简介

3.2.2.1 预报因子分类

将可能影响黄河三花间降雨的各种有利因子和不利因子归纳为三类，即天气系统、温湿能量（含平流）和动力因子，这三类各级降雨的基本因子相应预报指数分别用 K_1、K_2、K_3 表示，另外增加特殊预报指数（K_4）、强降雨落区的天气型（K_5）、云图分析（K_6）及若干预报信息、天气分析方法的提示。K_5、K_6 等是为了对基本综合指数所得出的预报结论，在方法或强度上需要补充或修正时，作参考使用。

研究共选取天气资料完整的 79 个区域性降雨样本，取当日 8 时至次日 8 时的雨量和当日 8 时的天气资料。

3.2.2.2 量化预报因子和降雨分级拟合

首先对各种有利降雨和不利降雨的预报因子，根据其对降雨作用的性质及贡献大小，进行初步指数化，均取无量纲以便计算操作。根据因子的强度、结构及位置分别赋予多个指数值，为了各预报因子的合理匹配，必须分别予以权重或“封顶”。

3.2.2.3 预报指数的合成

降雨的综合指数 $\sum K_{1,\cdots,x}$，由四类因子指数合成：

$$\sum K_{1,\cdots,x} = K_1(\text{天气指数}) + K_2(\text{温湿能量及平流}) + K_3(\text{动力指数}) + K_4(\text{特殊指数})$$

前三类指数为最基本的预报指数，K_4 主要用于某种特殊天气条件下，对前三项指数作定量调整或对预报的基本结论作定性修正，最后根据综合指数（合成指数）值的大小做出相应降雨预报。

对三花间区域暴雨、大暴雨、特大暴雨的预报用语作了一些具体规定：三花间干流区及伊河、洛河、沁河下游作为主要暴雨预报区，总面积 3 万余 km^2；当预报指数处于 2 级降雨临界时，可对各预报因子进一步作天气分析判断，适当对降雨的范围强度作局部调整。

3.2.2.4 预报操作原则

用当日 8 时或 20 时天气资料计算预报指数，预报时效为 24 h，当天气形势十分稳定时，可延伸至 36 h。

当估计在未来预报时段内，影响三花间的天气系统或物理量场可能有重大调整时，则用预报的天气系统物理要素，算出相应预报指数(用同一查算方法)，并将其乘以 2/3 或系数 0.7 作为预报指数。

为提供预报结论的安全度，还要考虑其他定性的预报数据(K_5、K_6)以及其他预报产品和信息，进行必要的综合分析，来充实预报的依据或对结论作合理调整。

3.2.2.5 预报操作流程

三个基本步骤：指数合成预报；补充定性判断；多种手段综合分析处理疑难点，最终提供 24 h 降雨预报结论。

参考文献

[1] 陈赞廷. 黄河洪水及冰凌预报研究与实践[M]. 郑州：黄河水利出版社，2009.
[2] 陈先德. 黄河水文[M]. 郑州：黄河水利出版社，1996.
[3] 王庆斋，王春青，赵卫民. 黄河流域暴雨监测预报技术[M]. 北京：中国水利水电出版社，2006.
[4] 彭梅香，王春青，温丽叶，等. 黄河凌汛成因分析及预测研究[M]. 北京：气象出版社，2007.

第4章　水文气象预报之二：黄河水文气象中长期预报

4.1　概　述

黄河流域中期预报在1982年以前，主要由有关省（自治区）气象台提供大汛期中期降雨和凌汛期中期气温预报，自1982年始，均由黄河水利委员会水文局自行发布[1]。

长期预报从1959年开始，预报内容是大汛期的月平均流量和最大流量。预报方法是历史演变法、前期气象指标法。预报方案有两种：直接预报流量；先预报降水，再由降水推算流量。做预报时还常应用各省（自治区）的长期降水预报[1]。

为适应黄河发展建设需要，黄河水利委员会水文局多年来与有关科研单位、气象部门、高等院校多次合作进行中长期水文气象预方法研究。20世纪90年代以后建立的预报方法主要有以下几类：

（1）天气学及天气统计学的中长期预报方法。在了解和掌握引起流域（或某分区）降水及其过程变化原因的基础上，从一定物理概念出发，分析降水量（或降水场）与环流因素（或环流场）之间的统计关系，进行黄河流域汛期降水或降水过程的中长期预报。该方法可对未来3～10 d的天气及降水过程做出预报。

（2）应用数值预报产品的统计预报方法。利用国外欧洲中心数值预报产品中环流场资料与预报区域未来1～10 d降雨量建立统计关系，进行预报。

（3）统计学预报方法。应用统计数学方法分析天气演变的历史规律和预报因子与预报对象之间的关系，建立数学模型，最后达到要求对未来变化的定性或定量预报之目的，如统计相关法、时序分析法等。

从2000年开始，初步建立以数值预报为基础的基本气象信息加工分析预测系统，中期数值天气预报可用时效在中、高纬度达到7 d，并建立综合短期气候预测业务系统，发布月、季、年短期气候预测产品。2010年后，形成比较现代化的新一代气象信息加工分析预测业务技术系统，中期数值天气预报可用时效在中、高纬度达到10 d，重要天气过程和天气要素预报更加准确。

经过多年努力，在短期、中长期气象预报工作的作业方式和作业流程得到如下改进：

（1）逐步将传统的作业方式转变到人机交互处理方式上来，建立人机交互处理为主要工作平台，以数值预报产品为基础，综合应用多种信息和先进的预测预报技术方法，具有较高自动化水平的现代化气象业务技术流程。

（2）通过计算机网络，从气象信息网络系统中获取业务所需的各种信息（气象与非气象），输入人机交互处理系统，综合运用各种诊断分析、预测技术和方法，结合业务人员的经验，采用人机交互作业方式，检索、分析和制作各种气象产品。

(3)将生成的各种气象产品(包括文本)输入黄河信息网络系统中,由该系统分发。

综合来看,黄河水文气象预报系统是以数值预报产品为基础,以现代大气动力学、天气学、气候学理论为指导,综合现代数理统计方法技术以及人工智能理论方法,以计算机网络及实时数据库和非实时(历史)数据库为信息源,以工作站(微机)为工作平台,以人机交互气象信息处理应用软件为主要手段的现代化气象预报系统,可更好地适应预报时效、时段、区域不断更新以及相应预报精度提高的要求。

4.2 降雨中期预报方法简介

现将20世纪90年代开发的几个黄河汛期降雨中期预报方法内容作简要介绍。

4.2.1 天气学方法

天气学方法内容与步骤如下:

(1)降水过程分类,对黄河流域各区汛期主要降水过程特征(起迄时间、笼罩面积、出现频率、过程降水量、降水强度及沿程变化情况等)进行分析,并根据降水过程主要特点进行分类。

(2)欧亚环流分型,分析不同类型降水过程的同期欧亚环流特征,如西太平洋副热带高压的位置、强度及其变化趋势,台风位置、强度、移动路径及赤道辐合带的状况,西风带环流的长波超长波系统的位置、强度及其演变情况,最后结合流域降水过程特点进行环流分型。

(3)环流形势预测,根据天气过程存在180 d的韵律活动,分析上年12月至当年3月欧亚区逐日500 hPa高度距平图,推算当年6~9月欧亚区逐日500 hPa形势图。

(4)预报,根据形势预报图,结合不同环流型所对应的天气及降水过程和预报员的经验,同时参考近期天气特点,对未来3~10 d的天气及降水过程做出预报。

4.2.2 应用数值预报产品的统计预报方法

利用欧洲中心每天提供的1~6 d的数值预报和实况资料,通过选报接口,直接进入计算机条件,在三花间降水与历史500 hPa高度之间关系的基础上,选用相似过滤方法,用于预报三花间未来1~10 d的降水预报。

4.3 黄河气温中期预报方法简介[4]

4.3.1 黄河宁夏、内蒙古河段冬季气温短期、中期预报方法简介

4.3.1.1 基本思路

采用天气学、统计学和数值预报相结合的方法,利用当天发布的欧洲中心和中央台的数值预报产品,绘制天气图,根据天气形势场中的各种天气系统特点,从关键区天气形势,高低压中心,冷、暖中心,特征等值线以及两点差等方面,寻找和当前天气形势相似的历史

天气形势进行统计分析，经相似统计和相似过滤，计算各级变温概率，并与气候概率进行比较，制作逐日分级预报，再经过预报集成，最终确定某一单站的 24 h 变温，从而计算出各站日平均气温。

4.3.1.2 预报方法

将欧洲中心和中央台的数值预报资料作为实时资料，选择天气系统，例如高、低压中心，相关等值线，相关区域及两点差等，计算实时资料和历史资料的相似情况，确定相似样本，计算各预报台站逐日平均气温的分级概率进行预报集成，形成气温分级概率预报，确定最可能发生的级别，计算出气温 24 h 变量的预报值，进而在当前气温实况基础上得出预报的最终结论。

4.3.2 黄河下游河段凌汛期气温短期、中期预报方法简介

4.3.2.1 基本思路

将数值预报和统计预报紧密联系起来，针对当前形势特点，制作出较为客观、及时的气温预报，在微机系统下运行应用，自动制作黄河下游郑州、济南、北镇三站凌汛期未来 1～10 d 的日平均气温预报。

4.3.2.2 预报方法

气温变化和当前环流形势密不可分，故选 500 hPa 高度、850 hPa 温度和地面气压高、中、低三层资料来显示环流形势的变化，用逐步线性回归方法建立预报方程。

选用黄河下游郑州、济南、北镇三站的 1987～2004 年历年日平均气温为预报量 Y。

在相关分析基础上，选取与预报量之间物理意义明确的因子，采用上述三站 1987～2004 年 850 hPa 历年气温资料作为预报因子 X_1，850 hPa 的 24 h 变温资料作为预报因子 X_2，采用上述三站 1987～2004 年的多年日平均气温作为预报因子 X_3，海平面气压作为预报因子 X_4，海平面 24 h 变压作为预报因子 X_5，500 hPa 历年高度资料作为预报因子 X_6，500 hPa 的 24 h 变高资料作为预报因子 X_7。分别对上述三站求出各自不同的预报方程。

通过预报量与各预报因子相关分析，引进因子的方差贡献与显著性检验，考虑剔除因子方差贡献与显著性检验，确定因子的引进与剔除，最后建立预报的回归方程。三站预报方程如下：

郑州 $Y=9.761+0.627X_1-0.356X_2+0.627X_3-0.111X_6$

济南 $Y=14.274+0.710X_1-0.254X_2+0.531X_3-0.091X_4-0.120X_6+0.071X_7$

北镇 $Y=4.141+0.430X_1-0.213X_2+0.517X_3-0.132X_4+0.098X_6-0.0713X_7$

利用欧洲中心(或)中央台未来 7 d 的数值预报资料，分别计算郑州、济南、北镇三站 500 hPa 高度及 24 h 变高、850 hPa 气温及 24 h 变温、地面气压和 24 h 变压，将上述因子和历史平均气温分别代入上述预报方程，即得到三站 1～7 d 气温预报。

4.4 黄河水文气象长期预报方法简介

4.4.1 天气统计学方法做旱涝趋势预报

在用自然正交函数对西太平洋副热带高压区 500 hPa 高度场进行分解的基础上，选

取方差贡献较大的几项时间分量作为预报量,并用相关分析方法,分别从前期环流特征值和自然正交分解的秋冬季高度场、西太平洋海温场及全国大范围气温场、降水场的主要特征值中选取因子,利用回归计算和相似分析两种方法,通过对副热带高压主要时间分量预测,建立副热带高压区形势场和副热带高压特征与黄河流域旱涝的关系,制作旱涝趋势预报。

4.4.2 黄河流域短期气候预测业务系统简介

4.4.2.1 基本目标

该系统是与天气预报系统相协调,以计算机网络和分布式数据库为支撑,总体布局合理,具有人机交互功能、高度可视化的新一代短期气候预测系统。具体讲,该系统以气候动力产品及物理因子分析为基础,综合应用多种数理统计方法,集信息处理、预测制作、产品加工、用户服务为一体,对黄河流域降水和气温具有一定监测、预测能力,总体预测水平在已有基础上有较大幅度提高。

4.4.2.2 系统的基本结构

1.总体结构

系统包括气候预测综合数据库、气候诊断监测子系统、气候预测子系统三个部分。

2.系统信息流程

以9210为信息平台接收国家气候中心、国家气象中心、各省(自治区、直辖市)和WMO、NCEP所发布的各种气象信息和资料,实现资源共享。

3.系统网络结构

气候监测、预测及服务是一个完整的信息加工、处理系统,系统的网络结构为分布式处理环境。该系统的局域网由一台网络服务器和一台微机组成。

4.系统技术研究内容

1)黄河流域汛期旱、涝形成机制及预测信号研究

(1)黄河流域汛期旱、涝物理成因的研究。

首先,针对赤道东太平洋海温异常进行分析,将厄尔尼诺事件定义为早发型、晚发型和汛期爆发型,将上述三型与年度黄河流域汛期旱、涝和冬季冷、暖进行对比分析;其次,将西风漂流带温度异常、太阳活动异常、500 hPa环流异常(以西太平洋副热带高压、南海高压、鄂霍茨克海阻塞高压、极涡为特征量)、东亚季风异常与黄河流域汛期降水和冬季气温进行对比分析;最后,归纳上述因子与黄河流域汛期旱、涝和冬季气温的关系和物理过程。

黄河流域汛期降水物理过程研究。首先,对黄河流域汛期降水历史资料进行旋转经验正交展开(EOF)分析,将黄河流域汛期降水分型;再研究太阳活动、厄尔尼诺、东亚季风、500 hPa环流异常(取巴尔喀什湖低压、贝加尔湖高压为特征量)与黄河流域汛期降水的关系,揭示其影响的物理过程。

(2)概念模型的建立。

将上述研究涉及的物理因子纳入统一模型中,使其具有预测功能,最终进入短期气候预测系统。

2)黄河流域汛期旱、涝和冬季冷、暖诊断及检测技术研究

(1)按三种时间尺度分析近百年来黄河流域汛期降水和冬季气温变化的基本规律(趋势性、阶段性、不连续性)。

(2)利用统计方法,分析近50年来黄河流域汛期降水和冬季气温在不同变化时空的分布特征。

(3)利用墨西哥帽子变换,分析1919年以来黄河流域有关站(兰州、济南等)汛期降水和冬季气温在不同时间尺度上的结构及特征。

(4)分析黄河流域春、夏、秋三季旱、涝分布的时空特征。

(5)对比分析 K、Z 两种气候监测指标在黄河流域的适应情况。

(6)利用EOF对黄河流域汛期降水场进行空间分型,将平均降水量划分为4~6个型。

(7)从同期大气环流、太平洋海温、ENSO事件、太阳黑子等几个方面,对黄河流域汛期旱、涝与冬季冷、暖等异常气候事件的成因进行诊断分析。

(8)利用Delphi、VB、Fower Station等可视化计算机语言,以Windows XP为操作平台,分别建立黄河流域汛期去气候要素诊断分析系统,汛期异常气候事件诊断分析系统,黄河流域旱、涝与冬季冷、暖监测系统。

3)黄河流域汛期月降水数值产品释用预报方法

(1)将月平均降水与同期500 hPa月平均环流场做相关性分析。对站点气象要素场进行EOF展开,测站分别对选取的反映测站上空高度数值大小与长波系统强弱的高度距平、地转涡度等预报因子进行处理,以增强与预报对象相关性及预报方程的稳定性,通过对未来几个主要特征向量的时间系数进行预报,进而制作出定点、定量的要素预报。

(2)黄河下游PPM月气温预报模型。采用 k 均值聚类法,利用历史资料对凌汛期影响黄河下游的500 hPa旬平均环流场进行客观分析,建立各型与气温的初步对应关系,再依据大尺度动力学方程和切比雪夫多项式展开理论提取预测因子,逐型建立回归预测方程,制作黄河下游月平均气温定量预测。

(3)预报产品及资料显示的动作平台研制应用。

4)业务系统研究

(1)影响宁夏—内蒙古河段和黄河下游冬季气温的物理成因研究。

(2)黄河流域汛期旱、涝年代际变化特征及预报方法研究。

(3)黄河流域汛期旱、涝和冬季冷、暖气候预测平台的开发研究。

4.5 黄河流域水文气象预报的简要评述

4.5.1 基本发展情况

前述第3章及本章第2~4节共三节内容,概要介绍了20世纪70年代中期至本世纪初期黄河水文气象短期、中期、长期预报应用的重要实例,并将主要涉及的气象预报思路与方法作了一些简要介绍。就水文气象学中水文气象预报分支学科行业特点来看,黄委

水文局多年来在水文气象预报的发展情况和基本特点具有一定的代表性。气象预报紧随气象科学技术的发展，黄委水文局相关的气象预报业务亦有明显发展。在气象观测信息资料获取方面，包括卫星云图、天气雷达资料收集与应用，更加广泛全面；结合黄河防汛（包括防凌）、水资源利用等方面以及水文预报应用服务需要，逐步改进提高相关预报水平；在预报经验积累的基础上，多次与有关科研单位、高等院校、气象部门开展合作进行短期、中期、长期气象预报方法研究；在预报产品应用上，积极开展利用国内外相关预报产品的应用研究；信息处理技术也紧跟现今计算技术发展。目前，已建立了较完整的短期、中期、长期水文气象预报综合业务系统。

其他有关水利部门方面，开展水文气象预报业务起始时间虽有所不同，但有关气象预报业务发展情况，与整个气象学科发展情况密切相关，这与黄委水文气象预报业务发展情况是一致的。因此，就黄河水文气象预报发展情况，结合其他流域机构相应工作，对该分支学科的现状特点和需要进一步探讨的问题作了简要评述，为该分支学科发展提供借鉴。

4.5.2　现状水文气象预报分支学科发展情况的简要评述

（1）需求关系简单。按水利部门要求，由水利部门直接掌握的专业气象部门开展相应气象预报，与气象部门日常提供的气象预报还有所区别。作为水文气象学一门分支学科，黄委自身开展的水文气象预报业务主要需求黄河上中游降雨、气温预报，不同区间对其预报时效、精度和预报内容还有区别。在其他河流情况要求预报项目可有所不同，同一预报项目的要求也可不同。但从相关应用气象预报产品的需求方面以及充分利用气象科学技术发展来为水利应用服务的基本目的是一致的，开展相关气象预报的研究思路与方法是可借鉴的。从这个角度看，作为流域机构的黄委水文局，其水文气象预报发展情况具有一定代表性、启示性。

（2）水文气象预报思路、方法与气象系统预报有所不同。在水利部门开展水文气象预报具有一定的双重性。首先，可以充分吸取气象预报思路与方法，包括有效使用国外、国内气象监测、预报产品，来不断改进提高自身水文气象预报水平。其次，有效利用相关水文信息资料与水文规律性、预测性研究成果，并融合到水文气象预报思路与方法中，这是水利部门开展水文气象预报的特点。

（3）从目前情况看，水利部门的专业水文预报与气象预报人员有效合作尚处在初级阶段，有待改进。这种情况可以从以下一些问题来作初步说明：

①如何衡量水文气象预报项目精度。综合以上分析，短期、中期、长期气温预报方案或应用成果评定均根据一般气象预报评定方法，这有一定合理部分。但气温预报为冬季河道防凌提供必要的依据，因此应考虑凌汛与气温的关系，来对待不同阶段对气温预报的要求。重点应针对封河阶段、开河阶段气温变化与可能出现的凌汛灾害影响，对相应气温预报提出一些特定要求。另外，对一些冷、暖极值事件中升温、降温过程的预报也应根据不同河段凌汛特点，给予不同的关注。如黄河下游，在暖冬的情况下，有可能出现河道不封冻情况，其出现条件还与河道下泄水量过程有关。现小浪底水库可有效调节下泄水量过程，水力条件如何有效控制，气温条件预测过程如何进行选择，对气温逐日预测过程的精度要求也不完全一样，如何保证关键期相应气温预报是重点。

②人类活动影响水文、气候情势，对水文气象预报也提出不同要求。不同区域的防洪及水资源利用中，对不同历时降雨预报的要求有明显差别。如在主汛期，三花间暴雨短期预报问题，随故县、小浪底水库相继建成，暴雨预报重点区域变为小陆故花间，未来几年内，沁河河口村水库建成应用，未控制区变成小陆故花间，将对预报方案研制提出新的要求。

气象常规水文站、气象站点雨量资料，无人雨量站点与雷达测雨资料如何有效应用。因涉及不同时期资料来源不同，人类活动对下垫面、气候影响不同，如何充分利用不同时期雨洪关系资料，在暴雨预报方案研制中是一个尚未解决的问题。

③水文预报与气象预报耦合问题，特别是短期暴雨与洪水预报耦合预报方案研制问题，需要尽快解决。

参考文献

[1] 陈赞廷. 黄河洪水及冰凌预报研究与实践[M]. 郑州：黄河水利出版社，2009.

[2] 陈先德. 黄河水文[M]. 郑州：黄河水利出版社，1996.

[3] 王庆斋，王春青，赵卫民. 黄河流域暴雨监测预报技术[M]. 北京：中国水利水电出版社，2006.

[4] 彭梅香，王春青，温丽叶，等. 黄河凌汛成因分析及预测研究[M]. 北京：气象出版社，2007.

第5章 水文气象规律分析之一：雨洪—气象综合分析

5.1 水文气象规律分析应用情况简介

在水文气象学发展初期阶段，水文气象规律分析往往作为水文气象预报或可能最大降水研究的一个辅助内容，但随着水文、气象学科的发展，水文气象规律分析内容不断扩展，逐渐显示其独立存在的特定意义。从分支学科发展情况看，水文气象规律分析学科的内容特点包括以下几个方面：一是研究的区域范围，既有针对具体某个流域、区间或控制站，通过水文气象论证来分析水文情势（雨洪、凌洪、径流）变化规律，也有通过大范围水文气象论证，分析大范围（大区、国家、洲际）水文情势规律的内容；二是从与其他分支学科内容关系看，水文气象规律分析有时可服务于水文气象预报，有时也可为水文气象计算提供分析依据，但也存在相对比较独立的成果内容；三是从具体内容看主要有：通过气象规律分析来补充论证洪水（凌洪）、径流—降雨关系等水文情势的规律性，分析水文情势变化与气象变化相互影响问题。目前，人们比较关注的是气候变化对水文情势变化的影响问题。

我国水文气象规律分析学科的发展始于20世纪70年代中期，随着水文气象预报、可能最大暴雨研究工作的开展，在水利部门、气象部门、高等院校的共同推动下，水文气象规律分析工作被予以重视，它作为水文气象学的一门分支学科的可能性与必要性日益凸显。60年代中期，黄委开展黄河三花间暴雨天气形势研究，分析气候变化背景条件与洪水长期演变规律关系，开始涉及水文气象规律分析。70年代中期，黄委水文局结合水文气象预报方案研制需要，开展了相应水文气象因子变化规律研究，近40年来不断深入，已取得多项研究成果。但作为水文气象规律分析内容多直接进入预报方案研究中，较少单列其项。

结合流域规划与工程设计洪水分析计算的需要，多年来黄河勘测规划设计有限公司开展了一系列基础研究，一是历史洪水调查，二是实测暴雨洪水基本规律的分析研究，三是收集整理明、清以来黄河水情、雨情、灾情等大量历史文献资料。总结了黄河花园口站洪水的基本规律，基本认识有："洪水的三个来源区，洪水的三个基本类型"。所谓洪水"三个来源区"，系指河口镇至龙门区间（简称河龙间）、龙门至三门峡区间（简称龙三间）和三门峡至花园口区间（简称三花间）。所谓"三种洪水类型"：一是"上大型"，以河三间来水为主，构成花园口大洪水；二是"下大型"，以三花间来水为主，构成花园口大洪水；三是"上下均大型"，即三门峡上下均有洪水形成，构成花园口较大洪水。至今，这个基本认识仍是指导我们分析计算工作的基本原则。

通过收集实测及历史雨情、水情、灾情资料，首先对黄河中游实测重要降雨过程资料进行了初步分析,70 年代初期提出黄河中游东西向、东北—西南向和南北向三类基本雨型认识,这在三类洪水形成类型认识上前进了一步。从学科研究角度看,这个雨型归纳,也是当时我国天气学研究的一个内容,故这个分析也可以看作是水文气象规律研究的一次结合尝试。

从 20 世纪 70 年代初期开始,结合三花间可能最大暴雨研究展开,水文气象学规律运用研究得到较快发展,至今在这方面开展的相关研究已有 40 多年历程。这些年来,黄委水文部门与中国科学院一些科研所、青海省气象局、甘肃省气象局、陕西省气象局、内蒙古自治区气象局、河南省气象局、河海大学、成都工学院等部门多次合作,结合流域规划与工程水文水利计算需要,开展了相关水文气象规律研究。本章为第一部分,主要成果包含有:黄河流域规划与设计有关的实测、历史雨洪的水文气象基本规律研究;黄淮海径向型暴雨及我国非常暴雨分类的气象学研究和可能重现范围研究;气候季节变化规律及各类特大暴雨天气气候条件对暴雨洪水时空变化影响的关系研究,以及历史特大洪水(暴雨)的气候环境条件一致性时间论证等。

5.2 黄河上中游实测区域性强降雨分类及演变规律研究[1-16]

5.2.1 概述

20 世纪 70 年代初期,利用水文、气象测站的降雨资料,按照黄河中游区域性强降雨特点(暴雨与强连阴雨),填绘了黄河中游 69 个实测典型暴雨日降雨量图和部分 3 d、5 d 面雨量图,强连阴雨 5 d 雨量图,以及黄河下游典型过程雨量图,通过定性、定量两方面指标相结合,进行分型、计算;运用一般天气学分析原理与方法,分析其形成的天气学条件,总结归纳黄河中游较大洪水形成的地区规律。这项成果为中游一些区间可能最大洪水分析计算工作提供了必要的技术支撑。

面雨量的定性特征分析与定量指标计算,主要用于雨洪关系研究。从水文学角度看,希望在流域细化分区基础上,分析计算产流量,再通过汇流计算得到出口断面洪水峰、量过程。但从气象学角度看,对降雨量的时空变化规律、成因条件还是一个比较宏观的认识。

利用水文、气象测站降雨资料,根据黄河中、下游区域性强降雨特点(暴雨与强连阴雨),将定性、定量两个方面指标相结合,进行分型,匡算暴雨区面积,长、短轴线长度,降雨总量;运用一般天气学分析原理与方法,分析其形成的天气学条件,用于解释、归纳黄河中游形成较大洪水的降雨地区规律。例如,目前国家气象局每天发布雨带位置预报,包含具体雨带范围及范围内暴雨、大暴雨等级等,各省(自治区)气象部门或水利部门相应的降雨预报,都是在此基础上的进一步细化。目前有卫星、雷达观测资料,在这个预测分析上可以达到有限细化,但离水文预测分析计算的要求,还有不小的距离。由此可见,对面雨量规律认识及分析计算精度的要求,不同学科是不完全一致的。从水文气象学的角度来看这个问题,应兼顾两个学科实际水平及运用的有效性。

这里还需要注意的一个问题，就是水文学中研究暴雨洪水关系时，针对不同的需要，分析内容与方法也不尽一致。在工程设计洪水计算中，通过暴雨来研究特大洪水规律时，要考虑工程所涉及范围大小、降雨基本特性，以及所需要分析的问题等来综合考虑。例如，在研究黄河中游中常洪水变化规律时，需要将近55年黄河中游重要降雨过程逐一筛选出来，还要考虑站点密度变化、位置变化等，力求使筛选过程不仅要有时空降雨定量指标，还必须具有相当的年代一致性。

在分类研究中，应注意避免传统水文分析中涉及雨量分析工作不足的问题：一是忽视本流域降雨过程与大范围降雨过程的联系；二是强调了雨的定量，而忽略降雨的定性特征。

5.2.2 黄河上中游大面积暴雨特性研究[7]

5.2.2.1 大面积日暴雨标准

既要满足水文分析计算需要，又能较充分反映降雨时空分布和其定性、定量特征的分类方法，取决于水文分析与计算中的暴雨规律研究所追求的目标。在进行黄河中游区域性暴雨分类时，需要确定区域性暴雨标准。为此，着重考虑了两个方面的因素：

第一，能比较紧密地反映河龙间、龙三间及三花间较大洪水的主要特点，能反映各区间洪水的形成与遭遇规律。

第二，能反映区域性暴雨时空分布的主要特点，应包含定性、定量两方面特征，有助于全面分析区域性暴雨自身规律。

为此，我们在黄河上游的兰州至河口镇区间和河口镇至花园口区间40多万 km^2 范围，从1∶1 000 000比例、站点密度达1个/500 km^2 的日雨量图（少数为最大24 h雨量图）中，选取了50 mm雨量等值线笼罩面积达1万 km^2 以上的区域性暴雨，称为一个大面积日暴雨。

按照上述大面积日暴雨标准，我们从1954～1982年黄河中游和上游兰州至河口镇区间日雨量图上，筛选出了69个大面积日暴雨，其中暴雨区位置完全落在上游兰州至河口镇区间的仅挑选了5个实例，其余的暴雨落区主要在黄河中游。

5.2.2.2 大面积暴雨分类

按暴雨区分布形式和位置，将这些暴雨分成三类五型。

1. 纬向类

暴雨区（50 mm等雨量线所笼罩的范围，下同）呈纬向带状分布，暴雨中心区呈椭圆形，可为单一的中心或两个以上中心并列分布。

（1）纬北型，暴雨区位于37°N以北，即无定河口以北至阴山南坡，呈东西向带状分布。该类型暴雨区的长轴长度（东西向距离）为160～320 km，短轴长度（南北向距离）为50～120 km。此种类型的暴雨计有670809、710724、770801（暴雨编号的数字先后代表年、月、日，均用二位数编号，下同）等18次。

（2）纬中型，暴雨区位于35°N～37°N，即无定河口以南至泾河、北洛河、汾河中下游、沁河，并可以波及伊洛河下游和三花干流区间，雨区呈东西向带状分布。该类型暴雨区的长轴长度为220～540 km，短轴长度为60～180 km。此种类型的暴雨计有580811、

660721、600704 等 17 次。

(3)纬南型，暴雨区位于秦岭北坡一带，即泾河、北洛河、渭河中下游和伊洛河中上游，有时以不规则的块状呈东西排列。该类型暴雨区的长轴长度为 240 ~ 300 km，短轴长度为 40 ~ 150 km。此种类型的暴雨计有 570714、700829、810821 等 9 次。

2. 斜向类

该类暴雨区呈西南—东北向带状分布，暴雨带长轴与纬线夹角 30°N ~ 60° N。暴雨落区一般多在泾河、北洛河、渭河中上游至黄河中游河龙间，有时暴雨区位置亦可偏于此区的东南至三花间。该类暴雨区的长轴长度为 230 ~ 500 km，短轴长度为 50 ~ 150 km。此种类型的暴雨计有 540902、640812、770705 等 16 次。

3. 经向类

该类暴雨区呈南—北向带状分布，其大暴雨区主要在三花间，暴雨区则延伸至汾河下游、涑水河，再向北可延伸至湫水河与三川河。该类暴雨区的长轴长度为 300 ~ 600 km，短轴长度为 100 ~ 270 km。此类暴雨计有 580716、730706、820729 等 9 次。

5.2.2.3 大面积日暴雨特性分析

1. 各类型暴雨出现概率

纬向类暴雨是黄河中游地区和上游区下段出现次数最多的一类大面积日暴雨，其出现次数占整个暴雨日数的 64%；斜向类暴雨次之，出现概率为 23%；经向类出现次数最少，出现概率仅为 13%。

2. 各类型暴雨区带状特征

大多数个例的暴雨区带状特征是非常显著的，暴雨区的长轴长度多在 250 ~ 500 km，短轴长度多在 50 ~ 180 km。比较各类型暴雨长、短轴特点，以经向类暴雨带长、短轴的长度为最长。在纬向类中，暴雨区长轴与短轴的长度比值随着落区位置由南向北移动，其值增加，这是因为暴雨区位置愈偏北，暴雨区南北间距变得更为狭窄，带状特征表现更为突出。日暴雨型的带状特征与暴雨影响系统的动力结构密切关联，是暴雨的一个重要特征。用这个特征来解释洪水的地区组成关系，也是非常适合的。

3. 一次暴雨过程的降雨时程分布

降雨时间集中、强度大，是大面积日暴雨的一个重要特点。从现有的降雨时段记录和自记记录资料初步整理分析，各类型暴雨中心附近 1 h 降雨量一般可达到 12 ~ 20mm，较大的可达 50 ~ 70 mm，最大的可达 100 mm 以上。因此，往往数小时内降雨量占整个过程降雨量的大部分。降雨量时程分配的集中性，不仅表现在暴雨中心附近，而且在整个暴雨区范围内都有相应的反映。从各类型暴雨统计分析发现，在日暴雨区范围内，降雨量往往集中在 6 ~ 20 h，其量占 3 d 降雨量的 50% ~ 95%。表 5-1 是一个大面积日暴雨的降雨量时程分布典型实例。

在经向类暴雨中，强降雨集中情况有所不同，一场大面积日暴雨可能由数个暴雨中心的几个强降雨量时段组成，使大面积暴雨持续 3 d 以上。例如，1982 年 7 月 29 日至 8 月 1 日在黄河中游连续 4 d 暴雨面积达 40 000 万 km^2 以上，黄河三花间(面积达 41 600 km^2)面平均雨量连续 4 d 超过 50 mm，致使这个区间 5 d 面平均雨量达 264.7 mm。这个数值相当于该区间多年平均年雨量的一半。

表 5-1　典型暴雨降雨量集中时段分析(1967 年)

暴雨区部位	代表站	强降雨时段	历时(h)	雨量(mm)	强降雨时段雨量占 3 d 雨量比例(%)
中心	三井	10 日 6 ~ 12 时	6	108.4	66.3
东	五寨	10 日 6 ~ 12 时	6	92.1	62.7
西	桥头	9 日 22 时至 10 日 14 时	16	116.1	94.8
南	岢岚	10 日 9 ~ 15 时	6	83.6	69
北	八角	9 日 20 时至 10 日 8 时	12	80	58.3
降雨过程起、止日期			8 月 8 ~ 10 日		
强降雨时间			9 日 22 时至 10 日 15 时		
暴雨型			纬向类纬北型		

这场暴雨在三花间有 3 个中心。其中,主中心在石碣,7 月 29 日 22 时至 30 日 12 时期间,每 2 h 降雨量分别为 57.6 mm、105.4 mm、124.6 mm、96.8 mm、103.2 mm、126.3 mm、96.2 mm,7 月 31 日至 8 月 1 日还有两次 2 h 雨量达 20 mm 上下的强雨时段;次中心宫前站 7 月 30 日 0 ~ 2 时雨量达 55.0 mm,31 日 4 ~ 8 时、12 ~ 18 时,8 月 1 日 0 ~ 6 时,8 月 1 日 20 时、2 日 2 时两时段内,每 2 h 降雨量也均在 20 mm 上下,而最强降雨时段出现在 8 月 2 日 20 时至 3 日 2 时时间,每 2 h 降雨量分别达 100 mm、120 mm、140 mm。

持续暴雨过程中,主雨峰出现在过程前半程还是后半程,对洪峰大小影响甚大。目前,对持续暴雨中的降雨时序过程规律了解不多,1963 年 8 月上旬海河持续 7 d 暴雨及 1975 年 8 月上旬淮河持续 3 d 暴雨,最强降雨时段均出现在后半程。

4. 一次暴雨过程的空间分布

在日暴雨区范围内,不仅降雨强度大、时间集中,而且降雨量在空间分布上,也是比较集中的。这可从两个方面来说明:

第一,在各类日暴雨雨量图上,50 mm 等雨量线范围内集中了相当多的雨量。由表 5-2可见,经向类日暴雨笼罩面积最大可达 63 000 km^2,最大降雨总量 60 亿 m^3。斜向类和纬向类的纬中型日暴雨区范围最大可达 50 000 km^2以上,纬北型、纬南型日暴雨区范围最大可达 30 000 ~ 35 000 km^2。这两类日暴雨型中以纬向类的纬南型日暴雨区内降雨总量较小,其最大值仅 22 亿 m^3,其余为 30 亿 ~ 40 亿 m^3。暴雨区范围一般仅占黄河中游地区面积的 2.5% ~ 10% ,但降雨总量则占整个黄河中游同期降雨总量的 50% 以上,一些个例甚至可达 70% 以上。

表 5-2　各日暴雨类型降雨定量特征

暴雨类型	最大暴雨中心雨量(mm)						面暴雨量				
	1 h	6 h	12 h	最大 3 场 24 h			暴雨区距离		最大面积(km^2)		最大降雨总量(亿 m^3)
				1	2	3	长轴(km)	短轴(km)	> 50 mm	> 100 mm	
纬北型	66.5	205.5	324.0	1 400*	408.7	350.7	160 ~ 320	50 ~ 120	35 000	8 700	32
纬中型	108.0		298.0	298.0	229.0		220 ~ 540	60 ~ 180	55 000	8 000	42
纬南型	76.3	105.0	135.7	228.0	143.6	141.1	240 ~ 300	40 ~ 150	32 000	1 000	22
斜向类	80.2	84.0	206.5	219.0	215.2	157.6	230 ~ 560	50 ~ 150	58 000	10 000	34
经向类	137.4	430.1	652.5	734.2	650.0	247.4	300 ~ 600	100 ~ 270	63 000	22 000	60

注:1. * 系调查值。

2. 暴雨区的长、短轴距离是 50 mm 雨量线的平均间距。

第二,在某些类型的日暴雨中,还往往包含了一个特强降雨中心区,其中以 1977 年 8 月 1 日发生在内蒙古乌审旗境内(黄河流域内的闭流区)的暴雨最为典型。日暴雨区范围为 24 650 km^2,该范围内降雨总量 31.9 亿 m^3,而降雨量达 200 mm 以上的强降雨中心区面积仅 1 860 km^2,降雨总量 9.6 亿 m^3,占其 30% 以上。经向类暴雨中,这种现象也是比较突出的,例如 1982 年 7 月 29 日 20 时至 30 日 20 时,在三花间降雨量达 200 mm 以上的强降雨中心区(面积 1 690 km^2)面积占三花间全面积 4.1%,而降雨总量达 6.3 亿 m^3,占同期三花间全面积降雨总量的 17%。这场降水过程最大 5 d 降水分布也有如此特点。其中,一个降雨量达 400 mm 以上强降雨中心区面积仅 1 530 km^2,占三花间面积的 3.7%,降雨总量达 9.15 亿 m^3,占同期三花间降雨总量的 8.3%。

5. 各类型暴雨的发展与移动规律

纬向类、斜向类暴雨大多数是由两个源地向东发展的:一是由四川盆地、甘肃南部、陕西南部发展而来的;二是由兰州附近、川西北一带雨区东移发展而成的。少数是在本区域内形成的。经向类暴雨可以在华北平原形成后,向西发展而成。另外,可能先在淮河上游形成一片雨区,沿伏牛山东北侧山坡向西北方向移动、发展,同时在甘、宁、陕诸省形成一片雨区,东移合并、发展而成。

黄河中游各类型日暴雨形成后,大多向东移动;纬向类暴雨与斜向类暴雨落区位置偏北时,一般向华北北部和东北南部移动;当暴雨区位置偏南时,一般可东移至华北平原中部或在向东扩张的同时,继续向东南方向移动,到达黄淮之间时,雨强也有所减弱。

6. 大面积日暴雨的季节变化

黄河上、中游大面积日暴雨具有一定的季节变化规律。由表 5-3 可见,大面积日暴雨在 4 月上旬便可出现,最晚出现于 10 月上旬。7 月中旬至 8 月中旬为最集中出现时段,约 70% 的大面积日暴雨出现在这段时间内。此外,无论哪一类过早过晚出现的日暴雨个例,其中心雨强、量级或者是暴雨面积和相应降雨总量均比盛夏期间同类型日暴雨要小。

表 5-3　黄河中游大面积日暴雨各旬出现次数统计

暴雨型	4 月	5 月	7 月			8 月			9 月			10 月	合计	占总数比例(%)
	上旬	下旬	上旬	中旬	下旬	上旬	中旬	下旬	上旬	中旬	下旬	上旬		
纬北型			2	3	4	7	2						18	26
纬中型			1	5	2		4	1	3		1		17	25
纬南型	1		2	1		1	1	2				1	9	13
斜向类		1	1	2	3	2	2	2	2	1			16	23
经向类			1	2	3	3							9	13
合计	1	1	7	13	12	13	9	5	5	1	1	1	69	100
各型占总次数比例(%)	1	1	11	19	18	19	13	7	7	1	1	1	100	100

表 5-3 所反映的是各类型暴雨季节变化是否稳定,例如 1958 年 7 月 16 日这样量级的经向类特大暴雨,能否在 7 月上旬,或在 9 月出现,这在确定水库工程汛期不同时期蓄水位时,需要慎重考虑。目前,从气象成因上尚不能就这类问题做出确切回答。但可从以下两个方面做一解释:

第一,表 5-3 反映的黄河上中游大面积日暴雨的季节变化特征,是由 29 年资料概括出来的,反映了大范围的气候规律,为大气环流季节变化规律所支配。

第二,根据现收集到的几百年来黄河水情、雨情、灾情资料,尤其是一些特大洪水出现日期,与现资料反映的规律是一致的。因此,可以初步认为,上述的统计结果是比较稳定的。但从目前掌握的一些情况看,也还确实存在一些疑问。例如,1973 年 7 月 6 日在三花间出现了较典型的经向类暴雨,只是暴雨量级小些。再如 1662 年 9 月下旬至 10 月初,泾渭河出现的大洪水,究竟由什么性质的降雨过程所致,还值得进一步研究。

7. 大面积日暴雨的年际变化

黄河上中游大面积日暴雨出现次数的年际变化较大,平均每年出现 2.4 个暴雨日。1958 年是大面积日暴雨出现最多的一年,出现次数达 9 次之多。而有些年份却一次也没有,如 1968 年、1969 年等。

黄河上中游大面积日暴雨尚有更长期变化特点。对大面积日暴雨年次数系列做功率谱分析,发现有比较显著的 6 年左右周期。另外,不同类型的暴雨也有集中出现的趋势。如 1958 ~ 1967 年期间纬向类纬北型、纬中型暴雨出现频繁,其间出现次数占 29 年相应类型总次数的 58%,且这段时间也正是黄河泥沙较多时期。而后续年份中,这两类型暴雨出现次数显著减少,仅 1975 ~ 1977 年间出现次数相对较多。1983 年以来,这种情况仍在持续。可见,近 20 多年来黄河中游来沙量明显减少,与这两类暴雨次数明显减少有一定关系。

另外,20 世纪 50 年代至 20 世纪末,黄淮海出现较大经向类日暴雨的年份有 1954 年、1956 年、1958 年、1963 年、1968 年、1973 年、1975 年、1982 年和 1996 年,而其中大暴雨区主要落在黄河中游的就有 1954 年、1958 年、1973 年、1982 年。这类暴雨雨型是形成黄河中游三花间特大洪水的唯一雨型,就黄淮海大区而言,出现频繁,应予以重视。

8. 黄河中游大面积暴雨过程承替规律

由于在一年夏季之中,可以出现几个大面积日暴雨,所以就产生了两个大面积日暴雨间隔时间和前后转换关系问题,这不仅涉及一个区间可能形成连续洪水,而且还涉及黄河中游三大区间洪水地区组成与遭遇,故对这个问题研究很有价值。资料统计表明:

(1)在一些大面积日暴雨出现多的年份,往往有同类型暴雨反复出现的情况。例如,1964 年 7 月中旬至 8 月中旬初,接连发生 3 次斜向类暴雨,1967 年 8 月上、中旬则出现了 3 次纬北型暴雨,1982 年 7 月底至 8 月初则出现了持续 4 个经向类大面积日暴雨。

(2)纬向类与斜向类的两个大面积日暴雨间隔时间最短为 3 d。

(3)纬向类与斜向类日暴雨可交替出现,经向类暴雨可以连续 3 ~ 5 d,但在经向类暴雨出现的前后数天内,不会出现较强的纬向类与斜向类大面积日暴雨。

5.2.2.4 大面积日暴雨气象成因

在开展暴雨气象分析时,应注意三方面问题:一是为避免同气象部门重复研究,注意吸取气象部门有关成果;二是设法进一步沟通暴雨气象成因与暴雨特性有机联系,使分析成果落脚到工程水文计算应用上;三是在暴雨气象成因分析中,发挥水文工作者特长,充分利用实测、调查雨洪资料,以及丰富的历史文献中风、雨、洪等相关灾情资料,提高以往仅通过实测资料认识暴雨气象成因的水平。

1. 环流形势

概略地说,黄河上、中游大面积日暴雨的经向类暴雨是发生在经向环流形势下;纬向类和斜向类暴雨则是发生在稳定纬向类或过渡环流形势中。黄河上中游大面积日暴雨主要与以下几个大尺度环流系统有紧密联系:

(1)西风带系统,主要有乌拉尔山阻塞高压、贝加尔湖阻塞高压、乌拉尔山大槽、贝加尔湖低槽和太平洋中部槽。

(2)副热带系统,有西太平洋副热带高压、南亚高压、青藏高压。

(3)热带系统,有南亚和西太平洋热带辐合区、西太平洋台风孟家拉湾风低压等。

上述各系统中,西太平洋副热带高压进退、维持和强度变化同暴雨关系最为密切。它直接影响暴雨带走向、位置、范围和强度等。图 5-1 是典型经向环流形势,由图可见,此时西太平洋副热带高压中心位于日本海,青藏高压也相对比较强,二者之间是一低槽区。当这低槽位于 110°E 时,为黄河中游经向类大暴雨提供了有利的环境场。图 5-2 是典型纬向环流形势,即西太平洋副热带高压呈东西向带状分布时的情况。当西太平洋副热带高压脊线在 25°N ~30°N 或更北,西伸脊点在 105°E ~115°E 时,对黄河中游和黄河河套一带的纬向类与斜向类暴雨是有利的。为了进一步了解西太平洋副热带高压强弱与暴雨带位置关系,在各实例暴雨期前后逐日 20 时 500 hPa 天气图上计算了 30°N、35°N 2 条纬线与 110°E、115°E 和 120°E 3 条经线的 6 个交点处位势高度平均值。计算结果表明:发生斜向类暴雨时,这 6 个点处 500 hPa 位势高度平均值为 589. 7 位势什米;纬北型、纬中型和纬南型暴雨期位势高度平均值分别为 588. 8 位势什米、587. 2 位势什米、585. 6 位势什米。另外,斜向类暴雨多发生在西太平洋副热带高压增强阶段,而纬向类暴雨多发生在西太平洋副热带高压减弱期。

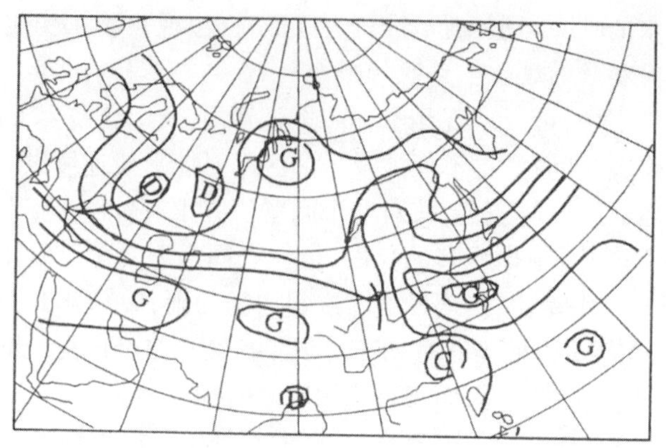

图 5-1 黄河中游径向类暴雨期 500 hPa 环流形势

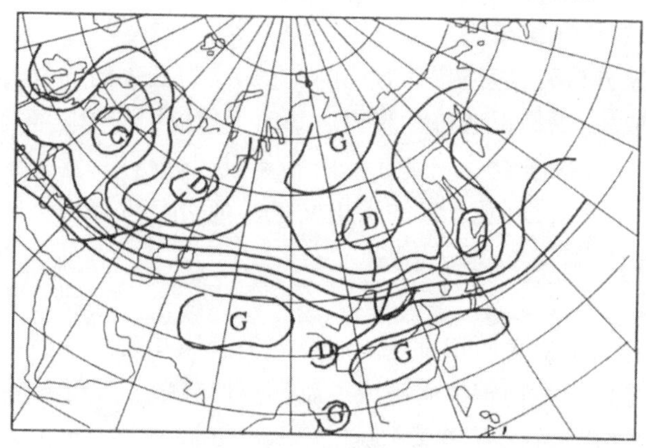

图 5-2 黄河中游纬向类暴雨期 500 hPa 环流形势

2. 暴雨影响系统

根据对黄河上、中游 59 个大面积日暴雨的普查结果，其影响系统在 700 hPa 天气图上表现为南北向切变线、台风低压深入内陆、西风槽、冷切变、暖切变和三合点等六类。各类暴雨影响系统及其产生的暴雨型见表 5-4。至于高原上低涡东移，亦是影响暴雨的一个重要天气系统，但它往往伴随低槽、切变东移，故不再单独列出。

表 5-4 黄河中游大面积日暴雨 700 hPa 影响系统次数统计

影响系统	暴雨型					
	纬北型	纬中型	纬南型	斜向类	经向类	合计
南北向切变线	0	0	0	0	8	8
西风槽	1	0	2	1	0	4
冷切变	2	9	3	6	0	20
暖切变	14	1	0	0	0	15
三合点	0	2	4	5	0	11
台风	0	0	0	0	1	1
合计	17	12	9	12	9	59

3. 六类影响系统主要特征

1) 南北向切变线(见图 5-3)

在 500 hPa 天气图上,西太平洋副热带高压位置偏北,中心在日本海一带,并且稳定少动,青藏高原被高压控制。从巴尔喀什湖一带东移的短波槽可直接并入这两个对峙高压之间的南北向辐合带中,促使辐合加强。在南北向切变线形成的同时,赤道辐合带移至 20°N,导致台风从福建沿海登陆,深入华中,构成了中低纬系统相互作用的形势。在上海—郑州一线形成强劲的低空东南急流,急流上最大风速达 16 ~ 20 m/s 或更大些。在这支急流上并常伴有东风扰动或台风倒槽切变。当它们西移与新的东移冷槽(切变)叠加时,暴雨尤为剧烈。暴雨区位于切变线附近,其范围可包括海河上游,黄河三花间,汾河中下游和山西、陕西北部,以及伏牛山南坡淮河上游、丹江流域。但最大暴雨中心则主要位于黄河三花间中部喇叭口底部环山地带,即陆浑—新安—垣曲—济源一线。典型实例是 1958 年 7 月 16 日和 1982 年 7 月 29 日至 8 月 1 日暴雨。

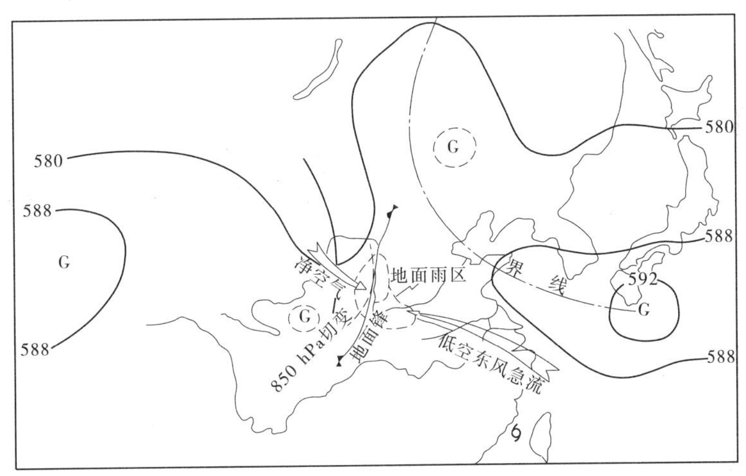

图 5-3　南北向切变线暴雨影响系统综合示意

2) 台风低压深入(见图 5-4)

西太平洋副热带高压中心位于日本海至朝鲜半岛一带,位置稳定,加强西伸。台风在华东登陆后,向西北方向移动,逐渐填塞,变为低气压,可进一步深入到黄河中游。根据近百年来台风路径资料分析,直接深入黄河中游的台风低压仅有 1956 年 8 月 3 日一例。

3) 暖切变(见图 5-5)

华北北部至内蒙古为一移动性高压脊,在它尚未与南侧西太平洋副热带高压合并前,两者之间维持一条近东西向的横切变,在风场上表现为东南风与西南风的横切变。它往往是一次低槽、冷切变的后续过程,在其南侧有时由四川盆地经汉中至关中地区存在一支低空急流。影响黄河上、中游暴雨的暖切变在 36°N 以北,暴雨区在 700 hPa 上切变线附近或偏南处。由表 5-4 可见,它是偏北型的主要暴雨系统,例如 1977 年 8 月 1 日、1967 年 8 月 9 日暴雨均属此类。

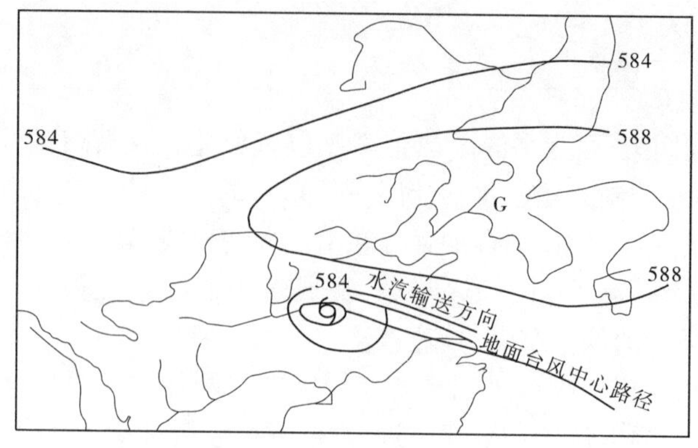

图 5-4　台风暴雨影响系统综合示意

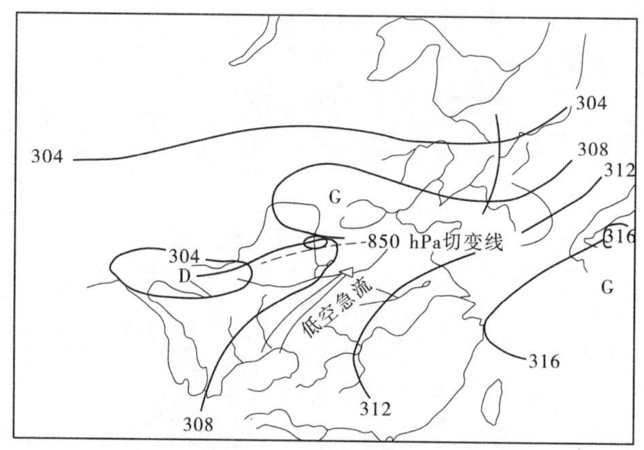

图 5-5　暖切变暴雨影响系统综合示意

4)冷切变(见图 5-6)

冷切变线是在亚洲中纬度纬向气流背景下,700 hPa 上由我国西北东移的冷性小高压与伸向大陆的西太平洋副热带高压之间形成的切变线。在风场表现为偏北气流与偏南气流的气旋性切变。该切变线前身可以是东移冷槽的南段或者是北疆东移的冷性切变。影响暴雨的冷性切变走向为西南—东北或东西向。冷切变线位置可偏北或偏南,在切变线侧存在一支低空西南风急流,经由四川盆地北上。由表 5-4 可见,冷性切变下形成纬中型与斜向类居多。暴雨区多在 700 hPa 与 850 hPa 天气图上的切变线之间。例如 1975 年 7 月 28 日、1958 年 8 月 11 日暴雨均属此类。

5)三合点(见图 5-7)

三合点是东移的低槽切变与原位于黄河中游的暖切变相遇所形成的,接合点处常伴有高原东移的低涡,故有人称之为北槽南涡。在风场上表现为三股气流的辐合,地面天气图上有时伴有锢囚锋。暴雨区主要出现在三合点中心附近。在这类系统影响下,易形成斜向类和纬向类暴雨。例如 1977 年 7 月 5 日的斜向类暴雨、1966 年 7 月 21 日纬中型暴雨、1970 年 8 月 29 日纬南型暴雨便属此例。

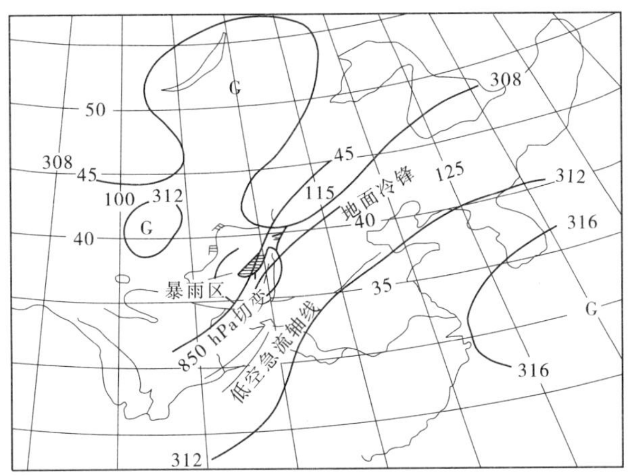

图 5-6　冷切变暴雨影响系统综合示意

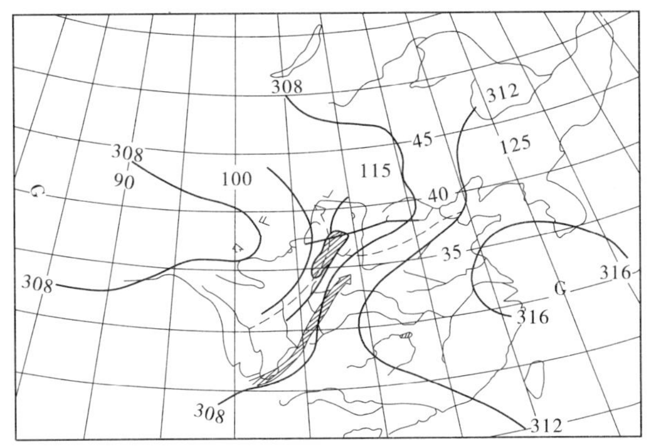

图 5-7　三合点暴雨影响系统综合示意

6)西风槽(见图 5-8)

西风槽与冷切变东移影响过程类似,只是在气压场上呈现出比较明显的低压槽区,槽后冷空气与槽前西南暖湿气流都比较强。在此类系统影响下,产生的大面积暴雨次数少,暴雨面积相对较小,暴雨区位于槽前西南气流中的辐合区内。例如,1974 年 7 月 30 日暴雨便属此例。

4.暴雨影响系统特征对大面积日暴雨的影响

1)暴雨期环流背景特征对暴雨类型与持续时间制约

夏季东亚 500 hPa 天气图上南支急流北抬,与北支急流合并,位于 40°N 附近。高原北部至中亚哈萨克斯坦一带是槽区,亚洲沿岸为脊区,等高线变稀疏,槽、脊强度大大减弱。高空基本气流在 30°N 以北为西风,30°N 以南为偏东风。黄河中游恰好处在高空西风带的南缘,是冷暖空气易于交绥的地带。这是黄河中游全年暴雨集中于夏季的基本背景条件。对暴雨过程而言,在纬向类与过渡型暴雨环流形势下,东亚以纬向环流为主导。纬向环流是夏季居于优势的环流型,依赖于纬向环流而活动的西风带低值系统:冷槽、切变线和低涡活动频繁。显然,由这些天气系统产生的暴雨型应居于多数。表 5-4 的统计

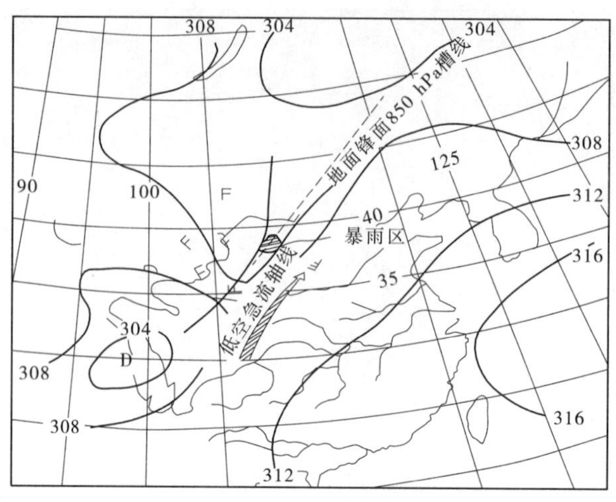

图 5-8　西风槽暴雨影响系统综合示意

结果正是如此。近 30 年来,由它们产生的大面积暴雨占总数的 87%。另外,这些低值系统受纬向环流的制约,以一定的速度自西向东移动,故决定了纬向类与斜向类暴雨历时比较短暂的性质。

经向类暴雨则是大气环流异常经向发展所致。这种环流形势发展,是对平均场的极大偏离。因此,对夏季基本环流形势而言,经向环流的稳定只是相对的、短暂的。这就决定了经向类暴雨较少出现的特征。但从一个经向环流具体过程来看,此时西太平洋副热带高压移至日本海到朝鲜半岛一带,由北疆东移的槽、切变,到达黄河中游,必将受阻而停滞下来,这样又可能造成后续的低值系统在同一地区连续叠加的现象,从而造成一地维持数日强辐合上升运动的条件,形成近南北向分布的暴雨区。这就是经向类暴雨得以维持数日的基本条件。

2)暴雨影响系统类型对暴雨的影响

表 5-4 反映了各类影响系统产生的暴雨型有集中的趋势。南北向切变线和台风形成经向类暴雨,冷切变、暖切变、三合点和西风槽诸类影响系统只能形成纬向类和斜向类暴雨。其中,冷切变多形成纬中型和斜向类暴雨,暖切变则主要形成纬北型暴雨,而三合点则又较多形成纬南型与斜向类暴雨。

为了进一步说明影响系统对暴雨范围的影响,从 59 个大面积日暴雨实例中挑选了暴雨面积达 3 万 km^2 的实例,统计了它们与影响系统的关系,如表 5-5 所示。将该表与表 5-4 对照,可见南北向切变线与台风极易产生暴雨面积大的暴雨过程,其出现概率是 8/9,冷切变出现概率为 8/20,暖切变出现概率为 3/15,而西风槽影响下的暴雨面积都达不到 3 万 km^2。

另外,各类型影响系统形成的大面积日暴雨中,日暴雨面积大于 3 万 km^2 的实例,也多集中在某几种类型。例如,南北向切变线极易产生经向类面积大的暴雨,三合点则主要形成斜向类面积大的暴雨,冷切变易形成斜向类和纬中型面积大的暴雨。

表 5-5　六类暴雨影响系统产生日降雨 50 mm 面积≥3 万 km^2 的暴雨型日数

影响系统	纬北型	纬中型	纬南型	斜向类	经向类	合计
南北向切变	0	0	0	0	7	7
西风槽	0	0	0	0	0	0
冷切变	1	3	1	3	0	8
暖切变	2	1	0	0	0	3
三合点	0	1	1	4	0	6
台风	0	0	0	0	1	1
合计	3	5	2	7	8	25

3）暴雨影响系统动力、热力结构特征对暴雨的影响

日暴雨范围的大小、强度高低，其环流背景条件不仅与暴雨天气系统辐合类型有关，而且更重要的是取决于其温度场、压力场、湿度场结构。表 5-6 和表 5-7 综合了主要几类影响系统产生大面积日暴雨的动力、热力和水汽条件指标。为了进一步分析各类影响系统形成较小与较大面积日暴雨条件的差别，在两表中已将各类影响系统按形成的日暴雨面积量级“大”与“小”，分别选取 3 ~ 4 个实例进行综合。“大”的即强暴雨，日暴雨面积达 3 万 km^2以上，简称“强”；“小”的即弱暴雨，日暴雨面积 1 万 ~ 2 万 km^2，简称“弱”。

（1）由两表汇总的情况可以看出，各实例都具备了产生大面积日暴雨的基本条件。它们是：

①雨区附近的低空是辐合场和气旋性涡度场。从计算的一些实例大尺度散度场结果看，一般在切变线附近存在着相对较大的辐合区。切变线两侧具有温度场、湿度场的水平差异，而且湿度场的水平差异更为突出些，表明暴雨区的发展与能量锋区关系密切。在 500 hPa 天气图上，位于槽前西南气流控制下，一般风速达 12 m/s 以上，强时可达 20 m/s 以上，存在高空辐散条件。由此，在高低空之间存在风速垂直切变。这些均为中小尺度天气系统发生与发展提供了条件。

②切变线附近水汽含量高。绝大多数个例中，850 hPa 和 700 hPa 天气图上，在切变线附近南侧，比湿分别达到 13 g/kg 和 9 g/kg，超过一般暴雨时的标准。另外，偏南气流的作用和切变线附近存在大范围的水平辐合场，使水汽在切变线附近集中。计算 850 hPa 和 700 hPa 两层平均水汽通量可达 5 ~ 8 g/(cm · hPa · s)，表明有较好的水汽辐合条件。特别是存在一支低空急流时，可以造成明显的湿舌和水汽集中。在水汽集中过程中，上升运动使湿层增厚，进一步加大水汽集中程度，而这个过程本身又促使大气层结不稳定发展。

③存在着大气层结不稳定条件。从 850 hPa 天气图上看，暴雨区的假湿球位温 θ_{se}值大于 340°K，K 指数大于 30。这比国外暴雨时的层结不稳定指标要高。另外，850 hPa 和 700 hPa 之间 $\delta\theta_{se}/\delta P<0$，也反映了对流活动发展的条件。

（2）同类暴雨影响系统中“强”与“弱”时各特征值的差别：

表 5-6　各类暴雨系统强与弱时结构特征

影响系统	雨量系统	850 hPa						700 hPa						切变线垂直配置	500 hPa 槽前雨区上空西南风值(m/s)
		风场切变特征	平均辐合量($\times10^{-5}$/s)	切变线两侧平均温度差(℃)	切变线两侧平均露点差(℃)	低空急流		风场切变特征	平均辐合量($\times10^{-5}$/s)	切变线两侧平均温度差(℃)	切变线两侧平均露点差(℃)	低空急流			
						风向	风速(m/s)					风向	风速(m/s)		
冷切变	强		−1 ~ −3	3	3	SW	12	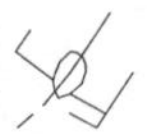	−1 ~ −3	2	4	SW	8 ~ 10	北侧与重合	18
	弱		−1 ~ −3	4	3					3	3	SW			14
暖切变	强	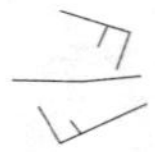	−1 ~ −3	1	6	SW	12			2	5	SW	12	重合	18
	弱		−1 ~ −3	0	1			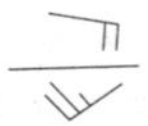		2	3	SW	10	北侧	12
三合点	强	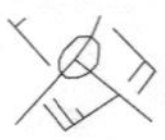	−1 ~ −3	3	4	SW	12			1	4	SW	12	北侧与重合	22
	弱	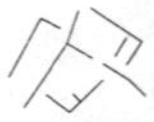	−1 ~ −3	5	2	SW	12			3	3	SW	12	北侧与重合	12
南北向切变	强		−7	2	5	SE	12 ~ 20		−2	1	3	SE	12 ~ 16	重合	SE4 ~ 6
	弱		−2	4	1	SE	12			0	1	SE	12		SE6

表 5-7　暴雨系统强与弱时水汽、不稳定度指标

影响系统	雨量等级	平均比湿(g/kg)		750 hPa 切变线南侧 θ_{se}(°K)	$\frac{\partial\theta_{se}}{\partial P}$(°K/hPa)		K 指数	850 ~ 700 hPa 平均 $(\frac{1}{g}\cdot\bar{v}\cdot q)$ (g/(cm·hPa·s))
		850 hPa	700 hPa		700 ~ 850	500 ~ 700		
冷切变	强	14	10	344	-6		>35	6
	弱	14	10	342	-4		>30	5
暖切变	强	14	10	360	-8		>40	8
	弱	14	10	340	-6		>30	6
三合点	强	16	11	356	-8		>40	7
	弱	15	11	352	-8		>34	3
南北向切变	强	16	8	357	-21	-7	>35	14
	弱	16	11	344	-6	-1	>30	8

①同类暴雨影响系统中“强”与“弱”相比,850 hPa 上前者 θ_{se} 值更大,湿度场水平梯度较大,切变线北(西)侧冷空气较弱,而切变线南(东)侧的暖湿气流强。

②高空槽前西南风更强些。

③从 K 指数达到的数量级和低层 $\delta\theta_{se}/\delta P$ 绝对值较大。

④水汽通量辐合指标看,“强”时水汽集中量更大些。

(3)不同类型影响系统“强”时各特征值的比较:

①南北向切变线。南北向切变线“强”时平均辐合量可达 $-7\times10^{-5}\,s^{-1}$,明显大于其他各类暴雨影响系统“强”时平均辐合量。这主要是由上海—徐州—郑州一线维持一条强东南急流所致,大气层结不稳定条件好。在对流层下层可能出现较强的层结不稳定条件,有时$(\delta\theta_{se}/\delta P)_{700\sim850\ hPa}$数值达 -20 以下,是其他各类暴雨系统难以达到的值。地形条件有利于近地层辐合抬升,切变线位于一级阶地边坡地带,这个阶梯地形促使贴地层偏东气流产生气旋性切变,其较上层气流被强迫抬升,水汽输送与水汽集中条件好。暴雨期在 700 ~850 hPa 气层间切变线东侧水汽通量达 14 g/(cm · hPa · s),比其他各类暴雨相应值大得多,这样结合低层切变线附近良好的辐合条件,势必造成大量的水汽集中。所以,在这类暴雨影响系统作用下,产生的暴雨面积之大,强度之高,暴雨区范围之内降雨总量之多,是其他各类暴雨影响系统难以达到的。

②暖切变。暖切变“强”时,低层切变线偏南侧 θ_{se} 大,切变线两侧干与湿差异显著,故 K 指数和 $\delta\theta_{se}/\delta P$ 绝对值都比较大,而其他条件一般。当这类切变线位置偏于山西、陕西北部时,下垫面裸露,夏季地面感热作用大,高空又易有小股冷空气侵入。所以,形成的暴雨面积并不很大,但往往包含了一个小范围极强的降水中心。

③三合点。这类系统“强”时,500 hPa 槽前西南风强,低层正涡度平流作用较强,其他条件不突出。在这类影响系统下,往往容易形成较大范围的暴雨,但中心强度不会太高。

④冷切变。这类系统“强”时,在 850 hPa 上切变线附近能级最低,θ_{se} 值在 350 °K 以

下，层结不稳定指标较弱。在这类影响系统下，虽能产生4万~5万km^{2}暴雨区，但中心雨量不会太大。

5.2.3 黄河下游大面积暴雨变化规律研究

5.2.3.1 大面积暴雨标准

黄河下游区间系花园口以下区间。该区间主要由金堤河流域、汶河流域组成，另外还包括沿黄一些小支流以及沿黄河两岸大堤以内的滩区，区间总面积仅2万余km^2。

该区降雨强度大、量大的暴雨时段较为集中，故均采用流域群站日平均降雨量达50 mm以上，作为本区间的大面积日暴雨。由于选用站数不太多(金堤河流域选用16站、汶河流域选用25站)，为避免因少数站雨量特大对均值影响较大，还需同时满足达暴雨的站数超半数以上。否则，仍按局部暴雨对待。

由于金堤河流域、汶河流域面积大小相当，日平均暴雨量和其他暴雨特性具有可比性。

5.2.3.2 大面积日暴雨特性

1. 汶河流域大面积日暴雨特性

汶河流域由1957年、1960~1990年共32年中挑选出37个满足标准的暴雨日。暴雨特性主要有以下几点。

1) 降雨强度、暴雨日面平均雨量、过程总量较大

在37个大面积暴雨日中，最大1 d降雨量中心值达247 mm(1975年8月31日蒙阴寨站)，暴雨中心日雨量达200 mm以上实例占总数的10%，达100 mm以上实例占总数的95%。最大1 d面平均雨量104.2 mm(1990年6月17日)，最大3 d面平均雨量达154 mm，最大5 d面平均雨量达191.8 mm。

2) 日暴雨过程仍较集中

表5-8是汶河流域6场典型暴雨1 d、3 d、5 d面雨量统计。可见，多数最大1 d面雨量占相应3 d面雨量的60%左右，最大1 d面雨量占相应5 d面雨量的50%左右。从最大1 d占最大3 d、最大5 d面平均降雨量比例关系看，可分成以下两类：

表5-8 汶河流域典型暴雨最大1 d、3 d、5 d面雨量比较

暴雨过程		暴雨中心			最大1 d	最大3 d		最大5 d	
年份	日期(月-日)	地点	数值	日期(月-日)	数值	数值	1 d/3 d	数值	1 d/5 d
1990	06-17~19	纸房	196.6	06-17	104.2	115.1	0.91	115.1	0.91
1964	08-27~31	泰前	204.6	08-30	100.3	134.8	0.74	178.8	0.56
1957	07-06~10	羊流店	198.7	07-06	89.9	154.0	0.58	178.0	0.50
1975	08-29~09-02	纸房	247.0	08-31	82.6	143.3	0.58	152.7	0.54
1978	06-30~07-04	临汶	122.2	07-01	74.3	153.4	0.48	191.8	0.39
1970	07-23~29	莱芜	154.3	07-29	70.5	131.8	0.53	180.7	0.39

(1)降雨历时短，但强度大，过程雨量主要集中在1 d，如表中1990年6月17~19日

过程。

(2)强度亦较大,但过程雨量较显著分散的持续连阴雨夹暴雨的过程,如表中1978年6月30日至7月4日暴雨过程;或连续2 d暴雨、暴雨间隔出现时也均属此,如1970年7月23~29日暴雨过程。

3)出现暴雨的时间较为集中

由表5-9可见,汶河流域大面积日暴雨最早出现在6月中旬,最晚结束于9月中旬,暴雨多出现在7月,尤以7月的中、下旬出现的频率高。

表5-9 汶河流域逐旬大面积日暴雨各旬出现频次统计

月份	6		7			8			9	
旬	中旬	下旬	上旬	中旬	下旬	上旬	中旬	下旬	上旬	中旬
频次(%)	5.4	2.8	16.2	27	21.6	5.4	0	8.1	8.1	5.4

4)暴雨出现的年际变化大

根据初步普查,1957年、1964年、1970年和1990年每年均出现日暴雨达4个之多,20世纪五六十年代是暴雨出现较多的年段,而32年中又有9年无达到标准的暴雨日,其中7个无暴雨日年出现在七八十年代,而1981~1983年连续3年无大面积日暴雨。

2. 金堤河流域大面积日暴雨特性

按上述标准,金堤河流域从1964~1988年共25年中挑选出20个满足标准的暴雨日,其暴雨特性主要有以下几点。

1)暴雨强度较大,历时较短,总量亦较大

暴雨中心最大24 h雨量达310.6 mm(1963年8月3日五爷庙站),最大3 d雨量达362.1mm(1963年8月3~5日,五爷庙站)。1964~1988年中,日雨量最大达229 mm(1972年7月29日,范县站)。最大1 d面平均雨量达118.4 mm,出现在1984年8月9日,最大3 d面雨量145.1 mm(1967年7月10~12日),最大5 d面雨量达170.0 mm(1974年8月3~7日)。绝大多数暴雨历时为1 d,只有1967年7月10日、11日均出现日面雨量达50 mm以上的情况。

2)暴雨过程集中

绝大多数(约占80%)的暴雨过程中,最大1 d暴雨量占最大3 d雨量的80%以上,少数为持续阴雨夹暴雨的降雨过程。

3)暴雨过程发生时间较集中

金堤河流域暴雨过程发生时间仍以7月居多,见表5-10。

表5-10 金堤河流域逐旬大面积日暴雨出现频次统计

月份	6	7			8			9
旬	下旬	上旬	中旬	下旬	上旬	中旬	下旬	上旬
频次(%)	4.8	23.8	9.5	23.8	14.7	4.8	9.5	9.5

4)暴雨年际变化更为突出

据25年暴雨资料统计,平均每年出现暴雨日数为0.84次,25年中仅有60%的年份出现大面积日暴雨，其中一年出现两个大面积日暴雨的年份也是集中在20世纪六七十年代的1964年、1967年、1970年、1972年、1973年、1974年，而80年代的1981～1988年中有5年未出现大面积日暴雨。

3. 两区大面积日暴雨特性比较

参考有关研究[2]，结合我们对黄淮海地区暴雨特性认识，可以初步认为：汶河流域大面积日暴雨与黄淮、江淮地区的区域性暴雨联系更为密切；金堤河流域大面积日暴雨则兼有黄淮地区及海河流域区域性暴雨的特性。它们的共性表现在两个方面：一是暴雨过程的降雨历时均多为短历时的1 d暴雨，但也有持续阴雨夹暴雨的降水过程；二是两区同期暴雨过程也比较频繁，平均4～5年出现一次。它们特性的差异也有两个方面：一是从各区暴雨的雨型看，汶河流域大面积日暴雨主要为斜向类和纬向类，而金堤河流域大面积日暴雨除上述两类雨型外，还有经向类暴雨型。但因该区位置距其西侧一级阶地100 km，该区经向类暴雨是一级阶地边坡地带经向类暴雨区（主雨区）的边缘部分，故该区暴雨强度、量级、持续历时已较西侧主雨区差别较大。1963年8月上旬海河上中游出现持续7 d的经向类特大暴雨，金堤河流域同期为该雨区的东侧边缘，也出现了连续多日阴雨天气，但该区面平均雨量大于50 mm以上的日期仅有8月3日。二是从大面积日暴雨最早、最晚出现时间看，金堤河流域较汶河流域晚出现1旬、早结束1旬。从暴雨出现时间看，金堤河流域8月出现大面积日暴雨的频次较汶河流域增加较多。这些均反映地理位置稍偏南、偏西的金堤河流域更多呈现海河流域（北方）暴雨的特性。

5.2.4 黄河上中游区域性强连阴雨变化规律研究

5.2.4.1 概述

黄河上、中游除大面积暴雨过程外，还有一类连阴雨过程。这类过程雨强比较小，持续历时比较长。无论从雨强、总量、持续历时、落区位置看，都有其特定的规律。就其季节变化上讲，它也不像大面积日暴雨那样集中在盛夏，而是夏、秋两季均可发生，特别是初秋更为多见。这类降雨过程对黄河洪水的贡献随落区不同有所差异。在黄河上游，它是形成兰州以上地区大洪水和特大洪水的主要降雨类型；在黄河中游的泾河、渭河，它是形成较大洪水的一种重要降雨类型；在三花间它只能形成一般洪水，而且出现的机会要比渭河流域少。

黄河上游兰州以上地区与泾河、渭河和三花间虽处于同一纬度地带，但上、中游高差悬殊，距海远近不一，受大气环流影响不同，影响降雨的天气系统结构不同，故上游兰州以上与泾河、渭河和三花间的连阴雨过程有显著差异。这个差异主要表现在大范围降雨量级和持续历时上。因而，针对它们的不同特点，选取了不同的统计时段，黄河上游用10 d，中游用5 d来控制一个较长连阴雨期间的主要降雨时段（将其达到一定量级标准的命名为“强连阴雨过程”）。至于“强”与“弱”连阴雨界限并非有什么严格标准，只是人为的规定，目的是挑选那些量级较大的连阴雨时段。

5.2.4.2 兰州以上强连阴雨过程

1.强连阴雨过程划分标准

根据兰州以上10个大水年日雨量资料反映出来的特点，对黄河上游强连阴雨过程提出了两条划分标准：

(1)在吉迈—玛曲、玛曲—唐乃亥、唐乃亥—贵德和贵德—兰州的黄河以南几个地区中，至少有一个地区10 d平均降雨量达50 mm以上；

(2)上述几个雨区10 d雨量占各自相应地区15 d雨量的70%以上。

2.强连阴雨过程分类特征

按上述标准共整理出19个强连阴雨过程。为便于分析，根据降水的分布形势和主要降雨落区位置，把上游强连阴雨过程分为两类，即纬向类与斜向类，它们特点分别如下。

1)纬向类

这种类型的强连阴雨与中游秦岭北坡一带降水往往属同一雨区(但中游并不一定达到强连阴雨标准)。兰州以上10 d的雨量达50 mm以上雨区基本上呈东西向分布，黄河上游源区东南部雨量偏大，这是上游最常见的降水场分布类型。根据大雨区位置南、北差异，它又可分为A、B两型。

A型：大雨区偏南，但有时可波及大夏河上游、洮河上游。10 d的雨量图上50 mm降雨面积可达5万～9万km^2，100 mm面积最大可达4万km^2。1981年8月16～25日便为此类典型实例。

B型：大雨区主要落在唐乃亥以上区间，以及洮河、大夏河流域，有时甚至遍及整个兰州以上地区。在10 d的雨量图中50 mm以上大雨区位置与上游年降水量的高值区相吻合，这是上游降水量最强盛的一种雨型，其相应洪水比A型的大。该雨型在10 d的雨量图中50 mm降雨面积可达10万～20万km^2，100 mm面积最大可达5万km^2，兰州站几次大洪水都是这种雨型造成的。例如，1981年9月1～10日、1967年8月21～30日均属此种类型。

2)斜向类

这种雨型降水偏北，黄河上游大雨中心区基本上落在湟水、洮河河谷一带很窄的区域内，呈东南—西北向带状分布。大雨区范围较小，相对比较集中。它也可能是黄河中游偏北的大雨带的西侧部分。这种过程降水量达50 mm以上面积最多达7万km^2，100 mm以上面积只有数千平方千米，小面积日降水量可达暴雨以上量级，这类过程比较少见。例如，1958年7月7～16日便属此例。

3.强连阴雨过程特性

兰州以上地区强连阴雨过程的发生有明显的季节性，最早出现在5月中旬，最晚至9月中旬，7月上、中旬和8月下旬至9月上旬强连阴雨过程出现机会最多。

从每年出现频次看，大水年中一般都可出现2个强连阴雨过程。例如，1981年8月16～25日和9月1～10日、1967年5月12～21日和8月21～30日均为典型实例。

5.2.4.3 黄河中游强连阴雨过程标准与分类

1.强连阴雨过程划分标准

黄河中游强连阴雨过程划分标准有两条：

(1)大范围日雨量达10 mm以上的日数达3 d以上,最大1 d雨量大于25 mm面积在2万km^2以上,但50 mm以上面积小于1万km^2。

(2)在5 d雨量图中50 mm以上面积大于5万km^2。在这一主要区域内5 d雨量占相应最大10 d雨量的80%左右。

2.强连阴雨过程分类特征

我们根据华县站出现较大洪水的9年雨量资料,挑选12个强连阴雨个例进行分析、比较。以主要雨区形状和落区位置为标准,分成纬向类和斜向类两类。它们的主要特征如下:

(1)纬向类。大雨区位于36°N以南的泾洛渭河流域,有时延伸至三花间,大雨区呈东西向带状分布。主要降水中心区往往位于渭河中游至伊洛河上游的秦岭北坡,这是黄河中游常见的一种雨型。在5 d雨量图中,50 mm以上的大雨区面积一般在10万km^2,最大可达12万km^2,100 mm以上的大雨区面积一般在1万km^2,最大可达6万km^2。例如,1981年8月20~24日、1968年9月7~11日便为此类典型个例。另外,在偶然情况下,大雨区出现在偏北的吴堡上、下地带。目前,这类实例很少,暂归此类。

(2)斜向类。大雨区呈东北—西南向的带状分布。有时,其主要降水区紧靠渭河中游一段的秦岭北坡。大雨区基本上在天水—华池—吴堡—静乐一线的东南侧。主中心偏北时常伴有小范围的暴雨区。这类过程强连阴雨区范围较大些。在5 d雨量图中,50 mm面积在10万km^2以上,最大可达20万km^2,100 mm面积最大达到10万km^2。例如,1964年9月9~13日便是此类典型实例。

5.2.5 近年来开展的黄河中游区域性强降雨过程变化规律研究情况概述

5.2.5.1 概述

为深入地研究黄河洪水变化规律,需要了解黄河中游55年来重要降雨过程具体的时空变化特征,以区分各年段中自然因素与人类活动影响因素对中常洪水变化影响的定量关系。

采用泰森多边形法,利用信息技术处理,计算了河龙间、龙三间、三花间以及窟野河、无定河、泾河、渭河、伊洛河等支流区间1952~2006年5月1日至10月31日逐日雨量资料,按不同等级降雨量面积及相应总量进行统计,并按一定标准,归纳了区域性强降雨过程(1 d、3 d、5 d)降雨主要特征量。由此,对区域性强降雨量级、强度、范围等特征指标的年际、年代际变化进行系统对比分析,为研究暴雨变化带来的洪水变化影响,提供了必要的基础条件。

5.2.5.2 成果简介

该成果的主要特点是,筛选强降雨过程的定量指标比较充分、细致,提供了多项系统定量指标系列,包括逐日、过程分类降雨标准范围及相应总量定量指标,为进一步研究洪水、泥沙变化规律提供了基础条件。具体指标有1 d区域降雨总量、各区域大于10 mm、25 mm、30 mm、50 mm、75 mm、100 mm、150 mm、200 mm面积及相应降雨总量,最大3 d 25 mm以上降雨范围超过3万km^2、4万km^2,最大5 d 50 mm降雨范围超过3万km^2、5万km^2的面积与相应降水总量,各区间具体统计标准还有所调整。

为研究其气象成因，提供了比较合适的衔接指标系列（有些部门仅提供区间各历时降雨量指标，降雨空间分布情况被完全掩盖，不利于进一步进行降雨气象成因分析）。例如，对河龙间强降雨过程，根据日 25 mm 面积超过 2 万 km^2、50 mm 面积超过 1 万 km^2 持续日数情况，将强降雨过程分为 3 类，即大面积暴雨类、小面积暴雨类、持续性强降雨类，分类除考虑降雨属性、气象条件外，也与形成的洪水类型有关。

整个降雨系列完整，具有较好一致性，为分析不同年代际重要降雨过程变化提供了基础，也为区分人类活动与自然因素对洪水（泥沙）变化影响研究，提供了可靠条件。

有待改进之处有以下几个方面：三个区间之间，以及主要支流区间降雨定量指标尚未统一归纳，不同年代站点密度、位置对暴雨定量指标系列一致性的影响研究尚有待深入；降雨过程雨量空间分布形势不够清晰；强降雨过程年际、年代际变化的气象成因分析还是一片空白；对其长期演变规律分析尚未进行；关于如何全面、客观评价对洪水（泥沙）变化影响的研究，有待进一步深入。

5.2.6 河龙间区域性强降水研究成果简介

5.2.6.1 概述

黄河河龙间流域面积 111 591 km^2，流域平均宽度 218.8 km，南北跨 5.5 个纬度（40°16′N ~ 35°40′N），该区间主要是广阔的黄土高原，土质疏松，地形破碎，水土流失严重，支流水系特别发育，是黄河中游洪水的一个重要来源区，也是黄河粗砂的主要来源区。

总体来看，该区日 25 mm 面积超过 2 万 km^2 的区域性较强降水过程历时一般不超过 2 d。区域性日暴雨面积多在 1 万 ~ 3 万 km^2，但个别可达 8 万 km^2，其历时更为集中，多为 1 d，仅很少部分过程可维持 2 d。近 30 年来，伴随气候回暖，该区年、季降雨量发生一定变化，暴雨次数、量级、时间等也均有所变化，

该区暴雨强度大、历时较短、范围较小，而 20 世纪五六十年代雨量站点较少。为对该区近 60 年来区域性暴雨变化规律进行定量分析、比较带来一定困难。采用泰森多边形法，利用信息技术处理，统计计算了河龙间 1952 ~ 2006 年 5 月 1 日至 10 月 31 日逐日雨量资料，按不同等级降雨量面积及相应总量进行统计，并按一定标准，归纳了区域性强降雨过程（1 d、3 d）降雨主要特征量，并将多站年份按早期少站年份资料条件，也进行了全面计算，以此检查、分析因站点稀疏对面雨量计算成果的影响。由此，对区域性强降雨量级、强度、范围的年际、年代际变化及最大典型实例对比进行了综合分析，并就气候回暖变化影响问题，对该区区域性暴雨及局地暴雨与气温变化关系进行了初步探讨。

5.2.6.2 强降雨过程面降雨量的气候学特征

表 5-11 统计了 55 年河龙间最大 1 d、3 d、5 d、7 d 面平均雨量均值及最大、最小值。由表 5-11 可见，平均最大 1 d 面雨量达 31.42 亿 m^3，占年平均降雨总量 482.4 亿 m^3 的 6.51%，其平均雨深 28.16 mm，已相当于全区 11 万 km^2 面积上均达大雨以上降雨标准。该区区域性暴雨历时较短、强度大，随时间增长其增加量迅速递减，反映降雨短时间的集中性比较突出，多年平均最大 1 d 降雨量达 31.42 亿 m^3，而最大 2 ~ 3 d、4 ~ 5 d、6 ~ 7 d 的逐日降雨增加量，分别仅为 9.36 亿 m^3、6.78 亿 m^3、5.28 亿 m^3。区域性降雨强度大、面积大、降水总量大的较极端降雨过程也反映了类似特点，如表 5-11 中所示，2001 年为多年 1

d、3 d、5 d 区域性降水最大实例,其最大日面降雨总量与其最大 2～3 d、4～5 d 逐日降雨增加量,仅相差 9.78 亿 m^3、7.81 亿 m^3;值得注意的是,在 1954 年的降雨过程中,6～7 d 逐日降雨增加量达 11.36 亿 m^3,故对一些大值面暴雨过程,在降雨历时至 6～7 d 时,还可能再次出现较大降雨的情况。

表 5-11 河龙间面雨量特征值统计

项目	最大 1 d		最大 3 d		最大 5 d		最大 7 d	
	平均雨深(mm)	降雨总量(亿 m^3)	平均雨深(mm)	降雨总量(亿 m^3)	平均雨深(mm)	降雨总量(亿 m^3)	平均雨深(mm)	降雨总量(亿 m^3)
平均	28.16	31.42	44.93	50.14	57.08	63.70	66.56	74.27
最大	65.41	72.99	82.93	92.54	96.92	108.15	117.28	130.87
出现年份	2001		2001		2001		1954	
最小	13.40	14.95	23.13	25.81	25.59	28.56	27.22	30.38
出现年份	1999		1952		1965		1965	
最大/最小	4.88		3.59		3.78		4.31	

5.2.6.3 区域性强降雨过程的基本特征分析

1. 区域性强降雨过程的筛选标准

河龙间区域性强降雨过程的基本特点是,中雨(25 mm)以上雨区范围可达区间面积 20% 以上,区间主雨日降雨总量一般可达 22.8 亿 m^3,25 mm 雨区范围降雨总量可达 16 亿 m^3以上,并多伴有暴雨出现,25 mm 以上降雨面积超过 2 万 km^2 日数多为 1 d,少部分可持续 2 d(个别可达 3 d),而一般区域性降雨过程可维持 3 d 左右。

为研究河龙间较大洪水形成与变化规律,根据该区间夏季一次降雨过程范围较大,形成的降雨强度较大、持续历时较短、较强降雨过程多不超过 3 d 的特点,综合考虑面降雨强度、范围、持续时间,提出以下 2 个筛选条件,凡满足其中一个条件,即确定为一次区域性强降雨过程:①日降雨量 25 mm 面积超过 2 万 km^2;②日降雨量 50 mm 面积超过 1 万 km^2。连续 2 d 或 3 d 均满足其中 1 个条件的,则合并为 1 个过程,一次区域性强降雨过程时间按 3 d 计。

2. 区域性强降雨过程分类与典型特征

对仅主雨日满足强降雨过程标准的,按主雨日 50 mm 以上降雨面积是否达 1 万 km^2,分为大面积暴雨强降雨过程与小面积暴雨强降雨过程,分别简称大面积暴雨(型号 1)、小面积暴雨(型号 2);将日 25 mm 降雨面积达 2 万 km^2或 50 mm 日面积达 1 万 km^2以上持续日数达 2 d 的过程,划分为持续性大面积暴雨和大雨强降雨过程,简称持续性强降雨过程,将其中满足连续 2 d 50 mm 面积均超过 1 万 km^2称为持续性大面积暴雨(型号 3);将连续 2 d 25 mm 面积大于 2 万 km^2的过程称为持续性大雨(型号 4);将连续 2 d 中 1 d 25 mm 达 2 万 km^2,另 1 d 50 mm 达 1 万 km^2的过程称为持续性大雨与暴雨(型号 5)。各类典型特征量见表 5-12。

表 5-12　河龙间各类区域性强降雨分类典型实例

典型		项目	区间降雨总量（亿 m³）	1 d>25 mm		1 d>50 mm		1 d>100 mm		3 d>25 mm	
型号	次数			面积（万 km²）	雨量（亿 m³）	面积（万 km²）	雨量（亿 m³）	面积（万 km²）	雨量（亿 m³）	面积（万 km²）	雨量（亿 m³）
1	81	平均	26.54	4.38	21.65	1.76	12.39	0.28	3.54	6.22	34.47
		最大	56.81	9.61	53.07	5.04	45.91	2.29	29.87	10.56	71.15
2	124	平均	19.86	3.24	12.14	0.47	2.93	0.11	1.27	5.84	26.54
		最大	34.15	7.10	27.12	0.99	8.33	0.29	3.57	10.51	55.33
3	5	平均	24.5	3.59	18.94	1.68	11.91	0.20	2.72	7.38	48.43
		最大	44.28	7.47	41.43	3.93	27.75	0.44	5.37	10.95	76.06
4	16	平均	19.21	3.38	12.34	0.38	2.35	0.002	0.02	7.16	37.59
		最大	29.27	5.88	21.90	0.80	5.17	0.002	0.02	9.74	53.88
5	17	平均	28.04	4.04	23.02	2.07	14.56	0.26	2.88	7.40	47.15
		最大	72.39	10.10	70.90	7.91	63.25	0.87	9.63	10.52	90.41

3. 区域性强降雨过程的基本特征

（1）5～10 月均可出现，但主要出现在 7～8 月。55 年中共筛选出 243 个区域性强降雨过程，8 月最多，出现概率达 36.4%；7 月次之，为 35.1%；9 月、6 月出现概率分别为 13.2%、10.3%；5 月、10 月出现概率小，分别为 3.3%、1.7%。

（2）区域性强降雨过程中，以小面积暴雨居多，共筛选出 124 个实例，占全部强降雨过程的 51.0%；其次为大面积暴雨过程，共筛选出 81 个实例，占全部实例的 33.3%；持续性大面积暴雨共筛选出 5 个实例，仅占全部实例的 2.0%，持续性大雨 16 个、持续性大雨和暴雨 17 个，分别占总数的 6.6%、7.1%。

（3）区域性强降雨过程中主雨日各等级降雨范围、总量以大面积暴雨、持续性大面积暴雨及持续性大雨和暴雨类为大。小面积暴雨及持续性大雨则小得多，具体见表 5-12。

（4）区域性强降雨过程降雨量大、强降雨区内降雨量的时空集中性强。从 55 年平均看，整个区间每年平均出现 4.4 个强降雨过程，全部强降雨过程的主雨日年降雨总量平均达 102.86 亿 m³，占该区间多年 5～10 月共 184 d 的平均降雨总量的 24.2%，其中多年平均年 4.4 个主雨日大于 25 mm 范围内总降雨量 73.54 亿 m³，占相应全区降雨总量的 71.5%，占 5～10 月全区降雨总量的 17.3%，而多年平均主雨日大于 25 mm 范围仅 3.73 万 km²，占全区域的 33.4%。

另外，多年平均年强降雨过程主雨日大于 50 mm 范围仅占相应大于 25 mm 范围的 29.5%，但相应降雨量则占 46.1%。强降雨过程主雨日大于 25 mm 范围内年平均总降雨量占相应 3 d 过程大于 25 mm 雨区范围降雨总量的 57.8%。

（5）区域性强降雨的范围、降雨总量变化幅度大。表 5-13 统计了河龙间 55 年强降雨过程主雨日各等级降雨范围及其相应降雨总量的平均值、最大值与最小值。可见，各实例中，不同等级降雨范围与相应总量随降雨量等级增加，降雨范围与相应总量的变动范围明显加大。如大于25 mm降雨区均值面积最大值与均值比值为2.7，相应降雨总量比例为4.3，而大于50 mm时，两个比例分别达7.2、8.4，当大于100 mm时，两个比例分别达到7.9、10.1。可见，该区间不同等级强降雨过程的范围、总量、强度差别大，则各实例对形成区间洪水的贡献应差别明显。

表5-13　河龙间强降雨过程主雨日各等级降雨量面积、雨量均值、极值比较

项目	区间降雨总量（亿 m^3）	>25 mm		>50 mm		>100 mm	
		面积（km^2）	雨量（亿 m^3）	面积（km^2）	雨量（亿 m^3）	面积（km^2）	雨量（亿 m^3）
多年平均	22.81	3.73	16.31	1.10	7.52	0.236	2.961
最大	72.39	10.10	70.90	7.91	63.25	2.289	29.87
最小	10.36	1.31	6.46	0	0	0	0

（6）强降雨过程雨型主要呈东西向分布，也有与龙门—三门峡区间或三花区间相连，呈东北西南向或南北向分布，一般沿分布方向具有一定带状性特征。各强降雨中心落区位置可遍及39°N以北，至37°N以南。

4. 区域性强降雨过程年际与年代际变化

（1）强降雨过程出现频次存在递减情况，但年际、年代际出现频次呈一定波动。55年来河龙间强降雨过程逐年次数变化呈弱递减趋势，但相关显著性检验未达到 $a=0.10$ 的标准。由强降雨过程及其中大面积暴雨过程各年段、年代出现频次情况统计表明，1952～1959年、1960～1969年、1970～1979年、1980～1989年、1990～1999年、2000～2006年年均出现强降雨过程频次分别为5.1、4.4、5.1、3.7、4.0、4.1；其中，出现大面积暴雨的年均频次分别为1.9、2.3、2.7、1.4、1.5、2.0，故从总体来看，20世纪80年代以来，河龙间区域性强降雨以及其中的大面积暴雨频次有所减少，其中80～90年代最为突出。

（2）强降雨过程各降雨等级范围面积与相应总量年代际均值变化关系比较复杂。20世纪50～90年代，各等级降雨面积与相应平均降雨量基本呈递减趋势，但至21世纪的7年平均量有明显增加。但只有大于100 mm雨量的范围及总量均值，仍以60年为最大，80～90年代为最小，具体见表5-14。

（3）利用年出现强降雨频次、强度、范围的综合影响指标（如年历次强降雨过程主雨日雨量大于25 mm、雨量大于50 mm，3 d雨量大于25 mm范围内降雨总量等），分析其年际变化，均呈弱线性递减趋势。图5-9是其中3 d雨量大于25mm范围内年降雨总量的逐年演变曲线，其线性递减相关系数为0.20，尚不满足 $a=0.10$ 的临界值，其他2个指标均如此情况。

表5-15比较了河龙间各时段强降雨过程主雨日、相应3 d的年总量均值的变化。由表可见，20世纪六七十年代强降雨过程中主雨日频次较多、雨量较大量级范围的降雨强度与范围较大，故相应年际总量均值水平较高。八九十年代各指标数量最小，反映这20

年间平均强降雨过程频次少、降雨强度小、强降雨范围小，而到了21世纪初，情况又有所反转，各种指标呈较明显增加趋势。从强降雨过程主雨日与相应过程3 d区间及大于25 mm范围年降雨总量均值水平变化看，20世纪50～90年代呈递减趋势与主雨日几个指标的变化基本一致，2000～2006年3 d区间及大于25 mm范围年降雨总量均值水平虽较20世纪90年代有所增加，但尚不及1952～1979年均值水平。这与7年来雨强有所增加，较强降雨持续时间较短有关。

表5-14 河龙间各时段强降雨系列特征指标均值比较

雨区范围	项目	各时段强降雨主雨日各范围与相应总量特征量均值					
		1952～1959年	1960～1969年	1970～1979年	1980～1989年	1990～1999年	2000～2006年
河龙间	总量(亿 m^3)	22.36	21.88	22.33	23.05	22.27	26.25
>25 mm	面积(km^2)	3.94	3.50	3.55	3.75	3.70	4.11
	总量(亿 m^3)	16.63	16.08	15.76	15.65	15.58	19.13
>30 mm	面积(km^2)	3.01	2.74	2.74	2.80	2.78	3.24
	总量(亿 m^3)	14.09	14.01	13.53	13.06	13.07	16.74
>50 mm	面积(km^2)	1.02	1.19	1.06	0.93	1.00	1.52
	总量(亿 m^3)	6.72	8.28	7.29	6.14	6.65	10.95
>75 mm	面积(km^2)	0.54	0.48	0.38	0.29	0.35	0.78
	总量(亿 m^3)	4.12	4.55	3.90	2.62	3.29	7.48
>100 mm	面积(km^2)	0.35	0.35	0.20	0.12	0.16	0.32
	总量(亿 m^3)	4.23	4.40	3.04	1.40	1.95	3.66

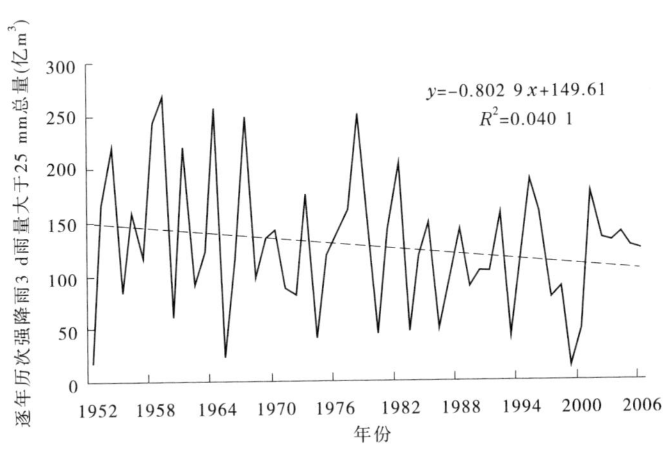

图5-9 河龙间各年次强降雨过程3 d雨量大于25 mm雨区内降雨总量演变曲线

表 5-15 河龙间各时段强降雨过程主雨日、相应 3 d 各范围降雨总量均值比较

时段	年主雨日各范围内降雨总量(亿 m^3)				3 d 降雨总量(亿 m^3)	
	整个区间	>25 mm	>50 mm	>75 mm	整个区间	>25 mm
1952 ~ 1959 年	114.6	20.2	28.6	9.78	186.0	159.7
1960 ~ 1969 年	100.7	16.1	35.9	13.6	163.0	136.4
1970 ~ 1979 年	118.4	18.8	37.2	12.5	170.5	134.5
1980 ~ 1989 年	89.9	14.6	22.1	6.54	134.3	108.2
1990 ~ 1999 年	89.1	14.8	23.3	7.56	136.2	104.5
2000 ~ 2006 年	108.7	17.0	39.1	17.1	153.2	125.5

5.2.6.4 气温变化与河龙间强降雨过程变化关系

当前气候回暖情况下,我国各地旱、涝极值事件出现频率有所增加,特别是一些小区域暴雨极值事件频频出现,河龙间暴雨变化是否也出现类似情况是我们关心的问题。表 5-16以榆林、延安、临汾三站 1951 ~ 1980 年 7 ~ 9 月地面平均气温为基准,统计了各年代相应站气温距平,以此做一个背景情况,分析气温与区间强降雨过程变化关系。

表 5-16 河龙区间各年段、年代与基准年段 5 ~ 10 月、7 ~ 8 月的地面气温距平

(单位:℃)

月份	各年段、年代不同月份气温与 1952 ~ 1979 年同期气温的距平					
	1952 ~ 1959 年	1960 ~ 1969 年	1970 ~ 1979 年	1980 ~ 1989 年	1990 ~ 1999 年	2000 ~ 2006 年
5 ~ 10	0	0.1	0	-0.2	0.5	1.1
7 ~ 8	0.1	-0.1	0	-0.5	0.5	0.7

由表 5-16 可见,前 3 个年段 5 ~ 10 月、7 ~ 8 月气温年代变化小,20 世纪 80 年代气温还有所降低,90 年代气温明显升高,近 7 年气温升幅度还大于 90 年代。对比各年段夏季气温的变化与河龙间强降雨变化关系有以下几点认识:

(1)河龙间强降雨变化与气温升降变化关系并不单一。对照河龙间各年段、年代强降雨频次、强降雨过程主雨日、过程不同降雨范围平均面积、平均降雨总量,以及相应年总量指标看,20 世纪八九十年代气温变化趋势相反情况下,均呈减小、减少情况,而将 20 世纪 90 年代与 21 世纪初期 7 年情况比较,在气温持续回升的情况下,反映强降雨特征的各项指标,又出现增加的情况。可见,20 世纪 90 年代以来气温回暖背景下,河龙间区域性强降雨变化情况更多样化。

(2)在气温回暖背景下,我国不少地区呈现的旱、涝极值事件的频率有所增加,20 世纪 90 年代以来河龙间强降雨过程"极值"事件出现情况也不容忽视。对照河龙间各年代最大强降雨典型过程的出现情况看,以 2001 年 8 月 18 日强降雨过程与 1964 年 8 月 12 日强降雨过程最为典型。由表 5-17 可见,在主雨日全区以及 25 mm、50 mm 范围,3 d 25 mm 雨区内降雨总量，均以 2001 年 8 月 18 日个例最大，只有 100 mm 雨区范围与相应总量以 1964 年 8 月 12 日个例为最大，故 2001 年 8 月 18 日个例中，日暴雨区范围特大、总量特大的情况，也是该区域大面积暴雨极值事件的一种表现。

表 5-17　1952 ~ 1989 年与 1990 ~ 2007 年段最大典型强降雨特征指标比较

出现时间（年-月-日）	日全区	日雨量大于 25 mm		日雨量大于 50 mm		日雨量大于 100 mm		相应 3 d 雨量大于 25 mm	
	总量（亿 m^3）	面积（万 km^2）	总量（亿 m^3）	面积（万 km^2）	总量（亿 m^3）	面积（万 km^2）	总量（亿 m^3）	面积（万 km^2）	总量（亿 m^3）
1964-08-12	56.8	6.44	53.1	4.57	45.9	2.29	29.9	7.60	64.0
2001-08-18	72.4	10.1	70.9	7.91	63.2	0.87	9.63	10.5	90.4

（3）夏季地表气温高，对处于干旱和半干旱的黄土高原上的河龙间，植被少，地表裸露面积大，夏季受太阳辐射作用影响大，近地层气温增幅大，为该区夏季较强对流天气出现提供了有利条件，如 2002 年 7 月 3 日清涧河子长站降雨量达 171.8 mm，1998 年 5 月 20 日盘河关庄站降雨量达 211.6 mm 的情况均可视为局部特大暴雨的极值事件。为进一步说明气温回暖中河龙间暴雨的一些变化规律，在剔除所有区域性强降雨过程下，筛选出日 50 mm 面积在 0.1 万 ~ 1 万 km^2 的小面积暴雨日，经统计分析，6 个年代小面积暴雨出现频次依次为 4.5、6.1、5.3、5.0、4.9、8.4。由此可见，21 世纪初 7 年来小面积暴雨频次明显增多，这可能导致局部山洪频繁发生，需引起重视。

5.2.7　运用雨情、洪情、灾情历史文献资料的水文气象分析研究[7-8,11-15]

5.2.7.1　概述

实测暴雨分类成果，对分析、归纳历史雨洪资料特点，加深对洪水形成的基本规律认识，可能起到意想不到的作用。例如，过去根据历史洪水调查，以及历史文献有关雨情、水情、灾情认识，提出的“下大”洪水概念，是直接从主要产洪区间来归纳的，这也是水文分析传统方法，1761 年 8 月 14 ~ 18 日黄河三花间特大洪水就是这类洪水典型过程。但通过雨型分类基础研究后，特别是加入降雨过程气象成因条件分析，认为这类过程应为经向类暴雨类型，则应同时在汾河中下游有暴雨反映。结果进一步查阅历史文献资料，《新安县志》载“七月十五日至十九日暴雨五昼夜不止”，三门峡—小浪底区间支沟东洋河口碑记载“大雨极乎五日”，《沁阳县志》载“七月十四至十六日昼夜大雨如注”。山西省历史文献记载：“望后连日大雨低洼之地被水淹没……被水州县中文水、临汾、赵城、猗氏、介州、安邑、夏县、绛州等八州县情形略重。晋省地方于七月十五、六、七等日大雨连绵，河水涨发，一时宣泄不及，临近汾河之太原、文水、榆次、徐沟、平遥、灵石、赵城等县，濒河地亩被水漫溢，土房间有坍塌，据汾州府之汾阳、介休、孝义三县，平阳府属之临汾、襄陵、岳阳三县蒲州府属之猗氏、虞乡二县，介州直属并列属之按邑、夏县、绛州直属的稷山县均因七月……”。另外,从东南沿海历史文献中查到同期还有台风沿浙江沿海北上的信息。这进一步印证了实测暴雨洪水及气象成因分析成果的普遍性与稳定性,将这类大洪水的重现期向前延伸了200年,这为论证三花间特大洪水成果提供了比较坚实的基础。

还有在实测暴雨洪水基本规律分析基础上,借助相应气象分析认识,来全面整理明清以来历史文献中有关水情、雨情与灾情资料,对近几百年来黄河上中游雨洪特性有了比较全面认识。

何为历史暴雨?一般分为两个时期来说:一是20世纪上半期(近代)发生的暴雨;二是20世纪以前的暴雨,主要指明清时期发生的暴雨。由于这两个时期在有关暴雨信息资料种类上存在很大差距,分析内容、方法以及结果均有很大不同。就研究近代暴雨而言,因该期间除一些雨情、水情、灾情的文献(县志、报刊)记载外,可获相当的实地洪水调查结果,还有一些零星气象资料(汉口、西安、兰州、上海、北京等)和天气图资料(徐家汇、北极阁气象台的东亚地面天气图,美国北半球3 000动力米高空天气图,徐家汇气象台的东亚台风路径图等),均可供分析之用。因此,采用这个时期的资料,不仅能对暴雨过程作较深入分析,还可能对暴雨期环流形势、影响系统作一些推测研究。就黄河中上游20世纪以前的暴雨而言,因黄河流域有悠久文明,历史上留下了许多有关雨情、水情、灾情等史料,清代以来尤为丰富,特别是1709年、1736年先后在黄河上游青铜峡、中游陕县(今三门峡)设立水尺志桩,观测至20世纪初,断续有百余年水尺报涨资料,这为研究历史暴雨一般规律和少数特大暴雨特点提供了有利条件。

虽然不同时期能获取的信息条件不同,分析内容、方法以及结果均有很大不同,但是一些基本的分析原则是一致的。这主要有以下三个方面经验可参照:

(1)广泛收集历史文献资料时,要以对实测暴雨规律的认识为基础,以现代水文学、天气学原理和分析经验为指导,将研究区(流域)放在一更大范围内来进行。例如,1973年我们在研究黄河中游三花间特大暴雨规律时,从收集到的本流域历史史料中,发现1761年8月中旬有持续5昼夜的强暴雨,该区出现的洪水为数百年来最大。根据本流域实测暴雨规律研究,要形成本区特大洪水的暴雨型,应是经向类暴雨。这样,在汾河中下游同期也应有大暴雨发生。按此线索,在查找汾河中下游历史水旱史料中,果然也找到了同时遍及汾河中下游各州、县大暴雨、洪水及洪灾记载。这个资料的发现,印证并扩充了对黄河中游三花间特大暴雨规律认识。

(2)对收集的史料要进行必要的鉴别、筛选,去伪存真,引用史料时要直接引用原文,切忌人为加工史料,更应避免拔高史料原含义。

(3)充分运用同类信息和不同类信息的地区综合分析。因为暴雨、大暴雨往往是遍布一个相当大的范围,因此通过跨地区、大范围暴雨信息整理,可对一场暴雨空间分布有一较完整认识。例如,我们利用大范围雨情、水情和涝灾史料记载,将1761年8月14~18日暴雨区较完整的拼接出,构画一区域性经向类暴雨。按同样的思路与方法,可拼接出1668年8月上旬海河中上游持续7昼夜的经向类大暴雨过程,非常类似于1963年8月上旬海河中上游的暴雨过程。再如,利用调查1933年8月上旬黄河中游泾河、洛河、渭河和延水等河流洪峰流量及出现时间,根据该区降雨—径流关系,反推出最大1 d、5 d暴雨等值线图。

将不同类信息进行地区综合分析，是需要具备一些必要的水文气象知识的。例如，暴雨与洪水资料的拼接，需针对流域产汇流特性来予以处理，因为湿润地区与干旱地区、蓄满产流与超渗产流对暴雨的响应是不同的。将一地暴雨与另一地的高温、干旱信息加以综合，是根据我国北方暴雨主要出现在西太平洋副热带高压边缘，在高压控制区是高温少雨区。再者，夏季某一类天气过程可稳定一段时间。当黄河中下游出现区域性暴雨时：暴雨区呈纬向或斜向分布时，其偏南侧的黄淮地带必然为高温少雨（干旱）；暴雨区呈经向类时，华北平原则为高温少雨（干旱）区，东南沿海可能有台风登陆。按照这个线索收集和整理有关地区暴雨史料，将得到更为完整的认识。例如，在收集1761年8月中旬经向类暴雨史料中，从江浙巡府给皇帝的奏折中，记载了同期飓风经钱塘江口北上至山东省南部等地大风出现时间和风向，勾画出暴雨期沿华东诸省一个台风北上过程。这与我们对经向类暴雨天气过程中，台风活动规律的认识是一致的，从而加深了对1761年8月中旬黄河中游经向类大暴雨过程特征的认识。

5.2.7.2 水文气象综合分析成果简介

1.黄河上游

利用1709～1910年青铜峡志桩资料，结合上游历史雨情、洪情、灾情记录，对清代以来近230年黄河上游洪水特性及其相应降雨特性与现近特点做了简要对比分析。可推测近几百年来，黄河上游主要产洪区降雨的基本特点与现代情况是基本一致的。黄河上游洪水仍然是由大面积连阴雨形成的。但在降雨季节上还有些不同。如雨季集中时段以7月、8月为主或是7月、9月双峰形的特点是不稳定的；异常降雨过程最早、最晚出现时间还可能较实测提前或推迟1旬以上，异常降雨过程的降雨量级还要更大些。

2.黄河中游

1）河口镇—三门峡区间

据《陕西省自然灾害史料》记载，从唐代开始共发生了32次全省范围涝灾，并指出："其中多数为连阴雨造成的水灾，少数为暴雨造成的山洪暴发，河流泛滥"。从水涝年份雨情记载看：一是"大雨倾盆""大雨如注""迅雷大雨"，当出现这类记载时，往往随后紧接着有涨水记载，表明这是强度比较大的暴雨洪水类型；二是"淫雨四十日""夏大雨六十日""淫雨弥月"，这类记载多见于关中地区，除有"平地涌水，井泉皆满"之说法外，常伴有渭水泛涨记录。从雨情记载与洪水涨落情况看，后者降雨强度要小于前者，而阴雨时间要比前者长得多。前者显然是区域性暴雨，后者则是较强的持续连阴雨过程。表5-18是陕北、关中地区典型水涝年份雨情择录对照表。由表可见，除进一步说明上述结论外，还可以反映出地区差异。陕北地区明确记载"大雨如注"持续天数仅有1890年的2 d，但关中地区却有"大雨如注者数日"的反映。对此，我们虽不能简单地认为陕北地区持续暴雨只能在2 d以内，而关中地区可以连续数日，但至少可以认为陕北地区一般较强降雨持续历时要比关中短些。从淫雨记载时间看，陕北地区除偶见淫雨弥月记载，一般也很少有淫雨浃旬记录，而关中地区"淫雨四十天""淫雨二月"记载屡见不鲜。上述史料记载表明，历史上留给前人的印象就是陕北与关中相比，降雨阵性比较强，降雨持续历时短。这个区域性降雨基本特点与近代雨量观测资料分析结论是完全一致的。

表 5-18　陕北、关中地区典型水涝年份雨情和水情摘录对照表

<table>
<tr><th rowspan="2">地区</th><th colspan="3">暴雨</th><th colspan="3">连阴雨</th></tr>
<tr><th>年份</th><th>地点</th><th>雨情、水情摘录</th><th>年份</th><th>地点</th><th>雨情、水情摘录</th></tr>
<tr><td rowspan="9">陕北</td><td>1565</td><td>清涧</td><td>七(7)月,夜,河水暴涨,漂没南关</td><td>1540</td><td>定边</td><td>八(8)月雨浃旬</td></tr>
<tr><td rowspan="2">1623</td><td rowspan="2">定边</td><td rowspan="2">日没,县南山黑云重蔽,雷电交作,大雨如注,须臾水涌百丈,庐舍倾地,溺死千余,牧畜无数</td><td rowspan="2">1662</td><td>榆林</td><td>淫雨弥月</td></tr>
<tr><td>府谷</td><td>7 月大雨</td></tr>
<tr><td rowspan="3">1723</td><td>佳县</td><td>六(7)月十九(20)日雨,黄河大溢</td><td rowspan="3">1757</td><td rowspan="3">榆林、佳县、横山、神木、府谷、靖边</td><td rowspan="3">七(8)月中旬又发连阴不止,秋禾已受伤</td></tr>
<tr><td>府谷</td><td>六(7)月大雨,低田多淹没</td></tr>
<tr><td>榆林</td><td>大水年</td></tr>
<tr><td>1738</td><td>榆林</td><td>七(8)月初二(16)降落雷雨,山水陡发,沿河地亩被淹秋禾约十余顷</td><td>1810</td><td>延安、榆林、绥德等地</td><td>八(8)月望以后,阴雨连绵,以致秋禾受伤</td></tr>
<tr><td>1890</td><td>米脂</td><td>七(8)月初一(16)、初二(17)等日,大雨倾盆,山水、河水同时涨发,各处河堤沟坳冲塌极多</td><td>1887</td><td>横山</td><td>八月初旬,大雨连绵,淫注不已……洪水暴发</td></tr>
<tr><td>1892</td><td>榆林、府谷、凤翔</td><td>闰六(7)月初五(28)、十四(8 月 6 日)至十八(10)、二十四(16)、二十八(20)及七(8)月初一(22)日大雨倾盆,河水涨发</td><td></td><td></td><td></td></tr>
<tr><td rowspan="5">关中</td><td>1436</td><td>长安、咸阳、西安、兴平</td><td>闰六(7)月骤雨,山水泛涨</td><td>1460</td><td>关中 25 州县</td><td>雨水连绵,秋收无望,人民缺食</td></tr>
<tr><td rowspan="2">1602</td><td rowspan="2">大荔</td><td rowspan="2">闰六月下旬,大雨如注者数日,至七(8)月初三(19)尤甚</td><td rowspan="2">1580</td><td>华阴、大荔、</td><td>河西徙、冲崩田庐墟</td></tr>
<tr><td>周至</td><td>秋,淫雨坏禾家</td></tr>
<tr><td rowspan="2">1737</td><td rowspan="2">西安</td><td rowspan="2">七(8)月十二(7)日,大雨骤至,平板地水高七八尺</td><td rowspan="2">1648</td><td>咸阳、临潼、武功</td><td>大雨四十日</td></tr>
<tr><td>华县</td><td>八(9)月大水</td></tr>
</table>

续表 5-18

<table>
<tr><th rowspan="2">地区</th><th colspan="3">暴雨</th><th colspan="3">连阴雨</th></tr>
<tr><th>年份</th><th>地点</th><th>雨情、水情摘录</th><th>年份</th><th>地点</th><th>雨情、水情摘录</th></tr>
<tr><td rowspan="6">关中</td><td rowspan="5">1616</td><td>延长</td><td>翠屏山崩二十二日,大雨如注五六日</td><td rowspan="5">1662</td><td>黄陵</td><td>大雨六十日</td></tr>
<tr><td>黄陵</td><td>秋大水</td><td>武功</td><td>大雨,平地水深数尺(八(9)月霖雨四十余日,渭水泛涨</td></tr>
<tr><td>礼泉</td><td>山水暴发,泔河以北,庐舍漂没</td><td>澄城</td><td>大雨日夜不绝四十日,屋无新旧皆漏,灶底生蛙</td></tr>
<tr><td rowspan="2">三原</td><td rowspan="2">夏大雨如注五六日</td><td>临潼</td><td>秋雨四十余日,渭水绝渡者半月</td></tr>
<tr><td>宝鸡</td><td>秋七(8)月大雨,渭水没民田舍,千水涨,绝渡十日</td></tr>
<tr><td>1886</td><td>武功</td><td>八(8)月初二(30)日起,至初四(9 月 1 日)止,大雨如注,河水暴涨</td><td></td><td></td><td></td></tr>
</table>

从文献记载看,区域性强降水过程发生季节,陕北与关中情况也有所不同。关中一带连阴雨涨水最早季节见于 1655 年,该年记载有 3 月大雨如注 60 d,5 月、6 月记载淫雨的年份就更为多见。陕北地区只有 1884 年榆林记有:4 月 25、26 日大雨(阳历五月十九、廿日)”为最早出现季节记载。至于结束时间,以关中 1662 年 9 月下旬至 10 月上旬持续连阴雨是造成秋涝灾害最为严重的情况。陕北地区也有 9 月大雨情况。总之,从较强降水过程发生季节看,陕北较关中开始晚,结束早。这与现代降雨实测资料反映特点是一致的。

表 5-19 是 18 ~ 19 世纪与 20 世纪(1919 ~ 1981 年)陕县站大于或等于 8 000 m^3/s 年最大洪峰流量出现时间统计对照表。前者根据陕县万锦滩水尺报涨资料,参照 1919 ~ 1958 年间 6 ~ 9 月涨水尺数(按一次连续水位上涨记录累加)与年最大洪峰流量相关,推算而成。虽然水位报涨资料尚不完整,推算的洪峰流量方法也不尽完善,但反映的大洪水出现的季节规律是可信的。它与 20 世纪(1919 ~ 1981 年)实测系列反映的特点是基本一致的。较大洪水仍集中出现于 7 月下旬至 8 月下旬。需要指出两点不同:一是 18 ~ 19 世纪陕县年最大洪峰流量大于或等于 8 000 m^3/s 的洪水,在 8 月中下旬出现概率最大,而 20 世纪(1919 ~ 1981 年)则在 8 月上中旬出现概率最大。这种情况可能与水尺报涨尺数累加,致使推算的最高水位出现时间偏迟有一定关系。但 18 ~ 19 世纪陕县年最大洪峰流量出现最多旬的时间较现代略偏迟一旬是完全可能的。二是 18 ~ 19 世纪陕县大洪水最

晚出现时间比现代也要迟些。如 18 ~ 19 世纪陕县洪峰流量大于或等于 20 000 m^3/s 的洪水仍有在 9 月上旬出现的情况，而洪峰流量达 15 000 m^3/s 的洪水最迟可出现在 9 月中旬。

表 5-19　黄河中游陕县 18 ~ 19 世纪与 20 世纪大于或等于 8 000 m^3/s 的年最大洪峰流量 6 ~ 10 月逐旬出现频数对照

资料年份	洪峰流量等级(m^3/s)	6月			7月			8月			9月			10月			总计
		上旬	中旬	下旬	上旬	中旬	下旬	上旬	中旬	下旬	上旬	中旬	下旬	上旬	中旬	下旬	
1729 ~ 1911	≥20 000						1	1	1		1						4
	20 000 ~ 15 000						1		1	5							7
	15 000 ~ 10 000					1	3	2	3	5	2	2					18
	10 000 ~ 8 000						1	1	1	1	1						5
	总计 次数					1	6	4	6	11	4	2					34
	总计 比例(%)					3	17.6	11.8	17.6	32.4	11.8	5.8					100
1935 ~ 1981	≥20 000							1									1
	20 000 ~ 15 000							2	1								3
	15 000 ~ 10 000					1	5	3	4	2	2						17
	10 000 ~ 8 000					1		2	1	2			1		1		8
	总计 次数					2	5	8	6	4	2		1		1		29
	总计 比例(%)					6.9	17.3	27.6	20.7	13.8	6.9		3.4		3.4		100

据有关研究，18 ~ 19 世纪黄河中游河口镇—三门峡区间地形、地貌与现代的情况基本一致。黄土高原丘陵沟壑区植被比较稀疏，故是超渗产流地区。这区间洪水对暴雨的响应灵敏，当陕县洪峰流量出现大于或等于 8 000 m^3/s 的洪水时，多数情况下相应前 2 d、3 d 黄河中游有一场大面积日暴雨。因此，从两个时期雨洪关系较一致的情况来推测，历史时期黄河中游河口镇—三门峡区间，较大的大面积日暴雨最晚结束时间至少要比 20 世纪的晚 1 旬。

2）三门峡—花园口区间

根据河南省编印的《河南省历代大水大旱年表》《历代旱涝等水文气象史料》记载，豫西地区从 15 世纪以来，特大洪水年份有 1482 年、1553 年、1632 年、1761 年、1931 年和 1975 年。但按各年文献记载情况和掌握的水情资料来看，其中发生在三花间的特大洪水年份只有 1482 年、1553 年、1761 年、1931 年。这些年记载的情况："洪水骤涨""大雨浃旬”“大雨如注”“暴雨连日”。其中，1761 年记载尤为详尽，在新安、渑池、洛阳等地记载有“暴雨四五昼夜不止”。可见，这几场特大洪水是由三花间发生的区域性暴雨形成的。15 世纪以来有 43 个大水年。平均每百年发生大水等级的年份有 8 次。这些年份雨情记载分为两类：一类仍是区域性暴雨所致。像 1557 年洛阳记有：“六月初二寅时（阳历 6 月 27 日）瀍河大水异常，平地水深数尺”。又如 1658 年新安、洛阳、偃师、荥阳等地记有：“七月涧水溢”“戊戌伊洛水溢无禾，秋又水……水势汹如咆哮，实可想撼山震地……”“秋雨雹数次”。再如 1870 年伊川记：“六月暴雨数日，至二十三日，河水大涨，遍地水深数尺……”，荥阳：“六月二十三日夜（阳历 7 月 21 日），大雨如注，山水暴涨，漂没人畜甚众……”。另一类则是持续阴雨期间出现的洪水。例如，1587 年洛阳：“夏秋淫雨，洛、沁水溢”，又如 1709 年偃师：“伊洛溢，水涨至堤”，巩县：“六月淫雨大作，半月不止，至二十一日（阳历 7 月 27 日）山水泛涨，淹没落河河边田地……”，再如 1679 年灵宝、陕县、伊川：“秋雨连绵数十天（阳历 9 月 8 日至 10 月 14 日），八月大水，平地水深三尺，秋禾没”，1887 年巩县：“秋大雨，阴雨连绵四十五日”。

在 46 个大水年份和特大水年份中，记载涨水时间有 37 年。这些年份中，有 83% 年份涨水时间发生在阳历 7 月、8 月，13% 年份发生在阳历 9 月（阴历 8 月或秋天），其余则为 5 月涨水。从 5 次发生在 9 月涨水情况看，除了 1461 年记载简单，无法判别降水性质，而其他 4 年无一例外记载了淫雨十天至数十天。可见，15 世纪以来，三花间涨水时间集中在阳历 7 月、8 月，且多由区域性暴雨所致，秋季涨水，则是持续连阴雨所致。这些特点与现代实测资料反映的情况是一致的。

从历史时期各大水年记载看，常有伊洛河、瀍河、涧河并溢的情况，表明新安、宜阳、渑池一带是历史时期常见暴雨中心。另外，伊河涨水，历史记载中常有伊洛并溢之说法，而汝河位于嵩县下游一侧，故嵩县之上或下均为暴雨落区位置。这些历史时期暴雨常见落区位置与现代实测暴雨常见落区位置也是一致的。沁河虽常有涨水记载，但记载地点都集中于沁黄汇合口处的武陟一带，故难以确定沁河流域常见暴雨中心。实测系列中暴雨落区仅位于洛河上游的情况不多见。历史文献记载有 1898 年渭河与豫西洛河同涨水记载。据调查，1882 年洛河上游卢氏附近有大水：“从范村到寇家湾一带，光绪八年大水，比 1954 年大”，而该年洛阳记有：“六月初六（阳历 7 月 20 日）大水”。

5.3 历史暴雨特性与演变规律研究

5.3.1 概述

在 20 世纪 90 年代初期，三门峡入库洪水及输沙量与 20 世纪五六十年代相比明显偏少的情况已引起普遍关注。关于水沙减少的原因，众多的研究放在水土保持作用和暴雨偏少的影响上，对该区区域性暴雨明显偏少的规律性缺乏深入了解。在当时，已有的 40 年实测雨量资料，是建立区域性暴雨特征指标的基础，但是仅用这期间的雨量资料来研究长期演变规律，资料系列尚且太短。历史上黄河中游地区有丰富的雨情、水情、灾情史料记载，为这项研究提供了有利条件，问题是如何利用这些资料。

根据潼关断面洪水对区域性暴雨反应清晰而灵敏的特点,可利用1770年以来陕县万锦滩(潼关附近)水尺报涨资料,来推测区域性暴雨特征。例如,缺少报涨资料时,利用区间雨情、涝情、灾情和大范围旱、涝分布状况,来推测区域性暴雨特点。以此建立河三间区域性暴雨特征指标系列,来分析该区区域性暴雨长期演变规律。

另外,黄河上游青铜峡从1732年以来有较完整的水尺志桩资料,宁夏水文总站利用这些资料插补了青铜峡历史洪峰流量系列资料;气象部门编制了我国近500年来旱涝分布图。为此,利用实测雨洪及相应天气过程分析,将黄河上中游历史雨情、水情、灾情与这些方面成果加以综合[3-4,10-15],对明清以来黄河上中游暴雨、洪水基本规律,以及一些特大洪水过程的雨情特点,以及相应气象成因条件做些推测性研究。

5.3.2 成果简介

5.3.2.1 建立区域性暴雨年际特征指标的可能性

要了解黄河中游河三间区域性暴雨的长期演变规律,关键是需要建立一个反映区域性暴雨特征的系列指标。一场区域性暴雨的特征应包括强度、量级、历时、范围、落区与移动等。就其年际变化特征而言,则主要反映在次数、组合类型和相隔时距等方面。可见,要想通过建立一个指标系列来全面、定量地描述它的年际特征,是一个很困难的问题。

河三间大部分属黄土丘陵和黄土高原,地形破碎,沟壑纵横,植被稀少。当一场区域性暴雨发生后,主要以超渗产流方式,形成潼关站洪水。区域性暴雨多、量级大的年份,在该站形成历时较短、涨落迅猛的尖瘦型洪水过程,洪峰流量常达10 000 m^3/s,为基流的5~10倍。因此,区域性暴雨次数多少是反映其年际变化特性的主要特征。

历史暴雨研究指出,明清以来,该区间暴雨特性变化不大,由众多关于历史时期黄河流域环境变化、水沙特征、下游滩地沉积物特征等分析[10-11]可知,其间该区间地貌变化也不大。因此,根据潼关断面洪水对区域性暴雨清晰而灵敏的反映特点,可利用1770年以来陕县万锦滩(潼关附近)水尺报涨资料,来推测区域性暴雨年次数的多少。

当出现区域性暴雨时,其时空集中性、重复性反映在总量上应表现为极大性,势必造成区域性洪涝灾害。此外,区域性的洪涝与更大范围旱涝也有一定联系。当缺少报涨资料时,利用区间雨情、涝情、灾情和大范围旱、涝分布状况,来推测区域性暴雨年际变化特点,也不失为一个办法。

5.3.2.2 区域性暴雨年特征指标的建立

综合上述认识,首先利用实测降雨资料来建立区域性暴雨年际变化特征指标,再根据区域性暴雨时空集中性、重复性,以及与区间洪水的密切联系,结合下一步利用历史文献资料来延长暴雨特征指标系列的具体条件,采用年区域性暴雨次数多少来建立年区域性暴雨特征指标系列。

普查1954~1982年日雨量图,按50 mm等雨量线所围面积超过1万km^2为标准,共挑出河三间54个区域性(大面积)日暴雨,其平均出现次数为1.9次/年。其中,超过3次/年的有8年,占27%;达2次/年的有12年,占41%;达0~1次/年有9年,占32%。

鉴于年区域性日暴雨多年平均出现次数接近2次,结合区域性年暴雨日数超过或少于2次的年数情况,确定标准为:将区域性年暴雨日数达3次以上者,定为Ⅰ级;年区域性暴雨日数达 2 次者，定为Ⅱ级；年区域性日暴雨次数少于 2 次者，定为Ⅲ级。

采用实测雨、洪资料，分析得出河三间一场区域性日暴雨于其后两三天潼关站洪峰流量有密切对应关系。当潼关站洪峰流量达 9 000 m^3/s 以上，对应一次区域性日暴雨；洪峰流量达 8 000 m^3/s 以上时，80% 的洪水由一次区域性日暴雨所形成；洪峰流量为 5 000 m^3/s 量级时，对应关系降到 44%。

将各暴雨等级年与相应年份潼关站洪峰流量对比可知：暴雨偏多年，年最大洪峰流量明显偏大，较大洪水次数明显增多；暴雨偏少年份，则与之相反。具体对应关系如下：

Ⅰ级暴雨年：潼关站年最大洪峰流量大于 10 000 m^3/s，洪峰流量大于 5 000 m^3/s 的洪水达 3 次以上。

Ⅱ级暴雨年：潼关站年最大洪峰流量为 7 000 ~ 10 000 m^3/s，洪峰流量大于 5 000 m^3/s 的洪水达 2 次。

Ⅲ级暴雨年：潼关站年最大洪峰流量小于 70 000 m^3/s，洪峰流量大于 5 000 m^3/s 的洪水为 1 次。

对各暴雨等级年份洪水发生情况进行检查，83% 年份符合上述标准。在不符合规定标准的年份中，未出现跨等级交叉现象，交叉现象仅出现在Ⅱ级与Ⅲ级暴雨年份中。

5.3.2.3 1770 ~ 1953 年逐年区域性暴雨等级划分

1. 1770 ~ 1911 年大于 5 000 m^3/s 的洪水推算

万锦滩志桩报水记载始于 1766 年，终于 1911 年，其中有 29 年缺少记载或记载不全。据初步考证，清代万锦滩水尺志桩设置在原陕县水文站基本断面以上约 8 km 处。志桩设置处，河势、断面与现今比较有一定变化，但与原陕县水文站断面情况基本一致。志桩涨水尺数转化为洪峰流量的方法与步骤如下。

1）建立陕县站一次洪水涨水尺数与洪峰流量相关关系

采用陕县站 1919 ~ 1959 年共 40 年中 51 场实测洪水资料。统计各次洪水的洪峰流量、相应涨水尺数（将水位资料转化，记涨不记落）、起涨水位和起涨日期。由实际资料统计，同一洪峰流量下，起涨水位越高，相应涨水尺数越小；起涨水位与时间有关，一般汛初低，而后逐渐抬高。由 1919 ~ 1953 年 5 000 ~ 22 000 m^3/s 量级的 42 场洪水，逐次净涨水尺数与洪峰流量点绘相关图，点据相当散乱。当用起涨水位作参数后，相关性得到明显改善（图略）。7 ~ 9 月平均误差为 1 200 m^3/s，平均占洪峰流量的 12%。根据起涨水位与起涨时间统计关系和插补万锦滩水尺报涨资料的需要，7 ~ 9 月逐月起涨水位定为 292 m、293 m、294 m，则平均误差为 1 500 m^3/s，占洪峰流量的 17%。

高水部分按趋势外延，是否合适？为此用 1843 年洪水进行了验证。该年 8 月上旬河三间发生了一场特大洪水。经洪痕调查、考证和水工模拟试验，该年陕县最大洪峰流量 36 000 m^3/s，洪痕高程 306.6 m，据当年志桩记录，将 7 月 29 日至 8 月 10 日水尺报涨尺寸累加得 35.7 尺（合 11.4 m），查用相关图上起涨水位为“293”的关系线，洪峰流量达 42 000 m^3/s，误差为 15%。可见，点绘的关系线基本可信。

2）推求 1770 ~ 1911 年逐年各次较大洪水洪峰流量

对有万锦滩水尺报涨资料的年份，逐次分析了报涨水尺资料，计算出每次洪水过程累积涨水尺数；再根据洪水出现时间，分别查用相应月份涨水尺数与洪峰流量关系曲线，一共推算出127年洪峰流量大于5 000 m^3/s的各场洪水洪峰流量和出现时间。

2.1770～1953年逐年区域性暴雨等级划分

有万锦滩水尺报涨资料年份，以其推算的最大洪峰流量和大于5 000 m^3/s以上的洪水次数为准。陕县站有实测洪水资料年份，则以实测洪水的年最大洪峰流量与大于5 000 m^3/s以上的洪水次数为准。确定各年区域性暴雨等级指标时，按上述规定进行。

实际划分中，尚有少数年份难以区分。为此，适当参考区间雨情、水情、灾情记载情况和大范围旱、涝分布特点，来帮助判定。

水尺报涨资料不全年份及陕县洪水资料缺测年份共计29年。这些年份主要利用区间雨情、水情、灾情记载情况和全国500年旱涝分布图资料。涝年相应暴雨偏多，旱年偏少。由此建立了1770～1989年河三间年区域性暴雨等级指标系列，具体见表5-20。

表5-20　1770～1989年河三间年区域性暴雨等级指标

年代	1770	1771	1772	1773	1774	1775	1776	1777	1778	1779	累计
1770	3	2	2	1	1	1	3	3	3	2	21
1780	3	1	3	2	3	1	2	2	3	1	21
1790	3	3	3	2	1	3	3	3	2	3	26
1800	1	3	2	1	3	3	2	3	3	3	24
1810	3	2	3	3	3	2	2	3	2	1	24
1820	2	2	2	3	3	3	3	2	2	2	24
1830	1	2	1	3	1	1	3	2	1	1	16
1840	1	1	1	1	2	3	3	3	3	1	19
1850	1	1	2	1	1	1	1	2	3	1	14
1860	2	1	3	1	2	3	2	3	2	3	22
1870	3	1	1	3	3	3	3	3	3	3	26
1880	3	3	3	3	2	2	3	2	3	2	26
1890	1	3	1	2	1	2	1	2	2	3	18
1900	3	2	3	3	1	2	2	3	3	3	25
1910	2	3	3	3	1	3	3	2	3	1	24
1920	2	2	3	2	3	1	3	3	3	3	25
1930	2	3	2	1	2	1	1	1	2	3	18
1940	1	3	1	1	1	3	1	3	2	1	17
1950	3	2	3	1	1	3	2	3	1	1	20
1960	3	2	3	2	1	3	1	1	3	3	22
1970	2	1	2	2	2	2	2	1	3	2	19
1980	3	2	2	3	3	3	3	3	2	2	26

这里需要说明，为什么不直接运用洪水资料直接建立指标系列，而要转化为区域性暴

雨等级指标。

首先,从成因角度研究该区间水、沙长期演变规律,应将天气气候变化背景与水、沙变化有机联系起来。为此需要建立一个中间过渡的联系指标。区域性暴雨既是一定天气气候背景下的产物,又是区间水、沙变化的直接原因。它有明确的物理概念。

其次,区域性暴雨有其确定的天气成因条件。利用天气学原理与暴雨过程的天气分析经验,可以将区间区域性暴雨与较大范围天气现象(暴雨、高温、高湿、干旱、大风等天气现象)联系起来。显然,利用这些规律性认识,可以尽可能地将历史文献中有关区间洪水、降雨、灾情与大范围旱、涝及其他天气现象记载资料加以利用。这是使用单一洪水资料难以做到的。

5.3.2.4 河三间区域性暴雨的长期演变规律及气候变化影响

1. 河三间区域性暴雨的长期演变规律

区域性暴雨特征指标作为反映气候变化特点的一个特征量,应与其他气象要素一样,有其自身演变特点。统计表明,220 年中出现Ⅰ级暴雨的年数占总数的 27%;出现Ⅱ级暴雨的年数占总数的 29%,出现Ⅲ级暴雨的年数占总数的 44%。这与年降雨量系列的偏态分布状况相适应。从年际变化看,1773～1775 年连续 3 年均为Ⅰ级暴雨年;1804～1814 年,除其间有 2 年属Ⅱ级暴雨年,其余均为Ⅲ级暴雨年。20 世纪以来,亦有同样现象。如 1935～1937 年、1942～1944 年均连续为Ⅰ级暴雨年,而 1926～1929 年连续 4 年为Ⅲ级暴雨年(暴雨偏少)。可见,区域性暴雨有相对稳定性和持续性。

检查近 40 年来区域性暴雨演变情况,20 世纪 50 年代出现Ⅰ级暴雨的年数最多,达 4 年。这种情况在 220 年中不足为奇。1838～1844 年,连续 6 年出现Ⅰ级暴雨年,为Ⅰ级暴雨年最长的持续记录。1972 年以来,除了 1977 年为Ⅰ级暴雨年,其余均为Ⅱ级暴雨年或Ⅲ级暴雨年。80 年代为 20 世纪以来区域性暴雨最少的 10 年。由表 5-20 可见,这 10 年区域性暴雨等级指标累加值达 26,10 年中未出现Ⅰ级暴雨年,1983～1987 年连续 5 年为Ⅲ级暴雨年。但从 220 年系列看,也并不突出,如 1790～1799 年、1870～1879 年、1880～1889 年 3 个 10 年的区域性暴雨等级指标累加值达 26。Ⅲ级暴雨年持续最长的时段是 1873～1883 年,连续达 11 年。可见,近 10 年、20 年区域性暴雨偏少的情况,尚在正常变动范围之内。

等级指标的演变,也清楚地反映年区域性暴雨的突发性。例如,1864～1889 年,出现了 17 个Ⅲ级暴雨年,7 个Ⅱ级暴雨年,仅 1871 年、1872 年出现了Ⅰ级暴雨年。在长时段区域性暴雨偏少情况下,突发 2 个多暴雨年份。

为了进一步分析区域性暴雨等级指标的长期演变趋势,将原始系列进行五点三次平滑,进行谱分析。再通过构造各谐波分量的统计量,运用 F 检验,确定等级指标系列中的显著周期[2]。

在置信度 $a=0.01$、$F=4.71$ 时,统计量通过 F 检验的显著周期有 107.5 年、53.7 年、13.4 年、10.2 年、16.5 年和 11.3 年等 6 个周期。由河三区间暴雨等级指标演变趋势图(略)可见,近两个世纪中期都是区域性暴雨偏多时期,而目前情况正处于一个偏少时期。按这一趋势外延,则未来 20～30 年间,河三间区域性暴雨仍然偏少,即 21 世纪初期河三间区域性暴雨仍然是偏少的。

2. 气候变化对河三间区域性暴雨影响初探[7]

黄河中游明清以来稀遇暴雨洪水发生虽然具有相当的时空不确定性，但总体看，与一定气候变化背景条件相关，即在冷暖转换期与冷期，容易发生稀遇洪水。那么建立在常遇的区域性暴雨（大面积日暴雨）年际特征的指标系列，是否具有同样的反映？据有关研究[11]，1770～1830年是“现代小冰期”中的第二暖期，1840～1890年是第三冷期，其间为冷暖转换期，将其与表5-21中河三间区域性暴雨特征指标数对照，得到下列结果：

暖期——23.3/10年；

冷期——21.4/10年；

冷暖转换期——17.0/10年。

表5-21　气候特征与河三间区域性暴雨特征指标对照

时期	降水、温度特征	暴雨特征指标数
1910～1919年	湿冷	24
1920～1929年	干暖	25
1930～1939年	干(冷)	18
1940～1949年	湿暖	17
1950～1959年	湿冷	20
1960～1969年	干(暖)	22
1970～1979年	干冷	19
1980～1989年	湿暖	26

该统计结果表明，冷暖转换期是最容易出现河三间区域性暴雨的年段，其次冷期，再次才是暖期年段。这与该区间稀遇暴雨洪水与气温世纪周期变化关系完全一致。

20世纪它们的变化关系又如何呢？具体参见表5-21。该表中，20世纪以来每10年我国气候特征及20世纪各年段降水、温度特征，是综合我国40°N温度、湿度状况而成的[8]。按表中冷段统计区域性暴雨特征指标10年平均数为20.5，而暖段则为22.5。如按干期、湿期统计，则干期年段区域性暴雨特征指标10年平均数为21.2，湿期为21.8。显然，河三间区域性暴雨年际变化受气温变化影响比较敏感，而受我国气候干、湿变化影响不敏感。就冷期与暖期而言，显然偏冷年段也是较偏暖年段更多发生区域性暴雨。

5.4　内蒙古乌审旗“77·8”特大暴雨调查与重现范围分析[20-21]

5.4.1　概述

内蒙古乌审旗1977年8月1日特大暴雨发生后，立即组织人员赴现场调查，并先后组织相关部门多次参与调查、落实暴雨中心区降雨量，事后又组织多部门开展了该场暴雨天气分析与重现(可移置)范围专题研究。当时,这类研究在国内尚不多见。这项研究在暴雨调查方面,在调查方法上主要经验:一是多次组织相关部门赴现场进行多点调查、落实;二是将现场调查与实验室降雨模型试验相结合;三是调查内容包括各种可承雨容器情况,还调查暴雨前几日天气状况、暴雨期间天气状况、暴雨后地面积水状况等;四是当地老人对多年间降雨与该场降雨情况回忆比较等;五是将暴雨调查成果与同期实测降雨资料合并,进行次暴雨及其天气过程全面分析。与河海大学、内蒙古自治区气象局、内蒙古水利设计院、水文局合作,并有其他省(自治区)水利部门参与,进行了暴雨天气过程及重现(可移置)范围专题研究。在暴雨重现范围论证上,从自然地理、气候、地形条件对重现范围进行了初步分区;研究了黄河中游36°N以北区域次暴雨过程落区规律、面雨量量级地区变化、雨带特征随纬度变化;从"77·8"暴雨气象成因条件,重点分析了暖切变暴雨形成的强对流条件判据,以及在东区出现的可能性;研究地形对移置范围限制、纬度位置对水汽输送条件影响,最后综合确定重现范围及相应水汽调整范围。从论证重现范围的方法上看,也具有一定创新性。

5.4.2 暴雨调查结果

5.4.2.1 现场调查雨情

暴雨中心区群众普遍反映:暴雨前期天气干旱,雨前数天盛行西南风,异常闷热,穿衬衫蹲在家里都流汗。8月1日晚,暴雨来前,西北风狂起,黑云满天,云层极厚,雷声巨响,闪电不断。下雨时风力突然变小,雨势很猛,分不出雨滴,好似泼水,手捧脸盆伸向院中,倾刻注满。8月2日雨停后,大地一片汪洋,在院内或沙梁上放的空桶、空缸普遍漫溢,滩地上农田、牧场均被淹没,农作物绝收,公路被淹,交通中断。部分房屋倒塌,柳笆窑上的泥土几乎全被雨水冲走,有些圈内猪、羊浮起或被水淹死,麻雀和喜鹊几乎全部被雨滴拍打而死。雨后井水位普遍升高1~2 m。七八十岁的老人说:"从来没有见过这样大的雨,1964年连续下了一二十天的雨也没有这么大。祖祖辈辈没有听说满过的海子,这次也满了。这场暴雨使多年干旱的沙湾,蓄存了大量积水,不少多年生的沙柳也被淹死"。

5.4.2.2 调查结果与分析

在乌审旗、榆林和神木县约3 000 km^2 的范围内,共取得43个地点的暴雨调查资料,绘制了暴雨中心雨量分布图。其中,大于1 000 mm的暴雨中心点有6处。最早调查到的中心点乌审旗呼吉尔特公社什拉淖海村,位于38°56′N、109°38′E,盛雨容器是空旷场地上的防雹炮筒,筒高1.39 m,外径100 mm,内径94 mm。据该队副队长马万义等称,雨前筒内无水,雨后筒内水面在炮架以上一拃(20 cm左右)。按马万义指认位置,筒内雨水深为1 050 mm。采用调查最大的暴雨中心点木多才当,盛雨容器是社员李留娃家四耳猪食坛,其口径为23 cm,高66 cm。据李留娃夫妇指认,雨前坛是空的,雨后坛内水已满。按坛的容积和坛口面积折算,雨深为1 400 mm。

1978年12月,水利电力部规划设计管理局邀请有关单位对调查数据进行了讨论,认为什拉淖海暴雨深1 050 mm和木多才当1 400 mm是可靠的。

5.4.3 暴雨过程分析

暴雨过程自 8 月 1 日 14 时开始至 2 日 9 时结束，历时 19 h，但主要降雨集中在 1 日 20 时至 2 日 8 时的 12 h 内。这次特大暴雨雨团开始在西部鄂托克旗附近形成，并自西向东移动，合并加强到暴雨中心地区(木多才当附近地区)上空，再向东移，雨势明显减弱，到偏关以东暴雨逐渐停止。降雨过程与数量分析分别见表 5-22 ~ 表 5-24。

表 5-22 四站降雨时程分配 (单位:mm)

时间(时/日)	14/1	15/1	16/1	17/1	18/1	19/1	20/1	21/1	22/1	23/1	24/1
鄂托克	11.3		7.6	9.6				0.2	22.2	0.6	0.2
乌审召			0.2	0.1	1.5	3.9	14.9	0.3	2.1	43.0	0.3
新庙									1.4	15.3	21.1
河曲											1.8

时间(时/日)	1/2	2/2	3/2	4/2	5/2	6/2	7/2	8/2	9/2	合计
鄂托克	1.6	18.7	3.8	1.4						77.2
乌审召	10.2	12.1	18.8	25.1	4.1					136.5
新庙	13.5	6.5	4.3	14.5	10.9	10.4	0.5			98.4
河曲	10.6	14.6	8.9	7.7	26.7	17.8	29.8	11.6		129.5

表 5-23 黄河中游及国内几次大暴雨不同雨区面积相应最大 1 d 平均雨深(单位:mm)

暴雨名称	面积(km^2)								
	暴雨中心	500	1 000	3 000	5 000	10 000	20 000	30 000	50 000
“77·8”乌审旗	1 400	770	655	430	340	220	150	120	75
“54·9”亭口	214	170	150	120	100	90	80	70	
“67·8”五寨	156				140	120	100	85	70
“77·7”延安	219	200	190	165	150	130	110	100	90
“75·8”林庄	1 060	820	770	640	560	430			
“63·8”獐犾	950	770	720	590	500	380	290	230	170
“35·7”五峰	900		520	480	450	400	340	300	230

表 5-24　1977 年 8 月 1 日乌审旗暴雨雨深—面积关系

雨深(mm)	1 400	1 200	1 000	800	600	400	200	100	50	25	10
面积(km^2)	0	15.2	30.8	111.1	501	1 238	1 860	8 700	24 650	45 460	77 000

5.4.4　暴雨可重现范围分析

在初步选定可考虑重现范围的研究区(37°N ~ 42°N、107°E ~ 112°E)后，再根据研究区自然地理、气候和暴雨特性，初步拟定一个“77 · 8”暴雨重现范围的分区，然后进行暴雨气象成因条件对比，并分析地形对暴雨机制的可能影响，进一步论证分区的合理性、可靠性，以及可能需要考虑的重现改正所涉及的范围。

5.4.4.1　分析论证

1. 自然地理、气候概况及其地区差异

研究地区地处西北黄土高原，其西北部是鄂尔多斯高原，地势平坦，海拔约 1 300 m，地貌以沙丘为主，并零星分布有内陆海子和盐碱滩地。东南部是黄土丘陵区，海拔 900 ~ 1 100 m。东北角大青山以南是土默川平原，海拔 1 100 m 上下。

位于副热带季风区的华北西区，与研究区内气候有显著的地区差异：平均年降水量由东南的 600 mm 递减到西北的 150 mm 左右；年平均气温由西北向东南增高，1 月、8 月平均气温东南部比西北部高 1 ~ 2 ℃；点雨量极值比较，1 h 降雨量地区内差异小，一般约 60 mm，但随历时增长，东部出现一高值区，从 3 h、6 h、12 h、24 h 降雨量极值分布看，东区比西区大一倍。多年平均最大 24 h 点雨量 50 mm 等雨量线，经包头—吴旗穿过研究区，将研究区分为东、西两个部分。这根线大致与自然地理分区线相一致，“77 · 8”暴雨主要落在东区。作为可移置的先决条件，暴雨区与移置区气候条件大体一致。所以该东、西两区的划分，可看作“77 · 8”暴雨可否移置区划的一个依据。

2. 大面积日暴雨地区特性比较

1) 暴雨落区规律差异

参照“77 · 8”暴雨东西向带状特点，利用黄河中游东西向带状暴雨的一些基本特征，分析其地区差异：大暴雨中心区(100 mm 范围)常见位置，一是内蒙古大青山南坡；二是陕北的府谷、神木和雁北的兴县一带。后者并不与常年降雨中心重合。“77 · 8”暴雨轴线位置 39°N 是常见位置，而主要中心位置比常见中心区偏西 100 km，但其 100 mm 线最西位置未超出研究区东西向带状暴雨 100 mm 线最西位置，大约为 108.5°E。这个界限以西暴雨特性有较大变化，多局部暴雨，暴雨面积较小，历时较短，但在比较特殊的情况下，亦出现过较大面积暴雨，如“75 · 8”狼山暴雨。

2) 暴雨笼罩面积与相应总量的地区差异

在 108.5°E 以东，日雨量大于 50 mm 的面积可达 3 万 ~ 5 万 km^2，大于 100 mm 的面积在1 万 km^2 上下，暴雨区内降雨总量为 20 亿 ~ 35 亿 m^3；东区南北之间也存在差异，在 42°N ~ 39°N，日暴雨面积最大接近 4 万 km^2，而在其南，已有 3 例日暴雨面积达 4 万 ~ 5 万 km^2，再往南，暴雨面积还可增加。总雨量亦是由北向南增加。

在108.5°E以西，仅以“75·8”狼山暴雨为例，它是该区域内几十年最大一场暴雨，雨型呈东北—西南向带状分布，24 h值460 mm，50 mm面积接近2万km^2，100 mm以上面积接近1万km^2，短轴长60~70 km，长短轴比例4:1。

“77·8”暴雨笼罩面积24 650 km^2，面积超过西区大值，属东区一般水平，其50 mm范围降雨总量34亿m^3，则已达到东区的大值水平，远远超过西区的大值。至于100 mm线笼罩面积达8 700 km^2，则应属于东、西两区均已出现过的数值。

3）雨带特征的地区差异

从日50 mm雨区范围看，东区由南向北短轴和长轴比例由1:2逐渐减小至1:4，这主要是由于雨带北移，南北间距逐渐变窄。偏于39°N以北时，短轴在100 km以下；偏南时，多在100 km以上，西区就“75·8”狼山暴雨而言，短轴仅60~70 km，“77·8”暴雨的长短轴比例为1:3，但短轴较长，约90 km，是东区北部不易达到的水平，比西区的暴雨也大得多。

4）综合分析

暴雨强度、笼罩面积和持续时间是反映暴雨特性的不同指标，但它们之间又是有机联系的。研究区内东南部（39°N以南，108.5°E以东）暴雨范围大，总量大，暴雨带较宽，与“77·8”暴雨情况比较接近；研究区内东北部（39°N以北，108.5°E以东），暴雨面积、量级、宽度次之；西区（108.5°E以西）则是暴雨范围小、总量小、雨带狭窄。至于100 mm线以上暴雨面积所能达到的数值，则各区是相当的。不过如“77·8”暴雨在2 000 km^2内集中近10亿m^3降水总量的情况，研究区内均无先例。

从暴雨整体而言，“77·8”暴雨特性与东区较一致，而与西区差别大，故108.5°E可作为判断可否重现的界限的另一依据。

3. 研究区暖切变暴雨气象成因条件

分析“77·8”暴雨与研究区的暖切变暴雨天气尺度系统特性和上下层系统组合条件，分析它们的相似性和特殊性。

1）“77·8”暴雨气象成因

“77·8”乌审旗暴雨是在中亚中纬度“两槽一脊”（苏联中亚和我国东北地区是两个大槽，蒙古到贝加尔湖是高压脊）环流形势下，由副热带高压边缘的暖切变系统形成的强对流暴雨。它是许多有利条件组合的结果，具体有：

（1）比较充分的酝酿过程（切变线形成和水汽大量聚集）。

（2）暴雨区高空位于副热带急流轴右侧的辐散区，对流层下层切变线辐合较强，构成一个比较完善的底层辐合，高空辐散场，各层天气尺度系统见表5-25。

（3）500 hPa低槽和700 hPa切变线垂直叠加，并与500 hPa高空冷锋南下构成一个比较有利的促发条件。

（4）强烈的位势不稳定层结，特大暴雨区位于位势不稳定度指标$K>40$ ℃的中心区。

表 5-25 “77·8”暴雨 8 月 1 日 20 时各层天气尺度影响系统

层次	影响系统	地理位置
地面	冷锋切变 次天气尺度低压 西来冷锋	银川、乌审召、河曲、大同 鄂托克、环县、榆林之间 拐子湖、民勤、西宁、玛多
850 hPa	冷锋切变 西来冷槽(Ⅱ)	银川、乌审召、河曲、大同 达兰扎达口戈德、巴彦毛道、民勤、西宁
2 000 m	冷天气尺度低涡	银川、鄂托克之间
700 hPa	暖式切变 西来冷槽(Ⅱ)	鄂托克、河曲与临河、东胜之间 拐子湖、张掖、青海湖
500 hPa	西来小槽(Ⅰ) 西来冷槽(Ⅱ) 高空冷锋	海流图、鄂托克、兰州 (43°N、99°E)、酒泉、格尔木 东胜
200 hPa	急流轴右侧	急流轴线 40°N～50°N

2)研究区暖切变暴雨气象成因条件

在 700 hPa 天气图上,“77·8”乌审旗暴雨主要影响系统是位于鄂托克、河曲与临河、东胜之间的暖切变。这种暖切变是研究区内一种常见暴雨影响系统,见表 5-26。据统计,16 次暖切变暴雨中,有 14 次呈东西向分布,且落区位置大多在延安(37°N)以北。

表 5-26 黄河中游暴雨期 700 hPa 影响系统统计

影响系统	暖切变(低涡)	冷切变(低涡)	三合点	南北向切变	低槽	合计
次数	16	11	8	2	3	40
百分比(%)	40	27.5	20	5	7.5	100

(1)研究区暴雨影响系统共性。

环流形势多呈“两槽一脊”,同时西太平洋副热带高压呈纬向分布,且位置偏西、偏北,其边缘一般在西安、郑州一带;暴雨主雨时段出现在切变线增强和新的触发系统加入阶段,前者往往表现为 700 hPa 暖切变北抬,南风范围向北扩张或切变线南侧风速加大,亦有贴地层切变线北侧风速加大或伴有低涡沿切变线东移;切变线增强的同时,如 500 hPa 上北疆又有东移短波槽(又称启动槽)到达河套附近,即可造成一次大面积暴雨过程;暴雨落区位于 700 hPa 暖切变附近或 850 hPa 与 700 hPa 之间,两层切变线位置最多不超过 2 个纬距,所以暴雨带南北宽度比较狭窄,常在 100 km 上下,该过程一般维持 12～24 h。

(2)研究区暖切变结构特性与强弱条件。

850 hPa 和 700 hPa 切变线两侧温差小,约 1 ℃,少数可达 3～6 ℃,两侧露点差值比温度差值要大,多在 5 ℃左右,最大可达 8～9 ℃;两层等压面上切变线配置多数接近重合,少数向北倾斜 1 ~2 纬距,后者与切变线两侧温差大的情况相对应;雨区上空较强风速垂直切变是产生大暴雨的一个有利条件。据普查,雨区上空 500 hPa 西南风速在 10 m/s 以上,暴雨面积超过 2 万 km^2;在 10 m/s 以下,则小于 2 万 km^2,符合者达 87%;水汽条件一般为 700 hPa 切变线附近露点在 7 ℃以上,850 hPa 切变线附近露点一般在 17 ℃以上;由于低层大量暖湿空气在切变线附近聚集,雨区附近为高能区,假湿球位温 $\theta_{se850hPa}$ 值在 340 °K 以上,最大可达 357 °K,当高层有冷空气侵入时,形成高能强对流不稳定层。暴雨区落在 K 值大于 30 ℃的范围内,最大可达 42 ℃。与我国一些地区 K 指数统计值比较,具备了位势不稳定条件。

3)对比分析

(1)切变线附近气团暖湿属性:"77 · 8"暴雨的低层切变是变性热带气团北缘的横向扰动,普查 15 个暖切变附近比湿和假相当位温 θ_{se} 数值分布规律,是研究区造成大面积暴雨的暖切变线的共同特征。

(2)切变线附近动力属性:"77 · 8"暴雨是风场辐合和露点锋造成的动力不稳定,以及位势不稳定层结被触发而引起的对流不稳定共同作用的结果。这与东区暖切变暴雨机制是相同的,仅各相指标强弱不同而已。

(3)综合对比:表 5-27 选择 4 场典型暖切变大暴雨个例,用一些动力、热力指标与"77 · 8"暴雨比较。可见,从切变线附近辐合场强弱、湿度水平梯度、能级指标(主要反映水汽条件)和不稳定度指标看,"77 · 8"暴雨均达到各项最优组合的条件。考虑"77 · 8"暴雨各单项指标,已分别在实际暴雨个例中出现,由此推论,在研究区东部区域,像"77 · 8"暴雨这种最优组合的重演是可能的。

表 5-27 研究区暖切变大暴雨动力、热力特征指标

时间(年-月-日)	切变线							雨区上空		500 hPa 启动槽		
	850 hPa			700 hPa			两层配置					
	平均辐合量 ($\times 10^5$/s)	ΔT (℃)	ΔT_d (℃)	平均辐合量 ($\times 10^5$/s)	ΔT (℃)	ΔT_d (℃)		$\theta_{se850hPa}$ (°K)	K (℃)	开始位置 (°E)	结束位置 (°E)	槽前西南风速 (m/s)
1958-07-25	−1.5	0	9	−1.0	1	6	重合	341	30	102	113	8 ~ 12
1964-07-05	−2.5	5	7	−1.2	1 ~ 2	6	重合	347	38	105		12
1977-08-05	−1.0	2	1	−3.0	1	3.0	重合	355	38	102	105	18
1966-07-26	−1.0	4	4	−1.5	1	4	北倾*	347	32	106	111	10 ~ 12
最优组合	−2.5	5	9	−3.0	1	6		355	38			18
1977-08-01	−3.0	0	13	−3.0	2	7	重合	357	40	108	110	16
对比结果	相当	不及	优	相当	相当	相当	相当	相当	相当	优		相当

注:* 代表北倾 1.5 纬距。

4. 地形对暴雨落区影响

根据天气图分析,影响研究区的暖切变常可延伸105 °E以西,但大面积暴雨区总是落在108.5 °E以东,这是地形影响起了重要作用。研究区四面环山,东有吕梁山,北有阴山山脉为屏障,高程1 500 ~2 000 m,西被贺兰山和西南角六盘山所包围,高程在2 000 m以上,南侧有白宇山和子午岭阻挡,高程在1 500 m以上,仅在北洛河以东至黄河沿岸,约有200 km宽的一个低凹缺口,高程在1 200 m以下。一些研究成果表明,嘉陵江河谷和黄河河谷是通向黄河中游的重要水汽通路(它们高程在1 000 m以下)。在暖切变暴雨情况下,低层西南暖湿气流经上述水汽通道,由延安至黄河河谷北上,畅通无阻,而研究区西区受西南界白宇山和子午岭影响,不仅高程较高,而且山体南北宽度达100 km以上,对北上水汽起阻挡作用,水汽在越过山体后显著削减,造成西区暴雨量级的降低。

地形障碍还将引起地层气流的爬升和绕流,对地层切变结构带来一定影响。普查结果表明,黄河中游东北—西南向带状暴雨轴线仅出现在白宇山东侧,或者37°N以南的东西向带状暴雨轴线在子午岭附近折成西南—东北向。上述雨轴的限制和变化是受地形影响的结果。"77·8"暴雨也不能例外。因此,从地形条件考虑"77·8"暴雨在区域内移置时,以东区为宜。

5. 雨区南北位置对暴雨带影响

雨区由南向北,暴雨范围、总量是逐步递减的,暴雨带也变得狭窄;反映底层暖湿空气强弱的$\theta_{se850hPa}$的差别也较大,北部仅为345 °K,而南部则可达355 °K以上。水汽条件不同,将导致大面积暴雨量级差异。"77·8"乌审旗暴雨是出现在高能区($\theta_{se850hPa}$高达357),移置到40°N以北,应考虑水汽改正。

5.4.4.2 结论

(1)研究区东、西两区气候特性出现明显差异;到达一定范围、一定量级暴雨只出现在东区事实;"77·8"暴雨与东区常见暖切变暴雨机制相似,且各单项动力与热力指标条件,已在研究区东区同类暴雨个例中出现,只是"77·8"暴雨条件比较完善,故"77·8"暴雨的特殊启动条件在东区其他部位的暴雨个例中是可能重演的。

(2)从地形条件看,暖切变暴雨落区位置在108.5°E以东,是受白宇山、子午岭等特定地形条件影响制约的结果。因此,可以推论,"77·8"乌审旗暴雨在东区是可以移置的。

(3)在东区南北移动时,当移动到40°N以北时,应作水汽改正。

5.5 黄淮海经向类特大暴雨特征及重现范围[24]

5.5.1 概述

经向类特大暴雨是我国非常暴雨中一种重要暴雨类型。海河1963年8月上旬、淮河1975年8月上旬出现的经向类特大暴雨,其中心降雨强度之大,暴雨、特大暴雨范围之广和持续历时之长,实为罕见。在可能最大暴雨洪水计算中,如何正确地将这些暴雨移置他地使用,是值得研究的问题。我们认为,在现代气候条件下,在一定范围内,类似的特大暴雨过程重复出现的现象，是暴雨移置法的客观基础。因此，一个比较成功的暴雨移置方案，需要对移置暴雨的源地与移置区暴雨的天气与气候特性进行全面分析，充分论证移置(重现)可能性，并合理地处理地形对降雨的影响量。

在黄河三花间设计洪水复核研究中，与河南省气象科研所合作，在概括黄、淮、海地区经向类大暴雨主要特征的基础上，对其重现(移置)问题进行讨论。

5.5.2 黄、淮、海地区自然地理特征

本书所指黄、淮、海地区包括32°N～40°N、110°E～116°E地带。其东西宽550 km，南北长达1 200 km，主要涉及黄河中游三门峡至花园口区间和汾河流域、海河流域的大清河、子牙河与南运河，以及淮河中上游地区。

该区地形特点有二：其一，该区位于华北平原与黄土高原交接地带，其间太行山自北向南延伸，过黄河后与秦岭山脉的余脉相接。该山体边坡线大体沿114°E由北向南沿伸，至35°N以南，向西靠至113°E，构成显著的阶梯地形。沿阶梯边缘的山脊高度平均达1 000～1 500 m。据文献[2]研究，在沿纬向剖面上，地形波长达320 km的长波，其梯度为零的位置大体在115°E附近，梯度最大的区域长轴线位置在高度达500 m的山坡地带。这个阶地到32°N后，因桐柏山、大别山横卧和东南丘陵山地阻挡，单一阶地地形被破坏；其二，沿山脊东坡，由北向南有多个尺度大小不同的、向偏东开口的喇叭口地形。例如，位于易县西南的中易水河上游、滹沱河上黄壁庄至平山一带、石家庄至邯郸西侧多个破碎的小喇叭口地形、河南林县西南的淇河上游，以及黄河三花间中部的长、宽达100 km的大喇叭口地形。这些地区常为特大暴雨中心的有利落区位置。

5.5.3 黄淮海经向类暴雨主要特征

(1)暴雨区呈南北向带状分布。在35°E以北常紧靠阶梯边坡地带，在36°N以南可在112°E～115°E出现。

(2)暴雨历时比较稳定。根据实测暴雨资料和历史文献考证，海河上游暴雨历时可长达7 d，黄河三花间和淮河中上游区域性暴雨历时可达3～5 d，完全离开阶地边坡，置于平原的经向类暴雨历时仅1～2 d。

(3)暴雨强度大、范围大、总量大。特大暴雨中心日雨量达600～1 000 mm，日50 mm雨区范围达6万～8万km^2，100 mm范围达2万～3万km^2，200 mm范围达1万km^2以上。

(4)暴雨发展和移动与纬向类暴雨的情况不同。经向类暴雨多原地发展或由南向北发展，当西来雨区并入时，原暴雨区可进一步得到加强。暴雨过程中，雨带长轴位置稳定。结束过程以原地消失为主。

5.5.4 黄、淮、海经向类暴雨可移置(重现)范围

我们将黄、淮、海一定范围作为该地区经向类暴雨同一气象一致区，基于以下理由。

5.5.4.1 气候区域的一致性

从季风区看，副热带季风华北区西界110°E、北界41°N，两者约是盛夏极锋可以到达

位置的东南界。区划南界在32.5°N,大约是江淮梅雨的北界。区域内冬、夏活动的气压系统变化大,该区季风变化现象反而比副热带华中区更为明显。根据国家气象局中国气候区划,在综合考虑热量、年和季干燥度,以及7月平均气温条件,暖温带黄、淮、海渭河区南界与上述季风区划一致,西界与上述季风区划大体相当,北界约在39°N附近,东界约在119°E。

5.5.4.2 大地形的一致性

我们所需要的经向类暴雨主要发生在中国大地形第一阶梯与第二阶梯的交界处,暴雨移置必须考虑这种阶梯地形的特殊性,可能移置区不宜远离这个大阶梯地形。

5.5.4.3 水汽来源的一致性

夏季整个华北地区受西南和东南两种季风的影响,水汽来源于孟加拉湾、南海和东海,且与海洋距离也很接近。

5.5.4.4 天气系统活动规律的一致性

(1)华北地区致洪暴雨均发生在江淮梅汛之后,副热带高压北跃过26°N。副热带环流型有两种类型,一是纬向流型,二是经向流型,分别与副热带高压脊线位于30°N附近和35°N以北相对应。

(2)华北地区暴雨过程有类似的经向类天气系统演变的影响过程。在副热带经向流型下,赤道辐合带北移,低纬台风、东风波或西南涡系统可到达阶梯边缘,这时西风带有南北向切变线存在,构成中、低纬系统相互作用的情形,就会形成致洪暴雨。暴雨出现在对流不稳定的形势下,地形作用很大,暴雨带呈近南北向,强度很大。

(3)在经向流型下,阶梯地形对移近边坡的低压系统有阻滞作用,有利于中、低纬系统在阶梯边坡地带叠加增强与重复更替,致使暴雨带可达持续数日之久。这是与东侧距阶地较远的华北平原暴雨天气过程的一个重要区别。

(4)形成的特大暴雨洪水环流形势与影响系统具有一致性。3万~5万km^2内均以经向流型下南北向持续暴雨强度最大,暴雨持续历时长,暴雨总量最大,是形成这带地区特大洪水的唯一雨型。

综合以上考虑,将西界110°E、北界39°N、东界约116°E、南界约32.5°N的范围作为经向类特大暴雨天气过程的气象一致区。

5.5.5 暴雨重现(移置)中地形雨改正问题

(1)主要是暴雨带维持时间长短问题。利用历史文献考证资料说明,类似海河“63·8”径向类特大暴雨,在近几百年来海河流域出现相似的特大暴雨过程有1668年、1801年实例。大范围暴雨持续历时均达7昼夜,而这类型暴雨带主雨区出现在35.5°N以南时,径向类暴雨带维持时间最长为5 d,如1761年黄河三花间径向类特大暴雨实例,而淮河“75·8”暴雨维持3 d。这种情况出现,用西太平洋副热带高压处于径向分布时,随其中心位置由35°N以北,移至35°N附近或以南时,其径向分布的稳定性较差有直接联系。因此,这类暴雨在移置不同位置时,应予考虑。

(2)暴雨图形放置位置。在解决移置(重现)可能性后,需要近一步确定暴雨中心和暴雨区轴线位置。经研究[2],实测与历史上发生的经向类特大暴雨中心和暴雨轴线最西位置不能偏于长波地形梯度最大值区域长轴线位置西侧，这位置大体在阶地边沿、等高线为500 m的山坡地带；雨带长轴线最东位置在长波地形梯度值为零处，大约位于115°E。

(3)地形雨改正计算。常用山区与平原年最大24 h暴雨均值来推求。也有用半经验半理论公式来计算。

5.6 我国非常暴雨的分类及特征

5.6.1 概述

为有利于将估算的设计流域PMP放在更大的区域进行综合比较，了解国内实测大暴雨过程的一些基本特征是非常必要的。为此，借用有关研究成果[17,19,24,33]，初步将我国一些大暴雨过程作了分类，概括其一些基本特征。鉴于挑选的这些暴雨过程多为各地区实测的著名大暴雨过程，在时空分布上具有相当的极大性，故冠以“非常暴雨”之名，以区别于一般的暴雨过程。

因此，所谓非常暴雨，主要是近50年来所观测到的各地区前几位的大暴雨过程。从部分暴雨过程产生的相应洪水量级来看，其重现期超过实测年限较多。也就是说，这些暴雨过程作为发生地区及相邻地区而言，是具有相当的极大性。当然，这些暴雨的极大性，或者是在强度、量级、范围上的极大；或者是局地强对流暴雨，或因区域性暴雨持续或短暂间歇地多次重复，从而以其在时间过程上的超短或超长、小范围或大范围总雨量的极大性为其特征。它们往往造成局地性、地区性或跨越几条江河的巨大洪涝灾害。因此，目前定义的非常暴雨，是从降雨强度、总量、历时、范围几个侧面的极大性来分析确定的。

我国非常暴雨可分为5类，即：

(1)超短历时、局地性非常暴雨。

(2)较短历时、移动性、区域性非常暴雨。

(3)中等历时、停滞性、区域性非常暴雨。

(4)长历时、大范围、强淫雨性非常暴雨。

(5)青藏高原东部较长历时、较大范围、强淫雨过程。

5.6.2 各类非常暴雨的特征概述

5.6.2.1 超短历时、局地性非常暴雨

这类非常暴雨历时数十分钟至数小时，暴雨笼罩面积(50 mm等值线范围，下同)几十平方千米至几百平方千米，中心雨量达200~500 mm以上。在暴雨区周围没有成片区域性降雨，故表现为强烈的阵性与局地性。主要发生在西北诸省偏干旱地区。这类暴雨主要是由局地强对流天气条件所造成的。位于暴雨中心的小河流，可以产生极大的洪水。如1985年8月12日渭河上游武山县天局村暴雨，70 min雨量达436 mm(调查值)，接近世界纪录外包线值(453.6 mm)。暴雨笼罩面积446 km^2。由于暴雨强度大，当地形成了罕见的泥石流洪水，使桦林沟口的天局村遭受毁灭性的灾害。这类暴雨实例见表5-28。

表 5-28 第一类非常暴雨典型实例及特征

降雨日期（年-月-日）	地点	暴雨历时（h）	暴雨中心雨量（mm）	各等级暴雨笼罩面积（km^2）	
				50 mm	100 mm
1959-07-19	内蒙古张象房子	6	620.0*	1 000	300
1972-06-25	河北白脑包	6	550.0		
1975-07-03	内蒙古上地	6	401.0*		
1976-07-25	甘肃化乌	3	343		
1979-08-10	甘肃临洮	6	401	425	
1981-06-20	陕西大石槽	4.5	339.9	107	40
1981-06-29	新疆安集海	1	240	103	
1985-08-12	甘肃天局	1.17	436.0	446	

注：* 为调查值。

5.6.2.2 较短历时、移动性、区域性非常暴雨

这类暴雨因影响暴雨的天气系统处于移动中，暴雨历时 10 h 左右至 48 h 以内。随着暴雨落区地域不同，日（或最大 24 h）暴雨范围可达数万至十多万 km^2，日大暴雨区笼罩范围（100 mm 雨区笼罩范围，下同）达 1 万 ~6 万 km^2，日特大暴雨区范围（200 mm 雨区，下同）范围由数千平方千米至万余平方千米。日暴雨中心雨量可达 400 ~ 1 000 mm 以上。出现地区主要在中国东部和中部地区、东南沿海、台湾、海南等地。暴雨影响系统主要为涡切变、台风、西风槽。具体实例及特征见表 5-29。

表 5-29 较短历时、移动性、区域性非常暴雨实例与特征

过程日期（年-月-日）	落区位置	最大日暴雨			暴雨区特征			各等级日暴雨区（mm）面积（km^2）					主要天气系统
		中心位置	雨量（mm）	发生日期	轴向	长轴（km）	短轴（km）	50	100	200	300	500	
1960-08-01 ~ 05	辽宁东部鸭绿江中下游、辽东半岛以北	黑沟	417.2	3	东北—西南	500	200	110 000	60 000	15 000			台风、低槽
1977-08-01	内蒙古与陕西交界区	木多才当	1 400*	1	东西	300	90	24 650	8 700	1 860			涡切变
1965-08-18 ~ 20	浙闽沿海	南溪	438.1	19	东北—西南	450	150	92 710	49 110				台风
1974-08-11 ~ 13	潍河、沂河、沭河	刘圩	553.6	12	东北—西南	600	130	93 160	47 000	8 750	2 300	140	台风倒槽
1979-09-23 ~ 25	广东南与东南部	多祝	670.3	24	东西				20 000	8 000	3 600		台风

这类非常暴雨实例如 1977 年 8 月 1 日发生在内蒙古与陕西交界地区的暴雨。暴雨中心在内蒙古乌审旗的木多才当。10 h 降水量 1 400 mm。这场暴雨历时不超过 24 h，日暴雨面积 24 650 km^2，日大暴雨面积 8 700 km^2，日特大暴雨区面积仅 1 860 km^2，但在这个小区域内降水总量达 9.55 亿 m^3。又如 1974 年 8 月 11 ~ 13 日山东沂蒙山区、淮河下游平原发生了一场区域性暴雨。暴雨主要发生在 12 日。这天日暴雨面积达 93 160 km^2，日大

暴雨面积达47 000 km²,日特大暴雨面积达8 750 km²。暴雨中心位于刘圩,日雨量最高达553.6 mm、沂河、沭河、潍河均发生了大洪水,中运河、骆马湖水位超过了实测最高记录。潍坊、临沂、徐州、淮阴等地遭受了较为严重的洪涝灾害。

5.6.2.3 中等历时、停滞性、区域性非常暴雨

这类非常暴雨落区位置相对稳定,停滞少动,故日暴雨面积达1万km²的日数可维持3~7 d。其中,最大日暴雨范围可达8万~20万km²以上,日大暴雨范围可达3万~8万km²,日特大暴雨范围可达数千平方千米至1万余平方千米。日最大暴雨中心雨量可达300~400 mm以上,最大可达700~1 000 mm之多。

这类非常暴雨实例如1981年7月9~14日在四川省境内的历史上罕见的大面积暴雨,嘉陵江、涪江、沱江,以及岷江、河渠江部分地区均为暴雨所笼罩。日暴雨面积超过1万km²持续日数达5 d之久,日大暴雨面积超过1万km²的日数也有2 d,过程中最大日暴雨面积为137 440 km²,最大日大暴雨面积为43 720 km²,日最大暴雨中心在上寺,7月12日雨量达345.8 mm。这场暴雨使长江干流寸滩站洪峰流量达85 700 m³/s,为20世纪以来最大洪水。又如1963年8月2~8日稳定于海河上游7 d的特大暴雨过程、1969年7月10~16日长江中下游持续大暴雨过程等,各实例及特征情况见表5-30。

表5-30 中等历时停滞性的区域性非常暴雨典型实例与特征

过程日期(年-月-日)	落区位置	最大日暴雨			各等级日暴雨区(mm)最大面积(km²)			各等级日暴雨区超过某面积(万km²)持续日数			雨带走向	主要天气系统
		中心位置	雨量(mm)	发生日期	≥50	≥100	≥200	50 mm, >1	100 mm, >1	200 mm, >0.5		
1935-07-03~07	湘西北、鄂西、豫西	湾潭	600~900	3	85 740	50 160	25 160	3	2	2	南北	涡切变
1957-07-10~19	许昌以东至胶东半岛	高里	267.3	10	81 900	33 580	2 125	(5)	>1	0	近东西向	黄淮气旋
1963-08-02~08	海河上游	獐犺	865	4	80 800	40 500	11 200	7	6	4	南北	西南涡与低压槽
1969-07-10~16	长江中下游鄂皖地区	大水河	482.8	16		114 900			5		近东西向	涡切变
1975-08-05~07	淮河上游、豫西南	林庄	1 005	7	>40 000	26 600	13 100	3	3	2	近南北向	台风倒槽
1981-07-09~14	川西地区	上寺	345.8	12	137 400	43 720	3 700	6	2	0	东北西南	涡切变
1982-07-28~08-02	淮河上游、黄河三花间、汾河下游、陕北南部	石涡	734.3	29	62 500	17 800	1 691	4	1		近南北向	南北向切变线与台风倒槽

5.6.2.4 长历时、大范围、持续性阴雨夹暴雨型非常暴雨

这类非常暴雨过程降雨持续、历时长达 1 ~2 月之久。暴雨过程稳定在一个更大区域内多次重复出现，致使过程内出现暴雨区的范围达 50 万 ~60 万 km^2，区域性降水总量达 1 000 亿 ~2 000 亿 m^3 以上。这类过程雨区基本上呈纬向类分布。其中，出现的暴雨过程中，可能夹有 1 个以上第 2 类，或者夹有 1 个第 3 类非常暴雨过程。例如，1954 年 5 ~7 月江淮梅雨期暴雨便是这类典型。这期间江淮暴雨共出现大范围暴雨达 12 次之多。每次暴雨过程历时一般 3 ~5 d，最长一次 7 ~9 d。日暴雨面积在 10 万 km^2 的雨日达 19 d。其中，5 月 24 日、25 日暴雨笼罩面积最广，分别达 22 万 km^2、21 万 km^2。该实例中最大一次暴雨过程中暴雨笼罩面积、降水总量见表 5-31。1931 年 5 ~7 月江淮暴雨和 1915 年 6 ~7 月珠江暴雨属这类非常暴雨典型实例，但这些实例尚缺乏完整的比较资料。具体实例特征见表 5-32。

表 5-31　1954 年 6 月 22 ~28 日暴雨逐日雨量特征

日期		暴雨中心				暴雨笼罩面积（万 km^2）	相应降水量（亿 m^3）	天气系统
月	日	站名	东经	北纬	雨量（mm）			
6	22	观音阁	114°40′	23°25′	122	0.85	6.53	切变线 + 低涡 + 静止锋 + 气旋
6	23	柳城	109°15′	24°42′	85	2.020	14.9	
6	24	李集	115°30′	31°10′	311	9.62	93.6	
6	25	螺山	113°10′	29°30′	339	20.1	216.9	
6	26	找桥	114°45′	28°40′	189	15.7	132.5	
6	27	宁都	116°00′	26°30′	181	2.90	26.1	
6	28	洺湖	115°20′	27°50′	221	18.9	170.5	

表 5-32　长历时、大范围淫雨型非常暴雨实例主要特征

暴雨名	时期	等雨深线数值（mm）	笼罩面积（万 km^2）	降水总量（mm）	天气系统
1931 年江淮暴雨	6 月 28 日至 7 月 27 日（最大 30 d）	200	164.7	3 423	切变线 + 静止锋 + 气旋波
		300	75.7		
		400	49.4		
1954 年江淮暴雨	5 月	300	74.0	3 010	切变线 + 低涡 + 静止锋 + 气旋波
	6 月	300	71.0	3 220	
	7 月	300	91.0	4 280	
1915 年珠江暴雨	7 月上旬	大雨和暴雨	50 余		切变线 + 静止锋 + 低涡

5.6.2.5 高原东部较长历时较大范围强淫雨过程

这类非常暴雨过程仅指发生在青藏高原东部地区的持续性强降水过程。该区域包括黄河上游贵德以上地区，以及怒江、澜沧江、金沙江、雅砻江和大渡河的河源区及其流经的横断山脉区。这个区域地势高峻，大气中水汽含量少。该区域的非常降雨过程主要特点有四：①降雨强度小，32°N 以北地区最大日降水量很少超过 50 mm，横断山脉区南侧可达 100 ~ 200 mm。②区域内降水时空分布比较均匀，过程中以小到中雨日居多，逐日雨量图上以 10 ~ 25 mm 雨区范围最大，可达数十万平方千米，25 ~ 50 mm 面积最大可达 5 万 ~ 10 万 km^2，日雨量超过 50 mm 面积甚小。③降雨过程长（10 ~ 15 d）、范围大（10 万 km^2 以上）。④降雨总量大，可达 100 亿 ~ 150 亿 m^3 以上。并且，过程前、后伴有长久持续阴雨天气，致使高原东部数条大江大河可同时出现特大洪水。例如，1981 年 8 月 30 日至 9 月 13 日降雨过程是近 40 年来黄河上游出现的一场最强的连阴雨。雨区笼罩黄河上游唐乃亥站以上，还涉及长江流域的金沙江、雅砻江、大渡河的上游。大部分地区次降雨总量达 100 mm 以上。9 月 13 日唐乃亥站洪峰流量达 5 450 m^3/s，45 d 洪量 119.7 亿 m^3，相当于多年平均年径流量的 40%。这类暴雨实例及特征见表 5-33。

表 5-33 青藏高原东部较长历时、大范围强淫雨过程典型实例

河名	区间	集水面积（万 km^2）	各实例降水过程面平均雨深（mm）			
			1981-08-30 ~ 09-13	1966-08-21 ~ 08-31	1970-07-09 ~ 07-17	1962-08-03 ~ 08-12
黄河	吉迈以上	4.50	112.5			
	吉迈—玛曲	4.10	138			
	玛曲—唐乃亥	3.59	102			
雅砻江	雅江以上	6.57		74.7	91.3	57.4
	雅江—小得石	5.14		161.1	109.7	107.9
金沙江	石鼓以上	21.42		102.5	65.5	71.3
	石鼓—小得石—屏山	12.73		191.5	97.8	92.7
澜沧江	溜筒江以上	8.30		108.3	66.9	74.0
	溜筒江—戛旧	3.16		200.8	35.9	101.4
怒江	贡山以上	10.50		103.9	65.4	61.8
	贡山—道街坝	1.38		114.0	47.5	76.2

5.6.3 我国非常暴雨的特点

5.6.3.1 时空分布的极大性

非常暴雨是以时空分布的极大性为其首要特征，而各类非常暴雨的极大性反映在不同方面。

从中国南北方暴雨最大时面深记录及归属的非常暴雨类型可知，1 ~ 3 h、300 km^2 以

下的面雨深值，是以第1类暴雨居首位。历时6~12 h、面积1万 km^2 以下的面雨深最大值，几乎全来自第2类暴雨（内蒙古1977年8月1日暴雨）和第3类暴雨（淮河1975年8月5~7日暴雨）；24 h至3 d、面积3 000 km^2 以下的面雨深记录来自第2类暴雨；3~7 d的面雨深记录则来自第3类非常暴雨。

第4类非常暴雨是更长历时、更大范围内，多个持续阴雨、暴雨过程的组合。它的极大性主要表现在几十万平方千米以内过程降雨总量的极大性，数量达数千亿立方米。

第5类非常暴雨的极大性，主要指青藏高原东部地区及横断山脉地区10万 km^2 以上范围内，15 d过程总降雨量达100亿 m^3 以上，而且随着面积的增大，总雨量成正比例增加。

将第2类、第3类非常暴雨各等级日暴雨最大面积和持续历时，均以第3类非常暴雨为首，具体可参见表5-34。

表5-34 第2类、第3类非常暴雨各等级日暴雨最大面积及最长持续日数对比

暴雨类型	各等级日暴雨最大面积（万 km^2）				各等级区域暴雨最长持续历时（d）		
	≥50 mm	≥100 mm	≥200 mm	≥300 mm	≥50 mm，>1万 km^2	≥100 mm，>1万 km^2	≥200 mm，>0.5万 km^2
第2类	11.0	6	1.5	0.36	（2）	1	1
第3类	22.1	11.49	2.5	1.46	7	6	4

5.6.3.2 发生季节上的一般性与特殊性

中国地处欧亚大陆的东南，濒临太平洋，大部分地区位于典型的季风气候区域，暴雨具有明显的季节变化。从全国范围看，各类非常暴雨大多发生在7月、8月，但也存在地区差别。珠江流域5月、江淮流域5月下旬至6月可由静止锋形成第3类、第4类非常暴雨。9月，广东沿海和海南岛受西进台风影响，可形成第2类非常暴雨。但是在某些地区，非常暴雨出现季节也有其异常性。例如，在西北地区，由于强对流作用，6月可出现第1类非常暴雨。黄河中游晋、陕北部地区7月中旬至8月中旬是区域性暴雨集中出现时段，9月初区域性暴雨基本结束。但是，1819年9月7日前后主要在晋陕的偏北地区出现了一场区域性特大暴雨，9月10日黄河陕县出现洪峰流量达21 000 m^3/s，再如1662年9月下旬至10月上旬前期，发生在秦岭南北侧广大地区的持续连阴雨、暴雨洪水过程，1583年6月汉江流域安康河段发生了近900年来最大的暴雨洪水。这些显示出非常暴雨在出现时间上的特殊性。

5.6.3.3 发生地域上的差异性

中国各类非常暴雨比一般降水过程有着更强的地域性差别。这主要表现在以下三个方面：

（1）不同地区发生的非常暴雨类型不同。第1类非常暴雨主要出现在青海、甘肃、宁夏、内蒙古、陕西、山西及河北北部。第4类非常暴雨发生在黄河以南地区，第5类非常暴雨发生在青藏高原东部。

（2）暴雨量级与范围的地区差别大。这主要表现在第2类非常暴雨与第3类非常暴雨过程中日暴雨、日大暴雨、日特大暴雨范围有显著的地区差别。

就西北地区而言，黄土高原是日暴雨、日大暴雨面积最大地区，但目前实测资料中还未看到日暴雨、日大暴雨面积超过8万 km^2、1万 km^2 者，日特大暴雨面积也只有2 000～3 000 km^2。东北地区与长江上游日暴雨面积最大均可达10万 km^2 以上，日大暴雨区可达5万 km^2 左右，日特大暴雨面积上两地差别较显著，前者可达1万 km^2 左右，后者仅在5 000 km^2 以下。海河上游、淮河上游至鄂西、湘西山地，以及长江中下游是我国暴雨区范围最大的地区。日暴雨面积最大可达15万 km^2 以上，最大已有22万 km^2 暴雨面积最大均可达10万 km^2 以上，日大暴雨区可达5万 km^2 上下，日特大暴雨面积的记录，日大暴雨区可达5万 km^2 左右，日特大暴雨面积也可达1万 km^2 以上。

(3)持续性暴雨具有一定的落区规律。从现有资料看，川西山地、华北、华中平原与西侧山地交接地带，以及长江中下游是第3类非常暴雨易发生地区，而第4类非常暴雨主要发生在黄淮、江淮与长江以南至华南广大地区。

(4)具有一定的可重复性。

对于各地而言，非常暴雨是比较罕见的事件，人们往往将其看作是偶然现象。但是，从扩大的空间和时间范围来看，已出现的各类非常暴雨是完全可能再现的。

从扩大的空间范围即气象一致区看，类似的非常暴雨过程(雨区空间分布形势相似、暴雨强度、范围、持续历时接近，成因条件相似)重复出现。例如，海河"63·8"暴雨、淮河"75·8"暴雨、黄河"82·8"暴雨均可认为是华北、西北与黄土高原交接地带的经向类特大暴雨，均属第3类非常暴雨，它们之间的特点具有较显著的相似性。

从扩大的时间范围即从一个地区的几百年历史上来看，同类非常暴雨也有重复出现的情况。例如，1761年8月14～18日在黄河三花间至汾河中下游曾发生过持续5 d的特大暴雨，它与当今1982年7月29日至8月2日暴雨过程相比，在大范围暴雨落区位置、暴雨中心位置、暴雨持续状况、暴雨量级等方面，都是很相似的。同样情况是海河上游的1963年8月3～8日的特大暴雨，也可在历时文献资料中找到非常相似的特大暴雨过程，如1668年8月上旬暴雨情况就是如此。

5.6.4 有待改进的问题

(1)目前，我国在非常暴雨的基本规律分析与运用方面，已取得一些研究成果。但是，一个最基本的问题就是，有关这些暴雨的观测资料仅为各部门或单位掌握，并未公开。因此，现有的一些分析成果的可靠性、可比性均有待进一步证实。我们在利用《中国历史大洪水》(上、下卷)著作提供的资料来概化各类非常暴雨特性时，深感这方面存在不足，故综合得出的各类非常暴雨特性的准确性还有待进一步研究。

(2)对第2类、第3类非常暴雨的分类还应该加以分区化。根据目前归纳的情况看，这两类非常暴雨发生地区似乎偏及中国东部地区。将黄土高原上的"77·8"乌审旗暴雨与沿海的台风暴雨划分成一类，既不利于区分，也不利于使用。我们很难想象将"77·8"乌审旗暴雨类型的中心时面深关系用于东南沿海地区。这两类非常暴雨又是对东部地区几千平方千米至几万平方千米流域面积洪峰流量的形成起控制作用的降水过程。因此，从我国东部地区PMP估算的需要出发，希望这两类非常暴雨分类成果在运用于计算中时，还必须考虑地区差异（或成因差异），对其作进一步区分。

5.7 我国东部非常暴雨的再分类及其时面深关系外包线初步研究

5.7.1 概述

利用暴雨时面深关系来推求可能最大暴雨洪水，是现在比较通用的一种方法。因此，如何正确推求和使用暴雨时面深外包线，是所得成果是否合理的关键。

采用这个方法时有一个假定，就是假定固定流域面积各时段的暴雨量都达到该历时暴雨面深关系的外包水平，暴雨时面深关系则是由能发生在流域上的大暴雨经水汽放大后综合而得的。这样做，一个突出的问题就是将不同类型暴雨时面深关系综合在一起，忽略了暴雨时面深关系的特定气象条件。各类天气系统形成的暴雨时面深关系应有其特定规律，按成因分类的暴雨时面深关系，再加以综合外包，才具有物理意义。这也是应用该方法中，解决定性与定量相结合的重要途径。

为此，现从以下几个方面作些初步探讨：对暴雨进行分类，归纳分类暴雨的时面深关系；研究分类暴雨时面深关系外包线特征；概化比较分类暴雨天气尺度、中小尺度系统暴雨时面深外包线特征；从成因角度，提供合理、综合使用暴雨时面深关系的指导意见[17,28-33]。

5.7.2 我国东部地区几类非常暴雨再分类及其特征

根据我国东部地区近百场大暴雨的气象成因特点和雨带走向、暴雨历时长短、落区位置及与大地形关系，将我国东部地区的非常暴雨调整为以下四类。

5.7.2.1 第一阶梯边坡地带的经向类暴雨

暴雨影响系统是由西风带低槽切变与热带、副热带低压系统（西南涡或台风、东风波等）共同作用的结果。

此类暴雨强度大，暴雨、大暴雨范围广，暴雨持续历时 3 ~5 d 以上，暴雨区呈带状分布。

5.7.2.2 沿海登陆台风类

此类大暴雨主要系台风登上大陆（不包括登上台湾的台风暴雨）以后，在衰减成温带气旋前，由台风环流内形成的暴雨。当西风带低槽切变并入台风环流，且在第一阶梯边坡地带形成的暴雨，归并在第一类暴雨。

这类暴雨主要历时 1 ~2 d，并无固定类型。

5.7.2.3 切变低涡（南支槽）暴雨

此类大暴雨主要由西风带低槽切变和其上低涡，地面有锋面配置。在西北东部时，切变线附近具有强烈位势不稳定，锋面结构并不甚清楚。在长江中下游和黄淮地区时地面往往有气旋波动。西南地区主要由高原南部东移的南支槽暴雨也归并此类。这类过程中，因影响系统可不断更替，大暴雨过程可达 3 ~5 d 或更长。

此类暴雨区多呈东西向、东北—西南向带状分布，暴雨、大暴雨区呈椭圆状。暴雨区在35°N以北，暴雨历时为1～2 d，但5 d内可出现两次区域性暴雨；在35°N以南，大范围主要暴雨历时可达3 d以上。此类暴雨如按照持续历时与落区位置不同（隐含天气系统成因差距），可分为移动性与停滞性两大类。限于资料条件和时间关系，该类型的进一步划分，尚有待今后来完善。

以上三类暴雨因暴雨范围均达数万平方千米以上，故又常统称为区域性暴雨。

5.7.2.4 低值系统局地暴雨

这类暴雨主要发生在西北地区和华北的北部，主要由单一气团内部、局地强对流产生的暴雨。暴雨历时仅几个小时，强暴雨范围多在几百平方千米内。

5.7.3 几类非常暴雨时面深外包线初探

采用南京水文水资源研究所的《中国暴雨面积历时雨深资料》《中国历史大洪水》及有关研究成果相关资料，初步整理、计算了以下几类非常暴雨时面深关系的外包线，包括北方地区非低值系统、第一阶地边坡地带经向类、我国沿海登陆台风、切变低涡（南支槽）等4类，以提供参考。具体见表5-35～表5-38。

表5-35 北方非低值系统局地暴雨时面深关系外包线

面积（km^2）	各历时不同面积平均雨深（mm）			
	最大3 h	最大6 h	最大12 h	最大24 h
10	535	600	645	687
50	434	505	588	640
100	385	458	550	607
200	333	410	506	564
300	306	382	480	537
500	260	345	438	490
800	224	313	396	450
1 000	210	295	372	428

表5-36 第一阶地边坡地带经向类暴雨时面深关系外包线

面积（km^2）	各历时不同面积平均雨深（mm）				
	最大3 h	最大6 h	最大1 d	最大3 d	最大5 d
10	495	830	1 020	1 620	1 640
100	447	725	930	1 550	1 580
500	365	590	826	1 400	1 470
1 000	297	510	765	1 320	1 400
3 000		346	663	1 175	1 280

续表 5-36

面积 (km^2)	各历时不同面积平均雨深(mm)				
	最大 3 h	最大 6 h	最大 1 d	最大 3 d	最大 5 d
5 000		255	603	1 090	1 210
10 000		112	500	960	1 130
20 000			402	820	1 007
30 000			348	725	940
50 000			260	615	820
100 000			150	450	655

表 5-37　我国沿海登陆台风暴雨时面深外包线

面积 (km^2)	大陆地区各历时不同面积平均雨深 (mm)		台湾地区面平均雨深 (mm)	
	最大 6 h	最大 1 d	最大 3 d	最大 3 d
10	510	852	1 400	1 850
100	418	810	1 190	1 770
200	385	780	1 120	
500	338	709	1 010	
1 000	295	660	917	1 430
2 000	255	602	820	
3 000	233	560	770	
5 000	200	504	700	
8 000	176	445	630	
10 000	160	417	600	860
20 000	116	333	500	
30 000	84	287	443	
50 000	53	221	367	
100 000		128	265	

表 5-38　切变低涡(南支槽)暴雨时面深外包线

面积(km^2)	各历时不同面积平均雨深(mm)		
	最大 6 h	最大 1 d	最大 3 d
10	690	885	1 220
100	505	710	1 005
200	465	660	940
500	393	590	850
1 000	332	526	770
2 000	275	467	700
3 000	245	435	657
5 000	200	390	600
8 000	165	350	550
10 000	146	330	520
15 000	117	293	468
20 000	93	273	430
30 000	57	238	395
50 000		200	347
80 000		146	288
100 000		130	263
200 000		80	180

5.7.4　几类非常暴雨时面深外包线特征比较

(1)比较三个历时、各特征面积,从四种类型暴雨的不同面积的平均雨深看,以第一阶地边坡地带经向类暴雨雨深最大。其他三类暴雨,1 000 km^2 以内的最大 6 h 平均雨深是接近的,随着时间的增长,面积的扩大,登陆台风类面雨深较切变低涡类大,且它们均比非低值系统类暴雨的相应面积雨深大得多。具体可见表 5-39。

表 5-39　三种历时下,四类暴雨各特征面积的平均雨深外包线值比较

暴雨历时	暴雨系统类型	各特征面积(km^2)平均雨深(mm)						
		100	500	1 000	5 000	10 000	50 000	100 000
最大 6 h	经向类	725	590	510	255	(112)		
	登陆台风	418	338	295	200	160	53	
	切变低涡	505	393	332	200	146		
	非低值系统类	458	345	295				
最大 1 d	经向类	930	826	765	603	500	260	150
	登陆台风	810	709	660	504	417	221	128
	切变低涡	710	590	526	390	330	200	130
	非低值系统类	607	490	428				
最大 3 d	经向类	1 550	1 400	1 320	1 090	960	615	450
	登陆台风	1 190	1 010	917	700	600	367	265
	切变低涡	1 005	850	770	600	520	347	263
	非低值系统类							

(2)以各历时下 100 km^2 面积雨深作为基础,比较各类型暴雨某一历时下,随暴雨面积增长,平均雨深衰减情况。

①各历时不同类型暴雨比较,均以非低值系统局地暴雨随面积增长雨深的衰减率最快。

②就三种区域性暴雨比较看,历时不同,三种类型区域性暴雨随面积增长,雨深衰减率情况不同:从最大 6 h 看,台风暴雨量随面积增长,雨深衰减率最小,涡切变暴雨次之,经向类暴雨的衰减率最大;从最大 1 d 雨量看,地形随降雨历时增长作用增强,故随面积增长时,以经向类暴雨的衰减率最小,台风暴雨次之,涡切变暴雨的衰减率最大;就 3 d 雨量看,经向类暴雨、涡切变暴雨系统较稳定持续,且易得到加强,而地形对降雨增加的影响又以经向类暴雨最强,故这种情况下,经向类暴雨的衰减率最小,涡切变次之,而台风随上陆时间加长,而减弱较快,故这时暴雨衰减率最大。

(3)在各等级面积下,比较各类型暴雨随历时增长,面平均雨深增长速率有以下特点:

①各类型暴雨中,同面积下,随暴雨历时增长,以非低值系统局地暴雨,雨深增长率最小。

②其他三类区域性暴雨在不同历时段,各面积平均雨深增长速率不同:暴雨历时由 6 h 增长至 1 d 时,台风暴雨各面积的平均雨深增长速率最大,经向类暴雨次之,涡切变暴雨的最小;历时由 1 d 增长至 3 d,则以经向类暴雨各等级面雨深增长速率最大,涡切变次之,台风暴雨最小。

5.7.5 暴雨时面深关系的天气学含义

5.7.5.1 暴雨天气系统的尺度分类

天气系统按其水平尺度和生命史,可分为大、中、小尺度天气系统,见表5-40。暴雨是一种特定的天气现象,低槽、切变线、低涡、南支槽、锋面、气旋波、台风等是形成暴雨的大尺度系统,或称天气尺度系统。但是暴雨又往往伴随着强对流天气,在发生大暴雨时,更是如此。因此,暴雨形成又与一定的中小尺度天气系统紧密相关。对形成强对流天气而言,伴有的中小尺度系统为雷暴高压、中低压、雹线、龙卷风等,其大多与暴雨现象相联系。

表5-40 各类天气系统时空尺度

天气系统分类	水平尺度(km)	垂直尺度		时间尺度
		范围(km)	H/L	
小尺度	2.0~20	10	10^{-1}~1	1 h以下
中尺度	20~200	10	10^{-1}~1	几小时至十几小时
大尺度	>200			12~24 h以上

5.7.5.2 暴雨时面深关系与天气系统尺度关系

为从暴雨时面深关系曲线上定量分析不同尺度天气系统能产生的最大降水能力,根据表5-40各类天气系统尺度特征,结合目前时暴雨面深资料条件,做如下规定:

从6 h暴雨雨深面积关系外包线上,暴雨中心至500 km^{2}面积的平均雨深,代表了小尺度天气系统最大降水能力;1 000~10 000 km^{2}面积的平均雨深,代表了中尺度最大降水能力。

从24 h或1 d的雨深面积关系外包线上看,500 km^{2}的各面积平均雨深,代表了小尺度天气系统产生暴雨量的最大持续能力,或多个小尺度系统最大降水能力;1 000~10 000 km^{2}面积的平均雨深,仍代表了中尺度系统最大降水能力;10 000 km^{2}以上面积的平均雨深以上代表了大尺度天气系统的最大降水能力。

从3 d暴雨时面深关系外包线上,10 000 km^{2}以内各面积的平均雨深代表了中小尺度天气系统持续产生(最大)降水的能力;大于10 000 km^{2}的各面积平均雨深代表了暴雨天气尺度系统(包括得到加强的)最大持续降水能力。

5.7.5.3 各类型暴雨不同尺度天气系统与暴雨时面深外包线特征关系

当前,希望通过各类型特大暴雨个例分析,来研究各类暴雨不同尺度系统的暴雨时面深关系变化特征,是尚待研究的问题。现通过不同尺度天气系统时空特征与暴雨历时、暴雨面积的概化对应关系,以各类型暴雨时面深外包线特征来间接推测各类型暴雨系统尺度与其变化关系。

从天气系统尺度大小的关系来看5.7.4部分不同历时、不同面积下,暴雨时面深外包线变化特征。6 h、500 km^{2}以内,主要反映了小尺度天气系统对暴雨的贡献能力,就此看,各类型暴雨小尺度天气系统产生暴雨量的最大能力以经向类的最大,其他三类是相当的。就各类型暴雨中尺度规模的系统来看,非低值系统暴雨无中尺度低值系统作用,暴雨区规模限于很小范围内。因此,从 6 h、1 000 km^2 至数千平方千米面积雨深变化特征来看,其他几类区域性暴雨的中尺度低值系统作用明显。其中,以经向类中的中尺度系统降水能力最强,台风类暴雨的次之,涡切变类下的中尺度低值系统产生暴雨的最大能力最小。

从 6 h 至 1 d 再至 3 d 10 000 km^2 以上的雨深变化看,反映了天气尺度系统最大降水能力,仍然是以经向类暴雨的天气尺度系统降水能力最大。

各类型暴雨 6 h 降雨量随面积增长,面雨深衰减速率反映了各类型暴雨的大、中、小尺度系统综合降水能力的变化,以台风系统在 1 万 km^2 面积内降水能力最强,经向类暴雨的次之,涡切变类暴雨的最差。

各类型暴雨 1 ~3 d 降雨量随面积增长,面雨深衰减速率反映了各类型暴雨的多个大、中、小尺度系统更替、移动、维持对降水影响能力的综合表现,显然以经向类暴雨的能力最强,台风暴雨次之,涡切变暴雨的最差,但就大尺度系统作用而言,在 5 万 km^2 以上范围时,涡切变系统最大降水能力则是最强的。

各类型暴雨同面积下,不同历时雨深增长速率反映了不同尺度系统数量、强度、维持和更替综合情况对降水的影响能力。暴雨历时由 6 h 增长到 1 d,在 1 000 km^2 内,各面积的雨深随历时增长率,以台风暴雨的增长速率最大,达 2.0 左右,反映了该类暴雨中形成暴雨的小尺度系统有了更替,且产生暴雨的能力最强,其他三类暴雨的小尺度系统随时间加长对降水的增长影响能力相差无几,均在 1.5 左右。数千至 1 万 km^2 面积上,随历时加长,平均雨深均增长 2 ~2.6 倍,反映了中尺度系统维持或更替对暴雨影响能力,各类暴雨中,台风系统内中尺度系统对降水影响能力仍较强,但经向类暴雨内中尺度系统与台风暴雨对降水影响的最大能力相当。

由 1 d 延长到 3 d,数千平方千米面积以内,平均雨深增长比例反映了各类暴雨的中、小尺度系统更替对降水影响的最大能力;数万平方千米面积雨深增长速率主要反映了各类暴雨大尺度系统维持与加强情况对降水影响的最大能力。统计结果表明:经向类暴雨的中、小系统对降水影响的最大能力最大,雨深增长速率达 1.8 左右,大尺度系统对降水影响最大能力也是最强,雨深增长速率达 2.5 左右。其他两类暴雨的大、中、小尺度系统对暴雨影响最大能力均小于前者,就其大尺度系统来讲,雨深增长速率达 1.7 ~2.0,而中、小尺度系统的雨深增长速率仅为 1.4 ~1.6。

5.7.6 暴雨时面深外包线制作原则

根据上述分析,在计算应用中,制作暴雨时面深外包线主要遵循定性与定量相结合的原则,又要考虑充分利用资料。因此,为推求 1 000 km^2 以下面积的非常暴雨时,在第一阶地边坡地带以外地区,可考虑除经向类暴雨外的暴雨资料进行综合来推出时面深外包线。对于 1 000 km^2 以上面积非常暴雨,应根据所推求地区非常暴雨定性特征估计,选用相应的暴雨类型的时面深外包线。

利用台湾岛上台风暴雨资料制作的暴雨时面深外包线资料用于大陆时要非常慎重。

5.7.7 小结

本节在利用有关单位在我国非常暴雨时面深关系归纳、总结分类研究成果基础上,利用气象学原理与方法对其分类成果进行初步研究。从成因角度进行了初步归纳、分析。这样为大型水利水电工程及流域规划的设计洪水计算中,如何合理利用相邻地区一些非常洪水,来参与 PMP/PMF 计算,提供了相应依据。

西北、西南和青藏高原这些地区非常暴雨洪水资料缺乏,气象成因研究方面的研究工作有待加强。

5.8 黄河洪水分期性规律研究

5.8.1 概述

按设计要求,水库运用方式以防洪为主,兼顾灌溉、发电等综合运用的,水库汛期蓄水位不能超过汛限水位。例如,陆浑水库、故县水库要求 10 月底以后才允许蓄水抬高水位。但由于汛后来水较小,水库往往蓄不上水,影响非汛期的灌溉与发电,使防洪与兴利存在较大的矛盾。从防洪角度看,在长达 4 个月之久的汛期各个时段,其洪水特性也不尽相同,如 9 月、10 月洪水明显小于 7 月、8 月,要求的防洪库容也不相同。因此,研究水库洪水的分期性,更好地解决水库防洪与兴利的矛盾,提高水库调度水平,已成为非常现实的问题。

针对上述要求,利用水文与气象资料,将水文与气象结合,来综合分析论证洪水的自然分期点,经洪水分期方案比较,提出较合理的分期洪水,为研究水库分期调度提供依据。

5.8.2 内容简介

本项研究主要特点:将水文实测、历史文献与洪水调查指标与天气、气候指标相结合,分项统计计算与分析相结合。

5.8.2.1 伊洛河暴雨洪水特性

1. 暴雨特性

年均降雨量 600 ~ 800 mm,其中 7 月、8 月降水量占全年降水量的 50% 以上;一次降水量为 60 ~ 80 mm 的次数最多,50 ~ 80 mm 的次之,150 ~ 200 mm 和 200 mm 以上的次数较少;本区暴雨 6 ~ 9 月均可发生,但以 7 ~ 8 月最多,较大暴雨大部分集中在 7 月中旬至 8 月中旬。

2. 洪水特性

其一,主要是夏季暴雨所形成的,大洪水一般发生在 7 月、8 月;暴雨中心主要有 2 个,一是嵩县、宜阳、新安一带,二是洛南、栾川一带。

其二,洪峰高、洪量大、历时短;有单峰型洪水(如 1958 年 7 月)和双峰型洪水(如 1954 年 8 月);伊洛河洪水主要由伊河龙门镇和洛河白马寺以上来水组成。

其三,伊洛河黑石关洪峰、5 d 洪量、12 d 洪量的地区组成:陆浑以上来水比较稳定,洪峰流量占黑石关的比重一般在 20% ~ 32%,比陆浑以上占黑石关面积比 18.8% 大。但个别情况,如 1958 年 7 月洪水陆浑洪峰比重只占 8.7%,1975 年 8 月洪水洪峰流量占 72.4%;对于 5 d 洪量、12 d 洪量一般占 19.9% ~ 35%,大于面积比。

长水以上来水较大,洪峰流量、5 d 洪量和 12 d 洪量一般占黑石关的 10% 以上,最大达 53%,50% 以上来水比超过面积比重 33.6%。长洛区间来水比较稳定,洪量占黑石关比重一般在 20% ~40%,最小的也在 17.6%,最大的为 43.1%,与面积比 28.8% 比较接近;洪峰流量比重变化较大,最小为 8.1%,最大为 49.1%,但一般也在 20% 以上,也与面积比接近。

上述分析表明,各区间来水比例反映与暴雨特性关系:一是暴雨中心地带基本笼罩全流域;各区间占比重与面积比关系不同,说明流域暴雨中心发生在陆浑以上频次较高;洪水地区组成的绝对数量还与各区间面积差异有关。

其四,从区间洪水遭遇情况看,白马寺、龙门镇与黑石关洪峰时间仅差 0 ~2 h,说明伊河、洛河洪水经常遭遇,形成黑石关较大洪水。历史上看,汉代以来记载 20 余次大水,伊河、洛河都为大水有 18 年,如明代以来 1553 年、1658 年、1761 年、1868 年、1931 年、1958 年、1982 年大洪水,均为大水。

5.8.2.2 暴雨、洪水成因

1. 伊洛河降水季节变化

利用多年某旬平均雨量达多年平均旬雨量的约 1.5 倍,作为雨季的起始旬与结束旬,由此统计东经 112°上南北(26°N ~44°N)各站 5 ~10 月各旬雨量与多年旬平均雨量比例,6 月下旬至 7 月上旬三花间进入雨季,至 8 月下旬黄河中下游仍位于大雨带范围内,三花间进入秋雨,至 10 月上旬。陆浑水库东湾站 6 月下旬进入雨季,10 月上旬雨季结束。故县卢氏站雨季起止时间与东湾站一致。两站旬雨量的季节变化与降水变率的季节变化一致。

需注意两点:一是 8 月上旬实测大洪水(洪峰大于 2 000 m^3/s)有 60% 发生在该旬,但该旬降雨量不是全年最大旬雨量,而变差系数为各旬最大;二是 8 月中旬变差系数降至各旬 C_v 值的均值附近,8 月下旬降至 C_v 值最低点,但旬雨量接近汛期各旬平均雨量。据有关资料统计,这种情况在整个秦岭北坡均存在。说明这是气候转折的一个明显特征。

2. 降水季节转换的气象成因

西风急流是高空风场中的狭窄的强风带。分析其年变化规律,对了解大气环流季节性调整规律具有直接意义。西风急流与行星锋区有密切关系,通常两者并存。北半球有两支行星锋区,北支为极锋,南支为副热带锋。北支西风急流轴一般位于 500 hPa 极峰的正上方,而南支急流和中纬度的高空行星锋区即副热带锋相联系。这两支急流的共同活动,与大范围大气环流变化有密切联系,行星锋区的扰动与发展,则经常造成大范围的降水或暴雨。由春至夏,南支西风急流由低纬度地区北移到中纬度地区,与北支急流合并。由夏至秋,又从中纬度地区撤退到低纬度地区。西风急流南北进退的急剧变动时期,正是东亚环流进行大调整的时期,具体可参见图 5-10。

1)南、北支为极锋季节变化

500 hPa 高度场上东经 110°E ~130°E 最大地转西风轴线(锋区位置)随时间与纬度变化说明:4 ~6 月南支西风急流位于 30°N 附近。6 月初,青藏高原东南部作为热源作用加强起来,地面给大气的可感热量和雷暴活动造成的凝结潜热明显增加,使喜马拉雅山脉以南的副热带急流与北支急流相比,显得迅速减弱。6 月中旬,副热带急流向北撤,且与

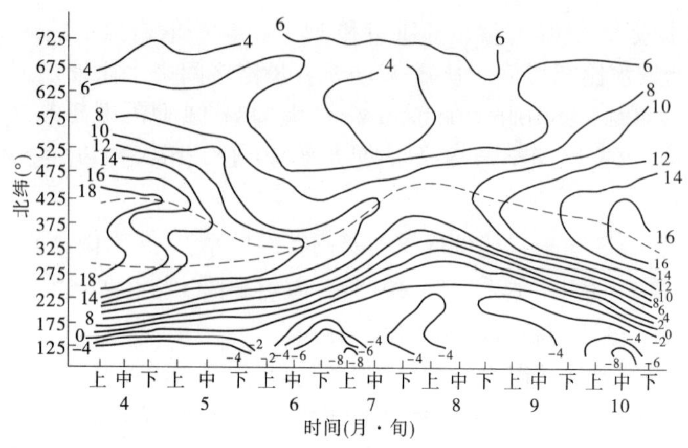

图 5-10　500 hPa 110°E ~ 130°E 地转西风随时间和纬度变化(m/s)

北支急流合并。与此同时,高空副热带东风建立,并向北推移至高原南侧上空。通过上述变化,北半球范围内副热带高压完成季节性北移,西风带由冬季的三波形变成夏季的四波形。在东亚,这期间是印度季风、青藏高原雨季和长江梅雨同时开始的时期,长江流域梅雨可维持到 7 月上旬。黄河三花间与龙三间降雨开始有明显增加,但仅位于我国这个时期的大雨带的北缘。7 月中旬,西风急流再次加强北移,雨带也再次向北推移到达黄淮地区,7 月下旬到达华北、东北地区。8 月上、中旬,副热带西风急流到达最北位置,达 45°N,直到 8 月下旬才稍有南退。此期间高纬度西风带势力最弱,表明冷空气活动也处于一年之中最弱时期。7 月中旬至 8 月下旬,前后 50 d 是黄河流域主要的降雨时段,但其中 8 月上、中旬雨带位置最北,河龙区间及宁蒙河段地区处于降雨最高峰时期,而沿 35°N 附近的黄河上游、泾河、渭河等,此时期降雨反而处于盛夏降雨较少时期。9 月上旬西风急流逐步加大南退进程。

2)亚洲 45°N ~ 65°N、65°E ~ 155°E 逐旬西风指数的变化

由表 5-41 可见,7 月上旬是全年西风指数最弱的旬,6 月下旬至 8 月上旬为西风指数最弱时段,这较中纬度副热带西风急流与东风带变化略有超前。同样,由夏向秋转换中,这个西风指数在 8 月中旬起已突然增大,这可能反映了大气环流季节变化由高纬度先行开始。

表 5-41　亚洲 45°N ~ 65°N、65°E ~ 155°E 地区西风指数逐旬变化(1956 ~ 1980 年)

项目 (月、旬)	6月			7月			8月			9月			10月		
	上旬	中旬	下旬	上旬	中旬	下旬	上旬	中旬	下旬	上旬	中旬	下旬	上旬	中旬	下旬
西风指数	195	173	151	113	121	146	153	193	196	222	225	267	302	317	346

3)西太平洋副热带高压位置的季节变化

从 7 月上旬至 10 月上旬,中、低纬度还存在一条东风带,在 110°E ~ 130°E 范围内,东西风分界线的平均纬度位置表示了该地区西太平洋副热带高压脊线的平均纬度位置。分析表明,初夏至盛夏,西太平洋副热带高压在北抬过程中同时向东摆动;8 月上、中旬达最北、最东位置;8 月下旬开始,西太平洋副热带在南退过程中,同时西伸,10 月上旬已退至

云贵高原。

表5-42是黄河上、中游各区间较强连阴雨和暴雨区与西太平洋副热带高压有利位置关系统计。可见,黄河流域大雨区位置的南北摆动和东西延伸范围与西太平洋副热带高压的活动是相应的。三花间雨季来临较早,河龙间汛雨来临较晚,以及黄河上游、泾河流域、渭河流域多秋雨等气候特点,都是以西太平洋副热带高压的季节性位置为背景的。

表5-42　各区间较大降水过程与副热带高压位置关系

雨区落区	太平洋副热带高压位置	
	脊线	西伸脊点
黄河上游	28°N	105°E
河龙间	29°N以北	110°E附近
龙三间	29°N以南	111°E附近
三花间	25°N～28°N	115°E

讨论100 hPa南亚高压和500 hPa西太平洋副热带高压脊线的平均位置和它们的均方差对分期点选择,也有一定意义。由表5-43可见,6月中旬、下旬至7月上旬南亚高压位置北移,而其变差减小,西太平洋副热带高压脊线位置北移中,其变差系数增大;两者在8月中旬至下旬到9月上旬期间,位置南移中,南亚高压变差系数的变化呈明显起伏,而西太平洋副热带高压脊线位置的变差系数呈急剧减少情况。这种位置变率的显著变化,也显示了季节转换特征。

表5-43　南亚高压、副热带高压脊线的平均位置与变率　(°)

项目		6月			7月			8月			9月
		上旬	中旬	下旬	上旬	中旬	下旬	上旬	中旬	下旬	上旬
100 hPa (90°E)	平均位置	27.8	29.3	30.2	31.3	32.7	33.3	33.7	33.0	31.9	30.5
	均方差	2.27	1.34	1.14	0.84	1.22	1.04	1.54	1.23	1.06	1.34
500 hPa (125°E～140°E)	平均位置	18.0	19.9	22.9	24.5	27.6	30.5	29.5	29.6	28.7	28.2
	均方差	2.07	1.90	2.51	2.71	3.02	3.58	3.44	3.74	2.88	2.60

4)东亚沿岸低槽位置的季节调整

各区间降雨的盛与衰同冷空气的路径和强度也有关。由6～10月逐旬东亚沿岸40°N纬圈上西风带槽线位置可知,自7月中旬起,槽线位置由原东亚沿岸西移,8月上、中旬西退至110°E位置。这样,盛夏期间弱冷空气自西路南下。这期间西太平洋副热带高压西伸、偏北时,有利于河龙间暴雨过程发生;而西太平洋副热带高压偏东、偏北时,易在海河上游、黄河三花间及淮河上游形成大暴雨区。8月下旬起,平均低槽线位置再次回到东亚沿岸。这样有利于冷空气自华北南下、向西南流动,形成回流,配合西太平洋副热带高压南退、西伸的条件,我国华西地区进入秋雨阶段。这个期间连阴雨主要影响长水以上区间,陆浑以上秋雨已不明显。因此,就 9~10 月看,故县水库雨、洪比陆浑水库雨、洪大而频繁。

3. 前、后期典型暴雨过程的天气条件

通过不同时期典型暴雨过程的气象条件的分析,既能对暴雨洪水成因形成明确的认识,又沟通了雨、洪季节变化与大气环流季节变化的联系。该流域盛夏与秋季几场典型暴雨洪水的环流形势与影响系统特征见表 5-44。可见,形成故县、陆浑水库控制地区夏、秋雨期大暴雨的气象条件显著不同。对于前期,形成严重的库区洪水均是盛夏经向类暴雨。

表 5-44 夏、秋雨期不同类型典型暴雨环流特点与影响系统

暴雨类型	典型暴雨			850 hPa 主要影响系统	500 hPa 西太平洋副热带高压位置
	发生时间(年-月-日)	最大 1 d 面平均雨量(mm)			
		陆浑	故县		
盛夏经向类	1975-08-07	113.5		台风倒槽、低空强东南风急流	华北至东北副热带高压控制
	1972-07-31	101.1	90.4	台风倒槽、低空强东南风急流	黄海、渤海至朝鲜半岛副热带高压控制
	1958-07-16	46.9	74.3	南北向切变、东风扰动、低空强东南风急流	朝鲜半岛至日本海副热带高压控制
	1954-08-03	71.2	79.2	南北向切变	华北北部副热带高压控制
盛夏纬向类	1957-07-18	42.8	70.4	冷式切变、低涡	副热带高压控制长江中下游
	1964-07-26	49.8		冷式切变、低涡	
秋季纬向类	1983-10-04	66.6	59.9	冷式切变	副热带高压控制长江以南,脊线在 24°N
	1968-09-17	50.1		三合点	副热带高压呈纬向分布,控制华南至长江中下游
	1984-09-23	34.8	33.0	暖式切变	副热带高压控制长江以南
	1964-10-03		50.7		

正如表 5-44 所示,在该类形势下,西太平洋副热带高压呈经向分布,主体位于我国华北北部至朝鲜半岛、日本海一带。由此,西来短波槽到副热带高压边缘停滞下来,形成南北向的低槽、切变。同时,台风深入华中地区,东风带扩展到 30°N 以北,在此类形势下,大尺度辐合上升运动机制发展强盛而较稳定,具有不稳定能量的湿空气,上海—郑州一线维持一条强劲的东南风急流,因此源源不断地输向阶地边坡地带,加之阶地地形对偏东气流的阻挡与强迫抬升,为加强对流活动提供了良好条件。这样形成强度大、持续历时较长的特大暴雨。在后期,只形成纬向类暴雨。在这类形势下,西太平洋副热带高压呈纬向分布且控制长江中下游或稍偏南时,西风带低压槽东移至东亚沿岸,槽的南端受阻,转向成近东西向的横切变,同时自云贵高原,经安康(或更偏东些)北上的暖湿气流与南下冷空气辐合,形成降雨。因此,在这类情况下,雨区附近锋面结构较清楚,水汽输送与不稳定能

量输送条件较经向类暴雨时弱，故雨强较之小。前期也有纬向类暴雨，其雨强和降雨量级与后期的相差不大。

从前、后期典型暴雨过程的气象条件与大气环流的季节转换的联系看：首先，经向类暴雨最有利于出现在8月上旬前后，这正是西风急流位置、副热带东风带位置最为偏北，西太平洋副热带高压位置最为偏东、偏北，东亚平均槽区在110°N附近，华北西部、淮河上游与黄河三花间正处于槽前偏北气流与偏南气流辐合上升区，故这个时期内应是经向类暴雨最有利的时期；其次，自8月下旬开始，西太平洋副热带高压南移、西伸的季节性调整，为纬向类暴雨提供了适时的背景条件，同时失去了形成经向类暴雨的条件。

5.8.2.3 陆浑、故县水库洪水分期点的划分与论证

1. 实测洪水分析

陆浑水库东湾站洪峰流量大于1 000 m^3/s 的洪水有20次，发生在7月、8月的占80%，9月、10月的占20%；洪峰流量在2 000 m^3/s 以上的大洪水全部发生在7月、8月；3 000 m^3/s以上的洪水发生在8月；最大洪峰流量4 200 m^3/s 发生在1975年8月8日。3 d洪量、5 d洪量也有类似集中发生情况。由最大洪峰时间分布集中于7月11日至8月10日，最大3 d洪量、5 d洪量具有相同分布的趋势，故陆浑水库可以8月11日为前、后期分期点。

故县水库长水站洪峰流量大于2 000 m^3/s 以上洪水出现在7月、8月的占83%，9月、10月的占17%。洪峰流量出现在3 000 m^3/s 以上的共3次，全部出现在7月、8月；最大洪峰流量3 360 m^3/s 出现在1957年7月16日。1 d洪量大于1亿 m^3 的洪水，40年中出现9次，7月、8月占56%，9月、10月占44%，3 d洪量大于2亿 m^3 的洪水，7月、8月占66%，9月、10月占34%。以上统计表明，9月、10月虽有大水出现，但概率较小，洪水量级也有一定差异，7月、8月与9月、10月洪水分期还是比较明显的。从长水站最大洪峰流量和洪量时间分布分析，最大洪量出现时间为7月15日至8月5日，峰大、量大洪水出现在7月15日至8月9日，故以8月9日为分期点。

2. 历史洪水发生时间分析

历史洪水洪峰流量最晚出现时间是1761年8月16～17日，考虑最大洪峰流量还可能迟3～5 d，认为以8月20日为分期点为宜。

3. 气象分析

降水变率、西风指数、副热带西风急流、西太平洋副热带高压和东亚平均槽位置的季节变化特征表明，8月下旬这些指标发生季节性变化，所以选8月20日作为汛期前、后期的分界线，具有相当稳定性，比较合理。前期以径向类暴雨为主要控制过程，后期主要由纬向类暴雨影响，前者与后者相比，前者暴雨量级大，且出现频次显著。

利用近百年台风路径图，查找能进入华中地区的最晚台风实例，是1885年8月18～26日台风，这次台风最后消失在洛阳附近，但陆浑、故县未出现大暴雨。这个现象本身证明，该年8月下旬径向环流发展比较异常，出现概率极小，由于受水汽等条件限制，发生大洪水的概率是非常小的。

最后，综合以上几个方面分析，陆浑、故县两水库入库洪水前、后期均按7月、8月与9月、10月区分。

5.8.3 水文气象学运用特点评述

为进一步解决水库防洪与兴利的矛盾，根据前、后期入库洪水特性分析，来研究调整水库前、后期运用水位。水文气象结合点就是将洪水前后期分界点与暴雨季节变化分界点及暴雨气象条件的分界点分析，加以综合确定。其中，历史特大洪水发生季节最晚时间与相应暴雨类型分析、台风进入三花间最晚时间资料综合，将历史洪、雨、气象背景条件综合判断大洪水出现最晚时间，在实测基础上做了适当外延。为分期点选择提供一个具有明确物理概念、依据事实比较充分，故比较安全、稳定而又具有实用的结果。

在气象学运用上，将雨季起止标准、暴雨基本类型与量级、大气环流特征指标（西风急流位置）、东亚大型天气系统（西太平洋副热带高压、南亚高压）特征指标与范围指标季节变化综合分析，并将历史一些季节上出现时间异常偏晚的雨洪类型与台风可能影响库区暴雨的最晚异常实例结合，来分析确定完全、稳定、有利兴利运用的前、后汛期的分界点。

从学科运用上看，主要是运用天气气候学原理与方法和水文分析与计算相结合。另外，在历史特大雨洪出现最晚时间、深入三花间台风路径出现最晚时间，这些情况出现表明其环流背景与大型天气系统季节变化，与近 50 年所见天气气候条件变化区别，为进一步研究天气气候学提出了新的内容与要求。

5.9 三门峡以上与三花间特大洪水不遭遇的成因分析

5.9.1 概述

实测水文资料、洪水调查成果及数百年来历史文献考证表明，三门峡以上和三花间大洪水从未在花园口遭遇过，这是否为黄河大洪水的固有特性？这个问题对于黄河下游防洪规划和小浪底等工程设计都是至关重要的。

以下将结合黄河中游不同类型区域性大暴雨的天气过程，对该问题做具体分析说明。

5.9.2 河三间与三花间不可能同时发生持续时间较长的区域性特大暴雨

（1）两地特大暴雨天气形势不同，两种不同的特大暴雨天气形势不可能同时影响两个区域。根据河口镇至三门峡区间与三门峡至花园口间实测、历史暴雨与洪水特性分析，以及暴雨的成因研究和邻近流域实测大暴雨天气过程的对比研究，河三间特大暴雨属斜向类（东北—西南向分布），三花间属径向类，它们的雨带分布形式、落区位置、规模以及强度不同。这主要是由于暴雨期环流形势不同所致，主要表现为西风带长波槽脊位置、强度，以及西风带与副热带系统相互影响方式等不同，形成了两类辐合带：一是纬向西太平洋副热带高压西北侧，由冷空气与西南暖湿气流形成的近纬向辐合区；二是黄海、渤海、日本海高压与青藏高压相对峙，在其间由偏北路径南下的小股冷空气与东南暖湿气流辐合造成的近南北向辐合区。两类差异很大的天气形势同时影响黄河中游是绝对不可能的。

（2）一次特大暴雨天气过程的暴雨笼罩面积有限，不可能同时在两个地区都产生特大暴雨。河三间与三花间面积共约 35 万 km^2,东西间隔 800 km,南北跨越 600 km,无论纬向环流或径向环流下形成的特大暴雨,都不可能同时覆盖这么大范围。从我国已发生的几场特大暴雨天气过程看,径向类典型大暴雨过程中,日暴雨区东西向间距最大未超过 400 km,日暴雨量超过 100 mm 大暴雨区的东西间距未超过 300 km;纬向类典型大暴雨(包括斜向类大暴雨)过程中,日暴雨最大南北间距未超过300 km,日暴雨量达100 mm 大暴雨区的南北间距未超过 200 km。这种暴雨区、大暴雨区宽度取决于大尺度辐合带类型,以及由其组织的一系列雷暴或对流系统的水平尺度为几十千米到三四百千米。显然,这也就限制了暴雨区、大暴雨区的扩张范围。黄河河三间与三花间范围远超过这个限度,大暴雨也就不可能同时波及这两个地区。

(3)纬向类暴雨可以同时发生在两个地区,但形成不了两个地区特大洪水。实测资料中,1957 年 7 月中旬洪水为这类代表。历史时期以 1662 年 9 月下旬至 10 月上旬洪水最为典型。对黄河中游实际发生的典型纬向(斜向)类与径向类暴雨期影响系统的动力、热力和水汽指标进行比较。径向类暴雨期低空平均辐合量明显大于其他各类型的条件,大气层结构不稳定条件也较强于其他各类型,辐合区(南北向切变线)东侧水汽辐合量值较其他类型大得多。这些均与一支由上海—郑州的强低空偏东风急流紧密关联。纬向类与斜向类暴雨下,辐合区位于低空西南急流左侧 200 ~ 300 km 的侧向辐合区。显然,纬向类与径向类辐合区相比,水汽与动力条件均差,而这种差距是由大尺度系统构成的环流场所决定的。

(4)1662 年三门峡以上和三花间均有洪水记载,而且从柳园口附近黄河水情看,比 1957 年洪水水情严重。那么,能否作为三门峡以上和三花间特大洪水遭遇的旁证实例,尚需加以论证。

①历史文献(河南省水文总站 1982 年收集整理的河南省历代旱涝等水文气候史料)记载表明,该年三花间涝灾情况并不严重。

②从河三间看,该年秋主要雨区位于 37°N 以南,同期晋陕北部基本无雨涝记载。在这样的雨涝形势下,即使泾河、渭河发生特大洪水,因晋陕北部无洪水,汇集到三门峡洪水的洪峰也不会很大,不可能构成三门峡特大洪水。

③如果该年三门峡以上发生了比 1843 年洪水更大的洪水,那么必然会在潼关到孟津峡谷段留下痕迹。如 1843 年三门峡以上发大洪水后,《垣曲县志》有:"六月淫雨二十余日,七月黄河溢至南城砖垛,次日始落,淹没无算。"这为《垣曲县志》有近千年记载以来最为严重的一次洪水。另外,经考证,三门峡人门岛上唐宋灰尘、龙岩村集津仓遗址,可以确证 1843 年洪水位是唐初以来最高的。但 1662 年洪水并未在三门峡至孟津峡谷河段留下"痕迹",也进一步证实该年洪水的洪峰流量不是很大。

④该年雨涝主要降雨时段是在 9 月 20 日至 10 月 6 日,时间已入深秋。此时,冷空气必然由华北南下,秦岭以北地面层为冷空气控制,华中地区为副热带高压控制,其西侧有暖湿气流经四川盆地北上,形成近东西向的大范围雨区。这也可从文献中得到证实。从现今经验看,这只是典型的华西秋雨形势。在这样的形势下,不可能在三门峡以上形成大范围持续特大暴雨(日雨量达 100 mm 以上)区。

通过上述分析认为,1662 年三门峡以上和三花间同期均有洪水,并在花园口遭遇,但并不能当作两地区特大洪水遭遇的实例。

5.9.3 河三间与三花间不可能先后发生特大暴雨

根据两个地区洪水汇集于花园口的时间差来分析,如果河三间特大暴雨先于三花间特大暴雨 2 d 发生,那么就可能造成两个地区特大洪水在花园口遭遇。下述几种设想的暴雨天气过程,能满足这个时序组合,但可能性如何呢?

5.9.3.1 斜向类特大暴雨天气过程不可能先后造成两个地区特大洪水

当河三间出现斜向类特大暴雨之后,雨区缓慢向东南方向移动,雨强与暴雨范围不减,甚至进一步增加,造成三花间特大洪水,这样就可能造成两个地区特大洪水遭遇。

为此,我们统计了河三间 6 场最大的斜向类暴雨区移动与后续发展情况。结果表明,河三间实际发生斜向类暴雨后,雨区移动与变化情况主要有两种:一是暴雨区向偏东方向扩张、移动,并可得到进一步加强;二是向东南方向移动,经过三花间时,雨势减弱。当然,仅这几例尚不足以证明暴雨向东南方向推移时,雨势一定减弱。由实际发生在河三间与三花间暴雨比较,西风带槽、脊活动特点,西太平洋副热带高压强度、西伸条件,以及脊线位置都是非常接近的。从雨带位置与特征区西太平洋副热带高压特征指标关系分析,只是 500 hPa 天气图上副热带高压特征区高度达 5 880 gpm 的天数能维持 8 d 以上。这完全能满足两个地区重复 3 次斜向类暴雨天气过程的环境场。从实际资料普查看,这个指标不难满足。所以,从副热带高压维持和西风带影响系统条件来看,黄河中游一周之内完成 3 次斜向类暴雨天气过程也是可能的。然而,斜向类暴雨并不能构成三花间特大暴雨。

前文阐述了黄河中游斜向类和纬向类暴雨动力、热力和水汽条件差异。就地形条件看,三花间位于阶地边缘,其北、西、南三面环山,山脊高程达 1 000 ~ 1 500 m,东部开口的喇叭口地势,非常有利于径向环流形势下底层东南气流折向与抬升作用,故三花间的斜向类暴雨远不及径向类暴雨严重。资料表明,三花间斜向类暴雨最大 1 d 面平均雨量仅 30 余 mm,而径向类暴雨最大 1 d 面平均雨量达 90 mm 以上。可见,设想斜向类暴雨下,使三花间 1 d 面平均雨量达到其径向型暴雨 1 d 特大暴雨量也是不可能的。所以,这种类型下先后造成两区间特大洪水可能性应予以排除。

5.9.3.2 径向类特大暴雨不可能先后在河三间、三花间出现

径向类特大暴雨是产生三花间特大洪水的暴雨类型。从实际发生的相似类型看,在 1958 年 7 月 16 日和 1982 年 7 月 29 日至 8 月 2 日三花间出现大暴雨时,河三间的北部、晋陕区间南部也出现了一片暴雨区,龙门站出现了洪峰流量接近 10 000 m^3/s 洪水,而泾河、渭河中上游处于青藏高原高压脊前西北气流控制,基本无雨。那么是否可以设想径向类特大暴雨首先在泾河、渭河中上游出现,再缓慢东移至三花间呢?对此,我们首先分析了近百年来台风深入内陆的情况,尚未见有深入四川境地的实例。况且在 110 °E 以西地区已进入我国第二阶地腹地,山区平均高度已在 1 000 m 以上。可见,天气尺度系统相对关系和地形障碍作用,希望在无定河中上游至泾河、洛河、渭河地区形成类似"63 · 8" 海河大暴雨和淮河"75 · 8" 大暴雨类型的径向型暴雨过程,也是不可能的。从南北向移动的过程看,也不可能设想作东西间数百千米的平移,而同时保持雨势不减的情况。总之,目前还难以接受这种设想。

5.9.3.3 河三间斜向类特大暴雨不可能很快转换成三花间径向类特大暴雨

当河三间出现斜向类特大暴雨后，如间隔 2 d 便在三花间变成南北向特大暴雨，同样可以出现两区特大洪水在花园口遭遇的情况。在这类“可能的”天气过程转换中，东亚几个主要天气尺度系统，应具有下列演变特点：

(1)前 5 天西太平洋副热带高压纬向分布，500 hPa 逐日副热带高压特征区(30°N、35°N 与 110°E、115°E、120°E 6 个交点的位势高度均值)指标维持在 588 gpm 以上，第 6 天降至 586 gpm，第 7 天降至 584 gpm，这为西太平洋台风登陆并深入华中地区提供了环境场条件。

(2)第 4 日在菲律宾以东洋面上有台风活动，第 5 日到达台湾东南沿海一带，第 6 d 台风将在福建沿海登陆，第 7 d 台风进入华中地区。

(3)第 5 日起原维持在长江中下游的纬向副热带高压开始减弱，并在东北方向加强，第 6 日，黄海、渤海、日本海高压脊形成，第 7 d 在该地区形成强大的副热带高压单体。在副热带高压东南侧，在上海—郑州一线形成一支低空强东南风带。

(4)与副热带长波系统转换过程同期，相应东亚中高纬西风带槽、脊位置也作了相应调整。如何论证以上各条件在几天内完成转换的可能性，尚无经验可借鉴。希望通过中期天气过程的数值试验，来论证这个天气过程转换的想法尚不现实。目前，只能通过相似的实际典型天气过程转换情况，来进行分析、判断。

5.9.3.4 综合分析

为了尽快地从近 40 年资料中，按上述条件，挑选出最为接近的典型实例，我们利用 1949 年以来进入 116°E 以西、27°N 以北的台风实例，查看其前三天 500 hPa 特征区副热带高压指标发现，多数达不到形成河三间特大暴雨的副热带高压强度条件，基本满足者仅剩下 1963 年 7 月 14 ~ 18 日一例。1963 年 7 月 14 ~ 18 日东亚天气过程的主要特点如下：7 月 14 ~ 15 日西太平洋副热带高压呈纬向分布，经菲律宾以东洋面有一台风向西北前进，17 日在福建以东北 50 km 处登陆，18 日到达鄱阳湖，18 ~ 19 日黄海、渤海、日本海地区形成了较强大的副热带高压单体，19 日位置已有西伸趋势。它是最为接近设想过程的实例。从更严格的转换条件看，大系统的转换时间比理想的多了 1 d。7 月 18 日台风到达鄱阳湖地区，与西风槽结合形成的南北向辐合带位置略偏东，对三花间降雨影响不大。

从 40 年天气图资料中，挑不出相似程度高的实例，并非偶然。从现代天气学原理与经验看，前期西太平洋副热带高压呈纬向分布，稳定控制长江中下游，对后续两天以内台风经福建沿海登陆，进入华中地区有一定制约性。从黄海、渤海、日本海高压形成过程看，过程前期总伴有西太平洋副热带高压明显东退而后进行西伸、北抬，或者贝加尔湖低槽加强、南伸，槽前华北中部高空暖脊发展、东移与海上副热带高压合并，为黄海、渤海、日本海高压的形成准备了必要条件。可是，前期的这种变化过程，恰恰抑制了西太平洋副热带高压稳定控制黄淮与长江中下游地区。天气图普查结果正是说明了这点。因此，这类设想过程也不能成立。

综上所述，三门峡以上和三花间两地区特大暴雨洪水是不可能在花园口遭遇的。

5.9.4 小结

三门峡以上特大洪水是在纬向环流形势下，由切变线与低涡造成的斜向类特大暴雨所形成的；而三门峡—花园口区间特大洪水则是在径向环流形势下，由南北向切变线与台风倒槽、东风波叠加造成的径向类特大暴雨所形成的。两类天气过程的环流形势不同，暴雨天气系统动力与热力结构、水汽输送途径以及水汽辐合条件差异显著，且均具有相对稳定性和持续性，故两类特大暴雨过程既不可能同时影响两地区，又难以在几天之内先后形成。所以，两区特大洪水不可能在花园口遭遇。

5.10 古洪水取样信息"一致性"时段选取问题的专题研究

5.10.1 概述

黄河小浪底水利枢纽工程位于黄河中游下段，下距黄河花园口站 128 km，是中游的一个控制性大型水利枢纽工程。过去对其设计洪水进行过多次研究。在设计洪水计算中，虽有 1843 年等历史特大洪水资料，但特大值与其重现期，仍是洪水频率计算中值得深入研究的问题。

近年来，国内外一些科学工作者对全新世以来的古洪水进行了深入研究，通过对河段古洪水沉积物调查以及年代测定，采用水文学方法获得了多场可靠的古洪水流量资料。从淮河、海河、长江和黄河三门峡至小浪底河段古洪水研究情况看，已确认的古洪水信息近到几百年远至万年左右。这些古洪水信息是否全部纳入频率计算，或是截取距今某一年段内的古洪水信息，也是需要解决的问题。这不仅涉及流量计算精度，更重要的是相隔年代久远，水文、气候环境与今相差甚大，如不加以区分而一并使用，会造成频率计算中资料的不一致性问题。

选取古洪水信息资料加入频率计算，涉及资料的可靠性、独立性和一致性等问题。前两个问题主要取决于古洪水沉积物与古洪水水位确认、古洪水年代测定、推流计算中所采用的方法和有关参数选取等。本部分扼要介绍信息"一致性"论证内容。主要在利用我国有关全新世以来气候变化研究成果的基础上[34-46]，具体归纳黄河上中游中、晚全新世气候基本特点与差别，来讨论不同时期对黄河上中游水文气候环境影响（暴雨强度与概率变化影响、水系与河网格局变化及植被变化），最后加以综合选择信息"一致性"采用年段。

5.10.2 内容简介

5.10.2.1 全新世以来我国气候变化特点和气候期划分

全新世以来，全球气候经历了多次冷暖和干湿交替的复杂过程。由于各国学者依据材料不同、所处地理位置不同、选定标准不同，故对全新世的上限时界和全新世内千年以上尺度的气候波动分期，有着多种结果，见表 5-45。

表 5-45　全新世气候期划分

<table>
<tr><th colspan="2">时代</th><th>气候期</th><th>年代(a·B·P)</th></tr>
<tr><td rowspan="5">全新世</td><td rowspan="2">早</td><td>前北方期</td><td>10 300 ~ 9 500</td></tr>
<tr><td>北方期</td><td>9 500 ~ 7 500</td></tr>
<tr><td rowspan="2">中</td><td>大西洋期</td><td>7 500 ~ 5 000</td></tr>
<tr><td>亚北方期</td><td>5 000 ~ 2 700</td></tr>
<tr><td>晚</td><td>亚大西洋期</td><td>2 700 至今</td></tr>
</table>

注:资料引自文献[36]。

我国学者从我国东部某些孢粉、考古、微体、海面变化、湖泊变迁、地面发育史,以及历史文献记载、物候资料等,对全新世以来气候变化做了大量分析、对比,认为我国全新世以来气候变化总趋势与欧、美地区变化一致。目前就我国长江流域以北地区全新世以来气候分期有 3 分方案、4 分方案、5 分方案。由表 5-46 可见,这几个分期方案也是大同小异的。中国东部几个海区和邻近陆地的古气候的变化特征,在总趋势上是相近的,但气候变化阶段尚有一定区别。不同海区古气候分区见表 5-47。

表 5-46　中国东部全新世气候分期对比表

<table>
<tr><th colspan="4">辽宁南部
(陈水惠等,1977)</th><th colspan="2">北京地区
(陈方吉,1979)</th><th colspan="2">中国北方
(周昆叔,1982)</th><th colspan="2">长江三角洲地区
(王开发等,1984)</th></tr>
<tr><td rowspan="3">晚全新世</td><td></td><td>后期</td><td>太平洋期</td><td rowspan="2">晚全新世</td><td rowspan="2">刘斌屯组</td><td rowspan="3">晚全新世</td><td rowspan="3">漫江期</td><td rowspan="2">晚全新世</td><td rowspan="2">亚大西洋期</td></tr>
<tr><td rowspan="2"></td><td rowspan="2">前期</td><td rowspan="2">亚大西洋期</td></tr>
<tr><td rowspan="4">中全新世</td><td rowspan="4">尹各庄组</td><td rowspan="5">中全新世</td><td>亚北方期
后期</td></tr>
<tr><td rowspan="5">中全新世</td><td rowspan="5">大孤山期</td><td rowspan="2">后期</td><td rowspan="2">亚北方期</td><td rowspan="4">中全新世</td><td rowspan="4">小泉眼期</td><td>亚北方期
前期</td></tr>
<tr><td rowspan="3">大西洋期</td></tr>
<tr><td rowspan="3">前期</td><td rowspan="3">大西洋期</td></tr>
<tr><td rowspan="2">早全新世</td><td rowspan="2">尹家河组</td></tr>
<tr><td rowspan="2">早全新世</td><td rowspan="2">普兰店期</td><td rowspan="2">早全新世</td><td rowspan="2">北方期
前北方期</td></tr>
<tr><td>早全新世</td><td colspan="2">普兰店期</td><td>北方期
前北方期</td><td>古全新世</td><td>长沟组</td></tr>
</table>

注:资料引自文献[36]。

表 5-47　中国海区古气候分区

<table>
<tr><th colspan="3">时代</th><th>渤、黄海区</th><th>东海区</th><th>南海区</th></tr>
<tr><td rowspan="3">全新世</td><td>Q_4^3</td><td>(距今万年)
0.3</td><td>温凉气候期
(同现代相近)</td><td>暖湿气候期
(同现代相近)</td><td rowspan="3">温暖气候期
(与现代气候相近)</td></tr>
<tr><td>Q_4^2</td><td>0.5
0.8</td><td>暖湿气候期
(年平均气温高于现代 2 ~ 4 ℃)</td><td>暖湿和湿热气候
(年平均气温高于现代 2 ~ 4℃)</td></tr>
<tr><td>Q_4^1</td><td>1.2</td><td>温凉气候期
(年平均气温低于现代)</td><td>温凉气候期
(年平均气温低于现代)</td></tr>
<tr><td>晚更新世</td><td>Q_3^3</td><td>2.3</td><td>冷干气候期
(年平均气温低于现代 8 ~ 10 ℃以上)</td><td>冷干气候期
(年平均气温低于现代 3 ~ 7 ℃以上)</td><td>寒冷气候期
(年平均气温低于现代)</td></tr>
</table>

注:资料引自文献[37]。

全新世以来,除涉及上述数千年变动尺度的气候波动外,还存在着更短时间尺度的气候波动。例如,竺可桢先生根据中国近 5 000 年来史料和物候资料,对我国近 5 000 年来气候变动做了更具体划分,详见表 5-48。

表 5-48　历史时期气候波动

气候期	年代	气候期	年代
第一温暖期	3 000 ~ 1 000a. B. C	第一寒冷期	1 000 ~ 850a. B. C
第二温暖期	700 a. B. C ~ A. D. 初	第二寒冷期	A. D. 初 ~ 600a. A. D
第三温暖期	600 ~ 1 000 a. A. D	第三寒冷期	1 000 ~ 1 200 a. A. D
第四温暖期	1 200 ~ 1 300 a. A. D	第四寒冷期	1 400 ~ 1 900 a. A. D

注:资料引自文献[38]。

综合上述,万年以来我国北方地区气候变化存在短至百年以下,长至几千年时间尺度的气候波动。这种变化的时间尺度越长,气候变化幅度越大,对水文环境变化的影响也会越深刻。

经初步分析,采用 3 分方案中的晚全新世,即据今 2 500 年,作为提取古洪水信息的最长时段。

5.10.2.2 中、晚全新世黄河上、中游气候与水文环境变化的比较

1. 中、晚全新世大气环流背景比较

拉姆等根据放射性同位素^{14}C 的推算，提供的中全新世盛期和晚全新世初期（距今2 055 年）的7 月北半球1 000 ~500 hPa 厚度图（略）与现今的1 000 ~500 hPa 厚度图（略）比较，后者的形势已接近现今的情况。前者与现今相比，主要差别在于：极涡势力强弱、位置，前者极涡位于极区，势力较弱，后者极涡中心偏于格陵兰西北地区，极涡势力较强；中、高纬度差异显著，前者厚度值高（反映气层平均温度高），且厚度梯度大（反映极锋势力较强），后者与之相反。这是造成中、晚全新世北半球气候重点差别的直接原因。当然，槽、脊位置不同，强弱的变化，则会影响各区域气候的进一步调整。

安芷生等关于全新世中、晚期季风北界的研究[41]，能更为直接地反映两个时期黄河上中游气候差异的原因。由图5-11 可见，中全新世夏季风北界较现今夏季风北界偏北5 个纬距。这种情况只能在个别年份中见到。

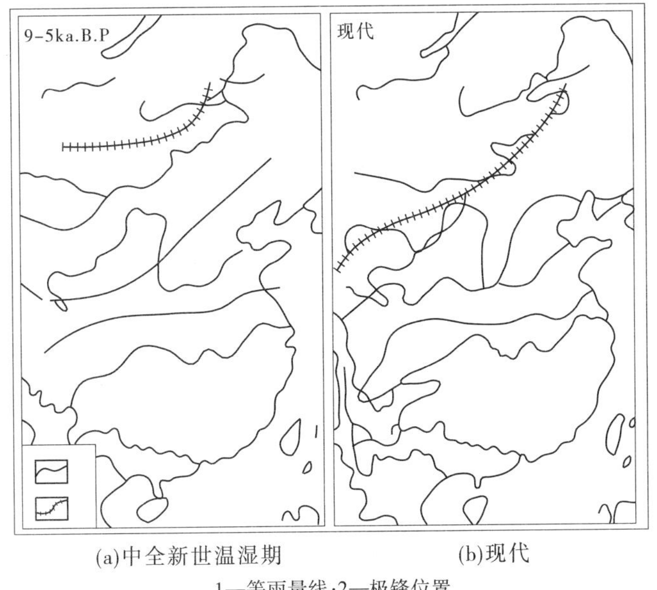

(a)中全新世温湿期　　　(b)现代

1—等雨量线;2—极锋位置

图5-11　我国的年降水分布及夏季风影响范围的估计[41]

对黄河上中游降水的影响，可在岱海与青海湖水位波动中得到印证。内蒙古岱海位于内流闭流区（112°40′E,40°40′N），地处半湿润半干旱的过渡带，对东南季风变迁的反应敏感。由图5-12 可见，在距今4 000 ~8 000 年间岱海持续高水位，反映了当时雨量丰沛状况。其水位在距今3 000 ~4 000 年急剧下降。显然，这与夏季风北界位置调整是紧密相关的。这个特点在青海湖水位波动上也存在。由图5-12 可见，在距今3 500 ~4 000 年间，青海湖水位比现在高出40 m 以上。在距今3 500 年急剧降低到比现今低20 m，在距今3 000 年左右又恢复到比现今高15 m 上下，而后缓慢下降（有更小的波动）。这种青海湖水位由中全新世高湖水，进入晚全新世低湖水位状况，与岱海的变化趋势完全一致。它们反映了黄河上中游地区，由中全新世进入晚全新世后，气候转向干旱化。

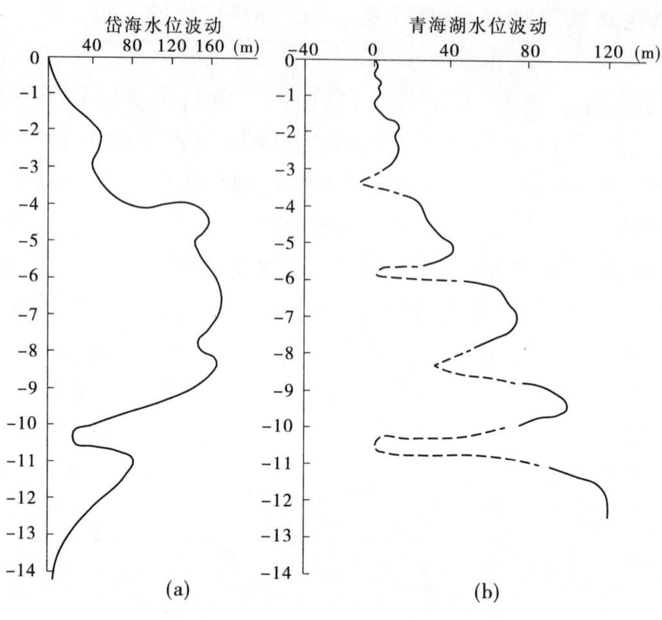

图 5-12 岱海、青海湖万年来水位波动[39-40]

2. 中、晚全新世黄河上中游主要气候特征指标比较

根据沉积、孢粉和古生物及其他考古资料，叶笃正等将各地气候适宜期与晚全新世（现今）主要气候、水文特征指标进行了比较[39]，结果归纳如表5-49所示。根据上述环流背景与季风北界位置的差别，可以与中、晚全新世相比，估计两个时期影响黄河上中游的暴雨天气系统类型差不多，但其活动特点可能出现以下两种变化：

表5-49 中、晚全新世（现今）各地水文气候特性比较

项目	地区	与现今比较结果
气温	我国东部（长江流域以北）	年气温 +2 ~ +4 ℃
	蒙新和青藏高原	偏暖
	青海湖	+3 ~ +4 ℃
	喜马拉雅山区	+3 ℃左右
	华南与珠江流域	略有增高
降水量	黄河流域	年降水量 +300 mm
	黄土高原	+100 mm
	京津地区	+100 mm
	华北地区	+100 mm；+20%
	长江流域	+200 mm；+20%
	青海湖	+150 mm；+40%
	华南地区与珠江流域	略有增加
河川径流量	长江	年径流量 +20%
	黄河	+30% ~ +50%
	内蒙古岱海	+10%
	柴达木盆地河流	增加
	高原内陆水系	增加
	华南地区与珠江流域	变化不大

其一，现今盛夏活跃在西太平洋副热带高压西北侧的低槽、切变、低涡等暴雨影响系统，常见的活动范围在35°N～40°N。那么，在中全新世期间冷空气南下势力也会相应减弱。这样，中、晚全新世相比，暴雨天气系统对泾河、渭河中上游和晋陕地区的影响也较弱。

其二，中、晚全新世期台风、台风倒槽和东风波等热带、副热带低压系统，将伴随西太平洋副热带高压北进，而易频繁侵入黄河中游东南部。这样，受这类暴雨天气系统影响，黄河三花间和晋陕间南部暴雨出现机会将增加。

由此，两个时期相比，影响黄河中游的暴雨各类天气系统出现概率和强度不同，这势必影响到洪水来源与组成关系的调整，则将导致坝址洪水特性的变化。

3. 中、晚全新世黄河中游水文环境的变化

1）水系与河网格局的变化

据兰州、庆阳、洛川、黄陵、蓝田等地各主河第六级阶地的结构分析[41-44]，认识到早更新世中晚期，气候湿润，水流侵蚀力加强，不仅串通了一些孤立的小型湖盆，而且切穿了某些低缓的分水岭，从而形成了统一的河流。如泾河、渭河、洛河乃至黄河，大体皆在此间形成。这就奠定了现代水系格局的基础。随后气候的波动，经过数次沉积和侵蚀，水系格局处于不断调整之中。全新世早期气候温暖，水侵蚀力不强，河道中仍以堆积为主。均在距今2 000～5 000年，又开始了新的侵蚀，至今形成了第一、第二阶地与现代河床、沟床，以及5级支沟、冲沟等。通过长期演化，从而形成了现代侵蚀地貌景观——塬、梁、峁、盆、岭的组合，形成了现代水系格局。

黄土高原羽状沟、谷发育，增强了河网汇流集中程度。根据中国科学院黄土高原综合考察队的研究，黄土高原在距今2.5万年时，冲沟深切，且具有羽状支沟、毛沟发生，基本上奠定了现代地貌轮廓。在距今6 000年左右，则主要表现在冲沟沟头的进一步延伸。据安塞县28个小流域距今10 000年时期冲沟密度已达现今的75%[44]。另外，据刘东生等的研究，相当于黄河四级支沟的枣刺沟（洛川县北汉寨）的沟头侵蚀情况，发现这条支沟的沟头切穿了5 000～6 000年前人类活动的陶采文化遗址，说明5 000～6 000年来，沟头前进了50～100 m，平均每年前进1～2 cm。尽管上述实例还仅限于局部的情况，但从黄土高原沟、谷侵蚀发育这个角度看，距今2 000～3 000年和现今的差异，对汇流过程的影响是非常有限的。

2）黄土高原植被的变化

吴祥定等研究[10]，春秋战国时期黄土高原仍是自然侵蚀阶段。这个时期的植被状况代表了原始自然状态下的情况。唐宋时期，黄土高原植被发生了明显变化。这一变化主要表现在三个方面：一是毛乌素沙漠环境恶化和沙漠化发展；二是草原带南界向南明显移动；三是黄土高原上耐旱植物分布范围的扩大。宋代时植被与生态系统的破坏发生了根本性的变化。黄土塬、梁、峁的顶部，原来的疏林灌丛草原的天然植被已完全不存在，边坡和沟谷中生长的树林和灌林也大多被破坏。

上述分析说明，近2 000年来黄河中游植被经历了一个破坏过程。植被的破坏一方面加剧了土壤侵蚀，使河水含沙量增加；另一方面影响到黄河洪水特性的变化，目前对植被破坏的程度尚无统一定量描述。植被变化对洪水影响程度大小，也是一个尚待深入研

究的问题。总之,定性上看,植被的破坏使其对径流的截、滞、蓄作用被削弱,势必加大洪水位、枯水位变幅。这个变化究竟有多大影响,不妨借用一个水沙关系研究实例来说明。

张胜利[45]在研究北洛河流域刘家沟和张村驿年水沙关系中指出,当降水产流一定时,产沙量随植被增加而减小;森林覆盖率很高(80%以上)的葫芦河张村驿站在很大的降水时,也产生一定量的泥沙。1977 年暴雨特强的年份,张村驿站与刘家沟的产沙量已处于同一水平上。这说明在黄土丘陵沟壑区,森林拦沙能力有一定限度,滞、蓄洪水能力也有一定限度。随雨强增加到一定程度,滞、蓄作用减小。但是雨强较小时,削峰(洪峰)、拦沙作用还是显著的。

王铮、胡大鹏有关黄土高原自然环境和人类活动对土壤影响的系统分析[46],将黄土高原志丹—延安—离石—太原以北划为第一自然带,渭河以南划分为第三自然带,期间大部分为第二自然带。然后针对每一个自然带,利用沟壑密度、暴雨日数、汛期雨量、不同坡度的坡地面积比例、地表植被指数、林地与草地面积比例等因子建立侵蚀方程。由此计算分析表明:其一,第一自然带以沟壑为主,第二自然带以面蚀为主;其二,暴雨日数有明显增强侵蚀的作用;其三,植被的防蚀作用在第二自然带的效果要远大于第一自然带。另外,作者利用该方程分析了气候变暖后对侵蚀的影响。经计算分析,若年降水量增加30%,耕地退耕10%,植被恢复,其结果是土壤侵蚀减少18%略多些。

侵蚀与产流是有区别的两个自然现象。在黄土高原地区,因下垫面系沙黄土、黄土和黏黄土覆盖,大部分地区系超渗产流地区,同时是侵蚀现象比较严重的地区。在原始状态下,黄土高原主要为疏林灌丛草原覆盖,是否能变成蓄满产流为主的状况,尚缺少直接论证依据。但从侵蚀现象看,近几千年来,还只是数量多少的差别。另外,从三门峡至小浪底河段古洪水沉积物调查成果看,像 1843 年洪水淤沙两岸堆积的现象,在数千年来已多次出现。可见,大洪水期含沙量高、输沙量大的情况,在数千年前原始状态情况下,已是屡见不鲜的。

因此,综合评述历史时期上述各因子变化对洪水特性影响看,黄土属性与植被覆盖情况、沟壑密度均是重要因子,但暴雨特性乃是制约洪水特性的最主要条件。

5.10.2.3 结论

(1)距今 2 500 年以来,我国北方已进入晚全新世气候期,气候比较干冷,与现今气候差别小。距今 2 500 ~ 7 500 年系高温、高湿为主要特征的中全新世气候期。该期与现今的气候特点相比,差别大。

(2)中、晚全新世相比,不仅两个时期年雨量差别大,且常见的暴雨类型会有所不同。由此,反映在两个时期内,在坝址以上常见的洪水量级和地区组成关系上,会有较大改观。因此,这两个时期气候特性差别,将显著影响两个时期坝址以上洪水特性的不一致。

(3)河网、水系格局是约束坝址洪水特性的边界条件。它们的长期演变与气候世纪变化也有一定联系。在距今 2 000 ~ 5 000 年期间,已形成了现代河网、水系格局。尽管距今 2 000 多年来,黄土高原侵蚀仍在不断发展,但从黄土高原沟、谷侵蚀发育这个角度看,距今 2 000 ~ 3 000 年情况与现今的差异,对坝址洪水特性的变化影响不大。

(4)距今 2 000 年以前,黄河中游尚处于原始自然植被状况。黄河中游黄土塬面上为疏林灌丛草原,山地与河谷、低地还有乔木等植物,植被覆盖程度大。唐宋以后,植被破坏加剧，这导致对径流的截、滞、蓄作用被削弱，加大了洪水位、枯水位变幅。植被破坏对改变坝址洪水特性有一定作用。为此，不宜将保持洪水信息"一致性"时距，取得过长。

综合上述几方面因素，在提取坝址处古洪水信息时，为保持洪水特性的"一致性"，取距今 2 500 年为时界，较为合适。

5.10.3 水文气象学运用特点评述

本章就水文气象学结合的总体关系看，是利用有关部门对古气候学、古环境演变学研究成果，来重点讨论距今 8 000 年以来中、晚全新世气候期，黄河上中游气候基本特点及其对形成洪水的水文环境条件影响的区别情况，为古洪水取样成果保持"一致性"，提供时界控制点的选择及其分析依据。

古气候学运用的具体结合点有以下几个方面：

其一，利用中、晚全新世气候期不同成果，结合黄河上中游气候基本特点和本项古洪水研究情况，初选距今 2 500 年前、后作为古洪水信息"一致性"时段的分界点。

其二，在这个初选分界点基础上，利用中、晚全新世影响黄河上中游大气环流背景条件、季风北界位置变化，结合岱海、青海湖水位大幅变化及古水文气候研究成果，来讨论影响黄河上中游中、晚全新世对暴雨、洪水特性的影响。

其三，利用黄河中游水系、河网格局形成、变化与古气候关系研究成果，讨论了距今 2 000 ~ 3 000 年以来黄河水系、河网格局变化，以及沟、谷侵蚀发育情况对洪水特性的影响做出估计。

其四，利用黄河中游古植被环境演变研究成果，其中包含了不同气候期对植被影响，对初选分期点前、后植被环境变化及其对产汇流影响做出估计。

因此，这项研究是古气候学、古环境演变与古水文学结合，为古洪水取样成果时期选择、与现代洪水资料"一致性"分析提供依据，作为提高工程设计洪水计算成果可靠性的一项新的尝试。

参考文献

[1] 史辅成，易元俊，高治定. 黄河流域暴雨与洪水[M]. 郑州：黄河水利出版社，1997.

[2] 陶诗言. 中国之暴雨[M]. 北京：科学出版社，1980.

[3] 符长锋，高治定，卢莹，等. 黄河三花间致洪暴雨的天气和气候分析[J]. 空军气象学院学报，1995(5).

[4] 贺禄南，高治定. 黄河三花间致洪暴雨特性及其对下游防洪的影响[J]. 空军气象学院学报，1995(5).

[5] 杨致强，姚昆中，杜云宝，等. 山西省暴雨洪水规律研究[M]. 太原：山西人民出版社，1996.

[6] 曹钢锋，张善君，朱官忠，等. 山东天气分析与预报[M]. 北京：气象出版社，1988.

[7] 高治定，李文家，李海荣，等. 黄河流域暴雨洪水与环境变化影响研究[M]. 郑州：黄河水利出版社，2002.

[8] 吴祥定，钮仲勋，王守春，等. 历史时期黄河流域环境变迁与水沙变化(第一册)[M]. 北京：气象出版社，1993.

[9] 张义丰．黄河明、清故道的河道变迁与沉积特征[A]．历史时期黄河流域环境变迁与水沙变化研究文集[C]，北京：地质出版社，1991.
[10] 国家科学技术委员会.中国科学技术蓝皮书第5号——气候[M].北京：科学技术文献出版社，1990.
[11] 胡明思，骆承政．中国历史大洪水[M]．上卷.北京：中国书店，1989.
[12] 中央气象局气象科学研究院.中国近五百年旱涝分布图集[M].北京：地图出版社，1981.
[13] 杨致强，姚昆中，杜云宝，等.山西省暴雨洪水规律研究[M].太原：山西人民出版社，1996.
[14] 郑似苹.黄河中游1933年8月特大暴雨等值线图的绘制[J].人民黄河，1981(5)：28-32.
[15] 赵文骏，杨新才．黄河青铜峡(峡口)清代洪水考证及分析[J]．水文，1992(2)：29-35.
[16] 高治定，慕平.黄河中游大面积日暴雨特性及其对洪水影响[J].人民黄河，1991(6)：13-18.
[17] 王国安.可能最大暴雨和洪水计算原理与方法[M].北京：中国水利水电出版社，郑州：黄河水利出版社，1999.
[18] 黄嘉佑，李黄.气象中的谱分析[M].北京：气象出版社，1984.
[19] 高治定，王国安，刘占松，我国非常暴雨的分类及特征[A]．全国水文计算进展和展望学术讨论会论文选集[C]，南京：河海大学出版社，1998.
[20] "77·8"乌审旗特大暴雨会战组。1977年8月乌审旗特大暴雨研究报告[J].陕西气象，1979(10)：1-60.
[21] 吴和庚，高治定，等."77·8"乌审旗特大暴雨在西北部分地区可移置范围分析[J]．人民黄河，1980(1)：51-60.
[22] 熊学农，高治定．黄河三花间可能最大暴雨估算[J]．河海大学学报，1993(5)：38-45.
[23] 高治定，宋伟华，许明一．面雨量计算与应用问题[J]．黄河规划设计，2012(1)：1-6.
[24] 高治定，刘占松，张志红，等．黄淮海经向类特大暴雨特征及移置[J]．河南气象，2000(2)：5-7.
[25] 胡明思，骆承政．中国历史大洪水(下卷)[M]．北京：中国书店，1992.
[26] 中华人民共和国能源部，水利部成都勘测设计院，昆明勘测设计院．雅砻江、金沙江、澜沧江、怒江暴雨特性及天气成因分析[R].1989.
[27] 中华人民共和国能源部，水利部水利水电规划设计总院，水利部长江水利委员会水文局，等．水利水电工程设计洪水计算手册[M]．北京：水利电力出版社，1995.
[28] 王家祈，胡明思．中国点暴雨极值分布[J]．水科学进展，1990(1)：2-12.
[29] 王家祈，胡明思．中国面雨量极值分布[J]．水科学进展，1993(1)：1-9.
[30] 水利部南京水文水资源研究所．中国暴雨历时面积雨深资料[Z].
[31] 詹道江，邹进上．可能最大暴雨与洪水[M]．北京：水利电力出版社，1983.
[32] 陶诗言，等．中国之暴雨[M]．北京：科学出版社，1980.
[33] 世界气象组织秘书处．可能最大降水估算手册[M]．郑州：黄河水利出版社，2004.
[34] 周德刚，黄荣辉．黄河源区径流减少的原因探讨[J]．气候与环境研究，2006，11(3)：302-309.
[35] 杨建平，丁永建，陈仁升．长江黄河源区高寒植被变化的NDVI记录[J]．地理学报，2005，60(3)：467-478.
[36] 徐馨，沈志达．全新世环境——最近一万年来环境变迁[M]．贵阳：贵州人民出版社，1990.
[37] 李克让，张丕远．中国气候变化及其影响[M]．北京：海洋出版社，1992.
[38] 竺可桢．中国近五千年来气候变迁的初步研究[J]．中国科学，1973，16(2)：168-189.
[39] 叶笃正．中国的全球变化预研究[M].北京：气象出版社，1991.
[40] 王苏民，施雅风．晚第四纪青海湖演化研究析视与讨论[J]．湖泊科学，1992，4(3)：1-9.
[41] 安芷生，等．末次间冰期以来中国的季风气候与环境变迁[A]．黄土第四纪地质全球变化第三集

[C],1990.
[42] 孙建中,赵景波,等. 黄土高原第四纪[M]. 北京:科学出版社,1991.
[43] 刘东生,等. 黄土与环境[M]. 北京:科学出版社,1985.
[44] 张天曾. 黄土高原论纲[M]. 北京:中国环境科学出版社,1993.
[45] 张胜利. 北洛河流域水利水土保持措施减水减沙效益及水沙变化趋势预测的研究[R]. 郑州:黄委科学院,1991.
[46] 王铮,胡大鹏. 黄河中游黄土高原自然环境和人类活动对土壤侵蚀影响的系统分析[A]. 黄河流域环境演变与水沙运行规律研究文集第六集[C]. 北京:气象出版社,1993.
[47] 高治定,雷鸣,宋伟华. 黄河中游河龙区间区域性强降雨过程特性分析[J]. 黄河规划设计,2012(1).

第6章 水文气象规律分析之二：径流—降雨—气象综合分析

6.1 黄河干流近几百年天然年径流量建立及其演变规律

6.1.1 概述

20世纪90年代初期，王国安等对青铜峡、三门峡、兰州站1470~1918年逐年径流量进行了重新全面插补，编制了3个站449年年径流量系列研究报告[1-3]。该项研究涉及水文气象结合应用的主要方面，就是利用历史旱涝信息资料与研究成果（如采用气象部门研究的区域气候干湿特征指标——500年旱涝等级指标），来参与建立黄河上中游控制站部分年径流量系列，与用水文信息（水尺志桩资料，水情、旱情、灾情资料）插补的年径流系列共同构成基本完整的449年径流系列。这个系列具有一定可信度，用于黄河地表水资源长期演变规律研究具有一定实用价值。

6.1.2 黄河青铜峡站1732~1918年径流系列插补

青铜峡站自1732年以后有间断志桩水尺资料，按有无志桩资料，采用不同方法插补[2]。

6.1.2.1 青铜峡站有志桩资料(105年)

黄河自清明至霜降这段时间，来水集中在7~10月，约占全年降水量的60%，黄河上游7~10月径流与全年径流之间关系比较稳定。清代水尺志桩资料报涨不报落，故将青铜峡水文站实测年份(1939~1941年、1943~1951年系灌溉还原后径流资料)7~10月涨水尺寸累加，与全年径流量建立相关关系，再以清代青铜峡站各年总涨水尺数代入回归方程，可得青铜峡各年径流量。

6.1.2.2 青铜峡无志桩资料，陕县有插补的年径流量(79年)

通过青铜峡—陕县年径流量相关，并用河口镇至三门峡区间来水情况做参数的相关图插补。河三区间来水参数按资料条件有两种表示方法：对于万锦滩有涨水尺寸的年份，以涨水尺数做参数(分为5级)(有51年)；万锦滩无涨水尺寸年份以旱涝等级(五级)做参数(有28年)。

河三区间旱涝等级用500年旱涝分布图上7个站点(榆林、延安、天水、平凉、太原、临汾和西安)算术平均值。

6.1.2.3 青铜峡仅有文献描述的年份(3年)

1742年按平水年330亿m^3计；1757年按偏丰对待，年径流量按350亿m^3计；1782年为平偏枯年,年径流量按 310 亿 m^3 计。

6.1.3　黄河三门峡站 1470~1918 年径流系列插补

6.1.3.1　插补方法

按资料条件采用以下 6 种方法[3]插补径流系列资料。

1. 青铜峡与陕县年径流量相关法(A)

以万锦滩涨水尺数为参数来考虑河三区间来水影响,见图 6-1。此法用于青铜峡、陕县均有志桩水尺资料的年份,参数为 5 级指标,见表 6-1。由此法插补的个别年份,因涨水尺数偏小,参照水情记载予以调整的有 1898 年、1902 年。

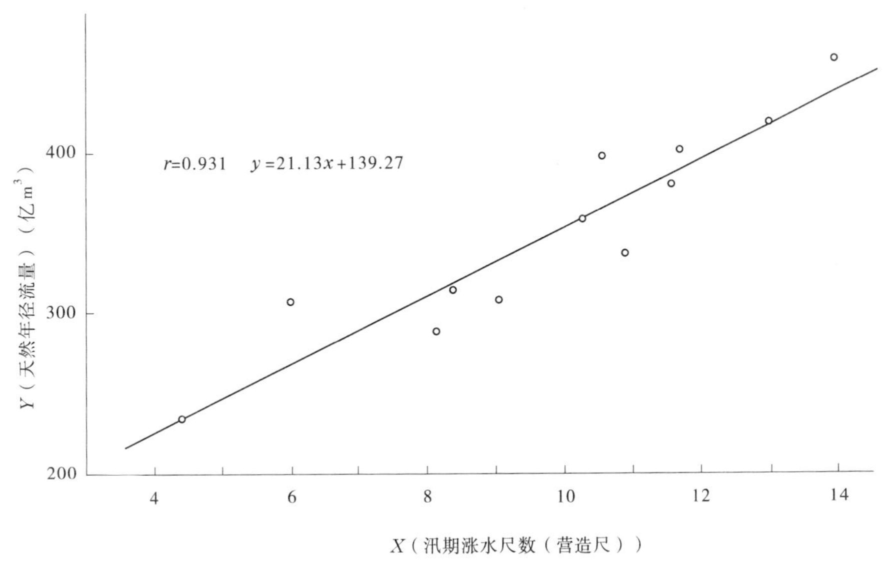

图 6-1　青铜峡天然年径流量与汛期涨水尺数相关图

表 6-1　万锦滩涨水尺寸分级

级别	涨水尺寸(营造尺)	丰枯等级
1	>50	丰
2	41~50	偏丰
3	31~40	平
4	21~30	偏枯
5	<20	枯

2. 青铜峡与陕县年径流量相关法(B)

以河口镇至三门峡区间旱涝等级为参数来考虑河三区间来水影响,见图 6-2。

此法用于仅青铜峡有志桩水尺资料的年份。旱涝等级(见表 6-2)采用 500 年旱涝分布图中河三区间 7 个站(榆林、延安、天水、平凉、太原、临汾和西安)的算术平均值。相关图利用三门峡建库前,青铜峡、陕县均有观测资料年份的 1939~1943 年、1946 年、1949~1958 年 16 年资料建立的。

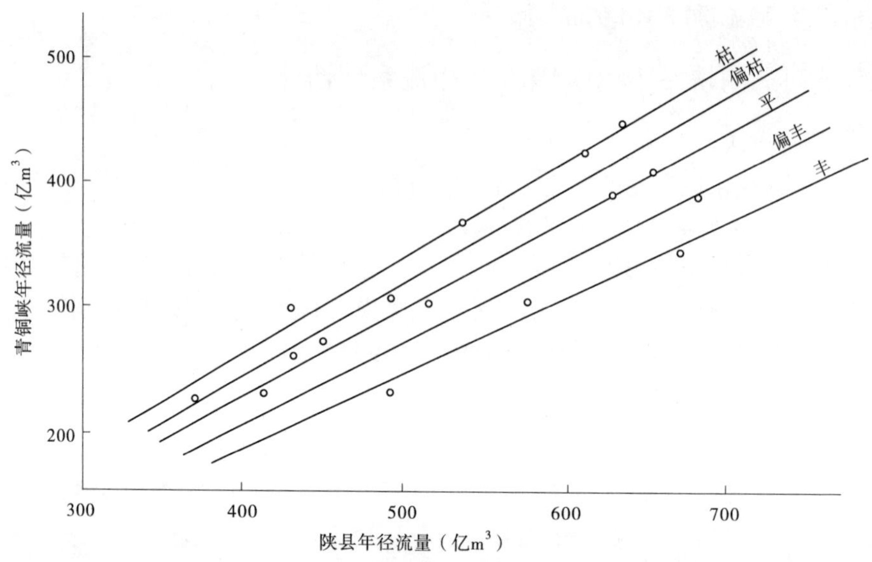

图 6-2　青铜峡与陕县天然年径流量相关图

表 6-2　旱涝级别划分标准

级别	5~9 月降雨量保证率(%)	丰枯等级
1	P<12.5	涝
2	12.5<P<37.5	偏涝
3	37.5<P<62.5	正常
4	62.5<P<87.5	偏旱
5	P>87.5	旱

3. 合轴相关法

此法用于万锦滩有涨水尺寸的年份。根据陕县实测资料统计各年的涨水尺数、洪峰出现月份、涨水次数、河三区间旱涝等级(以兰州年径流量占陕县年径流量百分比代替)和天然年径流量建立五变数合轴相关，见图 6-3。然后根据万锦滩水情记载，统计历年涨水尺数、洪峰出现月份、涨水次数，再用河三区间的旱涝等级成果，查图推求三门峡天然年径流量。

4. 径流丰枯等级法

利用《黄河 1922~1932 年枯水段的研究报告》中对 1860~1900 年黄河流域丰水、枯水综合评价所定出的等级(丰、偏丰、中等、偏枯、枯五级)，查出三门峡以上面雨量，三门峡以上面雨量计算方法与下一节旱涝分布图法相似，再用三门峡面雨量与三门峡天然年径流量建立相关。其相关关系采用 1951~1989 年的 39 年资料建立，三门峡以上面雨量计算依据站有吉迈、西宁、兰州、呼和浩特、榆林、延安、天水、平凉、太原、临汾和西安，相关系数 r=0.85，回归方程 y=1.45x−144.0，成果见表 6-3。

此法用于 1864~1900 年各年间无青铜峡、万锦滩记载或记载残缺的年份，共插补 22 年。

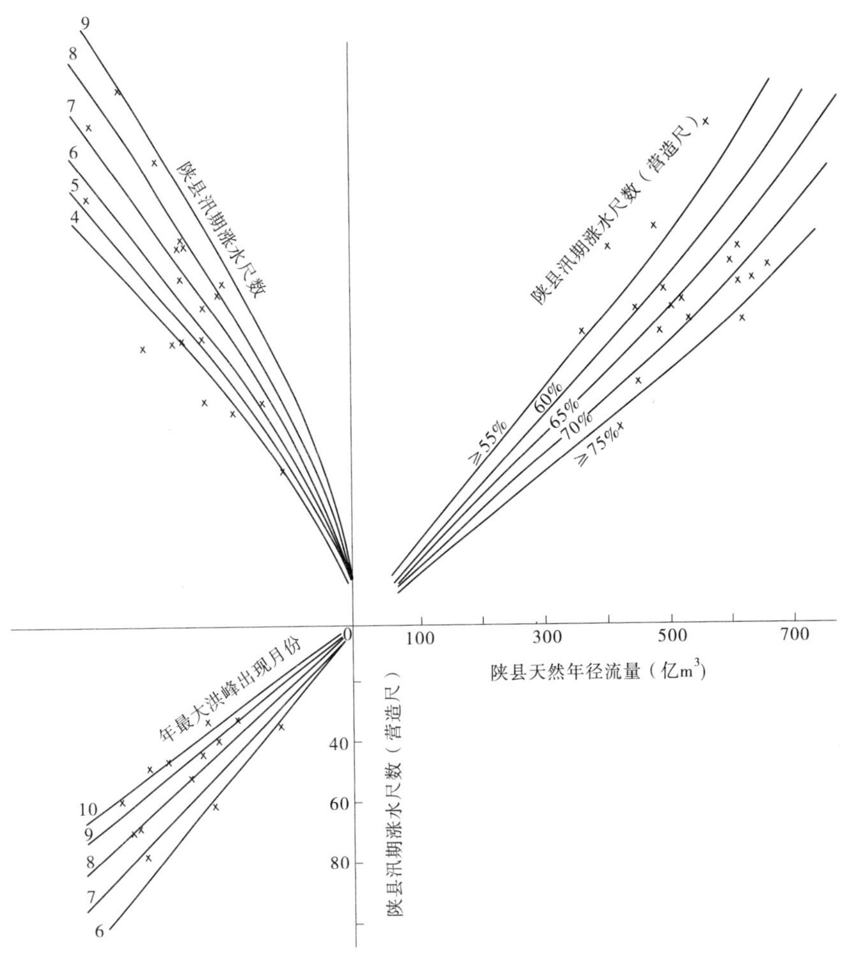

图 6-3　陕县汛期涨水尺数与天然年径流量相关图(五变数相关)

表 6-3　三门峡以上代表站年降雨量频率计算成果

站名	均值(mm)	C_v		C_s/C_v	各级别所相当的雨量(mm)				
		计算	采用		1 级	2 级	3 级	4 级	5 级
吉迈	534.9	0.15	0.18	3	692.6	599.6	526.9	463.8	402.3
西宁	362.0	0.20	0.22	2.5	493.1	415.5	355.2	303.1	252.6
兰州	320.2	0.26	0.29	3	477.5	379.6	308.0	251.1	201.3
呼和浩特	410.9	0.34	0.36	2.5	662.2	504.8	390.5	300.8	222.9
榆林	407.2	0.28	0.31	3	622.2	486.9	389.2	313.2	247.9
延安	552.2	0.22	0.25	3	783.4	645.5	536.2	449.6	370.5

续表 6-3

站名	均值(mm)	C_v		C_s/C_v	各级别所相当的雨量(mm)				
		计算	采用		1 级	2 级	3 级	4 级	5 级
天水	537.0	0.21	0.23	2	737.4	621.0	528.2	446.1	364.2
平凉	509.8	0.21	0.23	2.5	702.6	588.2	499.4	423.1	349.4
太原	452.4	0.27	0.30	2	676.2	542.9	439.8	351.9	267.9
临汾	504.2	0.23	0.26	2	718.4	592.6	493.7	407.4	323.0
西安	586.2	0.21	0.24	2.5	818.2	680.0	573.2	482.0	394.9

注:1. 资料系列为 1951~1990 年,共 40 年。

2. 各级雨量均为 3 个保证率的平均值:1 级 2.4%、7.5%、12.5%;2 级 12.5%、25.0%、37.5%;3 级 37.5%、50.0%、62.5%;4 级 62.5%、75.0%、87.5%;5 级 87.5%、92.5%、97.5%。

5. 旱涝分布图法

利用《中国近 500 年旱涝分布图集》来推算三门峡年径流量。

此法的基本思路是先把各代表站的旱涝级别转化为年降雨量,然后求出三门峡以上的面平均降水量,最后求出三门峡站年径流量。

具体做法如下:

(1)雨量站选取,利用旱涝分布图上三门峡以上地区 14 个站,选其中吉迈、西宁、兰州、呼和浩特、榆林、延安、天水、平凉、太原、临汾和西安资料为计算依据。

(2)各站历年雨量的推求,从旱涝分布图上取旱涝级别,再算出各站每年级别所相当的年雨量。其方法是利用实测雨量资料进行频率计算,求出各个级别所对应的保证率 P 所相当的年雨量,成果见表 6-4。

(3)各站权雨量推求,先求出各站的权重,再乘以各站的降水量。

(4)三门峡以上历年面雨量计算,将历年各站所相应等级的权年雨量相加,即得。

(5)三门峡历年天然年径流量的推求,利用求得的面平均降水量与天然年径流量建立相关关系,$y=1.45x-144.0$,即可求得三门峡历年天然年径流量。

表 6-4 三门峡以上各站各等级权雨量

站名	代表面积(km^2)	权重(%)	各等级权雨量(mm)				
			1 级	2 级	3 级	4 级	5 级
吉迈	145 446	24.94	172.8	149.5	131.4	115.7	100.3
西宁	34 461	5.91	29.1	24.6	21.0	17.9	14.9
兰州	70 842	12.15	58.0	46.2	37.4	35.3	24.5
呼和浩特	41 713	7.15	47.4	36.1	27.9	21.5	16.0
榆林	66 113	11.34	70.6	55.2	44.1	35.5	28.1
延安	50 976	8.74	68.5	56.4	46.9	39.3	32.4

续表 6-4　三门峡以上各站各等级权雨量

站名	代表面积（km^2）	权重（%）	各等级权雨量(mm)				
			1 级	2 级	3 级	4 级	5 级
天水	37 006	6. 34	46. 7	39. 4	33. 5	28. 3	23. 1
平凉	40 281	6. 91	48. 5	40. 7	34. 5	29. 2	24. 1
太原	23 946	4. 11	27. 8	22. 3	18. 1	14. 5	11. 0
临汾	15 555	2. 66	19. 1	15. 8	13. 1	10. 8	8. 6
西安	56 909	9. 76	79. 9	66. 4	56. 0	47. 0	38. 6
三门峡以上	583 248	100. 01	688. 4	552. 6	463. 9	390. 2	321. 6

注：不包括不产流区。

6. *历史文献分析法*

根据历史文献记载的雨情、水情和灾情来评估。

此法用于 1662 年和 1632 年。根据文献记载分析，这两年均是特大水年。按旱涝分布图推估年径流量分别为 675. 8 亿 m^3、482. 7 亿 m^3，显然偏小。

现按文献资料分析估算如下：

1662 年，根据《中国历史大洪水》上卷编辑整理，“1662 年 9 月、10 月期间（康熙元年八月）黄河及邻近流域大水”介绍，这场洪水雨区主要在黄河中游，淫雨五六十天，其中大雨或暴雨历时约 17 d，使黄河出现一次特大洪水，下游持续高水位十五六天，导致黄河决溢泛滥，河南、山东、安徽、江苏等省广大地区严重受灾。估计洪水重现期在 300 年以上，其年径流量估计为 910 亿 m^3。

估计的根据是三门峡（陕县）1919 年以来实测年份中年径流量最大值是 1967 年的 802. 6 亿 m^3，次大值是 1964 年的 799. 8 亿 m^3，本次推得的年径流量系列中，最大值是 1819 年的 1 015 亿 m^3，次大值为 1843 年的 913 亿 m^3，再次为 1850 年的 912 亿 m^3。因此，1662 年按保守估计为 910 亿 m^3。

1632 年，据陕西、山西的一些县志记载，这年连续降雨 40 来天，如陕县记载“秋，陕州淫雨四十日，登雨二日，民屋倾坏大半，黄河溢至上河头街，河神庙没”。《垣曲县志》记载：“秋淫雨二十余日，黄河溢，南城不没者数版”（比 1843 年洪水“溢至南城砖垛”的水位低）。

估计时根据万锦滩报汛材料，三门峡 1841 年、1842 年、1843 年均为特大洪水年，本次推得的年径流量分别为 915 亿 m^3、822 亿 m^3、867 亿 m^3，现估计 1632 年为 820 亿 m^3。该年，6 月河决孟津，8 月黄河漫涨，泗州、虹县、宿迁、桃源、沭阳、赣榆、山阳、清河、邳州、盱眙、临淮、高邮、光化、宝应诸州县尽为淹没。

6. 1. 3. 2　成果确定

对于有几种方法同时推求的年份，通过综合分析来选择。原则有四：一是依据资料精度要高些；二是尽量不要漏掉大水年和小水年；三是与上游青铜峡的成果比较没有矛盾；四是持续较长的枯水段或丰水段，要多方面进行分析。各年计算方法详见表 6-5。

表 6-5　三门峡 1470~1918 年天然年径流量推求方法一览

方法	运用资料	年份	年数
1. 青铜峡与三门峡相关(A)	青、陕均有志桩资料	1780~1781、1788~1792、1796、1799、1802~1803、1805、1807~1808、1810~1813、1817、1824~1825、1831~1833、1836~1837、1839、1858~1859、1862、1898、1902~1903、1906~1907、1911	36
2. 青铜峡与三门峡相关(B)	青志桩资料,河三区间旱涝级别	1732~1745、1751、1753~1758、1760~1768、1771、1773~1774、1777~1779、1782~1783、1904~1905	40
3. 合轴相关	陕有志桩资料、河三区间旱涝级别	1785~1786、1793~1795、1797、1800、1804、1806、1809、1814~1816、1818~1823、1826~1830、1834~1835、1836、1840~1843、1848~1851、1853~1857、1860~1861、1863、1867、1872、1875、1880、1882~1885、1887~1890、1894~1895、1901、1909~1910	60
4. 径流丰枯等级	三门峡水量旱涝等级、相应面雨量	1864~1866、1868~1871、1873~1874、1876~1879、1881、1886、1891~1893、1896~1897、1899~1900	22
5. 旱涝分布图	500 年旱涝分布图	1470~1631、1633~1661、1663~1731、1746~1750、1752、1759、1769~1770、1772、1775~1776、1784、1787、1798、1801、1844~1847、1852、1908、1912~1918	289
6 历史文献分析	水、雨、灾情	1632、1662	2
合计			449

6.1.3.3　成果可靠性评价

1. 年径流量特征值统计

从不同年段年径流量统计特征看,1470~1989 年系列统计特征,接近实测 1919~1989 年 71 年系列,插补系列具有一定一致性,见表 6-6。

表 6-6　黄河三门峡 1470~1989 年天然年径流量统计特征

方案	系列	年数	最大		最小		均值	C_v		C_s/C_v
			亿 m^3	年份	亿 m^3	年份	亿 m^3	计算	采用	
1	1919~1989 年	71	802.6	1967	241.4	1928	510.93	0.23	0.24	2
2	1732~1911 年	180	1 015	1819	270.0	1901	508.21	0.26	0.26	2
3	1732~1918 年	187	1 015	1819	270.0	1901	509.16	0.23	0.26	2
4	1470~1731 年	262	910	1662	335.4	1582	514.32	0.14	0.16	2
5	1470~1818 年	449	1 015	1819	270	1901	512.17	0.20	0.22	2
6	1470~1978 年	509	1 015	1819	241.4	1928	511.17	0.20	0.22	2
7	1470~1989 年	520	1 015	1819	241.4	1928	512.0	0.20	0.22	2
8	1919~1989 年	71	802.6	1967	241.4	1928	510.93	0.23	0.24	2

注:在后续研究中对 1819 年径流量修改为 920 亿 m^3。

2. 对各种方法计算可靠性评价

插补的三门峡站天然年径流量成果可靠性情况见表 6-7。

表 6-7　三门峡站 1470~1918 年天然年径流各方案插补成果评价

方法	可靠程度	评价依据
1	较可靠	(1)参证站青铜峡成果精度较高(涨水尺数与年径流量相关系数 $r=0.931$)。 (2)河三区间来水参数,万锦滩有涨水资料
2	尚可靠	(1)参证站青铜峡成果精度较高(涨水尺数与年径流量相关系数 $r=0.931$)。 (2)河三区间来水参数为旱涝等级
3	较可靠	相关图中参数,万锦滩均有资料
4	尚可靠	径流丰枯等级系根据故宫档案等各种文献资料分析得出,等级划分较准确
5	供参考	旱涝等级分五级,对特大、特小值不易弄准,且兰州以上雨量站较少
6	尚可靠	历史文献较详细,定量排位基本合理

3. 插补中存在的问题

1723~1918 年间青铜峡有志桩资料计 105 年,有水情记载的还有 10 多年,按推流方法表统计,只用了 70%年份资料,这是一明显不足点。

应将按 500 年旱涝分布图资料全面插补 1732~1918 年径流系列,来做对比分析。缺少持续丰水、枯水年段的情况分析。特别是 1470~1731 年段中,枯水年水量分析明显偏大。

青铜峡与陕县成果还需比较,如 1877 年青铜峡 203 亿 m^3、三门峡 200 亿 m^3。黄河兰州站 1732~1918 年按青铜峡与兰州相关,其余 1470~1731 年共 278 年按三门峡与兰州相关推求,故不再介绍。

4. 系列资料使用问题

按水尺志桩资料为主插补的年段与用旱涝等级插补的年段系列,其可信度有明显差异,与实测系列如何合理一并使用,还有待再研究。

6.1.4　黄河上游近几百年径流的演变规律研究

6.1.4.1　黄河上游近 270 年径流系列的可信度分析

(1)实测系列占全部系列的 25%。另外,5.6%系列由陕县实测系列插补,这两部分成果是可靠的。

(2)利用青铜峡志桩资料及实测水位(涨水尺数)流量关系插补的 105 年,占全部系列的 39%,这部分插补方法所依据的资料比较可靠。志桩所在地点位于青铜峡峡谷出口处,在水文站位置附近,断面稳定,利用实测 12 年水位与年径流量建立的相关关系显著,所以这部分成果可信度较高。

(3)有陕县志桩资料的年份是利用陕县与青铜峡流量相关,用陕县志桩资料作参数进行插补。这样考虑了同期青铜峡—三门峡区间来水情况,故插补成果还是具有一定合理性,成果较可信。这部分成果共有 52 年,占全部的 18.9%。

(4)还有 31 年无志桩资料年份是利用旱涝等级,参照有实测径流资料期间旱涝等级与径流关系取值。这样定性上不会有大的出入,且这些年份在时间上为间断分布,对系列较长周期分析不会产生明显影响。这部分占 11.5%。

(5)用黄河兰州站与黄河中游控制站三门峡的 1734~1918 年插补年径流系列相关系数为 0.75,而两站 1934~2001 年实测年径相关系数为 0.90。这说明两段径流系列关系具有较好的一致性。

因此，从上述5个方面看，插补的黄河上游兰州站270年系列具有一定可信度，用其作一些规律性变化分析是可行的。

6.1.4.2 周期分析

利用谱分析方法分析了黄河上游兰州站270年径流量系列[94]。结果表明，满足显著性检验标准($\alpha=0.05$)的周期有135年、22.5年、9年、4.5年、3.6年、3.1年。

图6-4是黄河上游兰州站1732~2003年年径流系列及四次拟合曲线。可见，存在2个明显波动。从20世纪90年代看，黄河上游处于第二个波动的开始下降段。根据这个分析就不难理解，从90年代初开始的黄河上游持续偏枯情况，是黄河上游径流长周期变化的结果。如再按这个长周期外延，从21世纪开始的20~30年间黄河上游水量还可能处于偏少阶段。

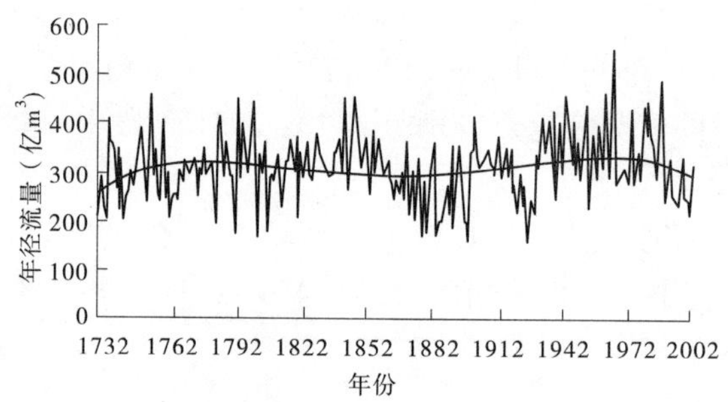

图6-4 黄河上游兰州站1732~2003年年径流系列及四次拟合曲线

图6-5与图6-6是三门峡1470~1731年和1732~2009年年径流系列及相应多项式拟合曲线。可以看出，1732~2009年青铜峡与三门峡相同年段径流演变长周期是相似的，三门峡1470~1731年和1732~2009年两个年段的世纪长度是接近的，均在130年左右。可见，近500年来三门峡年径流量演变过程存在世纪以上周期，20世纪80年代开始的年径流递减趋势有所加大。

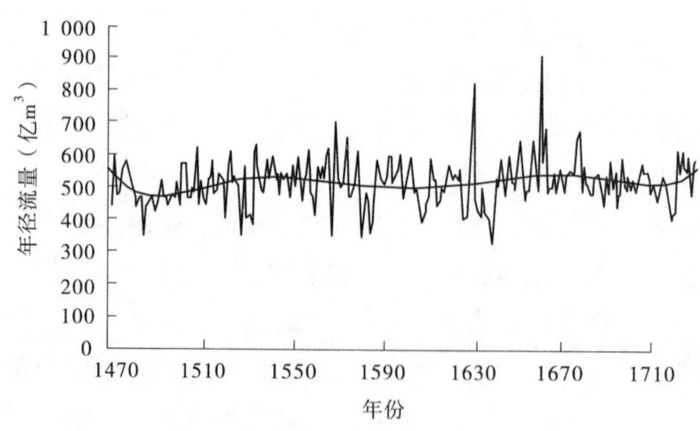

图6-5 黄河中游三门峡站1470~1731年年径流系列及六次拟合曲线

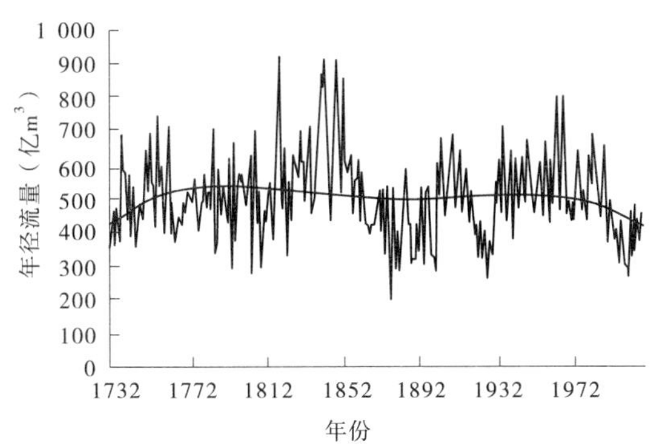

图 6-6 黄河中游三门峡站 1732～2009 年
年径流系列及四次拟合曲线

6.1.4.3 持续丰、枯水段的分析

考虑不同年段年径流量来源不同，按 1470～1731 年、1732～1918 年和 1919～2010 年三个年段分别统计较长持续丰、枯水年段。由表 6-8～表 6-11 可见，近 541 年来三门峡站年径流量持续偏丰、偏枯年段有以下特点：

表 6-8 黄河三门峡 1470～1731 年段（262 年）持续枯水年段径流偏枯情况

连续枯水年数	项目	1470～1731 年持续枯水年段的年份与年径流量距平百分率										
11	年份	1481	1482	1483	1484	1485	1486	1487	1488	1489	1490	1491
	（%）	-14.8	-8.8	-9.3	-33.0	-14.5	-16.1	-9.2	-10.8	-17.6	-11.4	-11.8
6	年份	1493	1494	1495	1496	1497	1498					
	（%）	-8.2	-8.2	-14.3	-9.4	-7.5	-9.4					
3(7)	年份	1581	1582	1583	1584	1585	1586	1587				
	（%）	-15.1	-31.3	-14.1	-5.1	-12.2	-30.0	-24.6				
5	年份	1608	1609	1610	1611	1612						
	（%）	-9.1	-23.3	-19.6	-13.3	-8.4						
5(9)	年份	1633	1634	1635	1636	1637	1638	1639	1640	1641		
	（%）	-9.4	-16.7	-20.1	-3.3	-17.7	-18.9	-21.3	-36.5	-16.7		

注：用旱涝等级插补年径流量偏枯超过-7.5%按偏枯水年计，其余按超过-10.0%标准计。

表 6-9　黄河三门峡 1732~1918 年段(187 年)持续枯水年段径流偏枯情况

连续枯水年数	项目	1732~1918 年持续枯水年段的年份与年径流量距平百分率									
3(5)	年份	1743	1744	1745	1746	1747					
	(%)	−29.9	−15.6	−8.9	−6.9	−15.3					
5(7)	年份	1764	1765	1766	1767	1768	1769	1770			
	(%)	−29.1	−22.4	−15.8	−11.4	−13.7	−5.1	−11.2			
4	年份	1809	1810	1811	1812						
	(%)	−43.0	−15.6	−10.3	−16.5						
6	年份	1865	1866	1867	1868	1869	1870				
	(%)	−17.2	−17.2	−25.4	−17.2	−17.2	−17.2				
7	年份	1886	1887	1888	1889	1890	1891	1892	1893	1894	1895
	(%)	−17.2	−16.9	−44.0	−37.7	−39.5	−17.2	−36.7	3.8	−35.8	−42.1

注:用旱涝等级插补年径流量偏枯超过−7.5%按偏枯水年计,其余按超过−10.0%标准计。

表 6-10　黄河三门峡 1919~2010 年段(90 年)持续枯水年段径流偏枯情况

连续枯水年数	项目	1919~2010 年持续枯水年段的年份与年径流量距平百分率										
11	年份	1922	1923	1924	1925	1926	1927	1928	1929	1930	1931	1932
	(%)	−21.1	−14.8	−38.1	−13.0	−36.2	−18.4	−51.2	−29.8	−26.3	−32.0	−35.0
9	年份	1994	1995	1996	1997	1998	1999	2000	2001	2002	2003	2004
	(%)	−18.6	−26.2	−18.1	−36.2	−20.9	−15.7	−39.1	−40.8	−46.0	−6.7	−32.8
3	年份	2005	2006	2007	2008	2009	2010					
	(%)	−2.2	−30.2	−12.1	−25.3	−8.6	−19.9					

注:用旱涝等级插补年径流量偏枯超过−7.5%按偏枯水年计,其余按超过−10.0%标准计。

表 6-11　黄河三门峡 1470~2010 年(541 年)持续丰水年段径流偏丰情况

统计时段	连续丰水年数	统计项目	各时段各次年份与相应逐年径流量距平百分率						
1470~1731 年	3	年份	1501	1502	1503				
		(%)	10.7	10.9	10.9				
	2	年份	1594	1595	1596	1597	1598	1599	
		(%)	16.9	19.3	0.5	5.8	9.7	17.8	
	3	年份	1658	1659	1670				
		(%)	10.9	20.5	8.5				
	3	年份	1662	1663	1664				
		(%)	76.9	13.0	32.5				
	(5)	年份	1674	1675	1676	1677	1678	1679	
		(%)	6.7	8.0	7.0	6.9	25.8	32.2	
	4(6)	年份	1723	1724	1725	1726	1727	1728	
		(%)	20.9	5.5	19.6	8.9	8.0	17.3	
1732~1918 年	3	年份	1736	1737	1738				
		(%)	34.3	14.7	13.1				
	2 各 3	年份	1826	1827	1828	1829	1830	1831	1832
		(%)	25.1	18.4	13.9	8.0	36.9	16.8	18.0
	5	年份	1839	1840	1841	1842	1843	1844	
		(%)	7.6	39.4	70.3	61.4	79.3	27.9	
	4	年份	1848	1849	1850	1851	1852		
		(%)	13.3	75.8	79.1	57.5	1.2		
	5	年份	1853	1854	1855	1856	1857		
		(%)	67.3	22.7	13.9	12.9	23.1		
1919~2010 年	3	年份	1966	1967	1968				
		(%)	14.2	62.3	33.7				
	3(5)	年份	1981	1982	1983	1984	1985		
		(%)	27.7	7.0	40.7	24.6	15.0		

(1)近 541 年来年径流量在有些年段持续偏丰、偏枯年段属于较常见的现象。541 年中出现持续偏丰 3 年以上的次数有 12 次,持续偏枯 3 年以上的次数有 13 次,具体见表 6-12。

表 6-12　三门峡 1470~2010 年间持续 3 年以上偏丰、偏枯年段次数统计

持续年数	11	10	9	8	7	6	5	4	3	合计	
										次数	年数
持续偏枯水年次数	2	0	1	0	1	2	3	1	3	13	78
持续偏丰水年次数	0	0	0	0	0	0	2	2	8	12	42

（2）径流量持续偏枯年段的最长持续年数明显长于偏丰年段持续年数。由表6-12可见，年径流量持续偏丰3年以上丰水年段的总年数前者有42年，而持续偏枯水年段总年数有78年，连续偏丰年段的平均持续年数仅3.5年，而持续偏枯年段的平均持续年数达6年。另外，持续偏枯年数最长可达11年，如1922~1932年；而最长偏丰年段年数仅有5年，如1840~1844年。

（3）持续偏枯、偏丰年段有间隔1年后又重复出现的情况，但偏枯年段仍较偏丰年持续的年数多。如1481~1498年18年中，只有1492年为平水年（距平百分率为2.8%），其余均达径流量偏枯年标准。这种间隔出现持续丰水年段情况，则以1826~1832年为典型，其中1829年水量平偏丰，年径流量距平百分率为8.0%，其前、后各为一个持续3年丰水年段。

（4）持续偏枯、偏丰年段存在集中出现和交替出现的情况。1470年以来的541年间，持续偏枯水年段主要出现在15世纪后期、16世纪后期至17世纪初期、19世纪后期至20世纪初期以及20世纪末期至21世纪初期。持续偏丰水年段出现在16世纪初、16世纪末、17世纪中期、18世纪中前期、19世纪中期前后和20世纪中期以后。

（5）特丰年与特枯水年出现时机具有一定不确定性。虽然特丰年出现在持续丰水年段、特枯年出现在持续枯水年段的情况较为常见，但在持续平水及丰枯频繁交替年段也有往往出现特丰、特枯水年，甚至有特丰年后出现持续枯水年段情况。如1819年是一水量特丰年份，估计该年三门峡年径流量距平百分率达80.5%，是近541年来三门峡年径流量首大年份，其前10年间多为水量偏枯年，而后6年也是水量丰枯交替出现年段；再有1632年水量偏丰程度达59.4%，排在541年系列的第七位，但随即自1633年后持续出现较长持续枯水年段。1804年是水量特枯年份，是在其前后共10余年平水为主年段出现的特枯水年，年径流量距平百分率达-46.4%，为1732年以来第四位最小值。这些反映了特枯、特丰年出现时机具有相当不确定性。

6.1.5 水文气象学应用特点评述

该项研究在水文学气象学应用结合方面的主要特点是，将利用气象部门研究建立的有关黄河上中游的500年旱涝等级指标，将1470~1918年间中的289年旱涝等级指标转化为上中游年径流量的指标，通过借助1919年以来黄河中上游实测水文资料与同期旱涝等级资料建立的关系，将这些年的旱涝等级指标转化为上中游控制站相应年径流系列。

从两学科结合的角度看，这项成果是将应用气候学指标成果直接转化为水文学指标。两个学科应用指标融合，构成一个水文系列，其研究思路与方法在当今水文气象学领域属于首创。

这个指标的建立，不仅直接丰富了对长期水文规律变化的认识，而且也应看作应用气候学领域一项非常有实用价值的成果，这项成果在参与黄河流域适应气候变化应用研究中将起到举足轻重的作用。

6.2 黄河 1922~1932 年持续枯水年变化规律研究

实测径流资料表明,陕县 1922~1932 年是一个典型的持续 11 年的连续枯水年段,而相应黄河上游是否也同样存在一个连续枯水年段,多年来不同单位对此认识不完全一致。黄河勘测规划设计有限公司的水资源与水文工作者,经过多年努力,通过实地调查、实测与历史雨情、水情、灾情资料分析研究,于 1998 年在综合以往研究以及有关单位研究基础上[4-6,8-11],进一步通过黄河上中游历史年径流量系列变化规律研究,又应用有关 1922~1932 年枯水年段天气气候学研究成果及有关太阳黑子演变规律研究,综合研究了该年段黄河上中游持续枯水年段问题及其重现期。在这项研究中,除传统水文学的分析外,还增加了天气学、气候学成果研究,用以探讨有关流域规划所关心的黄河连续枯水年段的特点与变化规律,在水文气象学应用技术方面具有较好的效果与启示性。

6.2.1 黄河上游存在 11 年连续枯水段的分析

6.2.1.1 黄河陕县(三门峡)以上来水量及与兰州、贵德水量关系

从水量来源上看,贵德站年水量占陕县站年水量的 41.2%,兰州站年水量占陕县站年水量的 64.6%,中游河口镇至陕县区间年水量占陕县站年水量的 35.1%。虽然黄河上游与中游地区在地理、气候与降水特性上有较大差距,但两地同处一条河流的上下游,而且 64.6%水量来自上游地区,因而上中游之间水量存在一定相关关系。分析表明,陕县与兰州年水量相关关系较好,点群呈带状分布,线性相关系数达 0.899,而陕县与贵德线性相关较差,相关系数为 0.78。

6.2.1.2 水量丰枯对应关系

由 1919~1995 年陕县、兰州、贵德三站年径流过程线看,除个别年份外,峰、谷基本对应,只是有些年份距平的正负程度有所差别。

按年水量五等级划分,标准为:丰水,大于或等于 130%D(D 为多年平均值);偏丰,111~130D;平水,91~110D;偏枯,71~90D;枯,小于 70D。由此,对比分析贵德、兰州、河口镇、河陕间、陕县 1935~1995 年年径流丰枯等级。在 61 年系列中,陕县与兰州丰枯完全对应有 44 年,占 72%,其余等级不完全对应的年份,最多仅差一级。

在 61 年系列中,陕县年水量枯水、偏枯水年共 23 年,相应兰州亦为枯水年、偏枯水年的有 19 年,占 82.6%,其余兰州都是平水年,即 1936、1939 年、1986 年、1993 年,相应各占多年均值的 101.32%、91.45%、94.7%、96.8%,除 1936 年外,其余 3 年都接近偏枯年上限 90%。因此,可认为当陕县为枯水年、偏枯水年时,兰州 80%年的情况亦为枯水年、偏枯水年,少数为平水年。这些平水年水量大部分超出偏枯水年水量亦不多,不可能出现丰水年、偏丰水年。

但具体到 1922~1932 年兰州是否可能出现 1~2 年的平水年,可对该年段中水量相对较多的 1923 年、1825 年进行分析。从《中国近五百年旱涝分布图集》[7]中可以看出,1923 年河陕间左岸为涝,右岸偏涝,可以推估兰州以上应属枯或偏枯。1925 年河龙间为旱,龙三间为涝,兰州以上亦应偏枯。

以上分析表明,兰州以上也应存在1922~1932年连续枯水段。

对比贵德、陕县均有的1946~1995年50年水文资料,两站丰、平、枯完全对应年份有28年,占56%,其中陕县属枯水年、偏枯水年19年,贵德相应亦为枯水年、偏枯水年有16年,占陕县84%,其余3年贵德为平水年,其中1972年、1986年、1993年距平分别为96.37%、92.69%、103%,除1993年外,都超出偏枯年上限90%不多。因此,认为贵德站也应存在此年连续枯水段。

以上认识与1986年六单位联合调查组的调查结论是一致的。

6.2.1.3 从树木年轮论证1922~1932年连续枯水段的存在

20世纪50年代初,为论证黄河上游1922~1932年连续枯水段的存在,采集了兰州9个、榆中2个不同树龄的样本,选择了土壤含水量能随降水变化而变化的地点采集[12]。

从兰州、榆中采集的各树木年轮幅过程线上可以看出,1922~1932年间年轮幅最窄,说明这个时段是一个连续干旱年。其中,尤以榆中县的兴1、兴2两个样本最为典型。

通过以上不同途径的分析表明,黄河上游也应存在1922~1932年连续枯水段。

6.2.2 从大范围看黄河1922~1932年连续枯水段的气候背景

6.2.2.1 国内外专家学者研究成果

叶笃正教授、曾庆存教授等主编的《当代气候研究》[13]中曾提到"本世纪20~30年代为雨量少于平均值的干期",并认为"这样的变化特点,与北半球中纬度其他地区的20世纪30年代雨量减少和40~60年代雨量增加的趋势比较一致"。

另外,叶笃正教授还在由他主编的《中国的全球变化预研究》[14]中指出"与本世纪20年代突然增温相对应,20年代干旱指数迅速增加,梅雨期降雨量明显减少,40~60年代干旱指数又明显下降,梅雨期降雨量明显回升"。

张家诚等主编的《中国气候总论》[15]中也提到"从我国梅雨的10年滑动平均曲线可以看出,梅雨的持续期在1909年前后到达本世纪前半期的最高峰,1906~1911年平均梅雨期38 d,在1919年前后出现次高峰(平均梅雨期28 d),从20年代以后,梅雨期则缩短到25 d以下"。这说明,该年段中国地区的气候存在着异常现象。

1990年,国家科学技术委员会编制的《中国科学技术蓝皮书第5号气候》中[16],结合20世纪我国东部40 °N以南的气候状况,划定1920~1929年为干、暖期,1930~1939年为干、冷期。

美国亚利桑那大学树木年轮实验室Malcolm K,Hughes教授以及中国科学院地理研究所的吴详定教授、邵雪梅博士等在树木年轮实验室的恢复华山4~7月降水的工作中也发现,从1600~1989年长达390年的重建年表中,20世纪二三十年代华山地区的降水出现了明显的负距平,说明这地区在这时段属偏旱阶段[17]。

以上研究说明,黄河1922~1932年连续枯水段不仅是黄河流域的气候现象,而且有大范围干旱气候背景。

6.2.2.2 大范围气压场及降水场变化分析

1. 北半球气压场形势变化

对代表黄河枯水年段的1922~1932年夏季北半球气压距平场、代表黄河丰水年段的

1940~1950 年段夏季北半球气压距平场和 1920~1985 年 66 年夏季北半球气压平均场(图略)进行比较。

可以看出,在 1920~1985 年 66 年夏季北半球气压平均场中,北半球副热带地区存在较为明显的半永久性高、低压中心。在 35°N 的纬线上,存在着两个半永久性副热带高压中心,由于海陆分布造成的热力作用结果,它们都处于大洋的东侧,为东大西洋高压和东太平洋高压。两个高压中心的中间夹着两个低压中心,一个位于亚非大陆,中心位于 30 °N、70°E 的印度北部地区,另一个为气压梯度较弱的北美大陆低压,中心位于 20 °N 左右、110 °E 地方,而在东大西洋高压以北的 65 °N 的纬线上有一个永久性低压,叫冰岛低压,其强度夏季较弱,枯水年的正气压距平范围要比负气压距平范围大得多,并且主要集中在高纬度地区,太平洋中纬度地区的中东部大范围区域、西半球的副热带地区和阿拉伯半岛的部分地区,在 1922~1932 年所代表的枯水年份里,北半球的高纬度地区是很明显的气压距平场的正值中心,其中最大距平值的中心位于 80 °N、95 °W 的北冰洋边缘,其值达 4. 3 hPa。这说明极地高压已大幅升高,并且位于高纬度地区的冰岛低压和阿留申低压为之进一步减弱。另外,大面积的正距平区域使得上面提到的两个高压中心、两个低压中心的气压值几乎全部升高,且距平值的最大中心,与副热带地区的半永久性气压中心位置相近,甚至重合。位于东太平洋高压中心附近的最大升高幅度也为 0. 61 hPa,但其最大距平中心位置于高压中心西面的 30 个经度。印度低压的边缘附近也有一小块正距平区域,中心位置在阿拉伯半岛东侧的 30 °N、60 °E 附近,中心最大距平值为 0. 71 hPa。

在 1940~1950 年所代表的丰水年份里,北半球高纬度地区则出现了大面积的气压负距平,最大距平亦位于北冰洋边缘地带,但相比枯水年份来说,位置靠东,约在 80 °N、135 °E,最大减压值为-1. 86 hPa。从距平图上可以看到,除南美大陆、欧洲大陆的部分地区以及欧亚大陆位于 40 °N 上下的部分区域外,皆为负距平区。从形势上看,在副热带地区的距平是正负相间的,并没有像枯水年份的正距平区域在大范围内的气压增长或减弱的趋势那样的相同。总地看来,除夹在两个高压中心之间的北美低压外,其他几个永久性、半永久性气压中心则大部分处在负距平中心地段或边缘地段、气压下降的幅度虽各不相同,但同枯水年气压增长相比,这一减弱也说明了一定的问题。特别是印缅地区气压负距平区域,反映了印度低压比较强盛。

2. 东亚地区地面气压场形势

分析徐家汇天文台绘制的 1922~1932 年期间夏季逐日地面天气图资料,发现 1922~1932 年 7~9 月期间东亚地面气压场形势有较好的相似性。这些年的共同特点是:西太平洋副热带高压经常偏于海上,位置在日本岛及以东洋面上,西伸大陆过程时间短暂;在台湾以东洋面上常有转向北山的台风,少西进台风活动;蒙古西部、河西走廊至黄河上中游为大陆高压控制。

1928 年是枯水段中水量最小年份,在该年 7~9 月逐月平均的东亚地面天气图上,比较充分地反映了这些特点。由该年 7 月、8 月东亚地面天气图(图略)可见,蒙古西部、河西走廊为大陆高压控制,气压达 1 005~1 010 hPa,日本及以东洋面为西太平洋副热带高压控制,气压达 1 010~1 015 hPa。上述地区的气压与 1954~1978 年相应的 7 月、8 月均值比较,高出 1~4 hPa,在冲绳岛附近海域 7 月气压比多年平均值低 1~5 hPa,这一海域气压较多年均值低 3~7 hPa，且有一气压为 1 004 hPa 低压环流。

1972 年夏季也是黄河上中游降水持续偏少、水量偏枯的年份。该年 7 月、8 月北半球地面天气图上（图略），欧亚大陆至北美中、高纬度地区气压偏高，东太平洋与东大西洋副热带高压中心区域气压偏低、印缅大陆低压气压偏高，而冰岛低压气压场气压偏低。可见，这与上述分析的 1922~1932 年枯水段期间北半球地面四个大气活动中心的气压场形势相比，既有相同之处，也有不同的地方。这反映了干旱成因的复杂性。

比较 1972 年与 1928 年夏季 7 月、8 月东亚地区气压场形势，两者比较相似。这主要表现在 30 °N 以北的中纬度气压场均呈东高西低形势，只是比较 40 °N 地带的东西间的气压差，后者要比前者大些。根据 1928 年 7 月、8 月地面气压场形势，参照 1972 年 7 月、8 月地面与高空 500 hPa 气压场的联系和天气分析经验，可以推测 1928 年 7 月、8 月黄河上、中游环流形势主要为暖高压控制。在此形势下，日本海上空维持一较强的副热带高压单体，我国东北地区为一低压槽区，黄河上、中游为大陆暖高压（脊）控制。这样，黄河上、中游在下沉气流作用下，天空晴朗，形成干、暖的天气。

9 月，一股冷空气再度南下至长江流域。若路径偏华北南下，易形成华西秋雨形势，这有利于黄河上游与中游泾渭河流域出现秋雨连绵的天气。1928 年 9 月蒙古地区气压偏高，反映蒙古高压势力较强。从冷空气南下路径看，经河套南下，属中路南下路径。同时，30 °N 以南的气压偏低，反映西太平洋副热带高压势力偏东，不利于西南暖湿气流北上黄河上中游。因此，该年黄河上中游 9 月降水仍持续偏少，径流偏枯。该年与 1972 年 9 月典型的西路冷空气南下形势尚有不同。

3. 降水距平场变化

比较黄河旱涝时段的全球降水距平场图（图略）可以看到，在上述丰枯两个时段也存在着大面积的全球降水异常现象。首先，两距平场的正、负距平的分布有很大差别，但它们中的最大、最小距平值（超过±100 mm）网格点除个别的外，几乎全部分布在赤道两侧 40 个纬度内，即主要集中在热带地区和副热带地区。这是因为在热带地区原本降水量就很大，当天气出现一些变化时，其降水量就很容易受到影响，于是便出现比较剧烈的变化。副热带高压对降水的影响一般有两种：一般情况下处于副热带高压边缘的地区，特别是副热带高压前进方向的边缘地带，容易产生降水；处于副热带高压内部，受其控制的地方则会由于下沉气流的强盛，不容易产生降水。因此，受副热带高压影响，副热带地区降水量也容易发生大的变化，某些年份副热带高压东西方向的移动以及南北方向的移动异常所造成的影响，从而也可以使副热带相应地区的降水同样发生大的变化。

旱年全球夏季降水距平场的正、负区域较为零散。从图（图略）中可以清楚看到，位于非洲中西部沿岸 10 °N、15 °W 的地方有一高值中心，1922~1932 年共 11 年的降水距平值达 246 mm 之多，很明显这是异常现象，而负距平最大的点则分布在大西洋中部的 10 °S、35 °W 附近，其距平值为-170 mm。与旱年同样的距平场相比，涝年全球夏季降水距平场的正负区域集中一些，且可以看到有明显的降水距平正、负中心的北移。旱年距平场在 20 °N 上下，格林威治向东至太平洋中部日界限以西有一条正降水距平带，而这条降水带在丰水年中发生了北移且分裂成三条：第一条位于 60°N、10 °E~170 °E，横贯苏联的中部地区；第二条位于 30 °N、120 °E 以东，同位于 150°E 向东至 140 °W、副热带地区大片的正降水距平区域相衔接；第三条正距平降水带位于 10 °E~80 °E 北半球副热带地区的一小部分区域中。从整体上看，正距平较大的点基本上位于太平洋中心洋面 10 °S、160 °W 处，而负距平最大点则基本上位于 6 °N、10 °W 处的几内亚湾西面，与早年这一地区存在的最大正降水距平形成了鲜明的对比。

6.2.2.3 用国内资料对比分析

1. 长江寸滩与黄河陕县站的径流资料对比

寸滩位于长江上游，控制流域面积 866 559 km^2，占宜昌流域面积的 86%，自 1893 年开始有实测资料[18]。1893~1985 年多年平均水量为 3 560.4 亿 m^3，最丰年份 1949 年的年水量为 4 633 亿 m^3，最枯 1942 年的年水量 2 640 亿 m^3。

比较黄河陕县与长江寸滩年水量过程线，总的趋势是两站峰、谷对应年份多于峰、谷不相对应年份，其中陕县 1922~1932 年 11 年枯水段期间，寸滩站水量也是偏枯的，只是中间有两年属于丰水年。陕县 1969~1975 年连续偏枯，寸滩这几年也是连续枯水。过程中，也有丰、枯不对应年份，如寸滩 1942 年是历年中最枯年，前后有连续 6 年连续枯水段，而陕县这几年属丰枯相间。

具体分析寸滩 1922~1932 年历年水量变化，寸滩相应枯水段较陕县滞后 1 年，是从 1923 年开始，于 1933 年结束。陕县最枯是 1928 年，寸滩是 1929 年。寸滩 1923~1933 年平均水量为 3 472 亿 m^3，较多年平均水量小 88 亿 m^3，但中间出现了 1925 年、1926 年两个丰水年，水量分别达到 3 940 亿 m^3和 3 971 亿 m^3，其余 9 年皆小于均值。

据文献[18]分析，长江宜昌站和汉口站，在这一时期枯水情况，基本上与寸滩站类似。

2. 我国东部地区雨量资料比较

从我国东部主要江河区域平均年降水量 11 年滑动平均过程线看，黄河下游及山东沿海诸河、淮河、长江中下游、珠江及浙闵沿海诸河，在 1922~1932 年期间或其前后几年，都呈现降水量偏小的现象。

6.2.2.4 用国外资料对比分析

1. 克什米尔降水资料

克什米尔位于青藏高原西端。根据汤懋苍等[19]利用克什米尔列城（Leh）站和斯利拉加（Srihagar）站降水资料的分析，发现这两个站的年降水资料与黄河陕县站年平均流量的 10 年滑动平均曲线之间存在明显负相关关系，即总是峰点与谷点相对应。

陕县 1922~1932 年枯水段，对应的斯利拉加站这段时期降水偏多段，二者呈现这种明显负相关的主要原因是，陕县年径流量大部分来自兰州以上青藏高原东部的降水，而高原东部与西部降水的多寡是与高原季风的年际变化情况紧密相联系的。根据汤懋苍等的研究，高原夏季风强年，高原上的降水是“东多西少”；高原夏季风弱年，高原上的降水是“东少西多”。

2. 南极积雪量资料

王云璋等[20]对南极积雪量与黄河三门峡（陕县）站天然年径流量之间的关系进行相关分析，发现两者之间存在显著的负相关，特别是作 10 年滑动平均处理后，其相关系数更高。分析表明，黄河流域历史上水量几个主要丰、枯阶段，都分别与南极积雪量的偏少期和偏多期对应;特别是黄河流域1922~1932年11年严重枯水段正好与二百年来南极积雪量的高值区相吻合。

究其原因是,南极冰雪状况对西太平洋副热带高压有重要影响。副高则是影响我国东部夏半年天气气候的重要环流系统。它的强弱、脊线位置和西伸程度,与我国大范围降水的多寡有着直接的联系。根据王云璋等的研究,凡是副高偏强的年份,黄河流域易多雨,水量偏丰;反之,易少雨,多出现枯水。南极冰雪与副高和黄河雨情水情的具体联系规律是:每当南极冰雪量增加,则后期副高强度减弱,西伸脊点东撤(副高位置东偏南);对应黄河流域降水偏少,水量偏枯[21]。

文献[22]在阐述西太平洋副热带高压的活动规律时指出:西太平洋副热带高压的位置有多年变化的表现,1920~1930年副高中心偏向平均位置的东南,这种副高中心位置的变动,必然会引起东亚甚至全球性的气候震动。显然,这个认识与上述分析结论是一致的。

6.2.2.5 小结

上述国内外一些学者研究成果,从涉及全球、北半球、东亚气压场及降水场的变化分析说明,黄河1920~1930年连续11年枯水段是由大范围气候背景造成的,从国内资料看,在这一时期,长江、淮河和东南沿海地区,基本上也是枯水期。换言之,这个时期在我国基本上是大范围的干旱。

在这一时期,青藏高原夏季风活动较弱,从而导致黄河上游降水偏少;南极积雪量处于高值期,从而使副高中心位置偏向东南,黄河流域降水偏少。由此可见,黄河这连续11年枯水段的出现,是以大范围的气候异常为背景条件的。

6.2.3 利用气候变化、树木年轮、太阳黑子等方法研究该枯水年段重现期

(1)张家诚、王绍武等在1979年2月召开的世界气象会议上发表题为“中国气候变化与气候资料利用”的论文(No.573号)中有“对于最近一个周期,十四世纪和十六世纪下半期非常湿润,十七世纪则非常干燥,十八世纪下半期和十九世纪又转成湿润,二十世纪上半期变为干燥,在更早期,十至十一世纪、八世纪、五世纪和二至三世纪比较湿润,而十二世纪、九世纪、六至七世纪和四世纪比较干旱,进一步证实有较好的200年周期。”

(2)前述美国亚利桑那大学树木年轮实验室Malcolm K,Hughes教授以及中国科学院地理研究所的吴详定教授、邵雪梅博士等在华山取样进行树木年轮试验[17],从1600~1989年长达390年的重建年表中可以清楚看到,在20世纪二三十年代有一段降水负距平时段,同样在16世纪末和17世纪中也存在着降水的负距平阶段。从这项成果可以认为,1922~1932年连续枯水段的重现期在130~140年以上。

(3)太阳活动的超长期变化,具有明显的周期性。

太阳黑子的变化,主要周期为11年周期、22年周期、世纪周期和双世纪周期等。现将几位学者相关研究简介如下:

1967年,布雷(Hruy. J. R)根据古代极光和黑子频率资料,将太阳活动资料从1946年往前一直推到公元前527年,从这将近2 500年资料中,发现了2~3个强、弱太阳黑子周期组成一个大约400年的周期,特别在最后1 000年中,还可以看到每一个400年内有一

个显著的交错,有接近200年的周期[23]。

1979年代念祖等利用极光确定了公元前217年至1749年太阳活动的 M 年(太阳黑子最多年)发现太阳活动的主要周期中,有179年周期和231年周期[24]。

斯乔夫(Schove D. J.)于1955年收集世界各国古代人用肉眼观察的太阳黑子和极光(这二者之间关系密切)记录,分析定出了公元前200年太阳活动的 M 年,并将 M 年按照强度分成9级,王绍武等[24]利用斯氏的这些黑子峰值做功率谱分析,以11年周期为基本单位,每个周期按11.1年计算,发现这两个世纪左右的周期确实十分突出,信度超过0.05。因此,他们认为"200年左右周期是太阳活动长期变化的最主要周期"。

6.2.4 水文气象学应用特点评述

在20世纪90年代后期,在黄河水资源合理应用中遇到了一个实际问题,就是如何客观评价1922~1932年11年枯水段的重现期,因其涉及当时1919~1995年实测系列均值及 C_v 值计算取值,为此围绕该课题开展了一系列专项研究。在研究中,比较充分地发挥了水文学科与气象学科应用结合的优势,论证比较充分、合理,结果的可信度较高。

参考文献

[1] 王国安,等. 黄河青铜峡水文站1732~1918年径流系列建立的研究[A]. 治黄老科技工作者科研成果报告选[C], 黄委会科研基金资助项目,1992.

[2] 王国安,等. 黄河兰州水文站1470~1934年径流系列建立的研究[A]. 治黄老科技工作者科研成果报告选[C], 黄委会科研基金资助项目,1992.

[3] 王国安,等. 黄河三门峡水文站1470~1918年径流系列建立的研究[A]. 治黄老科技工作者科研成果报告选[C],黄委会科研基金资助项目,1992.

[4] 黄河水利委员会勘测规划设计研究院. 黄河1922~1932年连续枯水段研究报告[R]. 黄委会治黄技术开发基金项目(合同编号02G03),1998.

[5] 黄河水利委员会. 黄河陕县站1922~1932年连续枯水年水文资料的审查[A]. 水文计算经验汇编第一集[C].郑州:黄河水利出版社,1995.

[6] 北京水利水电科学研究院,黄河水利委员会. 黄河上中游1922~1932年连续枯水段调查报告[M]. 郑州:黄河水利出版社,1968.

[7] 中央气象局气象科学研究院. 中国近五百年旱涝分布图集[M]. 北京. 地图出版社,1981.

[8] 水利部天津勘测设计研究院科研所. 黄河上中游1470~1980间连续枯水段的研究[R]. 天津:水利部天津勘测设计研究院.1981.

[9] 杨可非. 黄河1922~1932年11年连续枯水段的探讨[J]. 水电能源科学,1985,3(3):253-259.

[10] 王维第,等. 黄河上游年连续枯水段分析与设计检验[J]. 水科学进展,1991.,4(2):251-257.

[11] 刘洪宾,吴祥定,邵雪梅. 黄河中游1922~1932年枯水时段时空尺度分析[J]. 陕西气象,1966(6):12-15.1994.

[12] 黄河规划委员会. 从树木年轮了解黄河历史年水量变化[A]. 水位计算经验汇编第一集[C].北京:水利出版社,1995.

[13] 叶笃正,曾庆存. 当代气候研究[M]. 北京:气象出版社,1991.

[14] 叶笃正. 中国的全球变化预研究[M]. 北京:气象出版社,1992.

[15] 张家诚．中国气候总论[M]．北京:气象出版社,1991.
[16] 国家科学技术委员会．中国科学技术蓝皮书第 5 号气候[S].北京:科学技术文献出版社,1990.
[17] Malcolm K,Hughes,Wu X D,Shao X M,等.A preliminary reconstruction of rainfall in North-central China Since A.D.1600 from Tree-Ring Denstity snd Width [J].Quaternary research,1994,42:88-99.
[18] 长江流域规划办公室水文局．长江流域水资源调查评价报告[R]．武汉:长江流域规划办公室水文局,1982.
[19] 汤懋苍,等．青藏高原及其周围地区降水率的初步分析[J]．高原气象,1985,4(4):354-360.
[20] 王云璋,等．南极冰雪状况与黄河径流量的关系[J]．人民黄河,1988(4):22-26.
[21] 王云璋．南极积冰与西太平洋副高关系的初步研究[J]．气象科学,1986(1):91-98.
[22] 周淑贞,等．气象学与气候学[M]．北京:高等教育出版社,1984.
[23] 张家诚,等．气候变迁及其原因[M]．北京:科学出版社,1976.
[24] 王绍武,等．长期天气预报基础[M]．上海:上海科技出版社,1984.

第7章 水文气象规律分析之三：水文情势与气候变化关系

7.1 黄河三门峡水库建成后对库区小气候影响

7.1.1 概述

20世纪90年代初期，对已建库达28年的三门峡水库进行环境影响回顾评价。研究中运用库区一些测站与库周一些参证站气候资料在建库前后的变化关系，进行对比分析，从而就水库对于库区小气候影响，做出定性、定量分析；在对库区小气候影响回顾评价基础上，进一步就小气候变化对农业影响做一粗浅讨论。鉴于水库运用方式变化以及泥沙淤积影响，水库1961~1984年期间经历了蓄水运用、滞洪排沙和蓄清排浑三种运用方式，水库蓄水运用水位变化以及泥沙淤积影响，造成相应蓄水面积较大变化。因此，在建库后水库对库区小气候影响，需考虑不同运用期水面、滩面变化对库区小气候带来的不同影响。

7.1.2 小气候影响评价内容

7.1.2.1 定性分析

水库建成后，水位抬升、水面增宽、滩面抬高，辐射平衡发生变化，水体热容量变化（水温变化）、气流通过水域的变性与建库前不同，均对库区气温产生一定影响。

影响还包括库区近地层上空水汽含量和大气层结不稳定度影响降水、库区相对湿度的变化以及滩区蒸腾影响，库区水面加大，对地面摩擦作用减小，对风速影响，温度、湿度环境变化对雾、雷暴、霜冻等日数影响等。

7.1.2.2 定量分析

定量分析项目包括：有气温年、季平均，极端最高、最低值，年、季降水量，年、季蒸发量与相对湿度，年、季平均风速，雷暴、霜、雾等天气现象日数。

7.1.2.3 影响的基本评价

（1）水库建成后库岸5~15 km范围内河谷盆地产生一定影响。除降水有所增加外，其他影响微小。

（2）水库不同运用方式下，对库区小气候影响有所不同。水面湖泊效应使冷月平均气温升高，暖月平均气温降低，极端最低气温升高，极端最高气温降低，气温年较差减小；冬季空气湿度增加。而进入滞洪排沙期后的高滩陆面效应，前述效应减弱，夏、秋极端最高气温增加，霜日明显增加。

(3)20 世纪 70 年代后期水库采用蓄清排浑方式,冲淤变化趋于平衡,下垫面特性相对平稳,故以此期小气候影响平均值作为回顾评价基本依据。

7.1.3 水文气象学运用特点

紧密结合水库工程建设后对库区气候环境影响做出评价要求,利用库区站与参证站建库前及建库后不同运用方式期的气候资料,通过相关分析剔除建库后大范围气候震动影响后的计算值与同期实测值比较,来较全面估计各要素影响量;并通过建库后下垫面条件变化,对气候环境可能影响的物理过程进行定性分析,以此综合判断做出定性、定量影响评价。

水库建成改变局部河段集水面积(包含后期增加高滩陆面面积),造成局地下垫面自然环境变化从而导致对局地气候的影响问题,是我国工程水文学领域在 20 世纪 80 年代才开展的一项内容,我们这项成果在当时从研究思路、方法和内容上具有一定的特点与创意。

这项研究是一个比较典型的应用气候学问题,采用库内外不同时期实测气候资料,采用定性分析与定量分析相结合方法,研究内容是围绕因局部下垫面环境变化而对局地小气候变化影响,涉及气温、降水、蒸发、湿度、风、雷暴、雾等因素。

7.2 黄河上游唐乃亥以上地区气候变化对径流影响研究

黄河上游唐乃亥以上地区自 20 世纪 90 年代以来,年径流量出现持续偏少的情况,其原因如何,是治黄工作者所关注的问题。为此,与中国科学院寒旱所合作,并吸取一些有关成果,进行了研究。

7.2.1 径流偏少特点综述

概括看 20 世纪 90 年代以来,黄河源区径流偏少的主要特点如下:

(1)全区性。由间断的两个较长持续枯水年段构成。黄河唐乃亥以上黄河源区自 20 世纪 90 年代以来源区 12 万 km^2 整个区域均发生径流量偏少情况,其中,黄河沿以上 1994~2005年水量连续偏枯达 11 年;吉迈—贾曲口、玛曲—唐乃亥两个水文分区除在 1993 年、1999 年、2005 年为水量偏多年份外,出现了 1994~1998 年、2000~2005 年两个各 5 年的持续枯水年段;黄河沿—吉迈分区持续枯水年段系为 1994~1997 年和 2001~2004 年;贾曲口—玛曲分区,第一个持续枯水年段时间为 1995~1997 年,第二个持续枯水年段为 2001~2004 年。这些是近 50 年来未有的情况。

(2)黄河源区 6 个水文分区中,吉迈—贾曲口、玛曲—唐乃亥是造成唐乃亥 20 世纪 90 年代以来径流偏少的主要水源区。由表 7-1 可见,从唐乃亥 1991~2005 年段或该期间两个主要持续枯水年段,即 1994~1998 年和 2000~2005 年径流偏少情况看,贾曲口—玛曲分区,即常称为红原、若尔盖草原沼泽区径流减少程度及其数量并不是构成唐乃亥径流偏少的主要原因,而造成唐乃亥径流大幅偏少的区域主要是属于高山峡谷的吉迈—贾曲口、玛曲—唐乃亥两个水文分区。这两个水文分区减少量占唐乃亥减少量的 65%,而贾曲口—玛曲水文分区减少量仅占唐乃亥减少量的 13%左右。

表 7-1　近 15 年来各分区的两个连续枯水年段径流偏少程度及其对唐乃亥影响

测站及分区	唐乃亥	黄河沿以上	黄河沿—吉迈	吉迈—贾曲口	贾曲口—玛曲	玛曲—唐乃亥
1991~2005 年段年径流量均值距平百分率(%)	-14.4	-54.0	-7.1	-13.7	-9.79	-17.8
平均年径流量差值(亿 m^3/年)	28.8	3.70	2.26	8.42	4.16	10.2
1994~1998、2000~2005 年段年径流量均值距平百分率(%)	-24.7	-67.0	-21.7	-26.6	-14.2	-27.2
平均年径流量差值(亿 m^3/年)	49.4	4.59	6.93	16.4	6.04	15.5

(3)从近百年黄河源区径流不同年段年径流变化规律看,尚未超出已知的数量变化范围。

黄河上游兰州站实测径流系列始于 1934 年,黄河中游陕县站始于 1919 年。利用这两个站较长径流系列将唐乃亥站插补至 1919 年。另外,在 20 世纪 70 年代曾对黄河上游 1922~1932年持续枯水年段问题进行过综合考证研究,也证实该期间黄河上游确实存在一个持续 11 年的径流偏枯年段。鉴于陕县站年径流量的 60%以上来自黄河兰州以上,故由这两个站径流插补的唐乃亥站 1919~1933 年及 1934~1955 年径流系列具有一定的可靠性。

将唐乃亥站 1956~2005 年实测系列放置在 1919 年以来的整个长系列资料背景下来比较,具体见表 7-2。由表 7-2 可见,唐乃亥站近 90 年中,50 年径流量均值数量最小出现在 1923~1972 年,为 158.9 亿 m^3,最大为 211.5 亿 m^3,出现在 1935~1984 年;连续 15 年最小值为 158.9 亿 m^3,出现在 1919~1933 年,而最大值为 236.95 亿 m^3,出现在 1975~1989 年;相隔最近的两个持续 5 年枯水年段径流量均值达 143.2 亿 m^3,出现在 1922~1926 年及 1928~1932 年;插补段中年径流量最小年份出现在 1928 年,仅有 95.1 亿 m^3。用这些特征量比较,唐乃亥站 1956~2005 年均值、1991 以来持续水量偏枯及最枯水年偏枯程度并为超过过去变化范围。

表 7-2　唐乃亥站实测与 1919 年以来长系列径流特征值比较

统计项目	不同资料年段年径流特征值(亿 m^3)			
	插补+实测年段		实测年段	
	出现年份	数值	出现年份	数值
连续 50 年年径流量平均最大值	1935~1984	211.5	1956~2005	199.96
连续 50 年年径流量平均最小值	1923~1972	190.4		
连续 15 年年径流量平均最大值	1975~1989	236.95	1991~2005	165.4
连续 15 年年径流量平均最大值	1919~1933	158.9		
最枯的 2 个 5 年持续枯水年平均值	1922~1926 1928~1932	143.2	1994~1998 2000~2004	150.5
1919~1955 年年径流量最小值	1928	95.1	2002	105.8

(4)从扩展至巴颜喀拉山南侧的长江上游源区一些河流看，与黄河源区 20 世纪 90 年代以来径流持续偏枯情况有较好共同特性。

黄河源区玛曲以上区域仅由巴颜喀拉山一山之隔的长江上游源区有数条河流，自西向东排列有通天河、雅砻江上游干流及其支流鲜水河、大渡河上游支流绰斯甲河与足木足河。其中，雅砻江上游干流甘孜站及足木足河足木足站近 50 年来径流变化及 20 世纪 90 年代以来径流持续偏枯情况与黄河源区的变化特点比较相似。雅砻江甘孜站和足木足河足木足站 1956~2005 年年径流量距平百分率演变过程与黄河源区的吉迈—贾曲口的年径流丰枯变化过程有较好的一致性。

另外，从黄河源区靠巴颜喀拉山北侧的 3 个水文分区 1956 年以来各年段年径流量均值的丰、枯变化数量看，它们与长江源区的甘孜、足木足同期径流丰枯变化具有较好一致性。20 世纪 60 年代以后，黄河源区的 3 个分区与长江源区的雅砻江源区与大渡河源区的足木足河在径流丰枯性质大多数一致，只是在 80 年代贾曲口—玛曲径流偏枯，而足木足站也有同样反映。在各年段丰枯变化程度上，黄河源区 3 个分区变幅平均大于长江源区的 2 个区域。另外，检查长江源区这 2 个区域在 1994~1998 年、2000~2004 年 10 年中，存在 8 年水量偏枯的情况，该 10 年径流量均值的距平百分率达-12.5%，与贾曲口—玛曲同期值相近；2002 年甘孜、足木足年径流偏枯程度达-42.7%、53.0%，也是近 50 年水量最枯的年份。

7.2.2 径流偏少原因

7.2.2.1 降水量减少

从利用黄河源区 10 个雨量站计算的各水文分区不同年段面平均雨量看，20 世纪 90 年代以来，除黄河沿以上及黄河沿—吉迈两个分区外，其他各分区降水总体偏少。

另外，根据有关分析，降水量在 20 世纪六七十年代趋于正常，80 年代偏多，90 年代减少，降水并没有发生明显的变化趋势，从各季节看，降水在冬季明显增加，春季变化不大，夏、秋季在 80 年代末以来有减少的趋势。这与我们的分析大体一致。

7.2.2.2 降雨—径流关系朝向不利产流的情况转化

20 世纪 90 年代以来，特别是 1994 年以后，黄河源区各水文分区降雨—径流关系出现趋势性的变化，总体是朝向不利于产流方向转化。图 7-1~图 7-3 系黄河源区几个主要产流水文分区及区间的逐年降雨—径流关系图。可见，1994 年前后，降雨—径流关系出现趋势性的变化，同样降水量下，1994 年以后产生的径流量偏小。其中，贾曲口—玛曲水文分区中的黑白河流域比较更为突出。在吉迈—贾曲口与玛曲—唐乃亥两个分区，也存在这种变化趋势，但对于 1999 年、2005 年水量偏丰情况时，降雨—径流关系有所不同，具体见图 7-1~图 7-3。

7.2.2.3 强降水日数减少

根据有关研究，用 3~10 月逐日降水资料统计各等级降水日数，降水等级分为：弱降水，日降水量小于 10 mm；中等强度降水，日降水量为 10~25 mm；强降水，日降水量大于 25 mm。结果表明，弱降水的天数在 20 世纪 90 年代与 80 年代相比没有明显的变化，但是中等强度和强降水的天数从 90 年代后都存在明显减弱趋势。因此，黄河源区降水强度的降低可能是黄河源区年径流量和汛期径流量明显减少的一个重要原因。

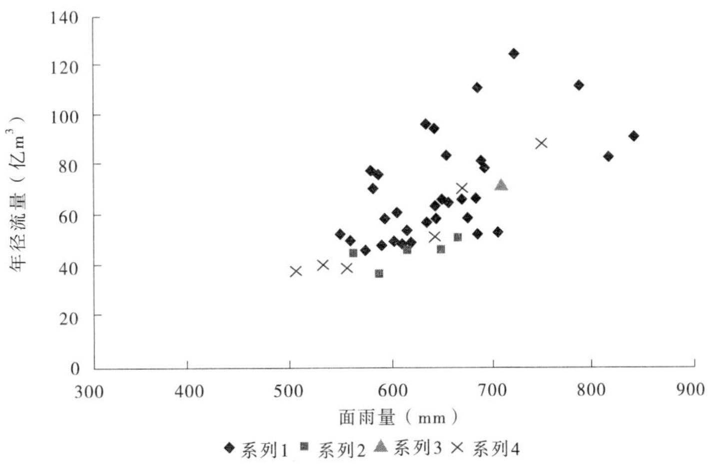

系列 1—1961~1993 年；系列 2—1994~1998 年；

系列 3—1999 年；系列 4—2000~2005 年

图 7-1　吉迈—贾曲口水文分区年降雨与径流关系

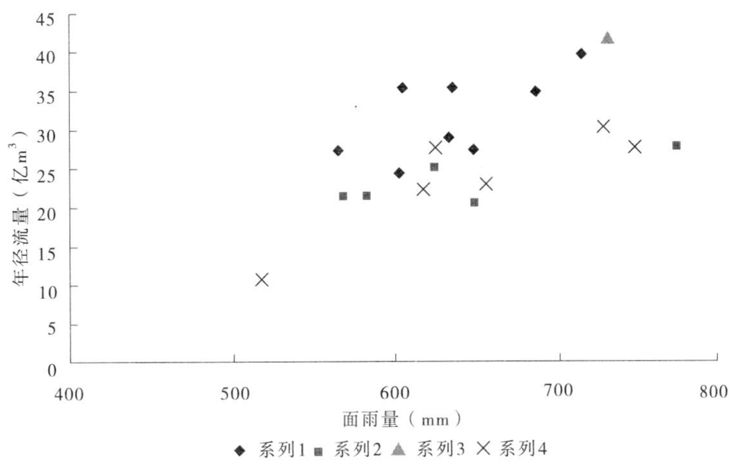

系列 1—1961~1993 年；系列 2—1994~1998 年；

系列 3—1999 年；系列 4—2000~2005 年

图 7-2　黑白河区间年降雨与径流关系

7.2.2.4　蒸发变化不是构成径流减小的原因

有些分析认为，黄河源区 20 世纪 90 年代以后气候回暖，蒸发损失增加，影响径流减少。根据有关分析，利用黄河源区 12 个气象站 1960~2000 年资料，对这些气候要素分析的结论是：

20 世纪 80 年代初中期以后，气温存在明显升高趋势，41 年来平均线性趋势为 0.21 ℃，从各季节来看，黄河源区气温在春季变化不明显，而夏、秋、冬明显升高。

黄河源区平均风速无论是年平均或各季节都存在明显的年代际变化，黄河源区风速在 20 世纪 60 年代中期偏小，到 60 年代后期之后风速突然增加，此后风速呈减弱的趋势，线性减小趋势为 0.19 m/(s · 10 年)。

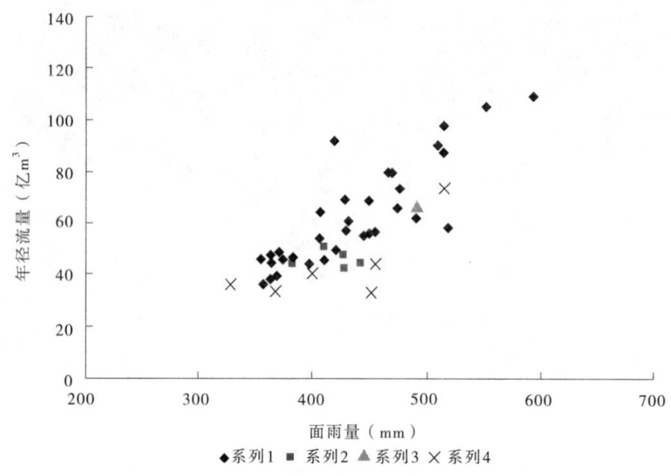

系列 1—1961~1993 年；系列 2—1994~1998 年；

系列 3—1999 年；系列 4—2000~2005 年

图 7-3　玛曲—唐乃亥水文分区年降雨与径流关系

相对湿度也没有明显变化，从各季节来看，冬、春季的相对湿度有增加趋势，而秋季呈明显减小的趋势。

日照时数在夏、秋、冬季存在增加趋势，其年平均变化在 20 世纪 60 年代初偏少，在 90 年代有增加的趋势。

虽然气温增加为蒸发增加提供了有利条件，但风速减小则对蒸发增加不利，黄河源区的蒸发在 20 世纪 90 年代没有明显增强。因此，蒸发变化并不是黄河源区径流减少的原因。

7.2.2.5　黄河源区生态环境变化及其对径流的影响

黄河源区在 20 世纪 90 年代以来生态严重恶化，可造成直接径流减少。卫星遥感影像资料对比研究表明，近十多年来黄河源区高寒草地生态系统已严重退化。

杨建平等利用归一化植被指数（*NDVI*）研究黄河源区植被变化情况，选取 8 km 分辨率从 1982~2001 年间的 Pathfinder NOAA-AVHRR/ NDVI 数据，对黄河源区植被的变化进行分析。用 1997~2001 年的 *NDVI* 平均值减去 1982~1986 年的 *NDVI* 平均值，表明在源头区及源区东北方向的兴海和唐乃亥一带植被呈退化趋势，在达日以下的东南大部分植被活动性有增加的趋势。但在达日以下区域 *NDVI* 值较大，*NDVI* 值增加的趋势相对来说没有源头区植被退化的速度明显。取源区平均 *NDVI* 值在 1993 年和 1994 年较大，之后呈现出减小的趋势。植被的退化一方面使得土壤蒸发能力增加，另一方面也可造成冻土的退化，从而影响水文过程的变化。

7.2.2.6　冻土环境变化及其对径流的影响

根据有关分析，从达日站和玛曲站的冻土深度的年代际变化可以看到，20 世纪 80 年代以来两站最大冻土深度正在不断减小，以 1~3 月变化最为明显，平均每 10 年冻土深度变浅 11 cm 左右，玛曲站冻土上层位置存在明显下移，每 10 年冻土上层下移 6.7 cm。最大冻土深度不断变浅和冻土上层位置下移，使得多年冻土层变薄，甚至多年冻土层消失，季节性冻土层变厚。冻土层上层位置下移，使得冻土层上方水位下移。其结果是，一方面可以造成土壤水向土壤深处渗漏，从而导致径流减弱；另一方面，原来冻结层上水埋藏较浅的沼泽草甸区由于水位下移，会造成上方植被相继退化，这就造成土壤蒸发能力增加，这种变化也可导致径流减少。

7.2.2.7 人类活动对环境变化影响及对径流的影响

人类活动对黄河源区环境变化影响可分为直接影响与间接影响，所谓直接影响，如土地开发耕种及其他利用、沼泽排水、兴建水库蓄水等；间接影响可能包括过度放牧、对老鼠天敌的过度捕杀，导致鼠害泛滥、对草场破坏等。这些均可直接改变下垫面产流情况，对径流产生影响。由有关统计可见，目前在源区人类活动直接影响或间接影响，对黄河沿以上及贾曲口—玛曲可能有一定影响，而这两个区域径流减少量，占唐乃亥径流减少量的比例不大，仅为其23.5%。因此，总体估计20世纪90年代以来人类活动对土地覆盖情况影响，导致唐乃亥径流减少的影响应是非常有限的。

7.2.3 主要结论

(1)唐乃亥以上流域在20世纪90年代以来出现了全区性的径流持续较长年段偏枯，以及偏枯程度大的情况。持续较长的偏枯年段主要出现在1994～1998年和2000～2004年，2002年又出现全区域性的50年来最枯水年，减少幅度达50%左右。从各分区情况看，90年代以来各分区水量持续偏枯水年段、偏枯程度并不完全一致。从近15年或持续最为偏枯的10年径流偏少情况看，以吉迈—贾曲口和玛曲—唐乃亥两个分区径流偏少程度最大，偏少数量占唐乃亥同期偏少水量的比例也最多，是影响唐乃亥水量偏少的主要区域。贾曲口—玛曲分区近5年水量偏枯程度较大，但综合90年代以来情况或最枯10年情况看，其偏少程度在各分区中并不突出，其偏少数量占唐乃亥站同期偏少量的比重也不突出，故它不是黄河源区近15年来水量偏少的最主要地区。

(2)从插补延长的唐乃亥以上1919年以来径流系列看，无论从径流量持续偏枯年数、50年均值、15年均值或最枯10年均值的偏枯程度以及最枯年径流量看，黄河源区20世纪90年代持续枯水情况尚未超出过去变化范围。从扩大空间范围看，在黄河源区一山之隔的长江源区河流中，雅砻江甘孜站、大渡河足木足站以上流域的近50年来径流丰枯变化，特别是近15年来径流持续偏枯及2002年最枯等情况与黄河源区几个主要分区径流变化具有一定相似性。这表明20世纪90年代以来径流偏少特点不仅局限于黄河源区，在长江源区部分区域也存在同类反映。因此，从扩大时间与空间范围看，20世纪90年代以来黄河源区径流持续偏枯现象应首先是区域性气候变化的反映。

(3)关于20世纪90年代以来黄河源区径流减少的原因，我们认为首先应视为气候变化的结果，主要表现在降水量的减少、中等与强等级降水日数减少及气温升高对冻土层变化影响以及由此带来植被覆盖情况的变化等。鉴于该区域人类活动直接改变下垫面情况，从而影响产流条件的情况，可能对黄河源头地区以及红原、若尔盖草原、沼泽区影响比较明显，但这些区域目前径流减少绝对数量尚比较小，不是唐乃亥近15年来径流减少的最主要影响区域。

7.2.4 水文气象学运用特点

水文气象学主要结合点是利用不同年段气温、降水、蒸发等气候资料，参与分析不同年段径流变化影响，来解释 20 世纪 90 年代以来黄河源区径流减少的原因。

本项研究结合运用的特点，就是在分析不同年段黄河源各水文分区气候变化主要特点的基础上，综合运用各项气候要素指标，分别通过与径流相关分析，或与有关水文要素、下垫面环境条件变化相结合，来分析其对河源区径流变化的定性、定量影响。

7.3 气候变化与人类活动影响对黄河内蒙古河段河道冲淤变化影响研究

7.3.1 概述

黄河内蒙古河段河道水沙异源，水主要来自兰州以上，而宁蒙河段产沙量较大，故分析在刘家峡水库、龙羊峡水库相继应用前后，不同年段气候变化、人类活动等因素对兰州来水、来沙条件的变化影响，分年段归纳这些因素综合变化特点，以此初步探讨兰州汛期、年天然年径流量与兰州、三湖河口等站汛期各等级大流量日数关系及三湖河口平滩流量变化关系，初步确定使三湖河口断面主槽冲刷，平滩过流能力恢复的年天然来水临界条件，并利用 1919(1732)~2012 年兰州天然年径流系列演变规律，初步探讨未来 10 年间在这临界年水量上下变化趋势与可能性，为宁蒙河段防凌研究提供参考[7-9]。

7.3.2 宁蒙河段冲淤变化及对平滩过流能力影响

应用断面法分析宁夏河段不同时段冲淤量，1986 年之前宁夏河段冲刷或微淤，1986 年之后宁夏河段淤积加重。其中，1993 年 5 月至 2001 年 12 月年平均淤积量为 0.113 亿 t。内蒙古河段不同时段冲淤量分析计算表明，1962~1982 年该河段河槽冲刷，滩地淤积，全断面基本冲淤平衡。1991 年以来，内蒙古河段(巴彦高勒—蒲滩拐)淤积明显加重，年平均淤积量明显加大，并且主要淤积在河槽，河槽淤积量占了 88%，断面河槽自 1991 年以来逐渐萎缩。

同流量水位的抬升从一定程度上反映了河槽的淤积萎缩情况。宁夏河段同流量水位变幅较小，表明该河段多年平均冲淤变化不大，这与宁夏河段断面法冲淤量的计算结果一致。由于 1986 年以后不利的水沙条件，内蒙古河段同流量水位明显抬升，1986~2004 年巴彦高勒断面、三湖河口断面同流量水位分别抬升 1.8 m 和 1.7 m，昭君坟断面和头道拐断面同流量水位分别抬升 0.99 m 和 0.24 m。

7.3.3 气候变化与影响宁蒙河段冲淤变化的水沙条件关系

按 1951~1968 年、1969~1986 年、1987~2010 年段划分，采用兰州站及黄河宁蒙河段控制站相关水沙特征量，归纳其变化特点，来分析气候变化与人类活动对宁蒙河段冲淤变化的水沙条件的影响。

(1)1968 年以来兰州水量，特别是汛期水量有所减少，且第三年段减少更多。兰州站后两个年段与 1951～1968 年段相比，天然年径流量分别减少 2.5%、14.3%，相应实测年水量分别减少 0.5%、21.8%，汛期 7～10 月实测水量分别减少 18.7%，46.7%。另外，1986 年以来，黄河上游来水区降雨—径流关系恶化，据初步研究还与黄河源区气候回暖、冻土退化及草原干旱化有关。

(2)7～10 月平均水量占相应年水量比例有所减少，3 个年段比例分别为 60.8%、51.5%、41.4%。这表明刘家峡水库、龙羊峡水库相继投入运用后，年内(后者还有年际)调节减小汛期来水量的作用明显。

(3)进入宁蒙河段的实测年水量、汛期水量沿程递减，且这个相应沿程递减情况随年段演变，递减情况逐段加大，反映宁蒙河段灌溉用水量逐步加大情况。如第一年段石嘴山站、三湖河口站年水量比兰州站减少率分别为-6.7%、-21.6%，汛期水量相应减小率分别为-3.7%、-19.6%。第二年段相应数值分别为-7.3%、-22.0%，+1.0%、-1.1%。第三年段相应数值分别为-17.2%、-38.3%，-11.3%、-42.9%。

(4)兰州站各年段汛期各级大流量日数递减率明显超过汛期平均水量递减率。由表 7-3 可见，3 个年段兰州站汛期日平均流量超过 1 500 m^3/s 日数分别为 82.8 d、48.6 d、8.5 d，后两个年段与前一个年段相比，递减率分别为-41.3%、-89.7%，明显超过相应汛期 7～10 月实测水量减少率(-18.7%，-46.7%)。超过 2 000 m^3/s 日数分别为 52.4 d、30.5 d、2.5 d，后两个年段与前一个年段相比，递减率分别为-41.8%、-95.2%。其他大流量等级日数有类似变化情况。

表 7-3 各年段黄河兰州、石嘴山、三湖河口站年汛期水量、沙量及各等级以上流量日数

项目	1951～1968 年			1969～1986 年			1987～2010 年		
	兰州	石嘴山	三湖河口	兰州	石嘴山	三湖河口	兰州	石嘴山	三湖河口
7～10 月水量(亿 m^3)	209.8	202.1	168.7	170.4	166.9	135.5	111.8	97.7	63.8
实测年水量(亿 m^3)	343.3	320.2	269.0	326.1	302.3	251.5	268.5	222.2	165.6
天然年水量(亿 m^3)	349.9			341.1			299.8		
天然与实测差(亿 m^3)	6.6			15.0			31.3		
7～10 月/实测年(%)	60.8	0.63	62.7	51.5	55.2	53.8	41.4	43.9	38.5
7～10 月沙量(亿 t)	1.88	1.66	1.45	0.95	0.73	0.78	0.53	0.52	0.30
年沙量(亿 t)	2.15	2.04	1.75	1.09	0.99	0.99	0.70	0.80	0.50
≥1 500m^3/s 日数(d)	82.8	64.1	57.2	48.6	43.8	34.7	8.5	6.3	3.5
≥2 000m^3/s 日数(d)	52.4	38.8	31.5	30.5	27.8	21.8	2.5	2.3	1.7
≥2 500m^3/s 日数(d)	28.4	22.2	15.8	19.4	17.5	14.1	1.5	1.3	0.3
≥3 000m^3/s 日数(d)	11.5	9.7	6.2	9.8	7.6	6.9	0.5	0.3	0.0

注：沙量系下河沿站数值。

(5)不同年段汛期各等级大流量日数沿程减少,但上下站递减情况并不完全固定。如超过1 500 m^3/s 日数,在第一年段石嘴山站、三湖河口站与兰州站相比递减率分别为-22.5%、-30.9%(减少日数分别为18.7 d、25.6 d),第二年段相应为-9.0%、-28.6%(减少日数分别为4.8 d、13.4 d),第三年段为-25.0%、-58.6%(减少日数分别为2.2 d、5.0 d)。不同年段其他等级日数沿程也均存在沿程减少的情况,但递减率并不固定。

(6)黄河上游年、汛期来沙量情况逐年段有所减少。利用下河沿站年段沙量均值统计表明,3个年段年输沙量均值分别为2.15亿t、1.09亿t、0.70亿t,汛期输沙量分别为1.88亿t、0.95亿t、0.53亿t。

(7)宁蒙河段支流来水来沙有所增加。如宁夏河段清水河3个年段平均年水量分别为1.32亿m^3、0.77亿m^3、1.19亿m^3,汛期水量分别为0.97亿m^3、0.53亿m^3、0.76亿m^3,相应3个年段平均年沙量分别为0.30亿t、0.17亿t、0.32亿t,,汛期分别为0.28亿t、0.15亿t、0.29亿t。内蒙古河段三湖河口—头道拐河段3个年段平均年来水量分别为1.92亿m^3、1.84亿m^3、1.88亿m^3,汛期分别为1.31亿m^3、1.24亿m^3、1.28亿m^3,3个年段年均沙量分别为0.281亿t、0.252亿t、0.314亿t,汛期沙量分别为0.275亿t、0.252亿t、0.314亿t。

7.3.4 影响宁蒙河段冲淤变化的水、沙量条件综合分析

7.3.4.1 三湖河口平滩流量与水、沙因子关系的综合分析

分析1952~2010年三湖河口断面历年平滩流量及1 000 m^3/s 流量相应水位变化(图略),反映三湖河口断面平滩流量、1 000 m^3/s 流量水位变化与上下断面变化趋势大体一致。根据三湖河口断面平滩流量逐年变化的年际阶段性,将1952~2010年分为1952~1966年、1967~1971年、1972~1980年、1981~1985年1986~1990年、1991~1995年、1996~2010年等7个年段,比较不同平滩流量水平下相应水、沙变化情况,由此可有以下几点认识:

(1)59年来三湖河口平滩流量大小的变化具有一定的波动性和趋势性。概括地看,20世纪50年代至60年代,平滩过流能力维持在2 500 m^3/s 左右,60年代中期至80年代末,平摊过流能力大多维持在3 500 m^3/s 以上,其中80年代初中期平均平滩过流能力在4 500 m^3/s左右,为59年来最大年段。90年代至21世纪初10年平滩过流能力呈明显递减趋势,多维持在2 000 m^3/s 以下。

(2)三湖河口各年段平均平滩过流能力与兰州汛期水量、三湖河口汛期沙量、三湖河口汛期日流量达1 500 m^3/s、2 000 m^3/s、2 500 m^3/s 日数的相关系数分别为0.68、0.64、0.66、0.78、0.81。可见,三湖河口年段平均平滩过流能力水平虽与上游汛期来水量、沙量和1 500 m^3/s 等级以上日数有一定正相关关系,但不及与汛期日流量日数达2 000 m^3/s 以上日数关系密切,且以三湖河口汛期流量等级达2 500 m^3/s 以上日数相关关系最为密切。

(3)从7个年段比较看,兰州以上汛期来水大,平滩过流能力有所增大;反之,平滩过流能力减小,而从三湖河口各年段汛期沙量大小与平滩过流能力就存在相反情况,如20世纪90年代以来两个年段沙量较第一年段小得多,平均年沙量仅0.30亿t左右。可见,

这个数量级的沙量已足够造成河段主槽淤积,关键在于这 2 个年段大流量日数少,河道主槽冲刷与输移能力不足,致使泥沙淤积主槽,是造成三湖河口平滩过流能力小的主要原因。

7.3.4.2 从年段各影响因子变化及影响因素特点比较

以第一年段为基准,用第三年段统计值与其相比,兰州天然年来水量减少 50.1 亿 m^3,灌溉耗水量增加了 24.7 亿 m^3,汛期 7~10 月水量比例由 61.1%,调整为 41.6%,如仍按原第一年段年内来水比例 61.1%控制,则汛期实测水量应有 183.2 亿 m^3,但实测仅有 111.8 亿 m^3,因增加龙羊峡水库调节后,汛期水量减少量增加了 71.4 亿 m^3,按第一年段天然年来水量为基准,第三年段与之相比,天然年来水量减少 14.3%,灌溉耗水量增加导致水量减少 7.1%,水库调节导致汛期水量减少 20.4%。第三年段人类活动对宁蒙河段主要来水区来水量已较第二年段明显增加,但占年水量变化比例还不足 30%,而从汛期水量看,水库调节减少量,占应有来水量的 38.9%。可见,决定现状上游年及汛期来水量多少的情况还主要取决于降水、气温、蒸发等气候背景条件,但人类活动影响已比较显著。

7.3.4.3 从各年段典型年年、汛期水量、大流量日数变化比较

通过各年段不同来水典型年及典型年段兰州汛期、年实测与年还原径流量与兰州、三湖河口汛期 1 500 m^3/s、2 000 m^3/s、2 500 m^3/s 不同级别大流量日数对比分析,来估计天然来水量减少,灌溉耗水量增加以及汛期水量调节影响,来综合判断气候变化背景条件、人类活动等各因子,对大流量日数的可能影响。由此,归纳以下几点认识:

(1)第一年段兰州汛期水量占实测年水量的比例变化范围为 52.4%~70.0%,且一般随水量偏丰,汛期占年水量比例就大;反之,水量偏枯,汛期占年水量比例就小。第二、第三年段也基本保持实测年水量丰枯与相应汛期水量成一定正相关趋势关系。

(2)随刘家峡水库、龙羊峡水库相继投入运用后,汛期水量占年水量比例明显逐年段减小,但兰州以上天然年径流量丰枯变化仍是制约其汛期径流量的主要因素。

(3)分析各概化年段汛期(7~10 月)超过 1 500 m^3/s、2 000 m^3/s 的大流量日数与汛期水量大小,虽具有一定正相关关系,但一般平水年份,以及偏丰年因前一年水量偏枯(如 2005 年),汛期兰州水量大小与相应两个大流量日数仍达不到三湖河口河道主槽冲刷条件。

7.3.4.4 三湖河口平滩过流能力变化与大流量日数关系的临界条件分析

根据 1952~2010 年逐年三湖河口平滩流量大小转换情况,概化为 18 个年段,来反映三湖河口主槽断面淤积或冲刷的影响。

根据 18 个年段,三湖河口平滩流量变化与三湖河口相应大流量日数关系,可以初步确定,当三湖河口汛期 2 000 m^3/s 以上流量日数最少达 21 d,这是 1971 年情况,平滩流量比 1969~1970 年平均增加 438 m^3/s。另外,从平滩流量减小的年段看,超过 2 000 m^3/s 的日数均未超过 5 d。再进一步检查第三年段,各年度平滩流量系列较小变动情况与大流量日数关系,综合考虑第三年段年系列、大水典型年的汛期径流量、年径流量、天然年径流量与兰州、三湖河口汛期 1 500 m^3/s、2 000 m^3/s 日数关系,并参照其他有关宁蒙河段冲淤与大流量日数关系和全程冲刷条件下,所需相应大流量洪水下泄历时条件,初步按三湖河口 2 000 m^3/s 以上流量日数达 14 d 日数作为相应该年度(年段)平滩流量有增大的可能

临界条件。

7.3.4.5 **影响宁蒙河段冲淤变化的来水条件综合分析**

综合上述分析，与1968~1986年相比，1987年以来，进入宁蒙河段的干流水沙均有所减少，含沙量变化不大；风积沙变化不大；宁蒙河段区间耗水量有所减少；宁夏河段支流来沙有所增加；来沙量的变化对现状河段冲淤变化并不是很敏感，变化最大的是进入宁蒙河段的大流量明显减少，成为宁蒙河段河槽萎缩的主要原因。

宁蒙河段凌汛期冰下过流能力减小是造成槽蓄水增量加大的重要原因，而冰下过流能力的变化则直接涉及河道主槽淤积状况，也就是与平滩过流能力的变化密切相关。凌汛期河道冰下过流能力，主要由汛期进入宁蒙河段的水沙条件，以及人类活动对水沙条件的影响所引起的冲淤变化有直接关系。总体来看，前者，则是主要取决于产流区降雨时空分布，以及影响降雨—径流关系的气温、蒸发等气象条件变化的影响，而主要来沙情况则主要取决于来沙区汛期暴雨的变化，来水区与来沙区异源性及变化多少的不同步性，又影响到冲淤变化，但决定冲淤状况的最主要条件是汛期上游兰州以上来水量的大小。在现状年段情况下，自然因素即气候变化这个背景条件对其影响量占60%；后者，人类活动对汛期兰州水量大小与过程影响，包含龙羊峡水库、刘家峡水库水量调节，水土保持及灌溉用水等，其影响量占40%。

经综合分析，提出三湖河口站日流量达2 000 m^3/s以上量级日数超过14 d，可导致河段冲刷，但其年度冲刷效果还与大流量量级水平与持续时间有关。表7-4成果系平滩流量增加相应年段概化指标，可以粗估三湖河口当要求平滩过流能力递增达不同量级时，相应三湖河口各等级流量日数，以及相应兰州站汛期、年实测与还原来水量和各等级大流量日数。

表7-4 三湖河口平滩流量增加不同级别量下的水量条件指标

平滩流量增加量(m^3/s)	兰州水量(亿m^3)			兰州各流量(m^3/s)日数(d)				三湖河口各流量(m^3/s)日数(d)			
	汛期	年实测	年天然	1 500	2 000	2 500	3 000	1 500	2 000	2 500	3 000
300~500	188	321	326	71.0	41.9	22.8	5.9	53.2	26.7	13.5	2.0
500~1 000	208	366	408	77.3	54.9	35.1	14.8	57.4	39.7	17.8	5.0
1 000以上	236	412	435	77.7	60.7	44.8	26.7	69.7	49.4	33.5	22.0

鉴于现状年段情况下，龙羊峡水库、刘家峡水库年内、年际调节，灌溉用水变化，对一个年度兰州汛期水量、实测年水量大小具有明显影响，如2005年兰州天然年来水量达410.9亿m^3，相应年、汛期实测水量分别为291.1亿m^3、128.2亿m^3，而2012年兰州天然年来水量初步估算达422.9亿m^3，相应年、汛期实测水量分别为379.8亿m^3、204.4亿m^3。两个年度天然来水相差不多，但实测年径流量与汛期年径流量相差大，结果汛期在三湖河口出现的大流量日数相差大。2005年汛期三湖河口日流量达1 500m^3/s、2 000 m^3/s、2 500 m^3/s日数均为0 d，而2012年则分别为59 d、46 d、10 d，前者河段平滩流量维持在1 300 m^3/s，河槽淤积较严重，而后者河段平滩流量较前年段平滩流量增加500 m^3/s左右，明显改善了河槽过流能力。

综合不同情况可以初步判断，按现状水库运用方式，要使汛期进入宁蒙河段的大流量过程保持一定水平（量级与持续日数），需要汛期水量达到一定数量程度。当兰州天然年径流量达 360 亿～380 亿 m^3水平，实测年径流量在 330 亿～350 亿 m^3水平，汛期实测水量达 160 亿 m^3以上，则相应日流量达 1 500 m^3/s 的日数多在 50 d，日流量达 2 000 m^3/s 以上日数可达 25 d，相应三湖河口 1 500 m^3/s 的日数达 25 d，日流量达 2 000 m^3/s 以上日数可达 15 d，河段将处于冲刷状态。这样大流量日数持续时间，也基本保证整个宁蒙河段实现主槽全线冲刷效果。根据多年来三湖河口平滩流量增加不同水平年段概化的指标分析，要达到较大的冲刷效果，在现状龙羊峡水库、刘家峡水库运用方式和灌溉用水平均水平下，三湖河口平滩流量达增加 300～500 m^3/s 的水平，需要 1～2 个年汛期平均年水量达到 160 亿 m^3以上水平，相应天然年径流量在 420 亿 m^3水平。这相当于 10 年一遇以上的年径流量水平，如前年水量偏枯，汛期水库蓄水调节能力大，灌溉用水较多，如相当于 2005 年情况，使实测年与汛期水量仍处于较低水平，则河段还可处于淤积状态。

7.3.5 未来 10 年兰州天然年径流量变化趋势估计

20 世纪 90 年代以来至 2004 年，兰州年径流量出现了持续偏枯情况，2005 年开始，年径流量在波动中有所增加，未来 10 年间可能变化情况，直接影响到宁蒙河段河道冲淤的变化。如在 2012 年出现丰水年，河段明显有所冲刷，主槽平滩过流能力有所提高，未来这种情况能否继续维持，直接关系到宁蒙河段水库防凌应用。为此，需要对未来河道冲淤变化形势做一估计，提供防凌应用方式研究参考。

从年段径流量周期演变特点看：从 1732 年以来 281 年径流量长期演变特点看，年径流量存在 130 年的长周期，现状年段年径流量还处于第二个长周期的谷底降段中，故由此推测未来还可能处于平均年径流量较小的震荡变化阶段；从 1900 年以来径流量演变中，现处于 70 年周期的上升阶段，20 年及下一个更短周期变化中，均处于上升阶段，但升段似乎过陡，故估计未来数年间有可能出现类似 1933 年以后的变化情况，在 400 亿 m^3以下震荡变化，未来 10 年间，年径流量在 360 亿 m^3左右的年数可能相当。

从不同等级丰水年出现概率看：2005 年以来，兰州年径流量在多年均值以上的年份有 2005 年、2007 年、2009 年、2011 年、2012 年，相应年径流量分别为 410.9 亿 m^3、346.3 亿 m^3、378.4 亿 m^3、338.9 亿 m^3、427.6 亿 m^3，其中 2005 年、2009 年年径流量相当于 10 年一遇左右水平，如未来 2～3 年之内，连续出现年径流量在 360 亿 m^3、380 亿 m^3以上的可能性是比较小的。

年径流量在 360 亿 m^3以上的年数，在不同年段出现情况有一定差别，从 1919～2012 年共 94 年看，在现状兰州 2012 年年径流量达 427.6 亿 m^3的水平上，再连续出现 1 年年径流量达 360 亿 m^3的频次概率是 7 次/94 年，再持续 2 年以上，即达年长持续 3 年在 360 亿 m^3的概率就要 2.7 次/94 年，如出现类似 1981～1985 年连续 5 年年径流量维持在 360 亿 m^3以上的情况，是 1732 年以来唯一的情况。如未来 1～2 年年径流量仍维持在 380 亿 m^3水平的概率就更小。

因此，从对未来 10 年左右时间黄河上游来水情况的分析，结合现今龙羊峡水库、刘家峡水库水量调节及灌溉用水的影响，未来宁蒙河段主槽持续冲刷的可能性不大，以三湖河口平滩过流能力维持在现状水平上下变动的可能性较大,即在2 000 m^3/s上下变动,幅度在±500 m^3/s以内。

7.4 气候变化与人类活动影响对内蒙古河段凌汛影响研究

应对气候变化问题是当今社会关注的一个热点问题。我们有必要从适应气候变化问题角度,来看待现有黄河上游宁蒙河段凌汛变化影响。这样有利于深化影响凌汛的动力、热力与河道3个因子内在联系,加强了影响因子各自变化规律性,以及对各因子内在联系的认识,并以此来进一步探讨未来影响因子的变化趋势和影响,以及相应应对措施[8-9]。

7.4.1 近年来黄河上游气候变化基本背景情况

1956~2010年黄河上游龙羊峡(唐乃亥)以上、龙羊峡(唐乃亥)—兰州及兰州—头道拐区间年面雨量变化趋势不明显,其中兰州以上两个区间,降雨过程线性趋势线相关系数均小于0.01,兰州—头道拐区间降雨呈弱递减趋势,线性相关系数为0.22。

黄河上游兰州以上区间及宁蒙河段区间近60年来气温均呈明显回暖趋势,兰州以上气温变化率与全国一致,为0.22 ℃/10年,而宁蒙河段区间气温回升率更大些,达0.32 ℃/10年。根据黄河兰州以上几个指标站年平均气温平均值系列看,1987~1995年平均气温较1951~1986年平均气温增高0.5 ℃,1996~2010年平均气温再增高0.6 ℃。黄河宁蒙河段11月至次年3月平均气温升温率为0.45 ℃/10年(年气温过程线性变化趋势线的相关系数为0.62),高于全年升温率。

7.4.2 气候变化与影响黄河宁蒙河段凌汛的动力因子关系

7.4.2.1 气候变化对黄河兰州以上各区间年及凌汛期来水影响

(1)1956~2010年兰州以上面平均降雨量与天然年径流量有显著的正相关关系,相关系数达0.82,降雨量多少是决定年径流量丰枯变化的基本因素。

(2)近20年来气候回暖对天然年径流量变化产生了不可忽视的影响。一些研究指出,近些年来黄河上游气候变化对径流变化产生明显影响,径流对气温变化较降水变化更敏感。资料分析表明,黄河上游唐乃亥以上和兰州以上两个来水区间55年来天然年径流量以唐乃亥以上来水为主,占兰州水量的62.2%,两个区间年径流量均呈弱递减趋势,且均比同期相应降水递减趋势要明显些。近20年来唐乃亥以上年雨量比1956~1990年均值减小1.2%,但天然年径流量减少幅度达16.6%,兰州—唐乃亥区间同期年雨量比1956~1990年均值减小3.3%,相应年径流量减少12.7%。参照气温年际变化,按1991年前、后比较降雨—径流关系变化,由图7-4、图7-5可见,近20年来,唐乃亥以上和兰州以上降雨—径流关系均有所恶化,在年平均降雨相同情况下,近20年平均径流量与前35年平均径流量相比,唐乃亥约减少30亿 m^3,兰州约减少40亿 m^3。可见,近20年来气候回暖趋势变化已对兰州以上天然年来水量产生一定影响。

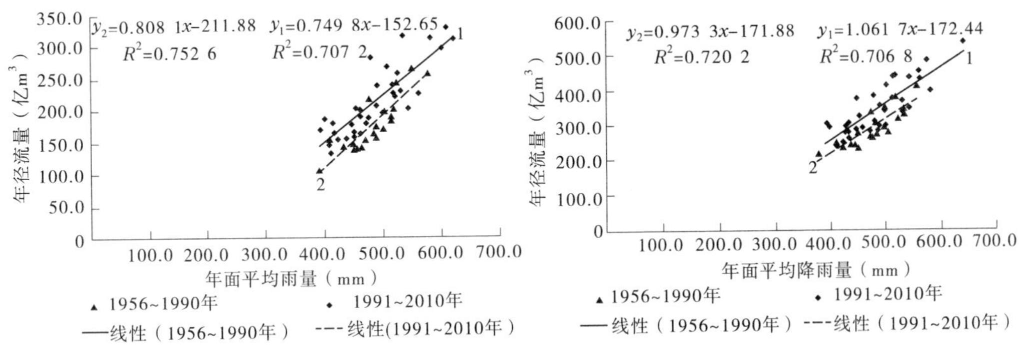

图 7-4 唐乃亥以上各年段年降雨—径流相关　　图 7-5 兰州以上各年段年降雨—径流相关

7.4.2.2 水量丰枯变化对龙羊峡水库、刘家峡水库水量调度影响

刘家峡水库、龙羊峡水库相继投入运用改变了兰州凌汛期下泄水量占年径流量的比例，但天然年来水量丰枯对兰州凌汛期水量多少及逐日过程仍具有一定的控制性。由表 7-5可见，水库运用的 2 个阶段，兰州凌汛期水量均较第一年段增加较多，这主要是水库调节所致，2 个年段凌汛期水量占年径流量比例分别为 24%、29%，而第一年段仅为 18%。第二与第三 2 个年段相比，第三年段凌汛期水量占年水量比例有所增加情况下，凌汛期水量均值却少了 0.6 亿 m³，这显然与后一年段天然年径流量减少幅度较多有关。

表 7-5 兰州各年段及相应各丰、枯等级年份凌汛期(11 月至次年 3 月)径流量及占实测年径流量比例

年段	全年段平均		枯水年平均		偏枯年平均		平水年平均		偏丰年平均		丰水年平均	
	水量（亿 m³）	比例（%）	水量（亿 m³）	比例（%）	水量（亿 m³）	比例（%）	水量（亿 m³）	比例（%）	水量（亿 m³）	比例（%）	水量（亿 m³）	比例（%）
1951～1968	61.3	18	41.0	18	53.6	19	58.0	18	67.5	18	76.6	17
1969～1986	78.3	24			70.9	26	73.5	24	78.7	22	96.0	23
1987～2010	77.7	29	63.0	27	78.7	30	82.1	30	84.2	28	101.4	27

注：兰州年径流量丰枯等级按天然年径流量均值(332 亿 m³)的 20%的差异，分为 5 个等级。

由表 7-5 还可见，在第一年段，天然年径流量丰枯变化，是直接影响凌汛期下泄水量大小的控制因素，第二、第三年段虽相继增加刘家峡水库和龙羊峡水库、刘家峡水库调联合调节，但凌汛期下泄水量多少仍受天然年来水量多少影响，枯水年凌汛期水量明显小于水量偏丰年水量，但从丰、枯年段凌汛期水量占年水量比例看，水量偏枯年调节比例还较水量偏丰年大一些。

第一年段凌汛期前期(11 月至 12 月中旬)逐日流量过程是由大至小较快递减，中期(12 月下旬至次年 2 月)缓慢递减，后期(3 月)缓慢回升，各年度由枯至丰年比较，凌汛期上游来水基本上呈整体抬升，但以前期时段过程量增幅较大。这代表了兰州以上天然情

况下凌汛期来水过程的基本特点。第二、第三2个年段天然年来水丰枯仍决定了凌汛期整体流量过程大小水平和流量过程基本形态，但进一步体现了水库为满足宁蒙河段防凌需求，以及兼顾发电、灌溉、供水需求，对水库各阶段流量逐日变化过程有所调整。主要有：一是对宁蒙灌区11月至次年2月中旬引退水进行适时反调节，控制适宜封河流量；二是稳封期控制下泄流量过程呈缓慢递减形势，保持封河平稳形势；三是3月上旬前后明显削减下泄流量，以利置换、缓解槽蓄水增量集中释放，促进文开河形势发展。

7.4.3 气候变化与影响宁蒙河段凌汛的热力因子关系

（1）凌汛期兰州下泄水量的水温高低对宁蒙河段凌情有一定影响。刘家峡水库运用前，兰州上下河段冬季多为常年封冻河段，水库蓄水运用后，由于水库下泄水温增高，冬季零温断面位置下移约230 km，加上青铜峡水库运用，青铜峡水库下游几十千米由常年封冻河段变为不稳定封冻河段，且封冻年份封冻时间也明显缩短。这个水温变化虽与兰州以下河段冬季气温条件有一定关系，但主要是水库下泄水温增高影响，且年际变化小，显示了人类活动对水库下游邻近河段冬季水温增高的影响。兰州以下河段水温的变化以及青铜峡水库的调节，明显减轻了宁夏河段凌情，特别是缓解宁夏河段由上至下的开河形势，对减小石嘴山上下河段动力开河条件，有明显作用。

（2）宁蒙河段凌汛期气温变化虽与地理位置、河流走向、山脉等环境影响有关，但直接受气候条件变化控制。宁蒙河段凌汛期气温变化的基本特点是：冬长严寒；顺河而下，严寒时间是“上短下长”、严寒程度是“上轻下重”。刘家峡水库建库前17个凌汛年度包头站凌汛期多年平均累积负气温-1 002 ℃，建库后42个年度平均为-720 ℃。

综合影响宁蒙河段凌汛期凌情的两个方面热力因素情况看，水库下泄水温增高，对宁夏河段凌汛虽产生一定影响，但总体看影响宁蒙河段凌情发展的热力因素还主要受宁蒙河段冬季严寒气候条件控制，气候背景条件是基本控制条件。随着气候变化，特别是近20年来凌汛期气温增高趋势的影响，以及在凌汛期不同阶段出现了一些异常冷暖变化过程，均对宁蒙河段凌情变化造成明显影响。

7.4.4 气候条件变化与人类活动对河道冲淤条件变化影响

影响宁蒙河段凌汛的河相条件与河段断面淤积或冲刷变化最为密切，直接影响到平滩过流能力大小，也灵敏反映到河段封河期冰下过流能力的变化上。宁蒙河段河道冲淤变化主要涉及汛期黄河兰州以上河段及宁蒙河段水沙变化及相互关系。综合气候变化与人类活动对河道冲淤条件变化影响，有以下几点：

（1）黄河上游气候变化背景条件，是制约汛期进入宁蒙河道冲淤变化的水沙条件的主要控制因素，但人类活动影响也已比较显著。用第三年段统计值与第一年段相比，兰州天然年来水量减少50.1亿m^3（减少14.3%），灌溉耗水量增加了24.7亿m^3（增加7.1%），汛期7～10月水量因增加龙羊峡水库调节后，减少量达71.4亿m^3（减少20.4%）。从1987年以来现状年段看，汛期水量的61.1%取决于降水等气候背景条件所决定的自然来水情况，水库调节等人类活动影响占38.9%。可见，现状上游年及汛期来水量多少的情况还主要决定降水、气温、蒸发等气候背景条件，但人类活动影响已比较显著。

(2)龙、刘水库调节(年内、年际),较大程度削减了汛期兰州洪水量级与相应持续时间。1987~2010年天然年径流量达310亿m^3的年份有8年,这个水量条件,在第一年段基本上就能满足宁蒙河段冲刷的大流量条件,但1987~2010年经过龙羊峡水库、刘家峡水库水库调节,仅有1989年夏具有河段冲刷的洪水过程条件。2012年兰州天然年径流量约427亿m^3,夏季宁蒙河段主槽出现全线冲刷情况,还与2011年天然年径流量约达330亿m^3以上情况有关。

(3)通过综合分析比较,现状水平年(1987~2010年)人类活动情况下,天然年径流量达360亿~380亿m^3,汛期水量达160亿m^3左右,三湖河口汛期1 500 m^3/s以上日数达25 d,2 000 m^3/s以上日数达15 d,可基本满足宁蒙河段全线冲刷的来水条件。由此,大型水库年内、年际调节,导致宁蒙河段河道冲刷的天然来水条件由2年一遇,提高到相当于4~5年一遇年径流量水平,加大了河道淤积的可能性。如果这样年份的前一年水量偏枯,汛初蓄水库容较大,这样丰水年还可能被调蓄,致使宁蒙河段全线冲刷的来水条件被调控。

7.4.5 近20年来气候变化对宁蒙河段凌汛的影响

7.4.5.1 近20年来宁蒙河段凌情变化的主要特点

(1)冰情特征有所变化。流凌、封河时间推迟,开河提前,流凌封河期缩短,平均冰厚有所减轻,但封冻长度有所加大。最大槽蓄水增量显著增加。封、开河期最高水位有所增加,开河期凌洪过程历时延长,最大10 d洪量增加。

(2)凌汛灾害特点有所变化,但凌汛形势依然严峻。槽蓄水增量增加,壅水上滩河段长度加大,平均壅水深加大,上滩壅水时间延长,威胁大堤安全;冰塞灾害有所增加,冰坝发生次数有所减少,凌汛决口次数减少,凌灾损失有所加重,凌汛形势依然严峻。

7.4.5.2 气候变化及人类活动对凌情变化的影响

(1)近20年来黄河上游降雨减小、气温升高的影响,导致同样降雨情况下天然来水量减小,同时灌溉用水量增加,但因水库调节,凌汛期来水量仍明显大于第一年段情况,不过天然年径流量丰枯变化仍直接影响凌汛期水库下泄水量的多少。总体看,水量明显偏少的1991~2010年凌汛期兰州水量平均达76.2亿m^3,12月至次年3月上旬为45.3亿m^3,仅比1968~1986年段分别减少2.1亿m^3、2.3亿m^3。这对流凌封河期冰塞壅水形成、稳封期槽蓄水增量加大、开河期防凌负担增加,形成较不利的水量条件。

(2)近20年来降雨减少加之气候回暖影响,天然年径流量减少,出现持续偏枯年段,加上灌溉用水增加,以及水库调节,明显减少了汛期水量,削减了较大洪水过程,使1991~2010年20年间,如在天然情况下,有8年汛期可形成较大洪水过程,冲刷宁蒙河段,但因气候变化、水库调节等人类活动影响,仅有一年出现主槽冲刷情况,致使河道主槽淤积不断加重,冰下过流能力明显削减,致使最大槽蓄水增量增加,壅水上滩,封、开河期水位偏高,凌情形势仍处于严峻状况,见表7-6。

表 7-6　各年段气候条件及人类活动下宁蒙河段冲刷年数与兰州天然年径流量的实况与预测

<table>
<tr><th rowspan="3">年段</th><th colspan="2">年段均值</th><th colspan="4">实况</th><th colspan="4">降雨径流关系预测计算</th></tr>
<tr><th rowspan="2">面雨量（mm）</th><th rowspan="2">径流量（亿 m³）</th><th rowspan="2">冲刷年数</th><th colspan="3">各等级天然年径流量等级年数</th><th rowspan="2">冲刷年数</th><th colspan="3">各等级天然年径流量等级年数</th></tr>
<tr><th>≥360 亿 m³</th><th>360 亿~340 亿 m³</th><th>340 亿~300 亿 m³</th><th>≥360 亿 m³</th><th>340 亿~360 亿 m³</th><th>340 亿~300 亿 m³</th></tr>
<tr><td>1956~1968</td><td>490. 9</td><td>351. 2</td><td>8</td><td>5</td><td>2</td><td>1</td><td>3~4*</td><td>3</td><td>1</td><td>1</td></tr>
<tr><td>1969~1986</td><td>484. 6</td><td>341. 1</td><td>10</td><td>7</td><td>2</td><td>2</td><td>2~3*</td><td>1</td><td>3</td><td>6</td></tr>
<tr><td>1987~2010</td><td>477. 9</td><td>299. 8</td><td>1</td><td>3</td><td>2</td><td>4</td><td></td><td></td><td></td><td></td></tr>
<tr><td>1991~2010</td><td>476. 7</td><td>292. 2</td><td>0</td><td>2</td><td>2</td><td>4</td><td>8~9**</td><td>6</td><td>3</td><td>6</td></tr>
</table>

注：* 代表按近 20 年降雨—径流关系计算，* * 代表按 1956~1990 年降雨—径流关系计算。

（3）冬季气温回暖趋势明显，但封、开河期出现一些异常升降温极值事件，为综合防凌带来了难以克服的困难，如 2008 年开河期，三湖河口下游冰坝壅水，造成决口，损失大。

（4）近 20 年来气候变化与人类活动综合影响，对宁蒙河段凌汛形势最为不利的影响，就是主槽平滩过流能力大幅削减。1968~1986 年与 1996~2010 年两个年段相比，三湖河口平滩过流能力从 3 970 m^3/s 减小到 1 530 m^3/s，致使两个年段石嘴山—头道拐最大槽蓄水增量由 10. 0 亿 m^3增大到 14. 7 亿 m^3，如果按现年段累计负气温在-730 ℃左右水平和平滩过流能力下，仍采用 1968~1986 年段 12 月至次年 3 月上旬兰州平均下泄水量 47. 6 亿 m^3，则石嘴山—头道拐最大槽蓄水增量将达到 17 亿 m^3左右水平，如年段累计负气温在-1 000 ℃以下水平，则其值可达到 18. 5 亿 m^3以上水平。

综合以上看，凌汛期水库防凌调度运用方式虽已作适当改进与调整，对控制较平稳封河形势，控制与减轻冰塞灾害发生，封河期适当削减了下泄水量，控制了最大槽蓄水增量过度增长，开河期加大了控泄力度，削减开河动力条件，减轻冰坝壅水灾害发生，起到了较积极作用，但对三湖河口以下河段冰坝壅水灾害控制有限。现阶段气候环境背景的不利因素（降雨减少，气温增高），主要来水区降雨—径流关系恶化导致天然来水量显著减少，以及耗水量增加，加上水库调节，汛期削减了河道冲刷的大流量调节，致使河道主槽淤积严重；凌汛期下泄水量及水动力条件仍比较大，综合各不利因素，形成了仍较严峻的凌汛形势。现增加 6 个分水防凌工程和已建成的海勃湾水库配合龙、刘水库防凌，但他们的应急防凌库容（4 亿~8 亿 m^3）有限，日分水能力不大，在现今槽蓄水增量达 15 亿 m^3的情况下，防凌灾作用的及时性、有效性受相当局限，并且还有一定的水资源量损失，同时水库防凌调度与发电、供水的矛盾还难以缓解。可见，近 20 年来气候变化背景条件特点以及人类活动影响，为宁蒙河段防凌造成一定的制约性矛盾。

7. 4. 6　应对气候变化对宁蒙河段防凌影响的措施

7. 4. 6. 1　未来防凌汛形势仍不容乐观

根据国家气候变化第二次评估报告[10]指出，未来 10~20 年间，现状回暖形势还将持续，气温会继续升高，故降雨—径流关系恶化的形势还将继续维持，且有进一步恶化的可能性。至于未来降水量变化,按国家气候变化第二次评估报告,“未来北方降水会有所增加,但可靠性低”。另外,现从2005~2012年黄河上游降雨呈波动缓慢递增形势外推,未来短期还有可能再增加,但从降雨变化规律看,近60年来存在一个近30年周期,现处于上升段顶部位置附近,如将2011年、2012年降雨偏多、径流偏多情况加入,未来再继续5~10年降雨可能将有所减少,如从近2~3年天然年径流量增加的情况看,再继续维持增高的概率较小。另外,由前两个年段宁蒙河段冲刷年份及相应兰州天然年径流量实况与按1991~2010年降雨—径流关系预测计算可见,即使回到前40年降雨条件,在降雨—径流关系恶化的情况下,加上龙、刘水库调节和灌溉用水增加,能满足宁蒙河段全线冲刷的年数与原实况相比,明显减少。河道在现状气候回暖情况下,近6年来年雨量偏多4.7%,平均年径流量335.7亿 m^3,但水库调节与灌溉用水增加,明显削减大流量量级与相应日数,无河道冲刷的洪水过程。如恢复到20世纪七八十年代降雨偏多水平,天然年径流量仍有相当削减,加上水库调节和耗水增加,造成汛期水量大幅减少,凌汛期水量增加的情景格局下,宁蒙河段凌汛形势依然严峻情况仍将持续下去。可见,未来气候背景条件下,加上水库调节与灌溉耗水量还会增加情况下,影响凌汛期的水量条件,仍维持较大水平,而河道主槽淤积状况在2012年有所减轻的情况下仍不容乐观,目前主槽淤积比较严重的状况已不易恢复到3 000 m^3/s 以上情况,可能还在2 000 m^3/s 上下变动。因此,现状凌汛形势严峻的情况难以明显恢复。

7.4.6.2 应对措施

为改变现状及未来可能出现的严峻防凌形势,适应气候变化可能带来的不利影响,需要采取必要的措施。一是针对气候回暖对降雨—径流关系恶化影响,以及灌溉用水增加,需要通过从长江源区调水补充。二是在不影响现状上游干流梯级水库运用方式的情况下,在其下游河段增加大型水库,进行水量反调节,在一定程度上恢复宁蒙河段河道冲刷的大洪水过程;凌汛期根据宁蒙河段主槽冲刷情况及河道平滩过流能力变化,采用较安全的防凌调控运用方式。为此,可利用黄河宁夏河段上游侧的黑山峡河段有利地形条件,再建一座大型水库,对黄河上游水量进行再调节。其库容较大,地理位置较理想,即可以基本取代龙、刘水库在凌汛期防凌调度,因其距宁蒙河段较近,防凌调度的及时性、有效性有所增强,冬季水库下泄水温还可延伸至巴彦高勒上下河段,完全缓解宁夏河段凌汛险情,增强与海勃湾水库、其他分水防凌工程的配合的及时性、有效性。另外,更重要的是非凌汛期适时进行调水调沙,下泄大流量过程冲刷主河槽。根据小浪底水库近些年来进行的调水调沙,冲刷黄河下游河道,恢复平滩过流能力成功经验。这是一个比较有效且长期保持河道较大平滩过流能力,改善凌汛期严峻防凌形势的有效办法。在较大恢复平滩过流能力条件下,如有必要,还可在凌汛期适当加大下泄流量,进一步满足发电需求。

7.5 气候变化对黄河流域规划治理影响研究

7.5.1 黄河流域未来气候变化预测

中国科学家基于不同的温室气体和气溶胶排放情景,利用全球和区域气候模式,并参考其他国家的模式预估结果,对中国未来100年的气候、极端天气气候事件及海平面变化趋势进行了预估。

为了更进一步了解未来100年黄河流域气候变化可能情况,综合了一些模式预测结果[10-11],以供应对研究时参考。

利用全球气候模式和A2、B2排放方案模拟未来黄河流域各省(自治区)气温变化,结果表明,21世纪黄河流域年平均气温将持续增暖,见表7-7。从两类模式模拟结果看,到2020年沿黄各省(自治区)气温可能变暖1.0~1.8℃,两类模式流域平均变暖1.4℃;2050年流域各省(自治区)增暖2.2~3.4℃,两类模式流域平均变暖2.7℃;2070年各省(自治区)年平均气温变暖3.1~5.0℃,两类模式流域平均变暖4.2℃;2100年各省(自治区)变暖3.7~6.8℃,两类模式流域平均变暖5.0℃。

表7-7 全球模式预估21世纪黄河流域及所属各省(自治区)每30年的年平均温度变化(对1961~1990年的距平)

(单位:℃)

省(自治区)与流域	方案-A2				方案-B2			
	2020年	2050年	2070年	2100年	2020年	2050年	2070年	2100年
青海	1.4	2.9	5.0	6.2	1.5	2.8	3.8	4.4
四川	1.0	2.3	4.0	5.0	1.0	2.2	3.1	3.7
甘肃	1.3	2.9	4.8	6.0	1.5	2.8	3.8	4.2
宁夏	1.4	2.8	4.8	5.9	1.5	2.7	3.8	4.1
内蒙古	1.5	3.4	5.4	6.8	1.8	3.1	4.4	4.8
陕西	1.2	2.7	4.5	5.7	1.4	2.5	3.5	3.9
山西	1.3	2.7	4.5	5.8	1.5	2.5	3.6	3.9
河南	1.2	2.6	4.4	5.6	1.3	2.4	3.5	3.8
山东	1.2	2.7	4.3	5.6	1.3	2.5	3.5	3.8
黄河流域	1.3	2.8	4.7	5.9	1.5	2.7	3.7	4.1

注:预测值取自文献[11]表10.10,具体数值代表某年代前后的平均情况。

全球模式模拟的21世纪黄河流域平均降水变化,在A2情景下2011~2040年降水变化为0%,2041~2070为5%,2071~2100年为11%;在B2情景下,三个年代降水变化分别为3%、6%和10%。或者根据文献研究:在A2情景下,2020年、2050年、2070年和2100年黄河流域降水变化分别为-1%、4%、9%和12%;在B2情景下,降水变化分别为0%、5%、8%和11%。表7-8提供了21世纪不同年代沿黄各省(自治区)的降水变化。

表 7-8　全球模式预估 2100 年沿黄河各省(自治区)年平均降水变化　(%)

省份	方案-A2				方案-B2			
	2020 年	2050 年	2070 年	2100 年	2020 年	2050 年	2070 年	2100 年
青海	3	12	16	17	7	11	15	15
四川	1	5	6	11	0	1	5	6
甘肃	0	8	11	11	1	7	10	10
宁夏	-1	8	11	10	-1	7	11	10
内蒙古	-1	4	7	15	4	7	8	9
陕西	1	3	6	12	-2	3	6	10
山西	0	-1	7	15	-1	2	6	11
河南	-1	-2	9	13	-1	0	2	8
山东	0	2	13	19	2	2	8	14

注:资料取自文献[11]表 10.15。

7.5.2　气候变化对黄河流域规划治理影响及应对问题探讨

当前,气候变化影响研究主要涉及农业生态系统、自然生态系统、水资源及环境等方面。这是比较广泛的,从全社会经济、环境来考虑的。如何进一步结合黄河流域规划治理工作特点来考虑,从事流域规划治理的工作来讲,是一个新问题。

如何考虑气候变化对黄河流域整体规划治理方案拟订与实施中的可能影响,可以从围绕气候变化对黄河水文情势可能带来的影响着手分析,并展开相应的对策研究。由于对未来气候变化影响模拟成果具有相当的不确定性,故在对策研究中,可考虑各种有利、不利情况,选择一种最优的决策方法。

7.5.2.1　气候变化对黄河流域过去 100 年间水文情势变化的可能影响

对比近 100 年来黄河水文情势变化与我国同期气候变化过程,比较突出的表现就是,20 世纪 20~40 年代及 80 年代后期气温回暖期,黄河流域径流主要表现为持续偏少特征,且后段更为典型。但是否与气候回暖变化有直接联系,目前基本确认的只有黄河上游唐乃亥以上区域 90 年代以来,径流持续减少与气候变化有密切联系。唐乃亥 1991~2005 年平均径流量较 1961~1990 年均值减少 22.4%,而相应雨量仅减少 2.6%。经研究,可以从 1989 年与 2005 年该区下垫面卫星图片资料解译、实地一些区域地下水位变化、冻土退化、草场植被退化、湖泊与沼泽干旱化等现象分析来解释,表明 20 世纪 90 年代以来气候回暖是导致黄河源区下垫面产流条件恶化的重要原因,故而造成径流减少程度明显大于同期降雨减少程度。

关于区域性或局地暴雨洪水的“极值事件”频繁出现情况是否与气候变化有密切联系,具有什么样的确定性关系,目前尚不清楚,需要进一步分析归纳。

黄河干流河段冰情的变化与气候变化的关系尚未进行过专门研究。不过 20 世纪 80 年代后期以来,气温回升,特别是冬季气温回升幅度较大,显然对黄河干流冰情减轻有一定贡献,但 90 年代以来内蒙古河段封河期冰塞出现频繁,形成的灾害比较严重,除与上游水库调度及宁蒙灌区冬灌引水与退水及河道淤积严重有关外,是否与目前气候回暖变化有直接联系,是今后值得研究的一个问题。

7.5.2.2 未来气候变化对黄河水文情势变化的可能影响

参考有关气候变化影响及应对研究[1-4]，结合黄河流域规划治理工作特点，现从气候变化对水文情势的可能影响角度，来探讨气候变化对未来黄河流域规划治理的影响，可能有以下四个方面的问题：

(1)水资源的短缺问题，可能进一步加剧。

(2)旱涝频率的增加，分布类型的可能变化。

(3)海水位较大幅度上升对河口水文情势的影响。

(4)冬季气温大幅度升高对凌汛规律变化的影响。

7.5.2.3 可能开展的一些影响及对策研究问题

气候变化对流域规划治理影响问题，建议加强以下三个方面 11 个问题研究。

第一个方面，加强黄河流域水文情势的长期基本演变与气候变化规律关系研究。黄河流域具有较丰富完整的水文情势信息，不仅可以定性，而且还可较好地定量还原上、中游干流近 300 年来洪水、径流系列，为此可考虑做以下专题研究：

(1)近 100 年黄河流域水文情势(径流、洪水、泥沙、冰情等)变化的基本特点与极值出现情况与气候变化关系。

(2)近 300 年黄河流域水文情势(径流、洪水、泥沙、冰情等)变化的基本特点与极值出现情况与气候变化关系。

第二个方面，加强黄河流域气候变化对流域水文情势变化监测与分析研究，可考虑以下一些专项研究：

(1)加强黄河上游多年冻土变化、地下水位、地表植被变化的监测与分析，20 世纪 80 年代以来兰州以上各分区、不同典型年份下垫面卫星图片解译对比资料分析。

(2)50 年来气候变化对黄河各分区径流、洪水、泥沙等水文情势变化(平均、极值)影响的监测分析。

(3)50 年来气候变化对黄河主要支流径流、洪水水文情势变化(平均、极值)影响的监测分析。

(4)过去 50 年间，不同年代冬天气候变化，对河道冰凌洪水的影响监测分析。

第三方面，加强未来气候变化对黄河水文情势可能影响及相应应对措施研究。这方面需要多部门、多学科的合作，故希望有关部门加强组织、协调。需要研究问题有：

(1)未来黄河上游河源区的气候变暖，对河源区径流、洪水的影响及对上游干流梯级开发的影响。

(2)未来气候变化对黄河中游各类型、各等级暴雨规律性影响，以及对黄河中游中常洪水的影响，由此对防洪应对措施的可能影响。

(3)未来冬季气温在较大幅度升高时，对黄河各河段冰情的影响，以及对有关工程设计与运用中有关防凌措施及其运用方式的影响。

(4)气候变化导致海水平面上升，对黄河河口水文情势变化及河口治理的影响。

(5)南水北调西线工程年调水量 200 亿 m^3，对黄河上游地区气候环境可能带来的影响，以及相应应对措施问题。

参考文献

[1] 刘光生,王根绪,张伟．三江源区气候及水文特征变化研究[J]．长江流域资源与环境,2012,21(3):302-308.

[2] 李林,等．青藏高原区域气候变化及其差异性研究[J]．气候变化研究进展,2010(5):181-186.

[3] 刘猛,蔡明,乔明叶．气候变化下黄河源区径流变化研究[J]．黄河规划设计,2012.(3):10-12.

[4]《第二次气候变化国家评估报告》编写委员会．第二次气候变化国家评估报告[M]．北京:科学出版社,2011.

[5] 周德刚,黄荣辉．黄河源区径流减少的原因探讨[J]．气候与环境研究,2006,11(3):302-309.

[6] 杨建平,丁永建,陈仁升．长江黄河源区高寒植被变化的 NDVI 记录[J]．地理学报,2005,60(3).

[7] 高治定,宋伟华．宁蒙河段冬季气温状况与水库防凌调度关系研究[J]．黄河规划设计,2013(1):467-478.

[8] 高治定,雷鸣．气候变化与宁蒙河段凌汛关系研究[J]．黄河规划设计,2014(3):1-4.

[9] 高治定,鲁俊．气候条件与人类活动对黄河宁蒙河段冲淤变化影响[J]．黄河规划设计,2014(1):6-9.

[10]《气候变化国家评估报告》编写委员会．气候变化国家评估报告[M]．北京:科学出版社,2007.

[11] 秦大河,等．中国气候与环境演变(上卷)．气候与环境的演变及预测[M]．北京:科学出版社,2005.

[12] 姜冬梅,张孟衡,陆根法．应对气候变化[M]．北京:中国环境科学出版社,2007.

[13] 国家气候变化对策协调小组办公室,中国 21 世纪议程管理中心．全球气候变化——人类面临的挑战[M]．北京:商务印书馆,2004.

[14] 高治定,雷鸣,王莉,等.21 世纪气候变化预测及流域规划治理中应对影响研究初探[J]．黄河规划设计,2009(2):1-13.

第 8 章　水文气象规律分析之四：气温因子对河道凌汛规律影响研究及分支学科简要评述

黄河内蒙古河段冬季凌汛问题突出，气温因子是制约凌汛变化规律的一个基本因子，本章主要结合我们在河段规划治理研究中有关河段冬季气温时空演变规律以及对河段凌汛影响研究的一些新认识，结合以往研究成果综合编制而成[14]，最后对本分支学科进行简要评述。

8.1　内蒙古河道冬季气温分布特点及原因

8.1.1　黄河内蒙古河段地理概况与河道特性

黄河内蒙古河段地处黄河流域最北端，从右岸宁蒙界都思兔河入黄口处入境（左岸为麻黄沟入黄口）至巴彦高勒，河道流向大致是西南流向东北，西侧是乌兰布和沙漠，东侧在乌海市以东有位于黄土高原西侧的呈南北分布的桌子山；自巴彦高勒县至包头市河流基本是自西向东；自包头市至清水河县喇嘛湾由西北流向东南，主要穿行于河套平原，其北侧有阴山山脉的西段和中段为屏障，阴山山脉的西端以低山没入阿拉善高原，从杭锦后旗的狼山开始，主峰是西端的呼和巴什格山，海拔 2 364 m，位于狼山西部，亦是整个阴山山脉的最高山峰。中段有色尔腾山、乌拉山、大青山等，以位于土默特右旗东北的大青山最高，海拔为 2 338 m。阴山南坡以 1 000 多 m 的落差直降到黄河河套平原。阴山山脉还是中国季风区与非季风区的北界，属温带半干旱与干旱气候的过渡带。西部的狼山尤为干旱，大青山较为湿润。黄河内蒙古喇嘛湾以下河段至出境流向为自北向南，穿行由西侧黄土高原与东侧南北走向的吕梁山余脉之间的南北向的峡谷段。

黄河内蒙古河段分段特性较突出。石嘴山以下至蹬口段，穿行峡谷间，河身狭窄、两岸陡峻，有头、二、三道坎，是开河解冻期易形成冰坝之处，以下河身逐渐放宽，河中多夹心滩，分裂窜沟，到巴彦高勒以下进入河套平原，河身更宽，浅滩弯道叠出，平面摆动较大，至包头段河宽虽有缩减，但坡度更缓，弯曲更甚，多畸形大弯，巴彦高勒至托克托河段，较大弯道 69 处，最大弯曲度 3.64，坡度平缓，水流散乱，多汊河，河势不顺，开河时易在河道的曲弯或由宽到窄处卡冰结坝。喇嘛湾以下进入峡谷段，河宽缩减到 200 m，两岸石壁陡立、水流湍急，龙口以下河道又扩宽。内蒙古河段分段河道特性及测站位置见表 8-1。

表 8-1　内蒙古河段河道特性、水文与沿河气象站位置

河段名	测站（水、气）	河型	河长（km）	平均河宽（m）	主槽宽（m）	比降（‰）	弯曲度
石嘴山—蹬口	蹬口(水)	峡谷	86.4	400	400	0.218	1.5
石嘴山—麻黄沟			16.9				
麻黄沟—海勃湾大坝（乌达公路桥）	乌海(气)	峡谷	36.6	400	400	0.56	1.5
海勃湾大坝—蹬口	蹬口(水)	过渡型	32.9	1 800	600	0.15	1.31
蹬口(水)—蹬口(气)（巴彦高勒闸下）	巴彦高勒(水)		54.6				
巴彦高勒—三湖河口	三湖河口(水)	游荡型	221.1	3 500	750	0.17	1.28
巴彦高勒—临河	临河(气)		69.5				
临河—河流最北位置			88.0				
河流最北位置—乌加河口	乌前旗(气)		46.7				
乌加河口—三湖河口	三湖河口		16.9				
三湖河口—昭君坟	昭君坟(水)	过渡型	125.6	4 000	710	0.12	1.45
昭君坟—包头	包头(水、气)		58.3	3 000	600	0.09	1.75
包头—头道拐(托克托)	头道拐(水、气)		115.8		600	0.11	1.25
头道拐—河曲旧城	河曲(气)		194.7			0.84	
头道拐—喇嘛湾			40				
喇嘛湾—拐上			32			0.16	
拐上—万家寨坝址			42				
万家寨坝址—龙口坝址			23.9				
龙口坝址—河曲旧城			56.8				

8.1.2　内蒙古河段凌汛期沿河气温时空分布的主要特点

内蒙古段黄河流经巴彦高勒站后，河道在阴山南坡经弯道转向东流，考虑水文、气象资料利用条件，将巴彦高勒以上河段作为作为南北流向看待，麻黄沟（石嘴山）—巴彦高勒河段河长 141 km(157.9 km)，而将巴彦高勒—头道拐（喇嘛湾）河段作为东西流向河流来看待，巴彦高勒—头道拐（喇嘛湾）河长为 520.8 km(560.8 km)，再向下游至河曲段，则流向改为自北向南流，河长 194.7 km(154.7 km)。从地理位置看，巴彦高勒比石嘴山偏北 1°4′，巴彦高勒比头道拐偏北 3′，而头道拐比河曲偏北 53′。

这 3 个河段因地理位置与自然环境不同，流向有所差别，11 月至次年 3 月气温的时空分布规律也有明显区别，因此对分河段凌情规律影响是不同的。以下就宁夏及内蒙古

河段 11 月至次年 3 月气温时空分布特点概要归纳如下。

8.1.2.1 宁蒙河段冬季严寒时间长，严寒程度大，比黄河下游利津河段要严重得多

将内蒙古河段的托克托县与黄河下游利津站比较，前者月平均气温在零下的时间长达 4 ~ 5 个月，最短 2005 ~ 2006 年凌汛期为 3 个月，而利津站月平均气温在零下的时间多为 2 ~ 3 个月，最短仅 1 个月之久。从两站多年平均日累计负气温值看，托克托县达 -934 ℃，最严寒冬季日累计负气温值达 -1 676 ℃，而利津站多年平均仅为 -165 ℃，最严寒年度为 -505 ℃。

即使就宁夏河段靠上游银川站来与其比较，利津站多年平均凌汛期累计日负气温最小值尚不及银川站多年凌汛期均值。可见黄河宁蒙河段冬季低气温时间长，严寒程度比黄河下游严重得多。

8.1.2.2 宁夏与内蒙古河段分段冬季沿河而下严寒时间长短、严寒程度变化关系不同

1. 冷暖分布格局的变化

由宁夏河段至内蒙古托克托（喇嘛湾）河段，冬季负气温顺河而下维持时间加长，严寒程度加大，严寒时间长短变化呈现“上短下长”，严寒程度为“上暖下冷”的基本格局，而由托克托（喇嘛湾）以下，严寒时间与严寒程度又倒置，为“上长下短，上冷下暖”的格局。

2. 上下河段冷暖时间与程度的差异性区别显著

由宁夏至内蒙古托克托河段，低气温在零下的时间长短关系比较，也是”上短下长”。从月气温在零度以下的持续月数看，银川月气温在零下的持续月数多为 3 个月，最长为 4 个月，最短为 2 个月。这些都不及托克托县情况。表 8-2 是宁蒙河段主要控制站气温转负、转正日期统计。可见，由宁夏石嘴山站，与巴彦高勒站相比，日平均负气温出现时间迟 5 d，气温稳定转正时间早 7 d。而巴彦高勒站与三湖河口站相比，虽维持气温稳定转负日期、转正日期仍为“上迟下早，上早下迟”，但均相差 2 d，三湖河口站与头道拐站相比，转负日期仅迟 1 d，转正日期则相同。

表 8-2 1957 ~ 2005 冰凌年段宁蒙河段各控制站气温转负、转正日期比较

项目	特征量	石嘴山	巴彦高勒	三湖河口	头道拐
气温稳定转负	平均日期（月-日）	11-19	11-14	11-12	11-11
	最早日期（月-日）	11-07	11-01	10-26	10-31
	最晚日期（月-日）	12-04	11-26	11-26	11-27
气温稳定转正	平均日期（月-日）	03-03	03-10	03-12	03-12
	最早日期（月-日）	02-09	02-17	02-17	02-17
	最晚日期（月-日）	03-26	03-26	03-27	03-26

头道拐至河曲河段气温稳定转负、转正日期关系，鉴于收集资料条件限制，不能作具体比较，但从两站多年 11 月平均气温、3 月平均气温关系看，河曲站均略高于托克托站，故可以估计上、下两站气温稳定转负次序应是“上早下迟”，气温转正日期次序应为“上迟下早”，但估计时间差距在 1 ~ 2 d 内。由表 8-2 可知，石嘴山气温稳定在 0 ℃以下平均日数 104 d，巴彦高勒 116 d，三湖河口 120 d，头道拐 121 d。

从托克托以上河段4站逐年度气温转负、转正日期先后次序,由表8-3可见,三个河段气温稳定转负、转正先后次序关系并不一致:巴彦高勒—石嘴山河段上下站,气温转负日期先后次序具有明显的"上晚下早",气温稳定转正日期先后次序则主要表现为"上早下晚"。往下游两个河段,气温转负、转正日期先后关系相同情况居多。

表8-3　各河段上下控制站日平均气温转负、转正先后关系出现次数统计

上下日期先后关系	巴彦高勒—石嘴山		三湖河口—巴彦高勒		头道拐—三湖河口	
	气温转负	气温转正	气温转负	气温转正	气温转负	气温转正
上早下晚	1	39	2	22	15	18
相同	13	4	30	21	22	21
上晚下早	33	4	16	5	11	9

利用石嘴山、巴彦高勒、三湖河口、头道拐4站2005年11月至2006年3月逐日气温过程线比较,由图8-1可见,4站日气温变化形势比较相似,但每一次升降温过程均有共同反映,表现为冷空气南下影响时间具有明显一致性,但影响升降温幅度有一定差距。总体看日气温变化过程,石嘴山明显偏高,头道拐明显偏低,但具体一次升降温过程相比,巴彦高勒与石嘴山更为接近,三湖河口与头道拐接近,但具体变化幅度与过程时间关系并不完全确定。

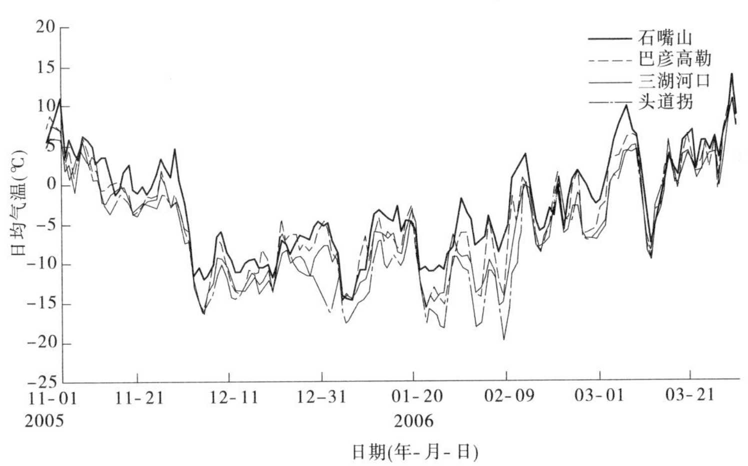

图8-1　石嘴山—头道拐站2005年11月至2006年3月日均气温过程线

3. 上下河段严寒程度的差异明显,沿河变化差距大

严寒程度的沿程变化,可以用各控制站多年平均累计负气温来表示。由表8-4可见,从宁夏河段银川顺河而下至托克托河段,多年平均凌汛期累计日负气温均值、最大值、最小值均呈现明显"上高下低,上暖下冷"的基本格局。银川与托克托县多年平均日累计负气温差达-385 ℃,最小累计负气温差达606 ℃。如考虑石嘴山与蹬口累计日负气温差距,鉴于石嘴山站纬度位置39°15′,位于银川与蹬口纬距的中间位置,故石嘴山冬季气温

较银川偏低,累计日负气温要小于银川,按纬度位置内插计算,石嘴山 59 年累计日负气温均值可达 -650.0 ℃,蹬口—石嘴山累计日负气温均值差,则为 -120 ℃。包头与蹬口累计负气温差 -149 ℃,托克托与包头累计负气温差 -14 ℃,河曲—托克托累计负气温差 84 ℃。

表 8-4 各年段宁蒙河段控制站凌汛期累计日负气温特征值

时段(年-月)	统计项目	各站累计日负气温特征量				
		银川	蹬口	包头	托克托县	河曲
1951-11 ~ 2010-03	均值(℃)	-549	-771	-920	-934	(-850)
	最大(℃)	-271	-384	-523	-558	
	出现时间	2000 ~ 2001 年	1998 ~ 1999 年	2001 ~ 2002 年	2001 ~ 2002 年	
	最小(℃)	-1 070	-1 356	-1 645	-1 676	
	出现时间	1967 ~ 1968 年	1967 ~ 1968 年	1967 ~ 1968 年	1967 ~ 1968 年	
1951-11 ~ 1960-03	均值(℃)	-639	-856	-1 023	-1 051	
1960-11 ~ 1970-03		-652	-897	-1 084	-1 114	
1970-11 ~ 1980-03		-600	-799	-983	-983	
1980-11 ~ 1990-03		-533	-792	-920	-933	
1990-11 ~ 2000-03		-457	-641	-769	-770	
2000-11 ~ 2010-03		-424	-650	-753	-763	

注:河曲累计负气温均值系利用其 1971 ~ 2000 年均值,参照托克托县 1971 ~ 2000 年与 1951 ~ 2010 年关系调整。

如果按分段河长差异来比较上、下累计负气温变化关系,则分段 100 km 河长累计负气温差值分别为:蹬口—石嘴山 -139 ℃/100 km;包头—蹬口 -32 ℃/100 km,托克托—包头 -11 ℃/100 km。河曲—托克托 43.1/100 km。这里还需要指出的一点,就是蹬口—石嘴山与河曲—托克托两个河段纬度位置比较相差半个纬距,平均高程相差不到 200 m,但 100 km 河长气温差的绝对值比例达 3:1。

4. 各河段 11 月至次年 3 月逐月、旬平均气温差距呈现“严寒期差距大,偏暖期差距小”,其分段的变化关系还有所不同

总体看,乌海—蹬口、蹬口—包头 2 个河段上下站 11 月至次年 3 月逐旬平均气温差显示是“上高下低”,其中 11 月、3 月逐旬高低差距明显小于 12 月至次年 2 月逐旬差距。其中,蹬口与乌海相比,同旬平均气温下降幅度明显在 2.5 ℃以上,气温降低幅度比包头与蹬口的温差关系大 1.5 ~3.0 ℃,而包头—托克托段,只有 12 月下旬至次年 2 月上旬保持“上高下低”的情形,11 月上旬至 12 月中旬,3 月各旬气温高低关系是“下高上低”,但差距的绝对值均小于 0.8 ℃。河曲与托克托相比,各月平均气温呈“上低下高”形势,且以 2 月、3 月差距明显大于 11 月至次 1 月情况,见表 8-5。

表 8-5 内蒙古各河段上下站冬季逐旬平均气温差(1987 ~ 2003 年)

月份	旬	蹬口—乌海	包头—蹬口	托克托—包头	河曲—托克托
11	上	-2.5	-1.1	0.8	
	中	-2.6	-1.1	0.6	
	下	-3.5	-1.3	0.3	
	月平均	-2.9	-1.2	0.6	0.4
12	上	-2.9	-2	0.7	
	中	-3.9	-1.4	0	
	下	-4.9	-1.4	-0.4	
	月平均	-4	-1.6	0.1	0.3
1	上	-4.3	-1.5	-0.3	
	中	-2.9	-2	-0.1	
	下	-4	-1.2	-0.9	
	月平均	-3.7	-1.6	-0.4	0.2
2	上	-4.4	-1.5	-0.5	
	中	-5.2	-1.6	0.2	
	下	-4.4	-1	-0.2	
	月平均	-4.8	-1.4	-0.2	1.1
3	上	-3	-0.8	0.3	
	中	-3.7	-0.7	0.1	
	下	-3.7	-0.8	0	
	月平均	-3.4	-0.8	0.1	0.8

注:前 3 个河段气温资料采用 1987 ~ 2003 年段,后一河段采用 1971 ~ 2000 年段气温资料。

5. 宁蒙河段冬季气温年际、年代际变化具有一定共性,但近 20 年来回暖变化也影响到上下冷暖差距的调整

(1)近 20 年来冬季回暖趋势一致。

由表 8-4 统计 4 站 6 个年段累计日负气温均值变化看,20 世纪五六十年代明显偏冷,其中均以 60 年代均值绝对值最大,90 年代及 21 世纪初 10 年均值绝对值明显偏小,且以近 10 年均值绝对值最小。表现近 20 年来宁蒙河段冬季气温较过去 40 年明显升高,回暖趋势明显。图 8-2 系 4 站 59 个年度累计日负气温演变曲线,可见累计日负气温绝对值呈明显减小趋势。图中虚直线是包头站线性演变趋势线,表现为线性回升趋势明显。

(2)各年段相邻两站累计日负气温差值绝对值也呈减小趋势,反映回暖过程中宁蒙托克托以上河段冬季“上暖下冷”差异程度有所减小,但各分河段各年代变化情况还有较明显差别。

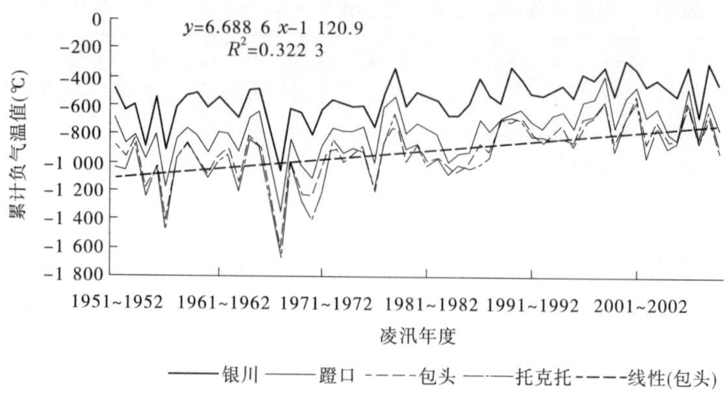

图 8-2　宁蒙河段 4 站逐年度累计日负气温演变曲线

由表 8-5 可见，蹬口—银川河段上下站各年代累计日平均负气温均值差值以 20 世纪 90 年代绝对值最小，60 年代最大，包头—蹬口各年代累计日平均负气温均值差值以 20 世纪 00 年代绝对值最小，20 世纪 60 年代最大，托克托县—包头河段上下站各年代累计日平均负气温均值差值 20 世纪 90 年为 6.1 ℃，50 年代为 -34.3 ℃。

6. 各站冬季累计负气温反映的严寒程度等级构成关系呈多样性

利用 4 站 59 个凌汛年度（1951 年 11 月至 2010 年 3 月）累计日负气温系列资料，根据各站的均值水平、最大值、最小值的变幅情况，按冷、偏冷、正常、偏暖和暖选择各自划分标准，具体见 8-6。

表 8-6　宁蒙河段 4 站冬季累计日负气温变化等级标准　（单位：℃）

测站	各站冷、暖等级标准				
	冷(1)	偏冷(2)	正常(3)	偏暖(4)	暖(5)
托克托	$T \leq -1\ 140$	$-1\ 140 < T \leq -1\ 000$	$-860 < T \leq -720$	$-860 < T \leq -720$	$T > -720$
包头	$T \leq -1\ 130$	$-1\ 130 < T \leq -990$	$-990 < T \leq -850$	$-850 < T \leq -710$	$T > -710$
蹬口	$T \leq -960$	$-960 < T \leq -840$	$-840 < T \leq -720$	$-720 < T \leq -600$	$T > -600$
银川	$T \leq -700$	$-700 < T \leq -600$	$-600 < T \leq -500$	$-500 < T \leq -400$	$T > -400$

从各站累计日负气温划分的冷、暖等级划分标准所确定的 4 站 59 年冷、暖等级情况看，4 站等级标准完全一致共 27 年，占全部的 46%。其中，均为 1 级年度有 6 个，为 1954 ~ 1955年度、1956 ~ 1957 年度、1966 ~ 1967 年度、1967 ~ 1968 年度、1970 ~ 1971 年度、1976 ~ 1977 年度；2 级年度有 2 个，为 1960 ~ 1961 年度、1984 ~ 1985 年度；3 级年度有 9 个，为 1959 ~ 1960 年度、1961 ~ 1962 年度、1962 ~ 1963 年度、1975 ~ 1976 年度、1982 ~ 1983 年度、1987 ~ 1988 年度、1995 ~ 1996 年度、1999 ~ 2000 年度、2009 ~ 2010 年度；4 级年度有 4 个，为 1964 ~ 1965 年度、1993 ~ 1994 年度、1994 ~ 1995 年度、2003 ~ 2004 年度；5 级年度有 6 个，为 1996 ~ 1997 年度、1998 ~ 1999 年度、2000 ~ 2001 年度、2001 ~ 2002 年度、2006 ~ 2007 年度、2008 ~ 2009 年度。

在其他 32 年度中：属于“上游站等级偏暖，下游站等级偏冷”有 10 例，为 1951 ~ 1952

年度、1955～1956 年度、1963～1964 年度、1965～1966 年度、1969～1970 年度、1971～1972 年度、1981～1982 年度、1985～1986 年度、1986～1987 年度、2002～2003 年度，其中级差达 2 个等级及以上有 1951～1952 年度，由上而下的等级分别为 4、5、3、2，1986～1987 年度的各站等级为 5、4、4、2。

属于"上游站等级偏冷，下游站等级偏暖"的有 8 例，为 1968～1969 年度、1972～1973 年度、1974～1975 年度、1988～1989 年度、1991～1992 年度、1992～1993 年度、1997～1998 年度、2007～2008 年度，其中级差达 2 个等级及以上，2 个年度有 1988～1989 年度，由上而下的等级分别为 3、4、4、5，2007～2008 年度的各等级为 2、3、3、4。

其他还有 14 年度的 4 站等级不完全一致情况，主要是呈现波动情况，有"高、低、高"或"低、高、低"等，但最大、最小级差均为 1 个级差。

各相邻站年际累计日负气温差值有较大变化，且各相邻站差值变化也不完全一致。由表 8-7 可见，蹬口—银川、包头—蹬口、托克托县—包头所在相应河段累计日负气温均值，最大值、最小值有明显差异，最大值与最小值出现时间也并不一致，特别是托克托县与包头两站累计日负气温差值的均值明显偏小，而且还有 25 个年度，反映托克托县严寒程度不及包头，表现为"上冷下暖"格局，故内蒙古河段上下河道冬季"上暖下冷"格局及其严寒程度差异主要反映在包头以上河段。

表 8-7　不同年段各河段上下站累计日负气温差值特征量统计

日期(年-月)	统计项目	蹬口—银川	包头—蹬口	托克托县—包头	托克托县—银川	托克托县—蹬口
1951-11～2010-03	均值差(℃)	-221.5	-149.3	-13.5	-384.3	-162.8
	最大(℃)	-54.7	-12.0	101.2	-117.0	-10.1
	出现年度	1998～1999	1988～1989	1979～1980	1988～1989	1988～1989
	最小(℃)	-369.1	-289.6	-176.7	-619	-339.7
	出现年度	1969～1970	1967～1968	1971～1972	1986～1987	1971～1972
1951-11～1960-03	均值(℃)	-208.4	-164.6	-34.3	-407.3	-198.9
1960-11～1970-03	均值(℃)	-248.8	-186.6	-26.2	-461.7	-212.8
1970-11～1980-03	均值(℃)	-198.5	-184.3	0.1	-382.7	-184.2
1980-11～1990-03	均值(℃)	-249.7	-136.1	-18.7	-404.5	-154.8
1990-11～2000-03	均值(℃)	-180.1	-129.4	6.1	-303.4	-123.3
2000-11～2010-03	均值(℃)	-225.8	-102.9	-9.6	-338.4	-112.5

8.1.3　宁蒙河段冬季气温沿程分布特点的原因分析

8.1.3.1　宁蒙河段地理位置、地形、地势

宁蒙河段分段形成冬季各自气温时空分布特点，与各河段地理位置、地形、地势变化特点及气候特性有密切关系。宁蒙河段主要位于鄂尔多斯高原的西、北侧的河套平原之上，由宁夏中卫至内蒙古托克托，在河段由南向北，再向东"⁄⌒⌉"大弯曲河段的西、北分别

为贺兰山、阴山阻挡，将黄河与西北内陆河分界。黄河再由托克托东流 50 km，经喇嘛湾转向南流，穿越黄土高原，其东侧为吕梁山余脉所围。

宁夏河段由南向北流，西侧贺兰山为屏障，南北跨 38°N～40°N，长约 200 km，山脊高程多在 2 000 m 上下，中段主峰敖包疙瘩海拔 3 556 m。贺兰山以西是腾格里沙漠，以东是河套平原上段部分——宁夏平原，平均高程在 1 000 m 附近，是地理和气候的重要分界。

内蒙古河段位于阴山南坡。阴山山脉横亘在内蒙古自治区中部及河北省最北部，介于 106°E～116°E。西端以低山没入阿拉善高原；东端止于多伦以西的滦河上游谷地，长约 1 000 km；南界在河套平原北侧的大断层崖和大同、阳高、张家口一带盆地、谷地北侧的坝缘山地；北界大致在 42°N，与内蒙古高原相连，南北宽 50～100 km。

山脉东西走向。西起狼山、乌拉山，中为大青山、灰腾梁山，南为凉城山、桦山，东为大马群山，长约 1 200 km，平均海拔 1 500～2 000 m，山顶海拔 2 000～2 400 m。集宁以东到沽源、张家口一带山势降低到海拔 1 000～1 500 m。山地南北两坡不对称，北坡和缓倾向内蒙古高原，属内陆水系。

南坡以 1 000 多 m 的落差直降到黄河河套平原。阴山山地位于温带半干旱区与干旱区。西部的狼山尤为干旱，大青山较为湿润。山坡低处为草地，中部有栎、榆、桦等树种。阴坡在 2 000 m 处有矮曲林。

8.1.3.2 宁蒙河段冬季气温时空分布差异的原因分析

宁蒙河段冬季受极地大陆气团控制，盛行偏西风。受西方、北方强冷空气南下影响，冬长严寒。但黄河河谷沿程地区气温变化除直接受南下冷空气影响外，还与河段地理位置南、北差异及高程差异，受太阳直接辐射影响程度，以及下垫面夜间辐射冷却作用有关，同时不容忽视的一个特点就是，还受到西、北侧山脉对南下冷空气阻挡影响，冷空气翻越贺兰山、阴山形成的“逆温效应”影响，以及河谷低气温向河道下游流动的“冷湖效应”影响。黄河宁蒙古河段按流向分由南向北再转向东南偏东，最后转向南。按流向划分，宁夏河段西南偏南流向东北偏北（或简称为南北流向），分析石嘴山（乌海）—蹬口、蹬口—托克托、托克托—河曲段，各段不同月（旬）上、下温度高低及上、下站差异关系有明显区别。

为分析宁蒙河段分段冬季各月上、下站气温分布的时空差异，还需要按河流流向变化分段分析。其中，蹬口—托克托（喇嘛湾）段是西东流向，其冬季河段上、下站气温时空分布类型原因需着重考虑“逆温效应”与“冷湖效应”影响，但在乌海—蹬口段南北流向的上段，以及喇嘛湾—河曲由北向南流向的下段情况，还需要考虑纬度、高度差异对冷空气变性影响差异问题。

在我国北方东西向分布的山脉南侧河谷地带，或南北向分布山脉东侧由南向北倾斜的河谷地区，强冷空气主要从西北方向南下，翻越山脉，形成低空垂直方向“上暖下冷”的逆温效应，这有利于地面高程偏高处地面气温偏高，同时形成的山谷冷空气，加上冬季下垫面夜间辐射冷却作用，各地寒冷程度不同，导致密度差异，温度更低，冷空气密度偏大，故其趋向低洼地区堆积，形成“冷湖效应”。这样必然促使更强冷空气向下游流动状况，以上综合效应导致顺河谷河道上、下游位置形成的气温“上高下低，上暖下冷”的地面气温分布。这样气温分布的情况，还与翻越山脉南下的冷空气强弱关系密切，南下冷空气越强，形成的“逆温效应”和“冷湖效应”越强，造成河谷沿河道上、下游气温“上暖下冷”效应越显著。因此，冬季各月上、下站平均气温差一般1月最大，11月、3月小。

根据1951~2010年银川、蹬口、包头、托克托4站累计负气温值（见表8-7）估算，顺河而下累计负气温变化率，蹬口—银川、包头—蹬口、托克托—包头河段分别为 -83.1 ℃/100 km、-36.7 ℃/100 km、-11.7 ℃/100 km。

顺河谷而下的冷空气，因南北纬度差及河流上、下站（河谷高程）高度差所造成的太阳总辐射（理论值）变化，对南下冷空气温度变性影响是一个需要考虑的问题。粗略估算在11月，40°地带、1 000 m高程附近，纬度增加3′，太阳总辐射减小0.03 JM/(m^2·d)；高度降低100 m，太阳总辐射减小0.007 JM/(m^2·d)。1月太阳总辐射减小0.025 JM/(m^2·d)，高度降低100 m，太阳总辐射减小0.001 JM/(m^2·d)。3月数值又有明显增加。由表8-8可见，位于偏南与偏北位置的地面气温，因受太阳总辐射影响致使地面增温效应的大小不同，导致近地面空气变性增温程度是“南大于北”。从冬季各月情况看，12月、1月南、北位置太阳总辐射差距最大，11月次之，3月最小。

表8-8　1 000 m高程39°N与40°N各月的太阳总辐射（单位：JM/(m^2·d)）

纬度	11月	12月	1月	2月	3月
39°N	15.45	12.66	13.99	18.74	25.21
40°N	14.89	12.09	13.42	18.21	24.79
差值	0.56	0.57	0.57	0.53	0.42

由表8-8可初步估计，在由南流向北方的河段，太阳辐射造成冷空气增温变性影响程度，是“南大于北”，而“冷湖效应”造成的偏冷空气向下游河段流动的效应，造成的降温效应也是“南小于北”，两者均会造成上下温差加大。但在由北向南流动的河段，太阳辐射造成冷空气增温变性影响程度，是“南大于北”，而“冷湖效应”造成的偏冷空气向下游河段流动的效应，造成的降温效应也是“南大于北”，两者造成的上下温差效应是相反的，即前者造成的南高北低的气温因素，被后者所抵消。因此，在相近纬度带，宁夏河段南北一个纬距冬季1月气温差，明显大于托克托以下由北向南流向的河段南北气温差，且按流向看，两个河段气温分布由“上高下低”变为“下高上低”形势。

比较由南向北流动的银川—蹬口与由北向南流向的托克托—河曲段，上、下控制测站间100 km河段累计负气温变率，按1971~2000年系列统计，前者为 -61.9 ℃/100 km，后者为30.8 ℃/100 km。从温差绝对值看，前者大于后者。这说明在由北向南流向的河段，冬季位置偏南站地面气温因太阳辐射增温效应被冷空气沿河谷向下游流动的“冷湖相应”部分抵消。

8.1.3.3　我国北方东西向河流沿河谷地区冬季气温时空分布特性比较

内蒙古蹬口—托克托河段，冬季气温分布“上暖下冷，上高下低”是北方类似地形条件下的一个普遍现象，如新疆天山地区一些河流沿河冬季气温时空变化特征，就是一个比较典型的实例。天山支脉婆罗科努山屏障的新疆伊犁河谷，所形成的逆温效应，由伊犁河谷伊宁气象站近地面探空资料所测气温垂直分布清晰可见，见图8-3。

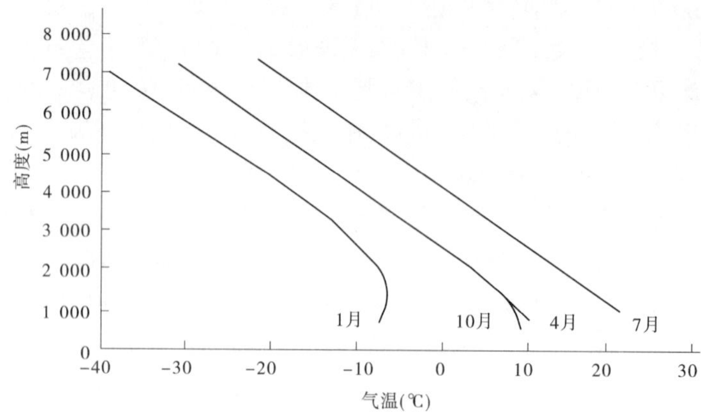

图 8-3　伊宁站高空气温随位势高度的变化(1960～1969 年平均)

伊犁河谷位于北纬 42°14′～44°50′,东经 80°09′～84°56′,由东向西流向。位于下游中段位置的伊宁站 1 月在 1 500 m 高程以下气温变化有明显的“拐点”,逆温层厚度约 840 m[1],即在 1 200 m 以下,随着高程的增加,温度也在升高,说明逆温现象在伊犁河流域冬季是存在的。这种逆温效应和冷空气向下游堆积形成的“冷湖效应”,使下游上段控制站雅马渡与河流下游出口站(出国境)冬季逐月平均气温出现“上高下低,上暖下冷”的沿程分布,其中月气温越低,上、下站月平均气温差异越大。

表 8-9　新疆伊犁河下游雅马渡与三道河子站 1986～2004 年 11 月至次年 3 月平均气温

测站	维度(°　′)	经度(°　′)	高程(m)	月平均气温(℃)				
				11 月	12 月	1 月	2 月	3 月
雅马渡	43　37.5	81　48	696	3.1	-3.6	-7.0	-3.9	4.2
三道河子	43　39	80　37	538	1.7	-5.6	-9.9	-6.1	3.9
雅-三				1.4	2.0	2.9	2.2	0.3

注:两站位置、高度系在地形图初步确定数,供参考。

伊犁河谷自东向西顺流而下,沿程 3 个气象站新源、伊宁、察布查尔高程分别为 928.2 m、662.5 m、600 m,它们在 1980 年以前的多年 1 月平均气温分别为 -6.8 ℃、-9.5 ℃、-12.2 ℃,也反映顺河谷自东向西高程降低,1 月平均气温呈“上高下低,上暖下冷”的基本特点。就这 3 站 1 月气温差与高度的关系,比垂直方向同高度差所显示的气温差要大得多,充分显示了地面冷空气向低洼地区堆积的“冷湖效应”的作用。

另外,在海河水系支流桑干河上游三级支流南洋河的阳高与天镇两站冬季气温关系也属同类。该支流系自西向东流汇入二级支流西洋河。南洋河位于山西北部与内蒙古交界处,处于自西向东云门山、环翠山、二郎山等阴山东侧余脉的南坡。因此,北方南下冷空气翻越这些山体,进入南洋河谷,同样形成“逆温效应”与“冷湖效应”,造成接近同一纬度地带的上游站阳高站冬季各月气温高于下游天镇站,并且同样也是 12 月、1 月两站温差最大,3 月最小,具体见表 8-10。

表 8-10　桑干河上游支流南洋河沿河谷地带上下游测站冬季逐月平均气温比较

测站	纬度	经度	测站高程(m)	逐月平均气温(℃)					累计负气温(℃)
				11月	12月	1月	2月	3月	
阳高	40°22′	114°14′	1 060	-1.1	-7.6	-10.0	-6.6	0.5	-764.7
天镇	40°26′	114°03′	1 014	-1.4	-8.3	-10.7	-7.1	0.2	-831.2

8.2　内蒙古河段冬季气温时空分布特点对河道凌情影响

冬季气温状况是影响河段凌情的主要热力因素。现从分析旬气温变化与凌汛的关系,来研究气温条件对水库防凌的影响。在兼顾气温热力因素对凌情影响的物理作用基础上,考虑水库防凌调度应用方式的特点。水库防凌调度方案编制的原则是"月控制,旬安排",对气温因子取用不易过细。需要澄清旬气温因子对凌情的主要影响,分析有关因子相关关系,为进一步探讨现状条件下,优化龙、刘水库对内蒙古河段防凌运用中,如何考虑气温条件影响,提供必要的基础分析依据。

8.2.1　内蒙古河段冬季气温时空分布特性对河道凌情影响

(1)内蒙古河段冬季气温低,低温维持时间长,年际变幅大,以及与其上下游河段不同的气温关系,是制约本河段凌情的重要因素。

内蒙古河段托克托站冬季累计负气温及维持时间与黄河下游河口地区利津站相应值比较,无论严寒程度和低气温维持时间均比黄河下游利津站严重得多,即便就内蒙古上首附近乌海站,以及下游河段出境站河曲站冬季 1970 ~2000 年平均年度累计日负气温均值也分别为 -562.9 ℃、-785.5 ℃,也比利津站近 60 年来最严寒年度的累计日负气温值 -505 ℃小。

利用银川、蹬口、包头、托克托 4 站冬季 11 月至次年 3 月逐月平均气温,计算各站 1951 ~2010 年累计日负气温(缺测年用邻近站相关插补),再加以 4 站平均,来代表内蒙古河段历年累计日负气温变化过程。其 59 个冰凌年度平均值、最大值、最小值分别为 -794 ℃、-464 ℃、-1 437 ℃,而近 20 个冰凌年度期这 3 个值分别为 -653 ℃、-464 ℃、-807 ℃。可见,内蒙古河段冬季严寒程度比较大且有相当大的年际变化幅度。即便是近 20 年气温回暖的情况下,最冷冬季与最暖冬季,累计日负气温仍可相差 -343 ℃。

冬季严寒程度不同,对河段冰情现象会产生不同影响,对凌汛洪水影响如何,则是一个众所关注的热点问题。现就近 20 年内蒙古河段冰坝发生情况与河段严寒程度分析是否有一定关系,见表 8-11。就近 20 个冰期看,最暖 4 个冰期与最冷 4 个冰期年度相比,暖冬年份冰坝个数明显偏少,这符合一般物理概念。因为暖冬与寒冬相比,冰厚较小,也有利于减少冰量,相当于减少了形成冰坝的物质材料。但是,如单一看一个冰期,较暖冬年度的 2000 ~2001 年,内蒙古河段累计负气温也只有 -554 ℃,冰坝个数就有 5 个,而 2008 ~2009 年度累计日负气温为 -536 ℃,与其仅差 -18 ℃,比前者冰坝个数少 3 个,寒冬年份也有冰坝个数明显偏少的情况。因此,我们只能认为,严寒程度对冰坝形成有一定正贡献,但还与其他因素有关。如果与黄河下游累计日负气温变化水平联系看,内蒙古河段累计日负气温即便升到 -200 ℃左右水平,防凌问题也还存在。因此,今后随全球气候进一步回暖,内蒙古河段冬季各月平均气温即便在现今水平上再升高 2 ℃,内蒙古河段首、尾站累计负气温维持在 -200 ℃以下水平,内蒙古河段冬季凌情仍存在一定威胁。因此,从气温较长期变化趋势来看,未来内蒙古冬季严寒气温条件对凌情影响仍是一个不可轻视的重要因素。

表 8-11　冬季暖冬与寒冬年冰坝个数发生情况对比

冰凌系列年度	河段累计日负气温(℃)			冰坝平均个数(个数/年度)
	均值	最低	最高	
1990 ~ 2010	-653	-807	-464	3.7
最暖冬年:1998 ~ 1999、2001 ~ 2002 2006 ~ 2007、2008 ~ 2009	-489	-536	-464	3.0
最寒冬年:1995 ~ 1996、1999 ~ 2000 2005 ~ 2006、2007 ~ 2008	-777	-807	-765	5.3

(2)内蒙古河段上、中、下段气温沿程时空分布差异也是形成分段凌情形势差异的重要因素。

①内蒙古上段河段冬季气温比中、下段平均气温要高,严寒持续时间要短些,河段气温分布为"上高下低",负气温维持时间为"上短下长",且河段上、下控制站这两个特征量的差距最大。该河段凌情还直接受宁夏河段凌情影响,是流凌、封河晚,开河时间最早的河段;河段平均冰厚较薄(平均约 0.55 m)。流凌、封河期受宁夏河段来水影响(流量与水温),包括刘家峡水库下泄流量、小川—兰州区间来水、兰州—青铜峡水库区间来水与用水、青铜峡水库下泄流量及青铜峡—石嘴山区间宁夏灌区引水、退水等。下泄流量变化大小、水温高低与来水情况有关,该期间遭遇河段气温冷暖变化大时,封河形势不稳定性较大,可出现二次封河情况。另外,河段比降较大,当流量较大,遇强降温过程,冰塞壅水比较严重;稳封期时间较短,本段最大槽蓄水增量(1999 ~ 2008 年)为 3.24 亿 m^3;开河期是内蒙古河段首开河段,且本河段开河次序基本是"上早下迟",在一些峡谷河段也可形成冰坝。在现状情况下,上游水库适时削减开河期流量,明显削减了上游及本河段开河期槽蓄水增量释放强度,石嘴山、巴彦高勒两站开河凌峰流量在龙羊峡水库运用以来,均较无水库运用前减小 25%,既直接减轻本河段开河动力条件,又削减了内蒙古中段河段开河起始动力条件,故水库运用后,本河段开河期冰坝个数已很稀少。

②蹬口(巴彦高勒)—头道拐(托克托)河段,是内蒙古河段冬季气温最低、低气温维持时间最长的河段,在严寒程度分布上基本维持"上暖下冷",在负气温维持时间上"上短下长"的基本特征,但这两指标上、下差距明显不及内蒙古上段河段。并且该河段中,按冬季气温分布的时空差异程度大小,又可分为蹬口(巴彦高勒)—包头段及包头—头道拐(托克托)段。

中段与上段相比，严寒程度、时间长短以及河段本身上、下气温差距，对本河段凌情基本特征影响与上河段不同。首先本河段流凌、封河时间比上段早得较多，开河时间要迟得多。河段平均冰厚要明显厚于上段（0.7 m 左右），这些特征量在上、下端控制站的差距明显小于内蒙古上段河段上、下控制站差异情况。封河期本河段最大槽蓄水增量 1999 ~ 2008 年均值为 9.77 亿 m^3，为上河段最大槽蓄水增量的 3 倍，但平均 100 km 河长最大槽蓄水增量仅 1.81 亿 m^3，不及上河段 2.31 亿 m^3。可见，从上中河段累计日负气温水平差异与河段最大槽蓄水增量关系看，河段最大槽蓄水增量与河段严寒程度关系并不非常敏感。本河段是内蒙古河段开河期冰坝主要发生河段。本河段易形成冰坝的地点多，出现频次明显比上段多，如从本河段严寒程度大，平均冰厚明显大于上段情况，加上开河期上段先行开河，提供冰坝形成条件比较有利，故就近 10 年来平均年出现冰坝次数为 3.5 个看，也多于同期上段水平。

本河段河长达 520 km，沿程气温变化也具有明显分段差异，总体看，巴彦高勒—三湖河口与三湖河口—头道拐两个河段相比，气温递减率是“上大下小”，故在分段上、下控制站流凌初始日期、封河、开河日期相比，上段差距较大，而下段差距小。从封河日期看，首封河段往往并不在头道拐河段，而较多出现在三湖河口—包头河段；开河时间上，三湖河口以上基本是“上早下迟”，而三湖河口以下开河次序并不固定，比较常出现分段乱开河情况，昭君坟、头道拐开河日期还可能比三湖河口开河日期还早。开河时间“下早上迟”情况应是有利于缓解其上游河段开河壅水负担，但水文站断面开河时间又不能代表其下游河道已先开河，造成分段形成冰坝的情况。有些年份在三湖河口以下断面出现冰坝时间早于三湖河口以上冰坝出现时间，就是这种分段乱开河的结果。如 2007 ~ 2008 年度，开河期三湖河口段 3 月 18 日、19 日分别出现冰坝，而包头市南海子河段在 3 月 14 日、17 日分别出现冰坝，属于这类分段乱开河的典型。

③头道拐—河曲河段是内蒙古河段最下段。该河段冬季仍比较严寒，气温沿程分布则是“上冷下暖”，但上下温差小。本河段主要位于峡谷，河道比降达到 1.05‰，比内蒙古河道上段石嘴山—蹬口段平均比降（0.218‰）要大得多。因此，在天然状况下，本河段一般不封冻，但河段流凌量较大。万家寨水库建成后，库区结冰，以及库尾河段沿程流速变缓，冰塞壅水严重，并向上游延伸，导致本河段大部分封河。开河期，上、下沿程气温差异小，形成本河段库尾河段上段先行解冻，加上槽蓄水释放，形成库尾河段“由上而下”武开河形势，库尾形成较严重冰坝壅水。为此，近年来，开河前万家寨水库先行降低库水位，引导形成“自下而上”开河形势，以控制库尾冰坝壅水。这对促进头道拐附近河段形成文开河形势也有利。

（3）内蒙古河段分段逐月、旬气温时间分布差异性，也是影响分段凌情特点差异的重要因素。

①强降温偏早，封河日期提前，可能形成小流量封河，加上冬灌退水，可加重冰塞壅水。内蒙古河段分段逐月、旬气温差异不同，就一个分段控制站本身逐旬气温变化对所在河段凌情形势也有明显影响。如一般内蒙古河段大多数年份封冻初日出现在 12 月上旬前后，封河出现日期所在旬平均气温多在 -7 ℃以下。包头站 12 月上旬多年平均气温 -7.9 ℃，故该旬是首封日期集中期。从年际变化看，旬平均气温能达到这个低值水平的

最早旬有两年,1976 年、2009 年的 11 月中旬平均气温分别为 -8.1 ℃、-8.4 ℃,再有就是 11 月中旬平均气温达到 -4 ℃水平,加上中旬后期至下旬强降温,下旬平均气温也达到 -7 ℃以下水平,也能造成中旬后期封河。这样在下旬以前封河,恰逢宁蒙河段冬灌期,一般河道流量偏小,故形成小流量封河,封河后冰下过流能力偏小,具体见表8-12。在该表中,1997 年、2000 年 11 月中旬封河情况与气温条件有所不同,一是封河前夕遇见较短期强降温过程;二是河道堵塞条件比较突出,故在旬平均气温达 -4 ℃就封河的情况过去少见。其中,1997 年 11 月中旬封河后,下旬开河,12 月上旬平均气温降至 -9.1 ℃,形成二次封河。而 1993 年 11 月中旬平均气温虽也只有 -4.8 ℃,后期紧接强降温过程,封河后 11 月下旬、12 月上旬平均气温 -10 ℃、-8.4 ℃,但受较大冬灌退水影响,导致巴彦高勒附近严重冰塞壅水,造成灾害。

表 8-12　内蒙古河段首封日期在 11 月中旬的冰凌年度封河期前后气温条件

首封时间（年-月-日）	首封地点	包头 11 月逐旬平均气温(℃)			封河前邻近站流量(m^3/s)			
		上旬	中旬	下旬	前 3 日	前 2 日	前 1 日	当日
1956-11-15	乌前旗—包头	-2.3	-5.2	-11.2	339	329	432	378
1959-11-14	昭君坟	-1.5	-5.2	-8.0	338	275	250	250
1969-11-07	三湖河口	-2.3	-4.2	-7.8	284	340	506	390
1976-11-13	包头	0.4	-8.1	-6.5	406	321	220	163
1986-11-15	头道拐	0.2	-3.7	-11.1	63.1	60	63.1	61.3
1993-11-17	三湖河口上游 100 km	4.7	-4.8	-10.0	681	666	604	545
1996-11-17	昭君坟	2.5	-3.6	-6.8	301	341	356	385
1997-11-17	昭君坟上游 1.9 km	3.2	-3.3	-4.1	298	302	301	301
2000-11-16	包神铁路桥下	-1.0	-4.2	-4.0	450	362	348	335
2009-11-18	包头市蹬口段	0.2	-8.4	-4.7	470	488	485	397

②12 月至次年 2 月期间内蒙古河段总体处于严寒期,但上下河段气温差以及同河段逐旬气温过程仍有较大起伏变化。首先,上下河段同旬气温差值大小随时间变化,对首封河段以上河段封河时间差距有一定影响。12 月以后,各站前、后旬气温波动幅度较大,又是一种情况,这对河段封河情势的稳定性以及分段槽蓄水增量大小与分段转移情况有一定关系,鉴于气温与这些因子之间相关关系比较复杂,有待进一步分析。

③开河期逐旬气温的升降变化类型与沿程高低分布类型不同,与开河形势有密切关系。

利用 1982 ~ 2008 年共 26 个冰凌年度开河期内蒙古托克托以上河段冰坝形成个数情况,选择冰坝达 5 个及以上的 9 个冰凌年度,冰坝个数在 2 个及以下的 5 个冰凌年度,比较它们在 2 ~3 月逐旬平均气温时空变化特点。

开河期内蒙古河段冰坝数量与水力因素、河道条件、气温因素(含封河期气温变化),实践经验表明,开河形势与开河前期气温变化有比较密切的关系。在开河期前期,冰盖融化起始阶段旬平均气温达到 -2 ℃以上水平,就可出现冰盖部分融化、变薄情况。由此,可按这个指标来概略判断封冻河段解冻初期时间。表 8-13、表 8-14 分别综合冰坝偏多、偏少年度内蒙古河段各控制站 2 ~3 月逐旬气温变化情况。冰坝偏多与偏少年度气温时空变化的差异,主要有以下几点:

表 8-13 1982 ~2008 年内蒙古河段冰坝偏多典型年各控制站 2 ~3 月逐旬平均气温

气温变化类型	测站	开河时间(月-日)	2 月逐旬平均气温(℃)			3 月逐旬平均气温(℃)		
			上旬	中旬	下旬	上旬	中旬	下旬
回暖偏晚升温	石嘴山	02-28	-5.3	-2.8	-3.3	-1.0	1.6	4.6
	巴彦高勒	03-15	-6.4	-3.9	-5.2	-2.7	0	3.4
	三湖河口	03-23	-7.6	-4.9	-5.7	-3.6	-0.6	2.9
	昭君坟	03-25	-6.9	-4.9	-5.1	-3.0	-0.1	3.1
	头道拐	03-24	-7.1	-5.3	-5.0	-2.8	0	2.9
	头道拐—巴彦高勒气温差		-0.7	-1.4	0.2	-0.1	0	-0.4
回暖偏早升温	石嘴山	02-15	-5.8	-0.5	-2.7	0.7	4.1	8.0
	巴彦高勒	03-09	-9.2	-3.5	-3.5	0.6	3.1	6.0
	三湖河口	03-19	-7.9	-2.5	-6.5	-2.1	2.0	5.6
	昭君坟	03-15	-10.7	-3.8	-4.4	-0.5	2.2	5.6
	头道拐	03-15	-11.2	-3.9	-4.3	-0.1	2.6	5.2
	头道拐—巴彦高勒气温差		-2.0	-0.4	-0.8	-0.7	-0.5	-0.8

表 8-14 1982 ~2008 年内蒙古河段冰坝偏少典型年各控制站 2 ~3 月逐旬平均气温

气温变化类型	测站	开河时间(月-日)	2 月逐旬平均气温(℃)			3 月逐旬平均气温(℃)		
			上旬	中旬	下旬	上旬	中旬	下旬
回暖偏早缓升温	石嘴山	02-15	-5.6	-3.5	0.2	1.2	5.1	7.7
	巴彦高勒	03-05	-6.1	-4.3	-0.5	-1.3	2.5	6.6
	三湖河口	03-17	-8.1	-5.8	-2.3	-1.0	2.4	4.6
	昭君坟	03-17	-7.4	-4.9	-1.3	-0.9	2.1	6.1
	头道拐	03-18	-7.9	-3.5	-0.8	-1.0	2.6	6.1
	头道拐—巴彦高勒气温差		-1.8	0.8	-0.3	0.3	0.1	-0.5

A. 冰坝偏多情况。

开河期巴彦高勒以下河段旬平均气温超过 -2 ℃,至开河所在旬,仅有两旬时间。其中，开河时间偏晚（下旬初中期）情况下，巴彦高勒以下河段，3 月中、下旬平均气温在 -2 ℃以上；而开河时间偏早情况下，3 月上、中旬平均气温在 -2 ℃以上。3 月中旬可出现气温猛升的情况，如 2008 年春，包头 2 月下旬至 3 月中旬逐旬平均气温分别为 -2.5 ℃、1.4 ℃、5.5 ℃，三湖河口 3 月 21 日开河。这与上、中旬气温快速提升，促使槽蓄水增量急剧释放有密切关系。这为冰坝形成提供了有利条件。

开河期内蒙古巴彦高勒—托克托河段基本保持了“上暖下偏冷”状况，特别是回暖偏早类型下，更为突出。

B. 冰坝偏少情况。

开河期巴彦高勒以下河段旬平均气温超过 -2 ℃，至开河所在旬延至 2 月下旬，基本上达到 3 旬，开河前冰盖融化时间要明显长于冰坝多年情况，显示气温在零度上下回升时间较长。这明显有利于增长槽蓄水增量释放时间，减缓释放强度，对减轻开河动力因素明显有利，故该类型气温条件是不利于冰坝形成的。

在这类型典型年中，平均气温还可在 2 月中旬回升至零上，但 2 月下旬又降至 -4 ℃附近，3 月上旬再明显回升，至中旬开河。如 1990 年春情况，三湖河口 2 月中旬至 3 月中旬逐旬平均气温分别为 -0.6 ℃、-5.7 ℃、-0.6 ℃、2.5 ℃，其他各站均有相似的变化过程。这显示在冰盖融化过程中，气温经历一次比较明显升降变化，实际上也是一种延长融化时间的气温变化情况。

开河过程中，内蒙古巴彦高勒—托克托河段气温沿程分布的“上暖下偏冷”的情况已不明显，特别是在巴彦高勒以下，2 月中旬至 3 月中旬，各旬上、下站气温相比，出现下站高于上站情况，气温沿程分布与基本情况出现倒置的情况，即出现昭君坟、头道拐开河时间比三湖河口早几天的情况。如 1992 年三湖河口开河日期在 3 月 23 日，而下游两站均在 3 月 20 日开河。显然，下游河段较上游河段先开河，有利于文开河形势发展，避免冰坝形成。

C. 内蒙古河段上段开河期气温条件与巴彦高勒以下河段有所不同，其开河期所在旬平均气温明显偏低，多在 -1.0 ℃以下开河，而巴彦高勒以下河段开河期所在旬平均气温多在 2 ℃左右，显示上、下两河段开河期河道条件、上游来水条件不同，故反映在开河与气温关系上，也有所差异。

D. 近 20 年来内蒙古河段冬季气温总体回暖趋势下，封、开河期出现一些异常冷暖变化情况，对凌汛变化影响不容忽视。

近 20 年来，内蒙古河段冬季气温明显回暖，包头 1987 ~ 2009 年累计日负气温均值 -765 ℃，而 1951 ~ 1986 年达 -1 024 ℃，相差 -259 ℃。在这个冬季气温回暖背景下，就冬季内蒙古河段气温变化对河道冰凌形势的影响仍需关注几个方面：

累计日负气温仍存在较大的年际变幅。包头站 1951 ~ 1986 年段，其年度累计日负气温最大变幅为 -736 ~ -1 645 ℃，而近 20 年来最暖年出现在 2001 ~ 2002 年度，为 -515 ℃，最冷年出现在 2009 ~ 2010 年度，达 -924 ℃。在河道冬季来水条件同样情况下，这个差值对河道平均冰厚、最大槽蓄水增量、开河期冰坝个数等均可产生一定影响。

年度中 11 月、12 月逐旬平均气温过程仍可能出现异常升降温变化，如 2009 年 11 月中旬，包头旬平均气温 -8.4 ℃，为历史最低，11 月 18 日 8 时在包头市东河区蹬口段出现首封，封河流量在 400 m^3/s 附近是明显偏小的。后续气温持续偏低，本年度最大槽蓄水增量 16.2 亿 m^3。

④开河期异常增温过程，导致槽蓄水增量急剧释放，给防凌带来不利影响的情况也时有发生。

2008 年春，开河期气温异常偏高，且蹬口以上河段升温幅度大于其下段。2 月下旬起气温回升快，较多年平均偏高 2.2 ℃，3 月宁夏、内蒙古河段上段月平均气温偏高 4 ℃左右，而包头偏高 3.1 ℃。各站在 3 月上、中旬气温增幅要更大些，其中蹬口分别高出 4.1 ℃、5.0 ℃，包头高出 3.5 ℃、4.8 ℃。包头 3 月中旬气温达 5.5 ℃，也为近 60 年来 3 月中旬气温最高值，这样为河段槽蓄水增量急剧释放提供了热力条件。巴彦高勒—三湖河口河段开河前两天至开河日，3 d 内河段槽蓄水增量释放，使三湖河口逐日流量增量达 439 m^3/s、1 116 m^3/s、1 108 m^3/s，致使三湖河口开河前的 3 月 20 日出现凌峰流量 1 650 m^3/s，瞬时最高水位 1 021.22 m，三湖河口站水位接连刷新该站建站以来最高水位。开河前夕，流量剧增带来水位上升后又随即发生的开河，较大凌峰流量具备搬移大量冰凌的能力，同时在主河槽冰凌下泄过程中，必然还导致较高滩区部分岸冰破碎，一同进入河槽下泄，这样明显地增加了三湖河口开河时下泄冰凌量，三湖河口下游易堵塞河段严重壅水，导致两处溃堤。因此，开河前夕河段槽蓄水增量急剧释放，且达到一定数量，同时在水位急剧升高过程中出现的开河形势，是对防凌不利的开河形势。

8.2.2 气温因子是影响凌汛特征指标变化的一个重要指标

气温因子与凌汛形势的关系，可直接通过对主要冰情特征量的影响来进行分析。在选择气温指标时，需考虑水库防凌运用方式，结合目前气温预报实际水平，采用通用的旬、月平均气温作基本指标，来分析与主要冰情特征量的相关关系，为方案编制提供必要的依据。

8.2.2.1 气温因子与冰情特征日期相关关系

1. 各河段 11 月平均气温与流凌初日关系

(1)各站流凌日期与邻近站 11 月平均气温虽具有一定正相关关系，但各河段的相关关系并不一致。

从 4 个站流凌日期与相邻站气温相关关系看，靠下两站相关关系相关性要较上两站关系显著。这表明靠下河段流凌日期出现与 11 月气温高低关系更为密切些，而靠上游河段近两个年段流凌日期还与来水的水温条件变化影响有关，其中石嘴山站 1987 ~ 2009 年段相关显著性仅满足 $\alpha = 0.10$ 的临界值标准，相关显著性较差。

(2)各站不同年段流凌日期与邻近站 11 月平均气温相关发生一定变化。

各河段流凌日期除与气温条件有直接关系外，还与来水的水温高低有一定关系。靠近上游河段两站流凌日期与气温关系，在上游水库建库前关系显著，而随着上游水库运用，水库下泄水温增高，以及近 20 多年来 11 月宁夏灌区冬灌引水量与退水量的增加，对石嘴山以下附近河段 11 月水温影响不断加大，致使两站在 1987 年水库运用的前后两个年段，流凌日期与银川 11 月平均气温关系显著性明显减小。而靠下游河段两站流凌日期与邻近站 11 月平均气温相关性未出现趋势性变化。

2. 各河段封河日期与气温关系

(1)青铜峡水库,龙、刘水库先后运用后与建库前相比,封河期水量明显加大,除头道拐外,其他各站封河日期与相邻站 30 d 平均气温相关关系均比较显著,均满足 $\alpha = 0.05$ 的临界值。表明气温高低仍是影响封河日期早晚的一个重要因素。

(2)从各站不同年段封河日期与相应站 30 d 平均气温相关关系看,1987 ~ 2009 年段各站封河日期与相邻站 30 d 平均气温相关显著性要高于其他两个年段情况,表明水库在封河期水量调控基本合适,显示热力因子对封河日期影响作用仍比较突出。

3. 各河段开河日期与气温关系

4 站开河日期与邻近站 30 d 平均气温关系比较复杂。其中,石嘴山、蹬口站各年段的开河日期与 2 月中旬至 3 月上旬平均气温关系均比较显著,反映开河日期与气温关系密切;巴彦高勒站开河日期与气温的相关关系,在建库前还具有较弱显著性,在建库后的两个年段关系已不显著,表现在该站开河日期与水动力条件影响关系比较显著;而三湖河口站、头道拐站在建库前,开河日期与相应气温因子关系并不显著,反映其开河日期与水动力条件的关系,但在水库投入运用后两个阶段,它们的开河日期与相应站气温因子关系显著性得到明显加强,说明水库运用后,削减了原开河期靠内蒙古黄河河段下游侧动力作用,致使气温因子对开河日期影响明显有所加强。

4. 综合评述 4 站冰情特征日期变化特点

(1)各站在水库运用前后的 3 个年段,其流凌日期、封河日期、开河日期与邻近站 30 d 平均气温,总体看具有一定相关关系。表明气温因子对各河段冰情特征日期具有一定影响。

(2)部分河段冰情特征日期与气温因子的相关关系,受建库前后上游来水条件变化及水温变化的影响。

(3)3 个年段相比,各站冰情特征日期与气温因子的相关关系出现一定趋势性变化,但变化幅度并不完全一致,受上游来水条件变化,以及水温条件变化等影响,对各河段冰情特征日期与气温关系更为复杂。总体看,第 3 年段与前两个年段相比,各站流凌日期、封河日期推迟,开河日期提前。

各河段控制站冰情特征日期与气温因子相关分析见表 8-15 ~ 表 8-19。

表 8-15　石嘴山站冰情特征日期与相应时段气温因子相关分析成果

资料年段	年数	流凌日期与气温相关		封河日期与气温相关		开河日期与气温相关	
		气温因子	相关系数	气温因子	相关系数	气温因子	相关系数
1951 ~ 1965	15	银川 11 月平均气温	0.69	银川 12 月平均气温	0.50	蹬口 2 月中旬至 3 月上旬平均气温	0.53
1966 ~ 1986	21		0.62		0.69		0.76
1987 ~ 2009	23		0.31		0.52		0.60

表 8-16 巴彦高勒站冰情特征日期与相应时段气温因子相关分析成果

资料年段	年数	流凌日期与气温相关		封河日期与气温相关		开河日期与气温相关	
		气温因子	相关系数	气温因子	相关系数	气温因子	相关系数
1954～1965	12	蹬口 11 月平均气温	0.80	蹬口 11 月下旬至 12 月中旬平均气温	0.81	蹬口 2 月中旬至 3 月上旬平均气温	0.45
1966～1986	21		0.58		0.58		0.24
1987～2009	23		0.41		0.81		0.77

表 8-17 三湖河口站冰情特征日期与相应时段气温因子相关分析成果

资料年段	年数	流凌日期与气温相关		封河日期与气温相关		开河日期与气温相关	
		气温因子	相关系数	气温因子	相关系数	气温因子	相关系数
1951～1965	15	包头 11 月平均气温	0.57	包头 11 月下旬至 12 月中旬平均气温	0.65	包头 3 月平均气温	0.36
1966～1986	21		0.81		0.49		0.70
1987～2009	23		0.72		0.73		0.71

表 8-18 昭君坟站冰情特征日期与相应时段气温因子相关分析成果

资料年段	年数	流凌日期与气温相关		封河日期与气温相关		开河日期与气温相关	
		气温因子	相关系数	气温因子	相关系数	气温因子	相关系数
1954～1965	12	包头 11 月平均气温	0.87	包头 11 月下旬至 12 月中旬平均气温	0.43	包头 3 月平均气温	0.33
1966～1986	21		0.80		0.38		0.76
1987～2000	14		0.73		0.56		0.68

表 8-19 头道拐站冰情特征日期与相应时段气温因子相关分析成果

资料年段	年数	流凌日期与气温相关		封河日期与气温相关		开河日期与气温相关	
		气温因子	相关系数	气温因子	相关系数	气温因子	相关系数
1959～1965	7	托克托 11 月平均气温	0.81	托克托 11 月下旬至 12 月中旬平均气温	0.34	托克托 3 月平均气温	0.18
1966～1986	21		0.59		0.50		0.46
1987～2009	23		0.73		0.81		0.72

8.2.2.2 气温与冰厚、封河天数相关分析

（1）宁蒙河段平均冰厚、内蒙古三站河段最大冰厚与河段相应累计日负气温在建库前相关关系不显著，但在建库后两个年段具有一定反相关关系，累计负气温绝对值越大，表现严寒程度高，河段平均冰厚也较厚，累计日负气温与平均冰厚相对关系比与最大冰厚关系要显著些，见表 8-20。

表 8-20 各河段平均冰厚、最大冰厚与相应河段冬季平均累计日负气温关系

年段	凌汛年度	平均冰厚(cm)	最大(平均)冰厚(cm)		
		宁蒙河段	巴彦高勒	三湖河口	头道拐
1951(57) ~ 1965	15(9)	0.49	0.31	0.30	0.40
1966 ~ 1986	21	0.74	0.56	0.54	0.62
1987 ~ 2009	23	0.52	0.72	0.66	0.42

注:最大冰厚第一统计年段为 1957 ~ 1966 年度。

(2)从 3 个年段宁蒙河段平均冰厚、内蒙古 3 站最大冰厚相关点据分布差异性看,第 3 年段累计负气温绝对值明显偏小,点据主要集中在各相关图的右下方,表现平均冰厚、最大冰厚偏小,而从 3 个年段凌汛期上游来水大小看,冰厚与水量大小关系并不显著;只是头道拐在建库前年段,点据偏离其他两个年段。这可能与该年段开河期上游槽蓄水集中释放情况比较突出,有利于河段开河前最大冰厚增大有关。

(3)利用各站封河日期与开河日期预测结果,估计各河段封河日数。

8.2.2.3 宁蒙河段最大槽蓄水增量与气温关系

分析 3 个年段石嘴山—头道拐最大槽蓄水增量与河段(银川、蹬口、包头、托克托 4 站)平均累计日负气温,相关系数分别为 0.12、0.06、0.04,相关关系不显著,说明河段最大槽蓄水增量虽然与平均冰厚有关,但其最大数量多少与气温没有单一线性的定量关系,线性相关关系并不显著。

图 8-4 是 1995 ~ 2010 年 15 个冰凌年度石嘴山—头道拐河段最大槽蓄水增量与小川 11 月下旬至 2 月底径流总量线性相关,相关系数为 0.69,满足 $\alpha = 0.01$ 临界值,已具有较好的线性相关。但从图中点据分布情况看,小川在同一泄水量条件下,最大槽蓄水增量仍有约 5 亿 m^3 的变幅,如增加河段平均累计日负气温值作为一个辅助参数,因严寒程度差异,可将单一相关线定值考虑一个可能出现的变幅。具体看,当估计累计日负气温水平达 -700 ℃以上,取一个上限数值;在 -500 ℃以下,取下限;如在 -600 ℃左右,则直接按相关线查值。

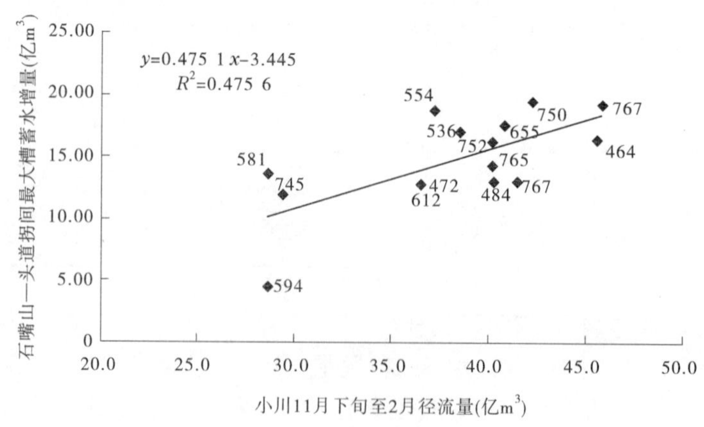

图 8-4 小川 11 月下旬至 2 月径流量与石嘴山—头道拐间最大槽蓄水增量相关关系

8.3 黄河水文气象规律分析应用情况综合评述

从第5~8章,分29个应用专题对在黄河流域规划、大型水利水电工程规划设计中有关水文气象规律分析的成果进行了比较全面的反映。就此,从水文气象规律分析分支学科的角度,做简要综合评述。

8.3.1 方法的基本特点

(1)主要应用气象学原理与方法来参与水文现象的时空变化规律研究。将洪水(凌洪)、径流—降水、气温—天气、气候条件联系起来,采用天气学、气候学、天气气候学、古气候学等进行综合分析,进一步加强了洪水(凌洪)、径流时空变化规律认识。

例如:在黄河中游洪水时空分类的基础上,对相应降雨过程分为区域性暴雨与强连阴雨,并对区域性暴雨按雨带走向与位置分为纬向类、斜向类和经向类。在雨型分析基础上,再应用天气学方法,对各类型降雨的环流形势、天气系统和相应水汽、动力指标进行分析、归纳,增强对洪水时空演变规律认识;对黄河中游重要水库洪水季节变化特点归纳的基础上,利用天气学、气候学方法对区域降雨的主汛期与后汛期的天气气候条件进行区分与归纳,为两个时期具体时间控制,提供具有一定成因概念的依据;关于三门峡以上与三花间两区间特大洪水不会遭遇问题,通过天气学等分析两区间特大洪水大气环流形势、影响系统、水汽与动力条件的区别,从气象成因角度,进行分析论证;在相应三门峡至小浪底河段古洪水研究中,为控制古洪水取样资料与计算洪水资料可比用性,利用相关历史气候和黄河环境历史演变研究成果,进行综合分析,提出了以晚全新世(距今2 500~3 000年以来)作为区域古洪水取样的最长时间控制;在研究气候变化与黄河水文情势的关系方面,从较宏观角度,对比近300年来黄河中游区域性暴雨指标系列与同期气温变化尺度看,暴雨与气候冷暖变化背景有一定关系,概括看气候偏冷和冷暖转换期,区域性暴雨10年平均指标偏小,表明区域性暴雨偏多,而偏暖期区域性10年平均暴雨指标偏大,表明区域性暴雨偏少[5];从天气学、天气气候学、气候学角度,研究了宁蒙河段冬季气温时空分布特点、气温过程变化规律,并将气温与凌汛特征指标的关系紧密联系起来。

(2)应用水文学、气象学相结合的方法来进行水文现象的时空变化规律研究。

例如,在采用三门峡、青铜峡志桩资料按常规水文方法来延长两站1732~1918年径流系列中,缺少水尺志桩资料的年份有近30年,而这30年系列采用了气象研究部门500年旱涝等级指标相关研究来恢复,为了解上中游径流量长期演变规律提供了必要条件;采用1954~1990年三门峡实测洪水与区域性暴雨系列资料,通过水文气象学结合,按暴雨与不同量级洪水大小、频次关系,确定河口镇至三门峡区间区域性暴雨三级等级指标与三门峡洪水量级与频次关系,再利用三门峡1770~1953年洪水系列资料(其中1770~1918年系插补),建立1770~1953年河三区间区域性暴雨等级指标,与1954~1990年实测暴雨构成近200年的暴雨指标系列,以此来研究黄河中游近200年来区域性暴雨长期演变规律,从区域性暴雨变化角度来进一步了解三门峡洪水长期演变规律。

(3)水文与气象相结合、定性与定量相结合,以及成因与统计相结合的思路与方法。

在各项应用研究中，这“三结合”方面均有不同程度的表现。比较典型的实例就是在黄河支流伊河陆浑站分期洪水计算中，先通过该站洪水特征分析大致是在8月10日后有较明显区分。再通过气象分析形成两个阶段洪水的降雨、环流形势及天气系统的差别，经分析，西风急流位置南移至37.5°N，东亚沿岸低槽建立的时间是在8月下旬至9月上旬，此时西太平洋副热带高压南退西伸，是夏、秋季节转换的重要时期。再参考明清时期经向类大暴雨洪水发生最晚时间在8月20日以前，8月下旬出现概率可能性极小。因此，在暴雨、洪水季节变化规律及相应气象分析基础上，综合确定分期时间为8月20日，作为前后期洪水分期点[5]。

8.3.2 成果的主要特点

8.3.2.1 增加了常规水文时空变化规律分析的内容

过去多年来，北方河流冬季凌汛问题主要关注南北流向的河段。因这些河段冬季气温是“上高下低”，气温在零度以下时间是“上短下长”，较容易形成凌汛。新疆伊犁河中下游河段是由西向东流动的河段，但凌汛问题仍比较突出。其冬季气温时空变化规律与由南向北流向的河段相似，这如何解释。经伊犁气象部门提供的伊犁站（偏河段下游）10年冬季1月平均探空曲线，表明其测站地面至2 500 m高度，气温呈随高度增加而增加的逆温情况，这是由于北侧天山阻挡西伯利亚地区冷空气南下而形成逆温分布，10年均值已是一种低空气候特征现象。由于在这类河谷地区，高程越低，气温越低，空气密度越大，造成冷空气向低河段流动，形成所谓的“冷湖效应”。可见，这个河段虽东西流向，但冬季气温上下沿程分布情况与由南向北流向河段情况相似。为此，我们利用黄河内蒙古河段冬季气温沿程分布情况进行对比论证，也完全如此。过去我们主要关注宁夏河段至内蒙古河段冬季气温沿程差别对内蒙古河段凌汛影响，现内蒙古上游河段海勃湾水库已建成运用，还应特别关注内蒙古东西向河段本身的气温时空分布对河段凌汛的影响问题。

对我们已有成果概括看，从三个方面来弥补或增强了常规水文时空变化规律分析内容。一是将洪水（凌洪）、径流—降水、气温—天气、气候条件联系起来，增加了其变化规律内容；二是水文、气象信息资料有效融合，来延长水文信息系列（径流、洪水或相应替代资料），以此增加径流、洪水水文信息随时间的演变规律认识；三是气候变化与水文情势变化相互影响关系的研究，前者主要涉及现代气候回暖变化对水文情势演变规律影响的综合分析，后者是水文情势（状况）变化的气象（气候）效应，是一种水文规律变化对局地气候环境影响的反向分析，这些均是过去水文规律分析中所欠缺的部分。当水文气象规律分析内容可扩充至多流域时，则增加了对水文现象地区规律的综合认识。

8.3.2.2 增加了常规水文时、空变化规律的成因分析内容

例如，在暴雨洪水规律分析中，应用天气学的观点与方法，论证了黄河中游暴雨在两种基本环流形势下其特性有明显差别。纬向环流型暴雨天气系统移动性特点明显，加上局地对流作用较强，短历时暴雨中心强度明显较大，但时间较短，多维持1 d，雨区向偏东北、偏东、偏东南方向移动，形成的雨型为纬向类与斜向类，黄河中游各区间均可出现。经向环流型下，主要是南北向切变线暴雨天气系统，加上一级阶地地形影响，形成的经向类暴雨、特大暴雨主要落区位置在黄河三花间，暴雨区还可延伸至汾河中下游，暴雨区相对

稳定,区域性暴雨维持最长可达 5 d,主要雨带位置维持在 110°E 以东。这样分析结果表明,黄河中游洪水有以三门峡站分“上大”与“下大”的特点,且不会同时发生,是一种确定性的规律[6]。

8.3.2.3 水文气象规律这一分支学科与水文气象预报、水文气象计算两学科的成果具有一定联系,但有明显差别

水文气象规律分析并不涉及前期影响因素问题,故不能直接作为水文气象预报方法的内容,但是其对水文规律的气象成因分析可作为相关气象预报内容的着眼点。例如,黄河中游两类环流形势下,暴雨天气系统的差别,以及与不同区间洪水关系,应作为暴雨洪水预报的重要区分点对待,来考虑选择相应预报系统因子及预报系统。

水文气象规律分析与水文气象计算中可能最大暴雨洪水计算关系是比较密切的,其一些分析结论可作为选择典型暴雨、暴雨组合和暴雨移置可能性的依据,但其本身成果仍具有相对独立性。例如,在小浪底水库设计洪水计算中,专门研究分析了三门峡以上和三花间特大暴雨洪水不遭遇的成因[2]。该项成果既具有相对独立性,又是参与黄河小浪底水利枢纽工程洪水分析内容之一。

8.3.3 主要经验

(1)分析目的明确。利用气象学原理、方法与信息,加入水文规律有关问题研究,从成因角度剖析,达到增强水文规律性认识的目的。上述 4 章内容,从雨—洪(径流)—天气(气候)综合分析,加强了黄河上中游洪水的时空规律性认识;在历史雨情、水情、灾情资料在实测雨情、水情、灾情资料分析基础上,通过天气气候学分析,增强了黄河上中游径流长期演变规律认识;后两章内容是应用天气学、气候学、古气候学一些研究成果,参与气候变化与黄河洪水、凌汛洪水等特点研究,特别是近些年来气温升高,对黄河上游径流变化影响和内蒙古河段凌汛规律影响认识等。

(2)因地制宜,合理、充分利用有效水文、气象信息资料来进行研究。应用信息资料需客观,符合实际,避免人为主观加工。这在应用历史文献雨情、水情、灾情资料中尤须注意。过去在如何有效、合理利用历史文献资料,也有不同看法与争论。最为典型的是如对 1662 年泾河、渭河历史洪水及相应雨情资料使用问题。关于这场洪水期间在泾河、北洛河、渭河、汾河降雨性质的描述主要有:“大雨如注,昼夜不息”“大雨如注,连绵弥月”“大雨六十日”“霖雨四十日”等几种情况。如何量化,是较为棘手的问题。有关研究提出[7],1662 年秋,泾河、洛河、渭河、汾河洪水,是由 9 月 20 日至 10 月 5 日持续 17 d 的大面积暴雨、特大暴雨所形成的,且相应三门峡最大洪峰流量达 58 600 m^3/s 以上。我们认为,看降雨强度及量级,由泾阳与临潼附近有绝渡十日记载,结合黄河下游决口和漫溢情况,可以推测该场降雨在泾河、北洛河、渭河、汾河的总量还是比较大的。但从其下游潼关至孟津峡谷河段看,涨洪并不是很严重。垣曲县位于该峡谷河段中部,历史上多次记载黄河涨水,淹及城垣之情形。在 1662 年前、后 5 年均有水灾、旱灾灾情记载,而该年没有涨水记载只能用涨水不太大,并未淹及来解释。另外,在 20 世纪 90 年代中期前后,对三门峡至小浪底河段开展过数次洪水调查,而后又进行古洪水专项研究,并未发现有 1662 年特大洪水沉积物。另外,将泾河、北洛河、渭河一带记载的“大雨如注,昼夜不息”等,作为现代

概念的成大片、持续性暴雨、特大暴雨看待略显主观，从水文气象学规律研究来看，与黄河中游地区秋季暴雨天气过程形成的基本规律不同。其结论中最突出的几点：①雨情的分析结果，黄河中游泾河、北洛河、渭河、汾河（龙门以上部分地区）区域性暴雨（日暴雨、特大暴雨量级平均在50 mm以上的面积达65 000 km^2以上）连续出现17 d；②该持续性区域性暴雨出现在9月下旬至10月上旬期间，而不是在盛夏；③特大暴雨的形成条件强调是在广东吴川附近3次台风登陆。这几方面分析，与近几十年来黄河中游夏秋季暴雨与强连阴雨基本特点，以及其天气条件对降雨过程影响的基本认识不符。简单讲，黄河中游三门峡以上区域在9月期间，日暴雨（日雨量在50 mm以上）面积在1万km^2以上持续日数最多2 d，最大日暴雨面积在5万km^2以下，日雨量100 mm的面积在1万km^2以下，其暴雨强度、暴雨范围、暴雨区降水总量均小于7月、8月；秋季泾河、洛河、渭河可维持10 d左右的纬向分布的区域性较强降水（还可以重复），形成秋雨连绵夹暴雨形势，为典型华西秋雨。其原因主要是9月初环流形势转换，中亚高空巴尔克什湖低压槽建立，东亚沿岸低槽建立，西风带纬向环流向南推进至35°N附近，西太平洋副热带高压南退、西伸，其脊线南移至25°N，由中亚主槽不断分裂短波槽沿纬向环流东移，冷空气随之东移、南下（也有冷空气自华北南下向西南回流），青藏高原东侧北上的印度洋低空暖湿气流及饶西太平洋副热带高压西北边缘地区北上的南海暖湿气流（南海台风活动有关）合并，与南下冷空气在华西地区相遇，形成地面冷锋与低空冷切变线之间的东西向辐合带，锋区结构比较明显，可形成较强连阴雨，期间如低空有低涡东移，可形成较大面积单日暴雨、局部特大暴雨区情况，随第二次低槽东移，类似降雨过程可重复，阴雨天气可持续。因此，降雨天气系统有明显移动性和置换，降雨过程有明显起伏与间歇。雨带位置随副热带高压强弱与位置变化以及冷空气强弱与南下路径变化，主要雨带位置也有一定南北变化、向东影响范围的变化。因此，对1662年明确定量标准的区域性日暴雨、日特大暴雨，在一固定区域维持17 d的极端定量结论，用现代天气学原理与经验尚无法解释。

应用资料有实时气象资料、气候资料，或是一些相关研究成果资料，应结合研究的问题需要来选择，使成果易理解，便于应用。在研究气候回暖变化对黄河上游源区径流影响问题时，鉴于涉及径流变化的因素有降水、蒸发、下垫面特性等，气温的变化影响如何考虑，是个有待研究的问题。不少研究指出，近年来河源区地面蒸发皿观测资料表明，虽气温升高，蒸发并未增加。据卫星遥感资料分析和野外调查，河源区冻土退化、土地干旱化情况是存在的。但限于资料条件限制，逐一研究各项因子作用尚不易进行。通过区域气温年际资料分析，20世纪90年代开始气温明显升高，由此利用唐乃亥水文站1954～2010年天然年径流系列，按1990年前后，分两段分析唐乃亥以上年降雨—径流关系。可以看出，两个年段降雨—径流关系不同，在同样降雨量条件下，后一年段年径流量少30亿m^3。这个结果从水文基本概念来看是成立的。在应用研究中，已将这个结论用来研究气候变化对黄河上游径流影响及其对内蒙古河段河道淤积影响。

8.3.4 简要评述

经过多年黄河流域规划、治理中研究工作的推动，在水文气象学应用研究方面，水文气象学规律分析分支学科脱颖而出，从水文气象预报与可能最大暴雨分析计算研究中分离出来。但从目前该分支学科进展情况看,还有待进一步系统、全面归纳与总结。这需要加强水文与气象部门的沟通合作,特别是需要建立一支具有水文与气象两个专业学科知识的队伍,来充实水利部门相关业务。从该分支学科目前亟待研究的问题看,一是青藏高原及其边坡地带涉及的有关水文基本规律研究问题还较多;二是一级阶段边坡及东部水利事业开发较早地区,需特别注意应围绕国家气候变化评估报告中提出的气候变化对水环境影响的有关问题,加强气候变化对相关流域水文情势的影响。这就需要研究目前气候回暖变化背景条件下,这些地区径流、洪水(包含凌汛洪水)等可能发生的变化,以及相应对策(包含改进水文预报及水文计算)研究。

参考文献

[1] 林之光. 山地气候特征[A]. 山地气候文集[C]. 北京:气象出版社,1984,12,71.

[2] 叶佰生,赖祖铭,施雅风. 伊犁河流域降水和气温的若干特征[J]. 干旱区地理,1977,20(1):46-52.

[3] 高治定,宋伟华. 宁蒙河段冬季气温状况与水库防凌调度关系研究[J]. 黄河规划设计,2013(1):6-8.

[4] 高治定,雷鸣. 气候变化与宁蒙河段凌汛关系研究[J]. 黄河规划设计,2014(3):1-4.

[5] 高治定,马贵安. 黄河中游河三间近 200 年区域性暴雨研究[A]. 黄河流域暴雨与洪水[C]. 郑州:黄河水利出版社,1997:48-56.

[6] 高治定. 三门峡以上和三花间特大暴雨洪水不遭遇的成因初探[A]. 黄河小浪底水利枢纽工程洪水分析专集[C]. 郑州:黄河勘测规划设计研究院,1992.

[7] 王涌泉. 日地水文学与水旱灾害研究[M]. 郑州:黄河水利出版社,2012.

[8] 刘光生,王根绪,张伟. 三江源区气候及水文特征变化研究[J]. 长江流域资源与环境,2012,21(3):302-308.

[9] 李林,等. 青藏高原区域气候变化及其差异性研究[J]. 气候变化研究进展,2010(5):181-186.

[10] 时兴合,等. 黄河上游径流变化特征及其与影响因素初步分析[A]. 三江源地区气候水文变化特征及其影响研究[C]. 北京:气象出版社,2008:1-10.

第 9 章　水文气象计算研究之一：可能最大暴雨计算

9.1　概　述

可能最大暴雨计算是研究重大水利工程设计洪水问题的重要工作内容，现已持续多年。黄河勘测规划设计有限公司在这方面的研究历程简述如下：1972 年与华东水利学院（现河海大学）、河南省气象局合作进行了黄河三花间可能最大暴雨研究，主要开展了计算方法研究，并提出了区间可能最大暴雨初步成果；20 世纪 70 年代中、后期陆续开展了黄河三门峡、龙门可能最大暴雨及一些专题研究；70 年代后期，承担了我国《水利水电工程设计洪水计算规范》（SDJ 22—79（试行））中可能最大暴雨计算规程的编制工作；80 年代中、后期，为适应小浪底水利枢纽工程的规划设计，进一步补充完善黄河三花间可能最大暴雨研究；进入 21 世纪后，2004 年以来，受联合国气象组织委托，主持编制了《可能最大降水估算手册》（第 3 版）。这些年来，围绕该类工作还相继开展了多项研究。现就这类研究中，结合水文气象学研究开展的情况加以概括介绍。

9.2　黄河三花间可能最大暴雨研究

1972 年，黄河勘测规划设计有限公司与华东水利学院、河南省气象局合作，开展了黄河三花间可能最大暴雨研究。在当时，国内仅有三峡工程 20 世纪 50 年代关于可能最大暴雨的一些研究成果，国外相关成果也仅限于一些概念性介绍。虽然这些成果提供了一些有关暴雨组合等问题的研究思路，但如何结合黄河三花间开展可能最大暴雨计算，还是一项全新课题。经过 1 年多的工作，完成了初步研究报告。1975 年 8 月，淮河特大暴雨洪水发生后，又进行了几次补充、完善，最终提出了一套定性指标。在暴雨放大、暴雨移置、暴雨组合等方面，参考国外一些经验和相关研究[1-15]，结合黄河中游一些骨干工程可能最大暴雨洪水计算研究的需要与条件，初步建立了一套较为系统、完整的思路与方法。

9.2.1　内容简介

9.2.1.1　研究思路与方法

参照国外有关可能最大暴雨计算的基本原理，根据本区间及邻近流域实测、历史特大雨洪时空分布特点和暴雨气象成因条件认识，估计三花间可能最大暴雨定性特征；较全面、系统地分析计算了夏季太平洋不同区域海温，三花间、淮河、汉江、海河大暴雨过程的水汽、效率指标，为实测大暴雨水汽、效率放大原理、方法、有效性论证和指标选取，提供了较为系统、充分、可靠的基础，为当地暴雨放大法运用计算提供了必要条件；利用“63・8”海河大暴雨过程资料,经移置可能性论证,移置三花间,再经水汽放大推求可能最大暴雨;利用三花间实测大暴雨过程,依照可能最大暴雨定性特征估计,加以组合分析论证,再经必要水汽、效率放大来推求成果。综合以上各方案成果,推荐可能最大暴雨的采用成果。在此基础上,考虑下垫面较湿润条件,来推求可能最大洪水。

9.2.1.2 成果简要评述

1. 成果创新点

(1)首次提出了黄河三花间可能最大暴雨基本定性特征估计。考虑当时已有的三花间1954年8月3日与1958年7月16日实测大暴雨洪水(暴雨过程3 d)、1963年8月3~9日海河特大暴雨洪水(暴雨维持7 d),以及黄河三花间1761年8月中旬特大暴雨洪水特点,与气象部门合作对该地区暴雨气象成因条件进行了比较全面的分析、归纳,概括出了黄河三花间可能最大暴雨的定性特征,来用于选择典型暴雨。其内容有9个方面,其中最主要的有两点:一是暴雨呈南北向带状分布;二是区域性暴雨历时5 d。从1973年所掌握的实测降雨资料条件与气象分析认识,这个分析结果具有较强异常性、特殊性,1982年7月29日至8月2日持续5 d的三花间经向类特大暴雨的出现,进一步印证了原分析认识的可靠性。

(2)实测典型暴雨水汽、效率放大原理、方法、放大指标计算与极大化的全面分析、计算、论证,为分析计算实测典型暴雨放大,初步建立了一套结合中国实际的较完整的思路与方法,为推广这方面计算研究起到了一定的示范性作用。

(3)在暴雨组合方法上,提出了时序放大(将流域两场暴雨时间间隔缩短)和空间放大(减小同时发生的两场暴雨核心的距离,区间效率的组合也是基于这种设想)。三花间主要采用时序组合法,参照定性特征估计,按5 d两个经向类暴雨过程组合来编制组合方案。

(4)暴雨移置法,提出移置可能性最终归结于暴雨水汽条件和动力条件在移置后发生多大程度变化的认识。因此,根据暴雨天气条件分析,结合华北大地地形条件,在"63·8"海河大暴雨移置可能性论证方面,提出了动力条件在移置后的改变程度是暴雨机制可能发生多大程度变化的关键,而水汽条件最终归结于进入本流域受到的边界障碍阻挡的差异,这点在移置调整时来予以解决。在"移置"可能性论证上,变换为"重现"可能性,从三花间历史暴雨分析与"63·8"暴雨相似性着手,来定性判断移置后降雨机制可能变化的程度。

(5)将美国可能最大暴雨计算原理与方法中的当地暴雨放大、暴雨移置和暴雨组合方法与中国实际情况相结合,研究提出了一套较完整的计算实例,为20世纪70年代后期由黄河勘测规划设计有限公司负责编制可能最大暴雨计算规程,提供了一定的条件。

2. 成果的主要特点

1)学科交叉应用方面

(1)天气学分析应用扩展。一是一个较大流域较极端暴雨天气过程的分析论证,这是在流域一般暴雨天气形势分析基础上,结合流域几百年特大洪水降雨特点、流域实测大暴雨和邻近流域实测及几百年间发生的特大暴雨洪水特点加以综合后进行归纳的。该种分析在常规暴雨天气分析中尚未涉及。二是暴雨天气过程的相似性分析，一般用于环流形势分类以及对固定较大区域形成一定类型降雨(暴雨或连阴雨)影响系统的分类，均以相似理论为基础。但这种相似分析，并未用于对两个地区较可能出现的极端暴雨过程的相似性进行比较分析，故该类分析在这方面是一项新的尝试。三是较异常环流形势下，对固定流域形成的大面积暴雨过程持续或紧接更替的可能性分析，采用天气过程置换法进行分析，这是一般天气过程分析中不会涉及的问题。

(2)气候学运用方面扩展。在各种可能最大暴雨计算方法的方案选择论证中，均会对流域本身、移置区的降雨(包括暴雨)的气候值进行统计归纳。例如，就明清历史文献中有关雨情、水情、灾情统计中，均借用了一般气候学统计方法，归纳其时空变化的统计规律，为极端暴雨事件出现提供必要的气候背景条件。另外，就是根据多场实测暴雨水汽指标的天气学分析以及海温资料对暴雨水汽条件的上限控制等研究，高效暴雨的评价条件研究等均具有一定推广、普及的意义。

2)水文学研究内容扩展

首先，可能最大暴雨洪水概念与洪水频率计算成果不同，可能最大暴雨洪水对洪水形成的成因条件赋予了一定的、相对比较清晰的物理概念，可以说在一定程度上弥补了洪水频率计算成果的不足。这类成果的出现，也必将在一定程度上提高洪水预报的防洪效果。其次，在极值暴雨中如何合理处理雨洪转换关系，提出了新的思路与一些解决办法。这也是一项新的尝试。

9.2.2 黄河三花间可能最大降水当地模式法成果简介

9.2.2.1 当地暴雨水汽因子极大化原理

当设计流域或一致区内已有高效暴雨时，仅需对暴雨进行水汽调整即可。

1. 高效暴雨的判别指标

最小中心气压的最大压力梯度；高空湿度达最小值；如同一地面露点下雨量变化很大，说明这些暴雨中有些包括气象因素的有效组合而达最大效率。

2. 降水效率不因水汽条件不同而改变

从美国 24 h 5 000 $mile^2$ 的主要大雨降水量与可降水量关系可知，降水量因可降水增加而增加；高效率降雨的可降水变化范围广。这个事实说明，效率不因空气中水汽含量不同而改变。

3. 对实际暴雨一般不作效率调整的原因

(1)降水理论研究还不足以完全估计暴雨效率及其能达到的最大值。

(2)主要大暴雨是由高效率而非高水汽含量形成，即高效暴雨已经出现过。

(3)相应同一地面露点，其相应雨量变化很大，说明暴雨中有些已包含气象因子的最有效组合，而达最大效率。

(4)对实际暴雨作水汽调整，其估计的 PMP 可能偏高，但这项调整可以部分作为弥补未放大效率的安全考虑。

9.2.2.2 当地暴雨极大化方法

1. 气旋调整法

设计地点地面最大露点相应的可降水与暴雨代表性露点所相应可降水之比为暴雨极大化，并假定水汽是按饱和假湿绝热递减率至200 hPa。这种方法用于大面积暴雨水汽放大。

2. 雷雨调整法

这是根据风暴机制的不同，可降水算至所确定的对流上限。水汽调整按饱和假湿绝热递减率算至所需高度，按最大水汽与实际水汽之比，作为极大化的比值。这种方法常用于小面积短历时对流或辐合作用所致的暴雨。

3. 有效可降水法

该方法用于早期，与前两种方法差别不大。

9.2.2.3 代表性露点

1. 用地面露点资料推求可降水的依据

1）暴雨期间气团水汽分布的特征

利用三花间16次降水期间郑州站探空资料分析水汽为饱和状态14次，2次略有差别；水汽垂直分布辐合湿绝热递减率有13次，另有3次小于湿绝热过程；从天气过程分析水汽垂直分布辐合饱和湿绝热过程的有11次，其中郑州站处于雨区的暖区，或地面冷锋刚过境而高空仍在暖区的有8次，处于静止锋的冷区有2次，处于冷锋后的有1次。其他5次过程饱和而不是湿绝热的有3次，湿绝热而不饱和的有2次。相应郑州24 h雨量，一般大于100 mm的降水一定可以符合饱和湿绝热情况。说明暴雨期间可以认为整层饱和，混合良好，湿度的垂直分布可按湿绝热递减率考虑。因此，缺少探空资料时，可采用地面资料推求可降水。

2）地面露点与高空露点的关系

分析1958年7月14～18日流域周围12个探空站1 000～300 hPa的可降水与地面露点按饱和湿绝热递减查算的可降水，说明暴雨情况下，在多数地点和合理时间，用地面露点可估计满意的可降水量。

从1956～1968年共16个测次，建立地面露点与高空露点关系，说明在恰当的时间，地面露点可以较好地反映气团的水汽特征。

3）露点温度的持续时间

分析1954年、1958年典型暴雨期6～78 h（每隔6 h）地面露点和当地最大露点，可见持续最大露点温度随历时增加而逐渐减小，减小的程度和相应暴雨气团的特性、持续时间长短有关，两个典型持续露点温度为6～78 h，差值变化范围分别为2.3～3.3 ℃和3.3～3.8 ℃。

由同期$W_{max}/W_{暴雨}$的比值过程分析，持续12 h露点相应可降水比值，1954年为1.81，1958年为1.18，都比较接近相应典型年各种历时情况的平均值。因此，建议最大代表性露点持续时间采用12 h。

2. 暴雨代表性露点选择

（1）如降水现象有明显的锋面现象，则露点温度选择在雨区边缘的两侧，锋面的暖区内;如没有明显的锋面现象,需要在雨区边缘,暖湿气流入流方向上选择。

(2)取群站(3~5 个站)平均,以保障空间代表性。

(3)选择的持续 12 h 最大露点温度应等于或低于同期最低气温。

(4)选择代表性露点时间范围应在暴雨期内,一般在最大暴雨时段或稍前时间内。

3.暴雨发生季节当地最大露点的确定

注意下列情况:排除反气旋控制下晴好天气和局部因素,如低洼迟滞环流、湖泊、河流、沼泽等局部水汽蒸发所形成的高露点,结合选择暴雨代表性露点相应位置和原则。

选择方法:点绘历年持续露点过程线,取相应暴雨季节最大值(外包线);对历年相应月份做露点温度频率曲线,对每一重现期(5 年、25 年或 100 年一遇)做季节曲线,按设计要求决定指定时间、指定频率的露点;面积大于 300 km^2,降水历时大于 1 h 的暴雨,可以认为是一定暴雨机制、足够宽广的水汽输送所造成的,其相应的露点可作为当地最大露点;某一气团原地一年各月平均地表温度是指持续露点能达到的极大值。因此,可靠的海温资料及其相应的气温资料能够表示气团原地合理的最大露点,即露点温度的理论上限。美国海温资料与地表露点温度的理论上限差为 0.55~2.20 ℃。

9.2.2.4 用当地暴雨推求可能最大降水

1.暴雨典型

选择三花间大洪水日期 1935 年 7 月、1937 年 8 月、1953 年 7~8 月、1954 年 8 月、1956 年 7~8 月、1957 年 7 月、1958 年 7 月。比较各典型降水量和水汽因子,以及洪水影响情况,着重选择 1937 年、1954 年、1958 年为当地暴雨模式。

2.暴雨效率比较

分别计算了三花间 1953.8、1956.8、1957.7、1954.8、1958.7,海河1956.8、1963.8,淮河 1954.7、1968.7 和汉江 1935.7 共 10 场暴雨中,最大 1 d 降雨对应于三花间不同面积(5 000 km^2、11 000 km^2、18 500 km^2、41 600 km^2)上相应的效率。统计结果表明:海河 1963.8暴雨不同面积效率均为最大,三花间为最小;效率随面积增大而减小,当面积超过 20 000 km^2后,效率随面积变化趋于平缓。其原因可看作是受雨型和流域形状控制。

对于不同历时暴雨效率,随时间增长而迅速减小,通过汉江 1935.7,三花间 1954.8、1958.7 不同历时暴雨效率对比,发现最大 1 d 暴雨效率的比值接近平均情况。

最后,就各区暴雨天气条件、地形条件综合比较效率调整控制时,采用 5.0% 做控制。

3.暴雨模式放大

极大化途径:水汽调整;暴雨组合(两场暴雨时序间隔缩短;空间距离调整)。

9.2.2.5 用天气过程组合法估算三花间可能最大降水

1.暴雨系列组合的主要依据

1)千余年来三花间暴雨特性

特大暴雨主要发生在 7 月、8 月;三花间较大洪水期降雨特性主要有降雨强度不太大的持续天数久的霖雨;其次为降雨强度大,持续数昼夜的,且有明显南北向雨带分布特征的 1761 年 8 月暴雨;新安、宜阳、渑池、嵩县一带是历史洪水期常见暴雨中心;虽有像巩县暴雨连月(717 年)、大雨连旬(1709 年)、卢氏大雨兼旬(1826 年)等记载,但从整个三花间来看,应数 1761 年暴雨形势最为严重。

2)三花间最严重暴雨形势定性特征

暴雨带比较稳定少动,雨区分布近南北向分布;暴雨历时(面平均雨量超过 50 mm 的天数)应比华北同类型特大暴雨持续天数(7 d)可能要短一些;根据 1761 年三花间南北向暴雨型与海河流域特大暴雨比较,三花间最为严重的暴雨持续天数($R>50$ mm)以 5 d 控制为宜。

3)当地暴雨天气过程特征

统计三花间 5 场暴雨及其天气系统,可见暴雨天数多为 1 d,仅 1954 年为 2 d,几场暴雨最大日面雨深接近,5 d 面雨深均在 150 mm 上下,故实测暴雨过程未出现稀遇情况。

4)暴雨衔接问题

构成 5 d 降水的天气系统均是 2 个以上降雨天气系统先后作用的结果(包括同一类型天气系统更替),相应降雨是一次暴雨与较小等级降雨衔接。这次统计 1953 ~ 1972 年 7 月、8 月三花间 41 场较大洪水期天气系统,其中 70% 是东西向切变线,25% 是南北向切变线关联。而较大暴雨主要是南北向切变线造成的。这为我们提供了组合暴雨时序的天气气候背景。

与三花间处于同一天气气候区的海河水系上游地区,1963 年 8 月上旬出现了一场较为罕见的大暴雨,这次暴雨的全过程就是由维持 3 d 的三合点与维持 4 d 的南北向切变线暴雨天气系统连续作用的结果。这为我们提供了一种暴雨天气系统的组合方式。

由此分析,在设计一个本流域最大可能降水的天气过程时,用二次暴雨天气系统组合是可行的。暴雨组合时序中,暴雨日(面雨深达 50 mm 以上)以 5 d 控制为宜。

2. 三花间暴雨时序组合

试做了 2 个方案:

方案 1,将 1957 年 7 月 16 日、17 日、18 日与 1954 年 8 月 3 日、4 日先经水汽放大后再组合。

方案 2,将 1954 年 8 月 3 日、4 日与 1958 年 7 月 14 日、15 日、16 日,经水汽放大后再组合。

3. 暴雨组合方案的合理性

方案 1,天气过程的演变方式是在三花间维持 3 d 的东西向切变线,当其北侧华北高压入海与海上副热带高压合并,促使原主体在东海上空副热带高压北跳,高压中心由 26°N移至 33°N,同时西来低槽到达 110°E 附近,移速减缓,形成一南北向切变线过程。由逐日天气图分析组合的合理性:大范围环流属中央台环流分型中 Q_2 型,大范围环流变化的连续性好;比较两过程天气图,可见控制雨带位置的海上副热带高压变动的条件和演变的连贯性较好,且不违背一般规律;降雨天气系统的形成和转换的连贯性尚合理。这个新的暴雨时序的演变方式有些类似华北“63 · 8”(1963 年 8 月)暴雨的情况。

方案 2,暴雨时序的天气过程特点是南北向切变线维持 2 d 后东移至华北平原,接着东海副热带高压中心北跳至日本海,随后又立即增强西进至华北平原,致使东移的暴雨带又恢复到三花间。该方案成立的可能性:大范围环流由 Q_2 型转化到 Q_1 型是常见的转换方式;南北向切变线重复更替的情况存在(当然更替方式不同于此过程);方案能否成立的关键是海上副热带高压迅速变化的方式,无论从目前理论还是实例来讲,尚无法解释;冷空气活动的连贯性较差。

因此,从合理性看,第一个方案较好,第二个方案亦可推荐,供比较参考之用。

9.2.3 "63·8"海河特大暴雨过程移置黄河三花间的可能性论证

暴雨过程移置可能性论证主要归结于形成暴雨的水汽、动力条件在移置后发生多大变化;移置区与设计流域两地暴雨天气过程水汽输送方式和条件一致,但进入设计流域受边界障碍影响,可通过水汽调整予以解决,故动力条件在移置后可能改变的程度,是移置可能性的关键,这要求移置后的气压场结构和流场结构与移置前有足够相似性,将通过研究华北暴雨天气系统在三花间重现的可能性来解决。

针对具体条件,根据归纳的移置区与被移置区实测与历史暴雨洪水特性,分析其共性基础,再分析移置暴雨气象成因条件与移置区暴雨气象成因条件的共性和差别,最后对移置可能性做出初步判断。具体论证过程中参考多种有关文献[1-9],内容有以下几个方面。

9.2.3.1 近40年来三花间较大洪水期暴雨特性

特大暴雨主要发生在7月、8月;较大洪水期降雨有降雨强度不太大的持续数十日的霖雨,也有降雨强度大、持续数昼夜、南北向带状分布雨型;常见暴雨中心位置一致,为新安、宜阳、渑池、巩县一带;1761年暴雨形势最为严重,暴雨持续4~5昼夜,呈南北向带状分布,雨型相似于"58·7"(1958年7月)暴雨,暴雨持续历时长于"58·7"暴雨。

9.2.3.2 近2000年来三花间来较大洪水期降雨特性

近2 000年来三花间降雨基本特点与现代实测资料反映的特点并无显著差别,综合近2 000年来三花间暴雨基本特点有:①特大暴雨发生时间主要在7月、8月;②三花间较大洪水期降雨类型有降雨强度不太大而持续数天的所谓霖雨数十日之说法,如公元189年、925年、1654年和1964年夏秋霖雨数月,且夹有暴雨出现的情况,大体代表了这类型降雨的特点。另一种为降雨强度大、持续数昼夜且有明显南北向雨带特征的降雨类型,如1761年,这与1958年7月中旬暴雨类型有相似之处;与现实资料反映的暴雨中心位置一样,新安、宜阳、渑池、巩县一带也是历史洪水期常见暴雨中心。因此,常有"伊洛、瀍、涧并溢"之说法;从整个三花间来看,1761年暴雨形势最为严重,该年8月14~18日三花间大面积暴雨持续4~5昼夜,暴雨带呈南北向分布,由三花间延伸到汾河中下游,只是汾河中下游暴雨14日开始,维持3 d。该次降雨与1958年7月中旬暴雨形势非常相似,且暴雨中心位置也接近,但比"58·7"暴雨严重。

9.2.3.3 暴雨移置与极大化

海河"63·8"暴雨特点:暴雨带位于太行山东侧,燕山南侧,沿京广线的一狭长南北向暴雨带,暴雨带宽150 km,分南(獐獙)、北(司仓)两个中心;暴雨强度大,为国内少见,且稳定的南北向暴雨带维持7 d(8月3~9日);暴雨带形成是先南后北,然后稳定少动,最后东移减弱。

将"63·8"暴雨獐獙中心平移至垣曲,三花间相应逐日面雨量见表9-1。可见,暴雨强度、总量、面暴雨持续日数比三花间实际出现的强且大得多。

表 9-1 “63·8”暴雨平移三花间(獐犹至垣曲)逐日面雨量 (单位:mm)

日数顺序	1	2	3	4	5	6	7	8
逐日面雨量	6.92	25.8	88.4	128	101	96.3	78.3	71.2
累计最大雨量	128.0	229	325.3	413.7	492.0			

“63·8”暴雨在原地是否稀遇问题由以下几个方面进行说明:

其一,从海河流域看,不能作为稀遇暴雨对待,根据有关研究[5],“1963 年的暴雨出现频率估计为 1/80 ~ 1/50,即使在暴雨特别集中的滏阳河流域频率至多估计为 1/1300 ~ 1/150”,估计 1553 年以来,海河流域暴雨洪水相当于或大于 1963 年的有 1626 年、1668 年、1801 年等年份。

其二,从暴雨中心单点雨量看,獐犹中心 24 h 雨量达 865 mm,这为国内纪录,但不及同纬度的日本纪录,与三花间垣曲相比,则大得多,具体见表 9-2。

表 9-2 垣曲、獐犹各时段最大雨量比较

持续历时(h)	3	6	12	24	48	72
垣曲(mm)	(123)	(218)	249	366.5	439.2	443.9
獐犹(mm)	218	426	678	950	1 296	1 560
獐犹/垣曲	1.77	1.95	2.72	2.59	2.95	3.54

其三,从全面积降雨总量看,接近 1954 年长江、淮河的暴雨,而小于 1935 年长江五峰暴雨,故从全国范围看,海河“63·8”暴雨总量不是最大。

从两点的暴雨特性比较来探讨移置“63·8”至三花间的必要性与可能性:

其一,从近千年来的资料条件分析,三花间最危险的暴雨形势是 1761 年为代表的暴雨,雨带呈南北走向,分布于三花间至汾河中下游,三花间暴雨维持 5 d,主要暴雨中心位于伊洛河下游及三花干流区间。

其二,三花间特大暴雨形势与“63·8”有相似之处,其中南北向分布雨带稳定少动,预示气象成因上有共同之处。

其三,根据两地特大暴雨形势相似,将“63·8”暴雨作为三花间最严重的暴雨形势来移置应用,具有一定的现实性。

其四,考虑历史时期暴雨特性背景差异,其中最主要的是暴雨持续天数华北地区稍长于三花间。因此,移置调整计算时,选择 5 d 雨量作为调整计算的基础,从可能性上看比较合理。

9.2.3.4 从气象成因看“63·8”海河暴雨移置三花间的可能性

1. 三花间暴雨气象成因

其一,黄河三花间引起暴雨的天气系统,在 500 hPa 天气图上,西太平洋副热带高压控制长江中下游,高压脊线位于 25°N ~ 30°N,易于在黄淮地区维持一东西向带状雨带;而西太平洋副热带高压中心北跳至日本海—朝鲜半岛一带,且高压控制范围西伸至华北地区时,三花间至汾河中下游可能形成一稳定少动的南北向暴雨带。

其二,低空天气系统条件,经统计,1953 ~ 1972 年三花间 41 场较大洪水(黑石关洪峰

流量超过 1 000 m^3/s)相应 700 hPa 上天气系统见表 9-3,可见 27 场(占 66%)洪水的降雨天气系统与东西向切变线、东西向切变线带低涡、三合点有关。

表 9-3　产生三花间较大洪水的相应天气系统

暴雨天气系统类型	移动性低槽	南北向切变线	东西向切变线	东西向切变线带低涡	三合点	台风环流	合计
次数	3	10	16	6	5	1	41
占总数比例(%)	7	25	39	15	12	2	100
黑石关最大洪峰流量(m^3/s)		9 450	2 870	5 200	3 250	5 620	
小董最大洪峰流量(m^3/s)		2 960	1 960	1 610	1 600	1 720	

其三,南北向切变线是形成三花间特大洪水的暴雨天气系统,切变线停留期间,由偏北气流与西南气流或东南气流的风向切变构成。另外一种特例就是高空大气环流急骤调整,位于日本海上空副热带高压单体西进至华北平原,使原先在 115°E 附近南北向切变线西退3 ~ 4个经度,1958 年 7 月 15 ~ 16 日三花间暴雨环流形势就是此种典型。

三合点系统黄淮地区维持一东西向切变线时,西风带东移小槽至 110°E 时与其合并,形成三种方向气流辐合,辐合点位置在潼关附近,此时西南气流最大风速轴线(12 m/s 等风速轴线)位移芷江—汉阳—徐州。该型下,暴雨中心位移新安—渑池—宜阳与三小干流区间。

2. 海河"63 · 8"暴雨气象成因

其一,1963 年 8 月上旬东亚环流呈 Q_1 型,500 hPa 乌拉尔山和苏联远东滨海地区维持长波低压槽,贝加尔湖地区则是一明显、宽广的高压脊;在东亚副热带范围内(25°N ~ 45°N)康藏地区为高压控制,日本至渤海湾是一高压单体。太行山东麓、燕山南麓处于上述两高压之间的低压槽前,为低空辐合上升运动提供了极为有利的条件。

上旬环流形势演变大致分为两个阶段。4 日以前欧洲是一稳定高压脊,乌拉尔山区是长波槽区,贝加尔湖至蒙古为一切断低压控制。东亚中纬度多移动性系统,这在 700 hPa 天气图上反映为:8 月 1 日华北高压东移,4 日到达日本海区,3 日 8 时、6 日 8 时先后各有一次西来短波槽移至 115°E,湘、赣、浙诸省上空维持一变性的副热带高压单体,这是黄淮切变线维持的典型有利条件。5 日起,北欧一股新的冷空气侵入乌拉尔山区,使原停滞在乌拉尔山的长波槽重新加强,且缓慢东移,7 ~ 11 日位置为 60°E ~ 70°E,移动 10 个经度。同时,贝加尔湖阻塞高压强烈发展。7 日则与 45°N 以南在河西走廊大陆副热带高压单体叠加,导致 8 日一小股冷空气自蒙古南下达华北地区,同期 5 ~ 9 日移至日本海的高压单体维持少动,故此两高压间的低压槽得以在 115°E 长久维持少动。旬末日本海地区转为低压槽控制,所以地面雨区则表现为迅速东移。

在上述有利环流形势下低层 700 hPa 天气图上气压系统则表现为三合点与南北向切变线紧凑的衔接过程(如结合前期豫东暴雨过程来看,还可算上 7 月底至 8 月 2 日黄淮切变线带低涡暴雨天气系统衔接)。

从 700 hPa 上系统动态图可知,7 月下旬后期有一短波槽自北疆东移,于 27 日在黄淮地区形成切变线,地面西南倒槽发展。此时在倒槽辐合最大的四川一带生成一低压环流,简称低涡,700 hPa 上也有反映。在 700 hPa 上低涡沿切变线缓慢东移,1 日 8 时到宜昌地区附近,低涡前方在南阳地区出现暴雨中心。3 日 8 时自北疆来一低槽经酒泉到达 110°E 以东,与黄淮地区暖湿切变结合,构成了三合点暴雨天气系统。其流场表现为三支气流(西南气流、华北高压南侧东南气流和低槽后部偏北气流)在郑州与开封之间上空汇合,形成完整的闭合低压环流(也有西南低涡北上叠加作用)。3 ~5 日西南风最大风速轴线位于桂林、芷江、汉口、宜昌到徐州一线。3 日 20 时原郑汴之间低涡移至山西榆社,4 日 20 时移至邢台地区(有的分析认为是新生的)。可见 3 日起太行山东侧暴雨带的出现,4 日邢台附近暴雨中心的出现,暴雨区由南向北移动和发展是有源的。5 日华北高压移至日本海上空,东南沿海副热带高压单体进一步减弱。6 日 8 时北段低槽切变更替,西南风最大风速轴线消失和在华东沿海东南风速明显增强,原三支气流辐合结构转变为偏北气流与东南气流辐合结构,转变为南北向切变。同时,邢台地区低涡沿切变线缓慢北上,7 日司仓一带出现了第二暴雨中心,大范围降雨出现第二次加强。8 日蒙古南下的冷空气侵入华北平原,南北向切变线得以再加强。10 日南北向切变线东摆至渤海湾,华北太行山东侧降雨过程结束。

文献[3]分析了“63 · 8”暴雨中小尺度天气系统,指出:这次过程雨量最大最强的獐狘在太行山东麓山区的河谷内,周围海拔 200 ~1 000 m,地势由东北向西南升高,并由开阔逐步收缩,形如喇叭,4 日 8 时,辐合线在其附近,走向大致与太行山平行,并向南移动。辐合线后方东北风速 8 ~10 m/s,其前方东北风只有 2 m/s(浆水站)。此时,辐合线上同时有三个作用使气流辐合上升,即:①风速辐合,②东北风爬坡,③东北风沿喇叭口地形地势收缩辐合上升,结果出现以獐狘为中心的特大暴雨带。

该文指出:沿北京—石家庄—安阳剖线上,自 8 月 3 ~8 日计有冷性切变线 3 个,东风切变线 4 个,辐合中心 6 个,共计 14 个中尺度系统。并指出:①三次冷性切变线活动,是由三次大范围冷空气侵入华北所产生的;②日本海高压稳定时,接连出现东风切变线;③辐合中心的移动与 700 hPa 基本气流一致,同时有沿河谷移动的趋势。

文献[3-6]对“63 · 8“暴雨气象成因的综合:是在特定的地理条件(纬度、海陆分布、地表状态等)下,环流状态和影响系统的各个成员在结构形态、强度、地理位置以及发生时间等有了恰当的组合,从而提供了不平常的辐合和水汽条件。有利组合条件具体如下:

(1)西风带径向环流的发展和稳定,东亚副热带康藏大陆副热带高压和日本海高压稳定和对峙——有利的环流背景。

(2)暴雨天气系统的连续影响,8 月 3 ~5 日是三合点(3 d),6 ~9 日南北向切变线(4 d)。

(3)充足的水汽来源。

(4)有利于增大雨量的地形条件。

(5)中小尺度天气系统活跃。

这些有利因素除地形条件不变外,其余有利的气象因素单独出现是常见的现象,而其组合叠加和较长时段内相对稳定的形势则是罕见的。

3. 移置可能性论证

初步对照“63 · 8”暴雨气象成因(环流形势与天气系统)与三花间暴雨一般条件有许

多相似之处，这为寻找移置可能性论证提供了线索与基础。

其一，关于大范围环流背景。检查三花间大洪水期 500 hPa 图、700 hPa 图，新中国成立后 8 场大洪水期，500 hPa 环流 Q_1 型是最重要的暴雨天气下的环流背景条件。

其二，根据三花间三合点与南北向切变线天气系统特征制作了表 9-4 和表 9-5，检查维持时间的相似性。

表 9-4　三花间三合点天气系统

序号	日期(年-月)	日期		历时(d)	说明
		起(日 T 时)	止(日 T 时)		
1	1965-07	20T20		0.5	
2	1956-07	07T11		0.5	
3	1956-08	14T11	14T23	1	
4	1957-07	14T20	15T20	1.5	15 日 8 时有减弱
5	1958-07	04T20		0.5	
6	1958-07	05T20	06T08	1	
7	1960-08	26T20	27T08	1	
8	1962-07	08T08		0.5	
9	1964-07	26T20	27T08	1	
10	1965-07	02T20		0.5	
11	1967-07	20T20		0.5	

表 9-5　三花间南北向切变线天气系统

序号	日期(年-月)	日期		历时(d)	说明
		起(日 T 时)	止(日 T 时)		
1	1954-08	02T23	09T11	(7)	5～6 日一次更替
2	1954-08	11T23	13T11	2	
3	1955-07	08T23	09T11	1	
4	1955-07	24T23	26T11	2	
5	1955-08	11T23	16T11	5	
6	1956-07	28T11	31T23	4	
7	1956-08	08T23	10T11	2	
8	1957-08	09T08	11T08	2	
9	1958-07	14T08	16T08	2.5	
10	1959-08	05T20	07T08	2	
11	1962-07	23T20	24T08	1	
12	1964-08	20T08	21T08	1.5	
13	1968-08	02T08	05T08	3.5	
14	1969-08	09T20	11T08	2	

由表可见，三花间三合点暴雨天气系统持续时间 0.5～1.5 d，短于“63・8”三合点暴雨持续时间，而南北向切变线天气系统维持 3～4 d 的情况存在，接近“63・8”对应的南北向切变线维持时间。

其三,两区两暴雨天气系统单一相似性进一步比较。由表 9-4、表 9-5 分别选择 1964 年 7 月 27 日三合点天气系统、1956 年 7 月 30 日 20 时南北向切变线作为代表,分析各层次等压面图(略)与"63·8"相应系统比较。可见无论大范围环流或是控制、影响华北地区的天气系统配置和流场结构,相似性是比较高的,只是地面形势在"63·8"过程中,华北暴雨中心附近有明显的辐合流场,而三花间代表过程缺少这种对应关系,况且这 2 d 在三花间有较大降雨出现(1964 年 7 月 26 日、三花间面雨深 48 mm,1956 年 7 月 30 日面雨深在 30 mm 左右)。可见,地形作用至少对贴地层气压场结构已有显著影响,但对高空(1 500 m 以上)可能影响程度要小一些。由此分析,可以认为对"63·8"暴雨单一天气系统单个出现在三花间是完全可能的,只是辐合机构维持时间要稍短些,发展完善程度可能要差些。

其四,在三花间"63·8"暴雨两天气系统衔接出现可能性——环流背景条件存在。对 20 年天气图资料进行普查,尚未在三花间上空找到这两种天气系统衔接过程,但暴雨带稳定的必要条件,即日本海至渤海湾一带海上高压长久维持,华北平原处于高压控制的条件是存在的。普查 Q_1 型环流对南北向暴雨带维持条件,20 余年 500 hPa 天气图关键区高度平均值(35°N ~ 40°N、115°E ~ 125°E,交叉 6 点高度场值平均)演变曲线表明"63·8"暴雨过程中一直稳定在 584 ~586 位势什米,而三花间"58·7"过程中,13 ~14 日南北向雨带位于华北,15 ~16 日跳至三花间至汾河中下游,相应其高度值由 585 位势什米以下突增至 589 位势什米以上。这清楚地表明海上副热带高压能控制到华北平原时,高压西侧的南北向暴雨带就要向西移动。这种关系在 1954 年 8 月上旬、1955 年 8 月上中旬和 1956 年 7 月下旬至 8 月上旬晋、冀、豫地区南北向雨带位置变动情况得到初步证实。1955 年 8 月上旬逐日关键区平均值图(略)表明,3 ~10 日有 8 d 时间该区在 588 位势什米以上,故可推论三花间至汾河中下游要能维持稳定的南北向暴雨带达 5 d 之久应认为是有可能的。再谈类似于 1761 年三花间至汾河中下游南北向暴雨带至少维持 3 d 以上的情况,以及三花间与太行山东侧华北地区常处在同一天气系统先后影响等,难以排除"63·8"暴雨过程那样由三合点与南北向切变线系统衔接过程在三花间上空重演的可能性。

其五,地形对暴雨天气系统的影响有层次差别。地形对大尺度天气系统是有影响的,但两地天气系统相似性表明,地形影响不是主导因素,但地形条件差异对辐合机构有一定程度的影响,主要表现为地形条件对"63·8"暴雨系统中西南涡过山影响是关键。该问题解决的好坏是影响移置可能性的一个关键,需在移置调整中解决。

关于西南涡过山和对暴雨贡献问题分析:统计 1954 ~1964 年 7 ~8 月影响三花间 700 hPa 低涡路径,影响三花间的低涡多来自渭河与汉江中游,三花间南侧山脉平均高度 1 500 m的情况是不能遮掩 700 hPa 低涡活动的,但对贴地层低涡活动有影响,经有关研究[28],1951 ~1960 年低压路径在三花间活动的情况少见。所以,初步推论像"63·8"过程那样,先期贴地层有一西南低涡北上,促进暴雨辐合机制增强作用条件,三花间就不易具备。也就是在 1 500 m 以下天气系统(低涡)被山脉遮掩,踪迹不清,而仅可保留山脉平均高度以上的部分,故低层辐合机制作用减弱,暴雨强度也会降低。

4. 移置可能性论证结论

1)移置有利条件

(1)在同一大气候区划内,气候规律接近一致,特别是千余年来两地均以其狭窄南北向暴雨带为其典型严重暴雨形势。

(2)大暴雨过程下环流形势相似，Q_1 型均为两地大暴雨的主要环流形势，故具备天气系统移置的环流背景条件。

(3)产生暴雨的天气系统相似。构成"63·8"暴雨的三合点与南北向切变线也是三花间常见的暴雨天气系统，且可找到相似程度较高的例证。

(4)20余年统计事实表明，华北至海上为高压控制，且稳定5 d以上，足以保证南北向暴雨带长久稳定在110°E~112°E位置上。

(5)水汽来源和输送方式一致。

(6)三花间暴雨最为严重暴雨形势的时空分布定性特征，如强度大、持续时间长、南北向暴雨带可维持3 d以上等特征，与"63·8"暴雨形势有相似之处。

2)移置不利条件

(1)从长期气候背景条件看，华北海河三水系出现的南北向暴雨带维持天数较三花间要长些。

(2)天气系统三度空间结构的整层相似较差，特别是贴地层受山脉影响，低压环流辐合条件没有华北地区发展完善。

(3)两地地形条件的差异，对水汽供给和对中小尺度天气系统活动的影响不一。

3)基本认识

两地地形条件和天气条件的差异，难以否定移置的可能性。因此，初步认定"63·8"华北暴雨天气过程在三花间重演的可能性是存在的，只是重演时，降雨天气系统三度空间结构将有所变化，产生的暴雨可能相对削减，但暴雨持续天数(三花间面平均雨深达50 mm以上)较长(可能在5 d左右)，强度较大，大范围暴雨带呈南北向带状分布等基本特征可以保持。

9.3 黄河三花间PMP专题研究——暴雨移置法

9.3.1 概述

1980~1982年期间，黄河勘测规划设计有限公司与华东水利学院、河南省气象局科研所合作，从地形对暴雨影响的天气气候学、动力学和数值模拟等方面，就暴雨移置法计算黄河三花间PMP问题进行了较为全面的研究，从气象成因角度来寻求解决暴雨移置中地形雨的计算问题，来改进暴雨移置法[12-15]。

9.3.2 成果简介

该研究共提出了以下5个专题研究:

专题一，主要从天气气候学和动力学等方面分析了三花间经向类和纬向类暴雨下雨带轴线、特大暴雨中心落区与地形的特定关系，为移置可能性分析与移置改正提供了依据。

专题二，运用 ω 方程的傅里叶级数解，估算了海河"63·8"和淮河"75·8"两场暴雨的地形抬升雨量，揭露了长波与次长波地形抬升作用与经向类暴雨带、暴雨中心落区的密切关系,为移置改正计算提供了一个可供使用的模式。

专题三,将专题二计算成果引入移置计算的改正中去,提出了一整套天气系统移位估算 PMP 方法,并用于三花间 PMP 计算,获得初步成果。

专题四,根据美国 1972 年提出的 R. L. Lavoie 模式,就黄河三花间“73 · 7”暴雨进行了数值模拟,获得成功。为今后暴雨移置计算提供了新的理论基础。

专题五,综合介绍了国内外地形雨计算和有关定量降水预报方法研究现状。

9.3.3 主要创新点

现将本项研究中有关水文与气象结合运用方面具有创新价值的相关内容概述如下:

(1)三花间不同时段降雨的均值或极值的地区分布规律不同。伊洛河流域多年平均雨量随高程增加而增加;崤山、熊耳山的东北侧山坡与伏牛山北侧半坡地带,以及中条山南坡是三日、一日雨量极值的高值区,高程一般不超过 800 m。在迎风坡处,出现特大暴雨的高程不在山顶,而在山前或山腰处。

(2)东西向暴雨带不仅可出现在 500 m 高程以下地区,也可以出现在较高山区;经向类特大暴雨总是发生在阶地边缘,是阶地边缘特有现象;其大暴雨中心(日雨量在 100 mm 以上)范围大部分落在 500 m 高程以下的山坡地带,嵩山对经向类暴雨有一定屏障作用。

(3)黄河三花间经向类、纬向类两类暴雨气团属性、大气层结、风场垂直结构不同。经向类降水不具有锋系性质,纬向类具有明显锋系性质;大气铅直能量廓线具有季风气团常见的垂直分布形势,局地大气呈不稳定强对流型特征,纬向类本流域上空存在能量锋区,局地大气铅直能量廓线表明其对流属性有两类,一是中性层结,底层对流不易发展;二是对流中、高层仍有对流发展,主要是暖空气在锋面上爬升,产生稳定性降水。两类暴雨对流层中、下层风随高度变化不同,纬向类情况,6 000 m 以下高度风随高度增加风向逆转;经向类情况,6 000 m 以下风向顺转风速最大垂直切变在 1 000 m 以下,有利于辐合上升运动发展。该分析进一步说明了两类暴雨形成的动力条件的差别,更深一层次说明区间可能最大暴雨定性特征应具备的条件。

具体可见经向类暴雨实例中环流与系统结构及降雨与地形关系(见图 9-1 ~ 图 9-4)。

(4)首次比较全面地分析了地形对三花间经向类暴雨作用,在迎风坡处地形的增辐作用使雨强增加和暴雨历时延长。

其作用机制主要有以下三个方面:

其一,阶地对经向类暴雨天气尺度系统的特定影响。

①长波地形的抬升作用在西太平洋副热带高压位于华北平原时,其西南侧一支强东南低空急流,风速达 12 ~ 20 m/s,位置在上海—阜阳—郑州一线,宽 300 ~ 500 km,强盛时厚达 8 km。该副热带高压稳定、强盛,西南侧台风在福建沿海登陆,沿西、北路径可进入湖南、湖北。这支东南气流到达阶地边缘,与阶地交角大,势必引起南北间距达数百千米范围内的气流强迫抬升作用,其与 50 mm 以上暴雨区的南北间距相当。这表明阶地地形对暴雨带形成,是通过对这支东南气流的作用来进行的。

②强迫绕流与地形切变线形成。在阶地边缘贴地层,受地面摩擦和强迫绕流,在阶地边缘形成东南风和东北风的切变线,它的长度与东南气流宽度亦是相当的,其在 500 m 上

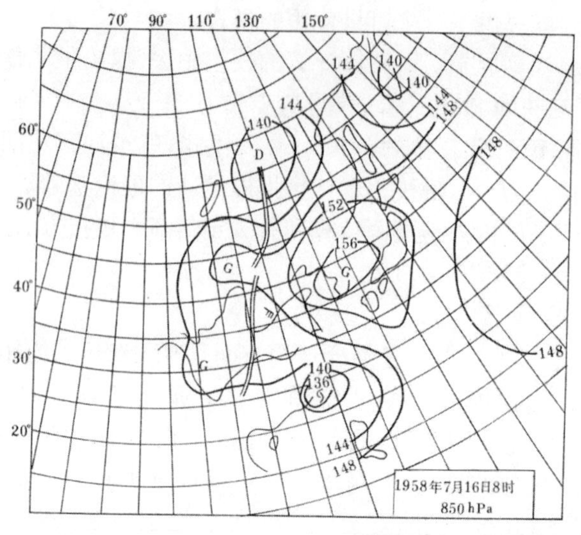

图 9-1　1958 年 7 月 16 日 8 时 850 hPa 天气图

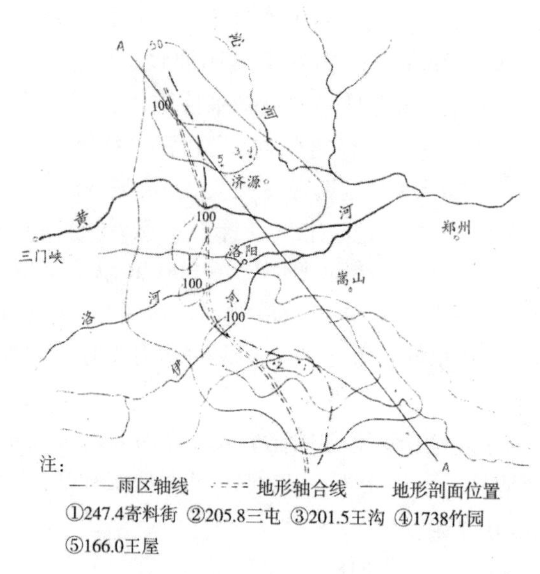

图 9-2　1973 年 7 月 6 日雨量图

空流场上最为明显,往上很快减弱,大约能达到 1 500 m 高度,再往上便消失。只是当这个地形导致的切变线与到达阶地边缘的西风小槽、台风倒槽、东风波结合在一起时,难以区分。这时南北向切变线伸展高度明显增加,在 700 hPa、500 hPa 天气图上也可见到。这支贴地层转向气流,遇到高程在 500 m 以下浅山区,且坡向朝东北方向的山坡和喇叭口地形,势必引起强烈的抬升作用。同处于这个东南气流影响下的大别山山区,由于它的水平尺度小,无法产生上述数百千米范围内强迫抬升与强迫绕流作用,故这带山区难以形成大范围南北向特大暴雨区。

其二,三花间地形对低空流场的制约。

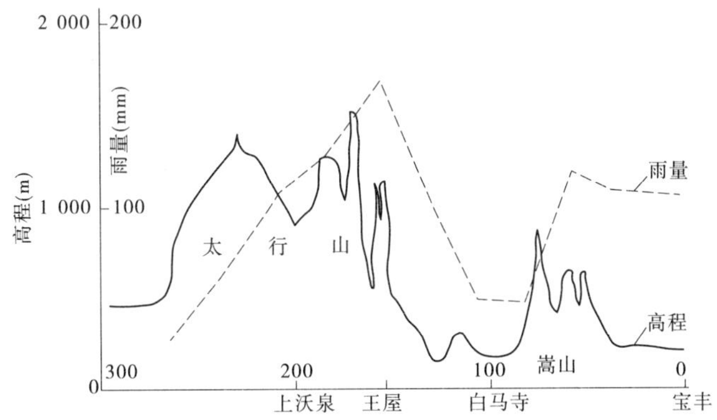

图 9-3　黄河三花间 1973 年 7 月 6 日地形剖面高程—雨量对照

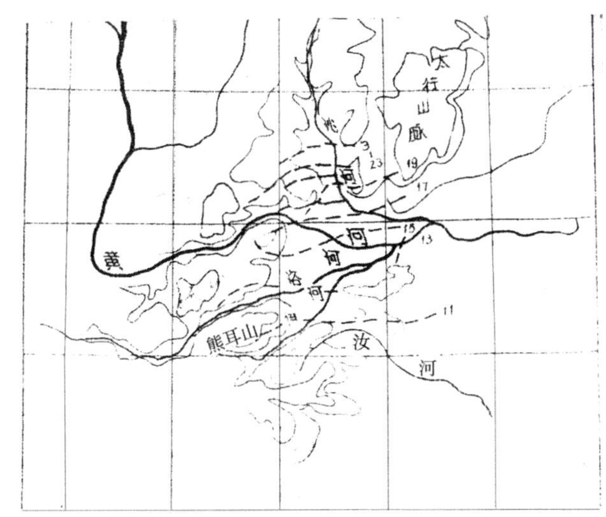

图 9-4　黄河三花间 1973 年 7 月 6 日暴雨强雨峰发生时间等时线图

从阶地边缘来看，三花间地形有其特殊条件。其主要特点为北、西、南三门环山，中部向东开口的喇叭地形。喇叭口内底凹面积达万余平方千米，平均高程在 500 m 以下，而后沿三边山脊高程均在 1 000 m 以上，故而构成一个较大弧状地形。这个特定地形条件对三花间两类不同暴雨型的流场制约作用不同。

纬向类暴雨情况下，干、冷空气沿太行山东侧南下，流线大体沿 500 m 等高线行进，经焦作—黄河河谷，500 m 等高线向西退缩 150 km，风向由东北偏北转东北偏东，小部分空气必将顺太行山坡从黄河河谷向西绕流。这样，由地形条件造成低空水平流场流线的转向与扩散和摩擦力作用，总地使气流进喇叭口后，引起反气旋性折向，其中只有部分空气沿伊河、洛河河谷向西南流动时，爬坡效应是存在的。

经向类暴雨情况下，入流风向是东—东南，进入三花间后，受太行山、熊耳山和崤山影响，流线折向西南，而后顺伊河、洛河河谷逆流而上。流线折向点在垣曲—宜阳—南召一线，与该地区 500 m 等高线相接近。这时，地面摩擦力作用所导致流线偏向低压侧作用与此地形强迫折向一致共同作用的结果，形成一条风场辐合线。这条辐合线还只是阶地边缘地形辐合线的一部分。

另外,三花间各山脊平均高度大都在 1 500 m 以下,且西高东低,对行星边界层的偏东风入流,总有不同程度的阻尼和抬升作用。经向类暴雨时,低空气流位于 1 500 m 左右,郑州东风风速可达 12 m/s。进入流域后,1 000 m 以下,因地形阻尼,风速迅速减小,于是相应东风垂直切变较大,并且低层空气十分潮湿,属对流不稳定层结,有利于动力湍流发展,对流十分旺盛,易形成热带型积云。

其三,地形的屏障作用与对水汽的削减。

沁河中上游地处黄土高原之上,距东侧太行山山脊有 100 余 km,且地面平均高程 700 m,则无论是受太行山作用,还是从该地区地面平均高程来看,地形对水汽的削减作用是显著的,与东部平原相比,大气柱可使降水减少 20%。洛河故县以上逐渐进入深山峡谷,南有伏牛山为屏障,东、西为熊耳山、崤山挟持,虽然沿河谷向东北方向保持了一个开口,有利于水汽汇集,但地形障碍对水汽的削减仍是一个值得推敲的问题。作为阶地边缘在经向类暴雨时形成的地形辐合线,当进入该山区后,看来是难以形成的。

另外,有关山坡各处受辐射不均对气温影响,导致山谷风的变化,水库水面对对流云体的作用等,目前尚难以做出具体回答。

结合地形影响分析,从暴雨移置调整计算中,还需要对移置区与被移置区地形高差的影响,对地面气温、气压、湿度场都需要作适当调整。

(5)三花间经向类暴雨维持时间的论证。

利用"海河 63 · 8"维持 7 d 暴雨与淮河"75 · 8"维持 3 d 暴雨均比黄河三花间 1975 年以前所发生的实测大暴雨维持时间要长。从历史文献记载,海河流域与"63 · 8"相似的暴雨有 1626 年、1668 年和 1801 年等。这些年份记载了"七月初二至初八雨若倾盆""雨七日如注"等降雨情况。可见在华北西部山区高强度暴雨可维持 7 d 左右,可以视作该地大范围暴雨维持的最长时间。三花间地处其西南侧 3 个经度,比较深入暖内陆,这样则要求西太平洋副热带高压更深入华北西部,则高压也是愈不稳定,故三花间出现可能最大降水(PMP)时,三花间面雨量超过 50 mm 日数初步判定为 5 d。

(6)地形雨计算方法及暴雨移置改正计算的应用研究。

本项研究中,在较广泛吸取当时国外、国内有关降雨定量计算方法研究基础上,为解决将邻近流域特大暴雨移置至三花间时,不同地形条件对暴雨影响问题,以及水汽放大原理与方法,进行了一系列相关研究,主要有国外文献中有关地形降水计算理论研究成果的汇总与归纳;对黄河三花间"73 · 7"暴雨过程地形雨计算研究、海河"63 · 8"和淮河"75 · 8"暴雨地形计算方法研究,对运用中性气柱模式、稳定气柱模式定量计算地形雨用于暴雨移置的方法、步骤,需要注意的问题进行了系统研究,同时运用均值与 K 值统计改正法进行了移置改正计算,最后计算了海河"63 · 8"、淮河"75 · 8"邻近流域特大暴雨移置三花间后地形对降雨的影响,进行了移置改正以及成因与统计两方面差异及其原因分析比较;在做水汽放大中,运用凝湿比概念,采用 Φ 值放大与一般可降水放大法,以及对不同水汽放大方法进行分析比较,最后提出推求三花间可能最大暴雨成果的具体方案。

9.3.4 地形雨计算研究成果简介

9.3.4.1 地形雨计算原理与方法

1. 地形铅直速度计算公式与参数

在准地转、湿绝热过程中,求解地形铅直速度的 ω 方程组

$$\left.\begin{aligned}&(1-\beta)\nabla_P^2\omega+\frac{f^2}{\sigma g}\frac{\partial^2\omega}{\partial P^2}=0\\&\omega(x,y,P=0)=0\\&\omega(x,y,P=P_s)=G(x,y)\end{aligned}\right\}\tag{9-1}$$

方程组有下列三种形式解

(1)稳定气层($\alpha^2>0$)。

$$\omega=\sum_{k=1}^{n}\frac{\sinh\alpha P}{\sinh\alpha P_s}\omega_{k,s}\tag{9-2}$$

(2)中性气层($\alpha^2=0$)。

$$\omega=\frac{P}{P_s}\omega_{k,s}\tag{9-3}$$

(3)不稳定气层($\alpha^2<0$)。

$$\omega=\sum_{k=1}^{n}\frac{\sinh\alpha P}{\sinh\alpha P_s}\omega_{k,s}\tag{9-4}$$

其中

$$\alpha=\frac{2\pi}{L_k}\sqrt{\frac{2(1-\beta)g\sigma}{f^2}}\tag{9-5}$$

$$\beta=\frac{LF}{C_pT_c}\frac{1}{\frac{\partial\ln\theta}{\partial P}}\tag{9-6}$$

$$\sigma=\frac{\partial Z}{\partial P}\frac{\partial\ln\theta}{\partial P}\tag{9-7}$$

上述各式中,$\omega_{k,s}$ 为气压 P_s处某一波地形上升速度,hPa/s;f 为地球自转参数,当 $\varphi=35°$时,$f=8.342\ 3\times10^{-5}\mathrm{s}^{-1}$;$L_k$ 为波长,km;β 为无因次量;σ 为反映不稳定度的一个指标,$\mathrm{cm}^2\cdot\mathrm{h}/(\mathrm{Pa}^2\cdot\mathrm{s}^2)$;$L$ 为水汽凝结潜热;F 为气层平均凝结函数,$F=\frac{\mathrm{d}q_s}{\mathrm{d}P}$,$\mathrm{hPa}^{-1}$;$T_c$为凝结高度气温,°K;$\theta$ 为位温,°K;C_p 为定压比热,取 $0.992\times10^3(\mathrm{J}\cdot\mathrm{kg}^{-10}/\mathrm{K})$。

2. 降雨量公式

假定凝结率等于降水率,则降雨量公式

$$R=\frac{1}{g}\int_0^t\int_p^0F^*\omega_{k,c}\Gamma(a,L_k)\mathrm{d}P\mathrm{d}t\tag{9-8}$$

式中:$\Gamma(a,L_k)$为上升速度的衰减系数。

若 F^* 为反映饱和湿空气绝热上升凝结的函数,其计算公式为

$$F^*=\frac{q_sT_c}{P}\left(\frac{ALR-C_pR_wT_c}{C_pAR_wT_c^2+q_sL^2}\right)\tag{9-9}$$

式中：q_s为气层平均饱和比湿；R 为比气体常数，取值为 $2.87\times10^{2}(\mathrm{J\cdot kg^{-1}\cdot K^{-1}})$。

3. 稳定度参数 β、σ、α 值确定

对于中纬度天气尺度系统，其厚度尺度量级为 10^{6} cm，大致相当地面至 300 hPa 高度。因此，对于天气尺度运动可将气柱看作是热力稳定的。川畑辛夫水文气象学家一书所示地形雨计算个例，取 β 为 0.94，$K(=g/\sigma)$ 为 5.2×10^{2} hPa，以此算得 α 为正。我们计算地形上升速度时，考虑气块在上升过程中，凝结高度上下热力性质存在差异，故分别计算 α 值。本次研究，主要是移置海河"63·8"暴雨、淮河"75·8"暴雨至三花间时做地形雨计算，故利用华北、华中一带相同季节，选择了雨型为经向类暴雨 18 次探空记录，求得稳定度参数平均值为：$\beta=0.97$、$\sigma=34.6$（或 $K=283$），分别求得"63·8"暴雨所在的海河流域、"75·8"暴雨所在的淮河流域凝结高度以上的各种波长的 α 值，见表 9-6。

表 9-6　海河流域、淮河流域不同波长 α 值

地区	不同波长(km)的 α 值				
	20	40	80	160	320
海河流域	0.123	0.061 4	0.030 7	0.015 3	0.007 67
淮河流域	0.195	0.097 6	0.048 8	0.024 4	0.012 2

凝结高度以下，由于气块上升运动为干绝热过程，F 和 β 均为零，则式(9-5)简化为

$$\alpha=\frac{2\pi}{L_k}\sqrt{\frac{2g\sigma}{f^2}}\tag{9-10}$$

4. 下边界条件 ω_{sn}

近地层地形作用引起的近地层上升速度 ω_s 的影响因素极为复杂：一般而言，应包括地形坡度对气流的抬升作用，山谷的狭管作用对上升速度的贡献。同时，包括弯曲地形产生的强迫绕流，以及下垫面摩擦作用所导致的辐合辐散和涡度个别变化对上升速度的间接贡献等。目前，全面计算尚不可能。根据水文计算要求，仅考虑地形抬升作用所引起的上升速度，即将 ω 方程的下边界条件写为

$$\omega_s=-\rho g\,\bar{v}_s\,\nabla H\tag{9-11}$$

式中：$\bar{v}_s$ 为近地层风速；H 为地形高度。

为推求各高度的 ω，必须做两维傅里叶级数展开，分别找出各波长的 ω_{sn}。这样做，处理上有困难。我们仿齐藤的方法，即假定 ω_{sn} 的波长和各种地形波长相同，为此将地形高度场按 Fjortoft. R 方法进行多次平滑：

$$H=(H-H_1)+(H_1-H_2)+(H_2-H_3)+(H_3-H_4)+H_4\tag{9-12}$$

H 的下标表示平滑次数。这次计算网格间距为 5 km，其中右边第一项看作是波长 20 km，第二项为 40 km，第三项是 80 km，第四项是 160 km，第五项是消去 20 km、40 km、80 km、160 km 地形，即可看作是长波地形。根据海河流域地形特征，从山脊到山脚宽度为 150～180 km，大致可以拟合 320 km 的正弦波单调区间图像，计算表明高于四次平滑的高度场已经趋于平坦，将式(9-12)代入式(9-11)，则有

$$\begin{aligned}\omega_s=&-\rho g\,\overline{v_s}\,\nabla(H-H_1)-\rho g\,\overline{v_s}\,\nabla(H_1-H_2)-\rho g\,\overline{v_s}\,\nabla(H_2-H_3)-\\&\rho g\,\overline{v_s}\,\nabla(H_3-H_4)-\rho g\,\overline{v_s}\,\nabla H_4=\sum\omega_{ns}\end{aligned}\tag{9-13}$$

5. 不同波长地形平滑计算

按 5 km 一个网格点读取高程，中心点高度由 4 边 4 个顶点高程平均，为一次平滑，再按一次平滑高度场，依法计算二次高度平滑场，以此类推进行三次、四次平滑。

6. 地形降水量计算

假定气层饱和，温度随高度符合湿绝热率，则凝结函数 F 统一由地面代表性露点确定。

考虑在凝结高度以下气块上升时状态为干绝热过程，因此凝结高度处各种波长的上升速度用下式确定

$$\omega_{cn} = \frac{\sinh\alpha, P_c}{\sinh\alpha, P_s}\omega_{ns} \tag{9-14}$$

凝结高度以上各种地形波长上升速度为

$$\omega_n = \frac{\sinh\alpha, P}{\sinh\alpha, P_c}\omega_{cn} \tag{9-15}$$

将式(9-15)代入降水量公式，计算各地形波长上升速度所贡献的地形雨 R_n：

$$R_n = \frac{1}{g}\frac{\omega_{nc}}{\sinh a P_c}\int_0^t\int_P^0 F^* \sinh\alpha \mathrm{d}P\mathrm{d}t \tag{9-16}$$

由 a 值分析计算可看出，长波 a 较小，地形上升速度随高度衰减慢，相应地形雨量大，而短波 a 值较大，地形上升速度随高度增加急剧减小，相应地形雨小。

9.3.4.2 海河"63·8"暴雨地形雨计算

1. 地形雨计算主要环节

1）地形与降雨关系分析

这次暴雨空间分布位于太行山东麓，呈南北向带状分布，雨轴位于山腰靠近平原一侧，4 日 8 时至 7 日 8 时 1 000 m 高度流线分析，雨区处于跨越山东半岛的一支东南气流控制之下，见图 9-5。气流面对南北走向的太行山脉，强迫抬升作用所导致的地形上升速度对于过程降水量无疑有着重要贡献。

2）凝结高度计算

$$Z_c = 123(t_c - \tau_0) \quad (\mathrm{m}) \tag{9-17}$$

式中：t_c为地面温度；τ_0为地面露点。

计算 Z_c后，再用压高公式计算 P_c。

3）地面（凝结高度）风场确定

$v_0(x,y)$究竟取什么高度的风具有较好代表性？据海河流域地形特性，西部太行山脊高达 1 500 m，东部平原一般为 50 m 左右，从东到西，地形急剧升高，北部燕山高程亦达 1 500 m以上，与太行山连接在一起，构成弧状地形。雨区的低空流场虽然以东南气流为水汽输入的主要方向，但北部的偏东气流在弧形地带存在绕流现象，且太行山东侧维持一条辐合线。这种现象使得地面风场极为复杂，风向、风速随高度的变化均很显著。考虑 ω 方程更适合大尺度现象，为使模拟更接近实际，采取以下处理步骤：

（1）根据地面较多地面站风向，同时参照高空站距地面 500 m 的风向，绘制流向图，确定凝结高度风向。

（2）风速则根据雨区附近高空站相同季节地面风与 500 m 风速的统计关系确定。

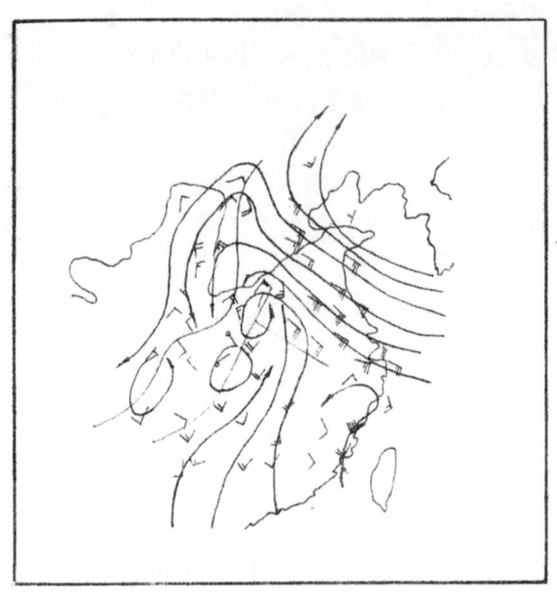

图 9-5　1963 年 8 月 6 日 20 时 1 000 m 流线

2. 地形雨计算

通过以上处理,用 8 时及 20 时观测资料分别计算了 3 日 8 时至 8 日 8 时地形雨,见图 9-6。

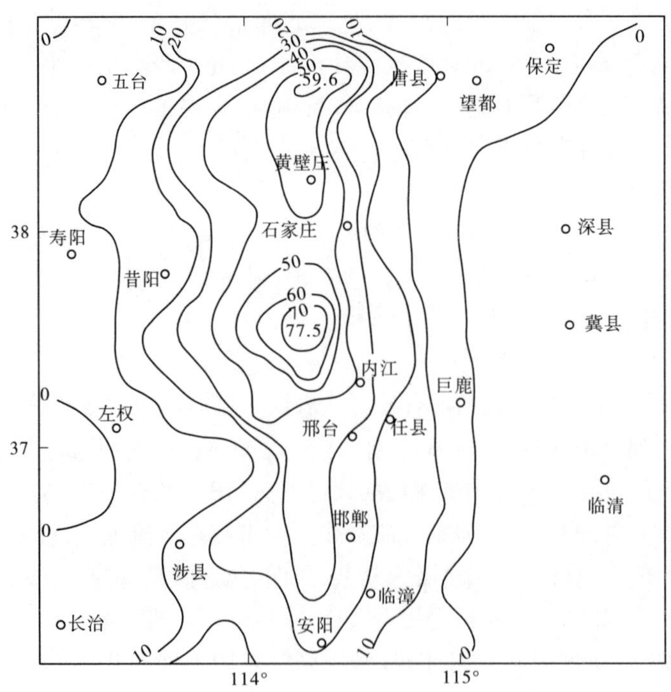

图 9-6　1963 年 8 月 3 日 8 时至 8 日 8 时 5 d 地形雨分布图

3. 成果分析

地形雨与实际降水量空间分布形式是相似的；雨量中心大致接近，但计算中心较实际略偏东北方向，但中心偏离情况可能是合理的，见图 9-6 与图 9-7 对照。

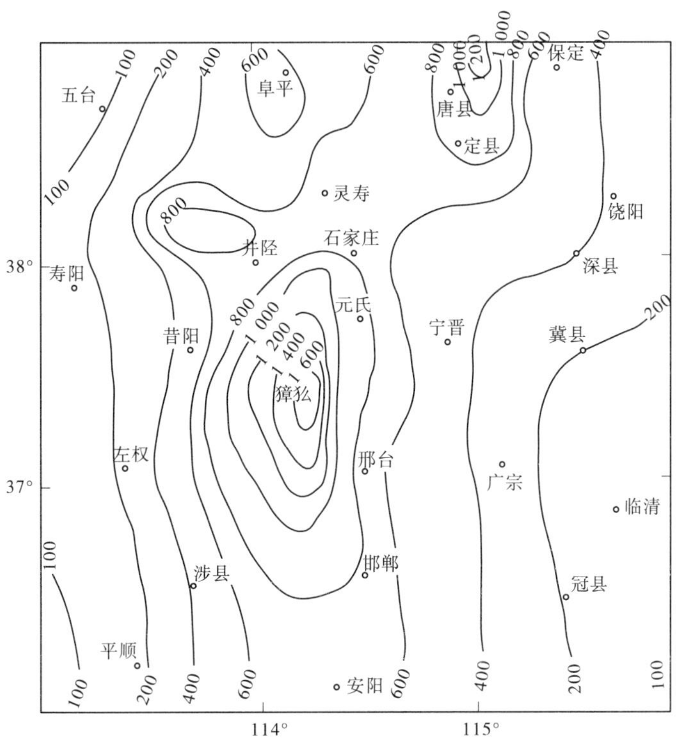

图 9-7 1963 年 8 月上旬总雨量图

长波地形所引起的上升速度，由于随高度衰减缓慢，所以它对地形雨的贡献大，见图 9-8、图 9-9。

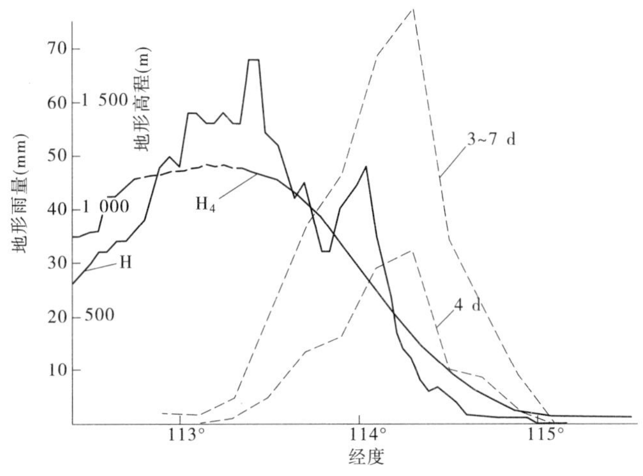

图 9-8 北纬 37°30′地形与地形雨廓线

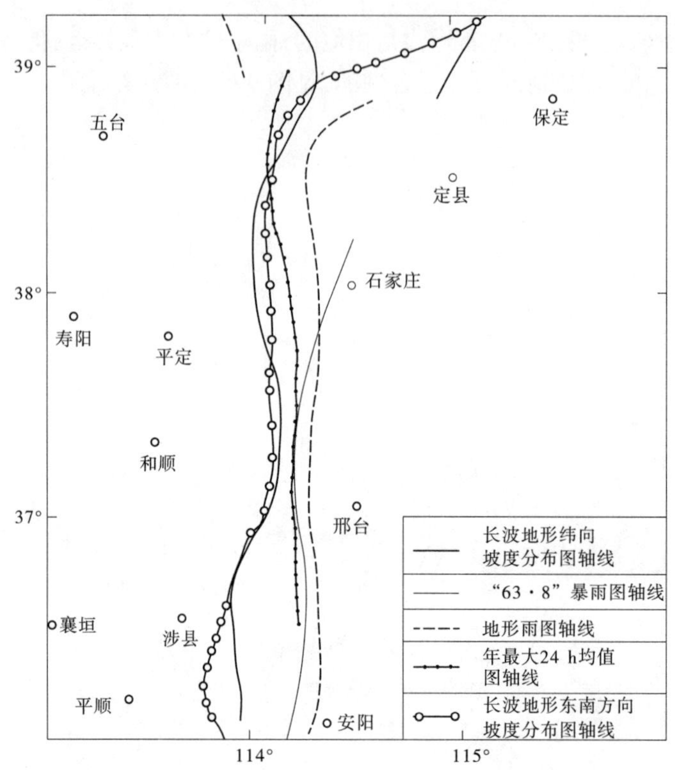

图 9-9　长波地形($\delta H_4/\delta x$)图轴线与雨量图轴线部位对照

用中性气柱 ω 方程求得地形雨分布图与稳定气柱求得地形雨分布图,雨型上大致相似;中性气柱地形雨量计算成果大于稳定气柱计算的地形雨。三花间中性气柱计算面雨量约占实测面雨量的12%,而稳定气柱所得结果只占2%。

对于大面积的设计流域计算地形雨时,假定整个流域均处于中性气柱或均处于稳定气柱,未必符合实际。设计计算时,应在两范围内择取为宜。

9.3.4.3　淮河“75 · 8”特大暴雨地形雨计算

本次计算研究结合“75 · 8”移置三花间问题,则主要考虑相应该区间形状面积对总降水量的贡献。计算过程中对于 ω 方程中稳定度参数的处理与“63 · 8”一致,而风场资料处理略有差异。由于本区域地形起伏变化不像海河流域那样突出,同时考虑气象工作者的一般做法,故风向、风速均采用地面实测资料。根据水文计算要求,共计算了5 ~7 日3 d地形雨。计算结果与实测雨量分布见图9-10、图9-11。

从图9-10、图9-11可见,“75 · 8”地形雨虽然不如“63 · 8”地形雨分布与实测降雨分布对应那样明显。但在主要雨区范围内雨型分布形状大致相似,雨量中心也大致接近。但地形雨最大中心并不在林庄,因为林庄的向风地形坡度在气柱饱和区内也不是最大的。考虑到“75 · 8”这次降水过程台风影响是主要的,而且由于 ω 方程的局限性未能反映中小尺度天气系统对降水的作用,所以不能期望地形雨分布与实测降雨分布有更好的对应关系。

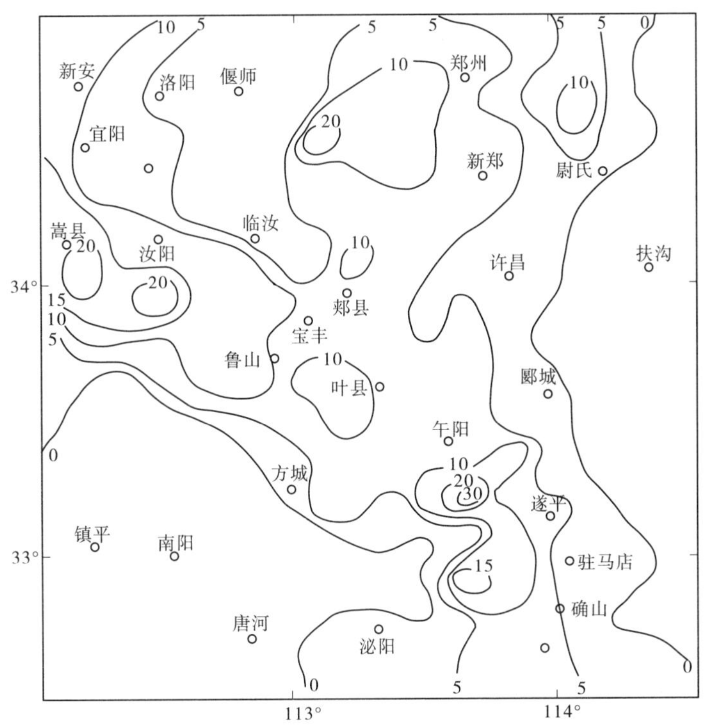

图 9-10　1975 年 8 月 5 ~ 7 日 3 d 地形雨量分布

9.3.5　用天气系统移位法估算黄河三花间 PMP

9.3.5.1　概述

首先根据实测水文气象资料分析设计流域暴雨气候特性，在此基础上对设计流域产生的可能最大降雨的天气形势及降雨天气系统做出定性判断；将本流域或邻近流域与上述定性判断相似的，并且产生过特大降水的天气系统移置到有利于产洪的适当位置，同时考虑底层大气因地形差异所导致的物理场改变，而对降水量做相应的修正；最后将修正数值进行水汽放大后，即得流域可能最大降水估算。

鉴于天气系统是暴雨形成的主导因素，而相似的天气过程又经常能够在同一天气气候区重演，因此可将同一天气气候区的天气系统移位。此种设计手段也是符合气候学规律的。

由于地形对气流运行有一定影响，特别是近地层气流必须适应地形条件。所以，在天气系统移位后，还必须对模式及相应降水量做修正。地形条件改变降水量的影响，主要是通过地形上升速度和水汽入流条件的改变而实现的。在计算中，将三花间产生暴雨时地面流场加以组合，这样就可以大致考虑天气系统移位后底层流场的改变，同时据以估算地形雨上升速度的改变。至于水汽输送条件的改变，则根据大范围环流形势以及入流前后入流方向、山脉障碍高程或流域高程变化来确定。

同一天气气候区内所出现过的某些特大暴雨，在观测资料足够长的条件下，其平均上

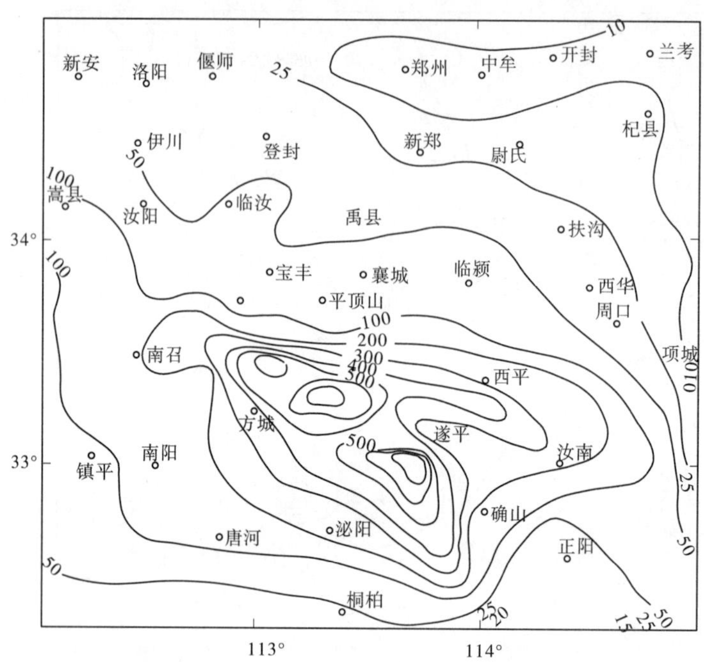

图 9-11　1975 年 8 月 5 ~ 7 日 3 d 实测雨量分布

升速度的强度一般可代表或接近设计流域可能出现的极端情况;如果在移位后再进行水汽极大化,则基本上可使设计值有足够的安全性。

9.3.5.2　内容简介

1. 三花间可能最大降水天气条件的定性判断

1)暴雨天气气候特征

暴雨天气气候特征:三花间处于副热带季风区,降雨主要集中在夏季。7 ~ 8 月雨量占全年的 30% ~ 40%,暴雨亦集中在 7 ~ 8 月。最大 1 d 雨量出现在垣曲,数值为 366.5 mm。最大 3 d 雨量出现在矛沟,达 531.2 mm。据调查,1 d 降雨最大值出现于畛水上游的曹村、仁村一带,数值达 600 mm 以上。

暴雨过程定性、定量特征:据三花间近 30 年较完整的雨量资料,共整理出区域性暴雨 30 余例。按雨区分布形式,可分为南北向、东西向、东北—西南向和块状分布四类暴雨型;日暴雨达 50 mm 以上面积多在数千至 1 万 ~ 2 万 km^2,仅有 1/4 个例持续 2 d。流域内,日暴雨最大面积约 3 万 km^2,100 mm 以上大暴雨面积亦有 5 000 km^2;主要暴雨中心的落区位置与地形关系密切,大都位于喇叭口底部弧状山坡地带;这些区域性暴雨平均每年出现 1 ~ 2 次,最多年份出现 4 ~ 5 次;实测日最大面雨量 82.1 mm,5 d 为 162.2 mm,日面雨量达 25 mm 以上持续时间最长达 3 d;一次过程主雨日可出现在过程中的前面,亦可在后面。

大洪水特性分析:最大洪峰流量、5 d 洪量统计比较。

雨洪特性综合归纳:东西向暴雨型中心强度较小,暴雨笼罩面积亦小,当暴雨落区位置偏北时，可单独在沁河上形成较大洪水，位置偏南时，易转入连阴雨形式，可在伊洛河产生较大洪水；南北向暴雨型暴雨中心强度大，暴雨与大暴雨面积大，且集中于喇叭口西侧山坡。该暴雨型情况下，除黑石关以上来水外，干流来水比重明显增加，故造成三花间大洪水。

暴雨天气形势归纳：1962 年陶诗言等将东亚热带和副热带地区的流型归纳为纬向类和经向类。这种分类基本适用盛夏时三花间的暴雨形势归纳。经向类对应南北向雨类；纬向类对应东西向雨类。

500 hPa 上，副热带流型纬向类的基本特征是副热带范围内沿纬圈出现 4 ~5 个半静止波，副热带高压呈纬向带状分布，我国东部地区相应也呈东西向带状分布。雨带位置与西太平洋副热带高压脊线位置关系密切。当副热带高压位置在 25°N ~30°N 时，暴雨落区可出现在三花间；经向类的基本特征是副热带范围内沿纬圈出现 6 ~7 个半静止波，副热带高压轴线呈南北向分布，有所分裂成南、北两个中心，北方副热带高压中心多半在 35°N 以北，位于日本海到朝鲜半岛一带，南方副热带高压中心位于 25°N 以南。副热带高压西侧有一条近于南北向的雨带。黄河三花间暴雨带就是其中的一部分。

两种流型下东亚副热带地区天气尺度系统的活动有很大不同：纬向类主要表现为带状副热带高压北侧盛行一条准稳定的近东西向的切变线。就三花间纬向类暴雨天气系统来讲，包括有东西向切变线、东西向切变线带低涡、三合点和移动性低槽；经向类降水的天气系统，主要表现为两类，一类是西太平洋副热带高压与和其对峙的大陆副热带高压之间，形成的一条较稳定的近南北向的切变线；另一类则是热带台风经浙闽登陆西北行进入华中，以台风直接影响或者以台风倒槽、东风波系统影响，当其与西风带低槽叠加时，暴雨尤为剧烈。

2）三花间历史暴雨洪水考证分析

近千余年来的历史洪水，尤其是特大洪水，差不多可以认为已经接近 PMP。因此，对历史洪水期暴雨特性的考证和分析，可以为判断 PMP 的天气条件提供极佳佐证。通过历史洪水雨情资料分析，我们认为，千余年来三花间降雨的基本特性与用现代几十年雨量资料综合而得的一些基本特点并无显著差异，主要特征可归纳如下：

（1）特大暴雨发生时间亦主要在 7 月、8 月。

（2）三花间较大洪水期降雨类型有一种是雨强不大而持续天数久的所谓“霖雨数十日”之叙述。如公元 189 年、925 年、1654 年等年份。另一种则雨强较大，持续数昼夜，且有明显南北向雨带分布特征的记载，如 1761 年等。

（3）文献记载中常有“伊、洛、涧”并溢记载，表明新安、宜阳、渑池、巩县一带是历史洪水中常见的暴雨中心，这与有气象资料以来的情况是一致的。

（4）另外，虽有像巩县暴雨连月（717 年）、大雨连旬（1709 年），卢氏大雨兼旬（1826 年）等记载。但从整个三花区间来看，仍应以 1761 年 8 月 14 ~18 日在嵩县、新安、渑池、巩县和济源等地记载有暴雨 4 ~5 昼夜不止等记载，同期汾河中下游亦是大雨 3 昼夜，河流泛滥成灾。经论证，该场洪水是三花间 1482 年来首场大洪水。

（5）经初步分析，该次大暴雨期，东亚盛行经向环流，西太平洋副热带高压在日本海和朝鲜半岛一带维持数天，以致华东沿海维持连日较强劲东南风，黄河中游可能是一个平均槽区,多移动性小槽活动,同时可能有热带低值系统直接或间接影响黄河中游,从而使得暴雨持久而特大。这种情况也与有气象资料以来的分析所得结果完全一致。

3)三花间 5 d PMP 特征定性估计

主要分析有以下几个方面:

一是,根据千余年来历史文献雨情、洪情、灾情考证资料证实,三花间 5 d 暴雨最为严重,由西风带和副热带低值系统共同作用,形成的经向类持续大暴雨构成。

二是,从目前天气学分析来看,位于日本海和朝鲜半岛附近的副热带高压稳定维持,为使西风带、热带与副热带低值系统在黄河中游停滞、叠加和再生提供了有利环境,这是保证大范围南北向雨带在黄河中游维持数日的基本条件。在该形势下,赤道辐合带偏北,赤道辐合带中的台风、台风倒槽、东风波等系统经浙闽登陆向西北方向深入,加强了东南气流,从而提供了充沛的水汽和潜在不稳定能量。当有中低纬度系统相互作用时,这种动力不稳定造成的强上升运动与对流不稳定能量释放所造成的上升运动相叠加,形成大范围强暴雨区。

三是,对流层底层潮湿的东南气流经华北平原过渡到南北向阶地边缘,在数百千米间距内产生明显的绕流,形成地形辐合线及对偏东气流的强迫抬升,以致加强了上升运动。三花间地处阶地边缘,除阶地对东南气流的这些基本作用外,由于流域本身地形特点为三面环山,朝东开口,使中部形成一个万余平方千米的喇叭口地形,其一,在东南气流条件下,最有利于水汽输入;其二,由于狭管作用,流线收缩有利于辐合上升运动。地形雨计算表明,喇叭口底部环山地带是地形雨大值地带。因此,喇叭口底部环山地带是经向类特大暴雨的中心地区。

四是,PMP 暴雨的维持时间。目前,尚不能从气象理论上解答。利用"海河"63·8"、淮河"75·8"暴雨持续天数,结合历史文献有关海河流域相似于"63·8"暴雨的年份有 1626 年、1668 年和 1801 年等。这些年份都记载了"七月初二至初八雨若倾盆""雨七日如注"等降雨情况,可见华北西部山区高强度暴雨持续 7 d 左右,可以看作该地大范围强暴雨可以维持的最长时间。淮河"75·8"雨带较"63·8"偏南(4 纬距),区域性大暴雨时间仅有 3 d。黄河三花间处于"63·8"暴雨中心以南 2.5 纬距。天气分析经验表明,海河"63·8"经向类暴雨从华北平原向西推移 3 个经度,向南推移 2.5 个纬距,雨带与暴雨中心于 1761 年就基本吻合。这样移动,则要求西太平洋副热带高压更为深入华北西部,这样高压愈不稳定。因此,当持续经向类暴雨出现在三花间时,暴雨稳定持续历时应小于海河地区。而与淮河"75·8"条件相比,在 34°N 以南,阶段向西收缩,纬度偏南,不利于副热带高压向西北方向延伸,故三花间径向型暴雨持续条件应比淮河"75·8"要强,故判断三花间在 PMP 下,出现的经向类暴雨可维持 3 ~5 d。

无论是海河"63·8"或淮河"75·8"暴雨发生地与三花间地形有差异,这对暴雨天气系统作用不一,可通过地形改正计算解决。

综合上述,初步认为:

(1)三花间可能最大暴雨应以经向类暴雨最为严重。

(2)三花间经向类可能最大暴雨特征应包含几个要点,暴雨区呈南北向带状分布,特大暴雨中心应与常见暴雨中心相近,面平均雨量达 50 mm 以上日数应达 3 ~5 d,暴雨过程应是副热带经向环流下，由副热带、热带低值系统与西风带低值系统共同作用的结果。

（3）经向类 PMP 发生时，可能有一段经向环流酝酿时期，黄河中游雨水较多，后期西太平洋副热带高压向东南退缩或东退，将会有一段少雨天气。

2. 从气象成因上考虑移位改正

1）基本假定

假定一次山区暴雨总降水量可以分出彼此独立的两部分：地形分量与非地形分量。地形雨只由地形抬升结果，非地形分量是天气系统过境而产生的。

2）移置前后降雨量关系

移置前后降水量用下式表示：

$$R = \chi\omega wt = \chi\overline{\omega}_1 wt + \chi\overline{\omega}_2 wt \tag{9-18}$$

式中：ω 为气层平均上升速度；$\overline{\omega}_1$ 及 $\overline{\omega}_2$ 分别为天气系统辐合作用及地形作用所引起的气层平均上升速度；χ、w 分别为凝湿比及可降水量。

将 A 地暴雨量 R_A 移到 B 地，设相应雨量为 R_B。假定天气系统所引起的气层平均上升速度 $\overline{\omega}_1$ 可以移置，即 $\overline{\omega}_{1A} = \overline{\omega}_{1B}$，凝湿比 χ 的变化可忽略不计，则可以近似求得移置后的雨量表达式

$$R_B = \frac{W_B}{W_A}(R_A - R_{2A}) + R_{2B} \tag{9-19}$$

式中：R_{2A} 和 R_{2B} 分别为暴雨原地及设计地区的地形雨；W_A 与 W_B 分别为两地反映水汽输送条件的可降水指标。

式（9-19）综合反映了暴雨移置前后对水汽和动力两个因子的改正，该公式也可转化为

$$R_B = \left(1 + \frac{\Delta W}{W_A}\right)(R_A - R_{2A}) + R_{2B} \tag{9-20}$$

3）计算环节应注意的两个问题

（1）两个地区地形雨计算。近地层风场要适应地形条件。

（2）水汽输送条件的可降水指标。1972 年研究中，在考虑大范围大气层水量平衡基础上，按比例分配于流域周界分别进行障碍高程调整。这样处理虽然较严格，但是以后的研究表明：一次降水过程中，对于大范围而言，水汽辐合量与实际降水量接近平衡，但在小范围内，往往发现雨区的实际降水量比水汽辐合量要大得多，此现象表明，在靠近主要雨区上空，液态水辐合量不可忽视。

“77 · 8”乌审旗特大暴雨水汽条件分析表明[11]，大气层的水汽凝结区主要在水汽输入方向的上游，“75 · 8”的天气条件有类似情况。在暴雨机制未完全研究清楚之前，采用液态水输送与水汽输送成比例的假定，为目前适宜的一种手段。

绘制“75 · 8”3 d 水汽通量场，见图 9-12。根据计算点分布的疏密度绘制相应尺度的水汽通量管，求得各通量管内各点的水汽调整比值 W_B/W_A。水汽指标 W_B、W_A 分别取三花间及暴雨原地入流方向的最高山脊平均高程以上的可降水量。在计算点的高程大于该平均高程时，则取计算点以上可降水量。最后计入两地地形雨数值，根据式（9-19）可求得“75 · 8”移置位于三花区间（林庄→曹村）的雨量分布图，具体见图 9-13、图 9-14。

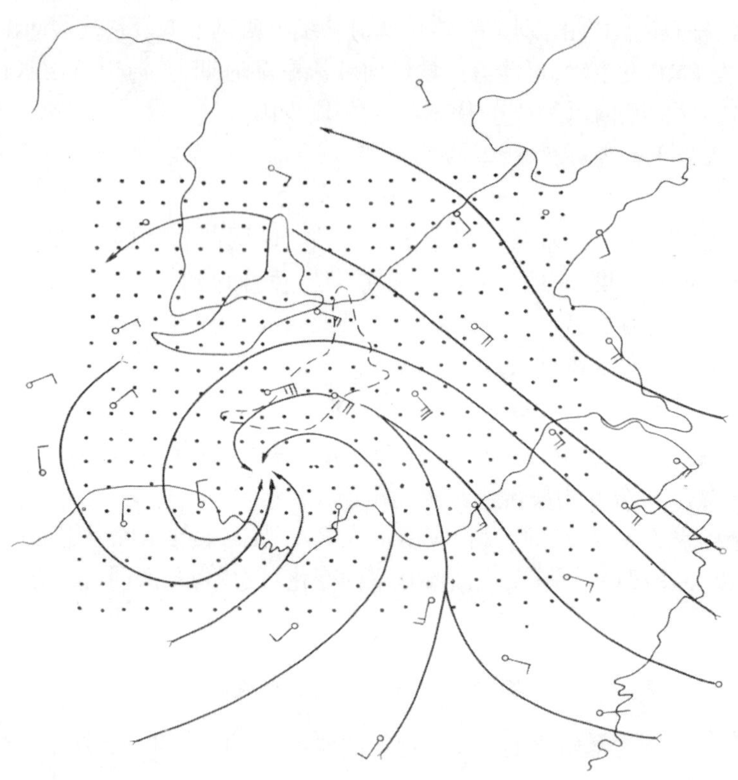

图 9-12　1975 年 8 月 5 ~ 7 日气柱平均水汽通量场

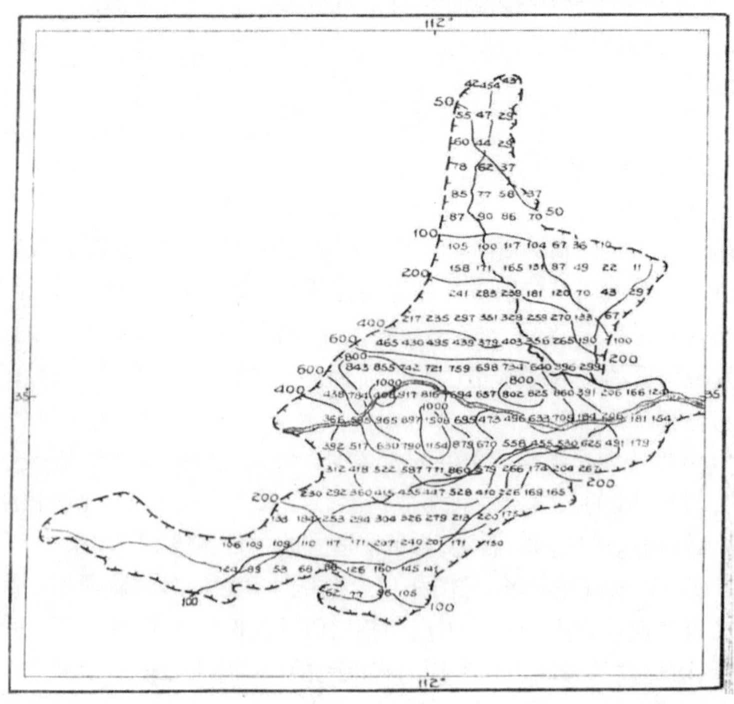

图 9-13　1975 年 8 月 5 ~ 7 日移置三花间改正后雨量分布（稳定气柱模式）

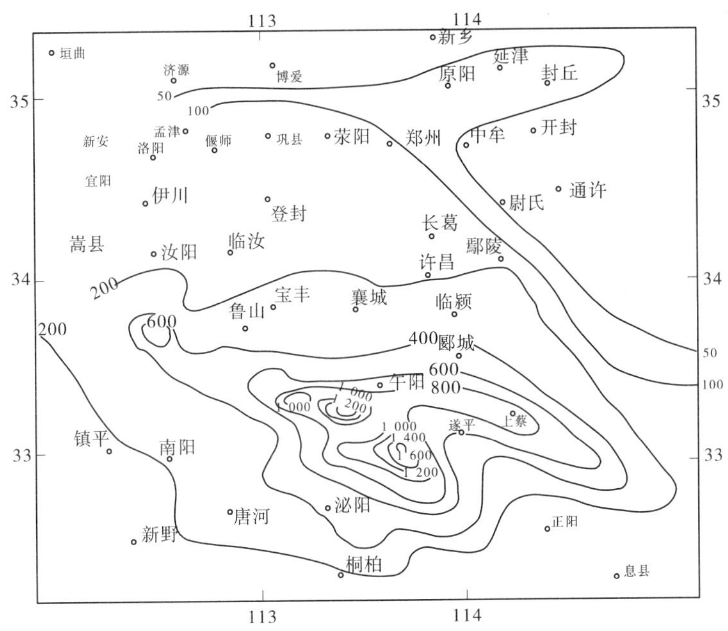

图 9-14 1975 年 8 月 5 ~ 7 日实测雨量

通过综合改正,"75·8"移置三花间以后,基本雨型大致保持,但特性略有改变:如 800 mm 等雨量线所包围的面积比原地略缩小,这是因三花间水汽入流条件比原地差所致;移置后,暴雨中心数比原地大,这是因曹村所在位置比林庄位置的迎风地形坡度陡,使得曹村地形雨数值较原地大;移置后雨量分布形势,主要雨区分布在中条山以南和熊耳山东坡的喇叭口靠山地带,而沁河北部则雨量较小,另外在嵩山西北部有一相对低值区。暴雨中心位于三花间气候资料中 3 d 降水极值中心所在部位(曹村、仁村附近山地)。这种分布形势与本区间"75·8"暴雨大致相似。

3. 从统计途径考虑移位改正

1) 均值改正法

在气候一致区内,两个地区各种历时平均雨量的差值,直接反映了两地地形条件对降水贡献的差异。它的假定可归纳为以下几点:

(1) 将降水量 $\zeta(R)$ 看作是两个独立随机变量,即天气系统辐合分量 $\zeta_1(R)$ 及地形分量 $\zeta_2(R)$ 之和。该假定与成因改正法假定一致:

$$\zeta(R) = \zeta_1(R) + \zeta_2(R) \tag{9-21}$$

据此,可将暴雨原地 A 及设计地区 B 降水量数学期望之差表示为

$$\begin{aligned} M\zeta_B(R) - M\zeta_A(R) &= M\zeta_{B1}(R) + M\zeta_{B2}(R) - M\zeta_{A1}(R) - M\zeta_{A2}(R) = \\ &[M\zeta_{B1}(R) - M\zeta_{A1}(R)] + [M\zeta_{B2}(R) - M\zeta_{A2}(R)] \end{aligned} \tag{9-22}$$

(2) 设 A 地区与 B 地区同处于"气候一致区",并假定"一致区"内天气系统辐合雨可以移置。这显然要求"一致区"内天气系统辐合分量具有同分布,或至少要求数学期望相等,即

$$M\zeta_{B1}(R) - M\zeta_{A1}(R) = 0 \tag{9-23}$$

将式(9-23)代入式(9-22),并用均值作为数学期望估值,则式(9-22)可改写为

$$\overline{R}_B - \overline{R}_A = \overline{R}_{B2} - \overline{R}_{A2} = \Delta \overline{R}_{地} \tag{9-24}$$

式(9-24)表明,一致区内,两个地区的降水量均值之差,就统计意义而言,实质上等于两地平均地形降水量的差值 $\Delta R_{地}$。

(3)设移置改正值 $\Delta R(=R_B - R_A)$ 与 $\Delta R_{地}$ 之比等于移置对象 R_A 与 A 地降水量与其均值 $\overline{R}_A$ 之比,即

$$\frac{\Delta R}{\Delta \overline{R}_{地}} = \frac{R_A}{\overline{R}_A} \tag{9-25}$$

由此可得移置后的雨量 R_B 为

$$R_B = R_A + \Delta R = R_A \times \frac{\overline{R}_B}{\overline{R}_A} \tag{9-26}$$

式(9-26)就是移置改正的均值对比公式。改正结果见图 9-15。

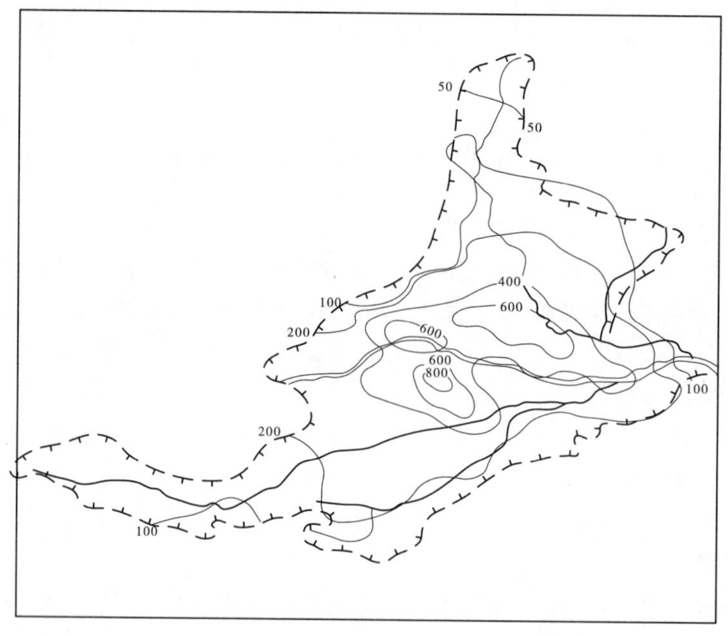

图 9-15　1975 年 8 月 5 ~ 7 日雨量移置三花间改正分布(均值对比法)

2)K 值移置改正法(同频率移置改正法)

该法假定暴雨在移置前后具有相同的频率,而各地区的地理和地形对降水量的影响,可以从统计参数 RC_v 等的差异综合反映。因而将随机变量加以标准化以后,就可以在一定程度上消除地形影响。如果将标准化以后降水量的 K 值在具有同一线型地区进行移置,则可使移置前后的雨量频率近似相等,再通过参数改正可求得移置后相应雨量。将 K 值定义为

$$K = \frac{R - \overline{R}}{\sigma}$$

或

$$R = \overline{R}(1 + C_v K) \tag{9-27}$$

式中：R 为降水量；$\overline{R}$ 为均值，σ 为均方差。

显然，R 与 K 为具有相同频率的随机变量，用下标 A 和 B 代表暴雨原地及移置地区，则移置前后雨量可分别为

$$R_A = \overline{R}_A(1 + C_{vA}K_A) \tag{9-28}$$

$$R_B = \overline{R}_B(1 + C_{vB}K_B) \tag{9-29}$$

在 K 值移置法中，希望 R_A 与 R_B 具有相同的频率，因此令 $K_A = K_B$（严格地说，只有在正态分布的条件下才会完全满足上述情况），由此推得下列移置改正公式为

$$R_B = \overline{R}_B + \frac{\overline{R}_B}{\overline{R}_A}\frac{C_{vB}}{C_{vA}}(R_A - \overline{R}_A) \tag{9-30}$$

对比式(9-26)与式(9-30)，在 $C_{vA} = C_{vB}$ 条件下，二式相等。因此，从 K 值移置改正的观点看，均值对比法可视作此法的一个特例。改正后分布图略。

3）三种方法移置“75·8”至三花间成果比较

两种统计方法雨量分布形势基本一致，只是大多数点特别是暴雨中心的数值，K 值移置法所得结果比均值改正法小，显然是 C_v 差异影响所致。

将物理成因法求得的雨量分布与统计法求得的结果对比，也是一致的。最大雨量中心均在曹村，但次中心统计法所得结果在雨量站垣曲，而成因法却在垣曲西南迎风坡坡度最大的计算点上。这一差别是由观测站网分布情况所决定的。总体来看，两种途径所得结果在雨量数值上有所差别，中心区雨量以成因法最大，但雨型分布形式差别不大。

4. 水汽放大

1）概念讨论

移置改正后，再进行水汽放大，这种处理意在加一变幅不大的安全因素。水文气象工作者对水汽放大的解释为：假定降水强度 I 取决于风暴效率 η 和气柱水汽量 W 两个因素，并表示为

$$I = \eta W \tag{9-31}$$

可能最大降水是两个因素在流域中可能出现的相当大的量遭遇的结果。因此，通过本流域实测历史暴雨或邻近流域移置改正后暴雨的水汽加大至可能最大值，并取外包后，作为流域上不同历时的可能最大降水的估值。

2）效率的几种解释

魏士勒在《水文气象学》一书中，直观地解释风暴流场的结构。吴和赓认为效率主要反映了上升速度因素。在淮河试点报告中，陈万隆对效率进行了理论分析，认为效率大小与气柱平均上升速度及凝湿比成正比，它反映了进入风暴辐合区内空气柱所含水汽总量相对凝结的速度。

3）水汽放大公式改进

（1）基本概念与公式。

由于效率概念认识的发展,因而对水汽放大技术提出了修正。张志明及王德翰则建议直接放大可凝水 ϕ 较佳,其思路如下:

假定降水率等于凝结率,则降水强度 I 可表示为

$$I = \frac{1}{g}\int_{P_0}^{P_h} F\omega \mathrm{d}P \tag{9-32}$$

式中:ω 为上升速度;P_0为地面气压;P_h 为对流高度处气压;F 为凝结函数:

$$F = \frac{q_s T}{P}\left(\frac{ALR - C_p R_w T_A}{C_p A R_w T^2 + q_s L^2}\right)$$

如果取气柱的上升速度平均值为 ω,则式(9-32)可转换为

$$I = \omega \frac{1}{g}\int_{P_0}^{P_h} F\mathrm{d}P$$

$$= \overline{\omega}\phi \tag{9-33}$$

$$= \chi\overline{\omega}W \tag{9-34}$$

$$= \eta W \tag{9-35}$$

式中:可凝水 ϕ 表示单位面积气柱平均上升 1 hPa 时水汽凝结量;$\chi = \phi/W$ 称为凝湿比,表示单位面积气柱每上升 1 hPa 水汽的相对凝结量。

式(9-35)中 $\eta = \chi\overline{\omega}$,即效率可表示为气柱平均上升速度与凝湿比之积。

(2)计算方法。

假定在降雨期间,气柱整层饱和,温度垂直递减率等于湿绝热递减率,则 ϕ 值只为地面露点 τ_0及 P_h的函数。在热力图上,读取 τ_0这条湿绝热线上 P_0及 P_h处的比湿 q_{P_0}及 q_{P_h},从而求出 ϕ 。

$$\phi = \frac{1}{g}(q_{P_0} - q_{P_h}) \tag{9-36}$$

设某次降水强度为 i,其代表性露点为 τ_0,对流高度为 P_h,则

$$I = \overline{\omega}\phi(\tau_0, P_h) \tag{9-37}$$

现将水汽放大,取最高露点为 τ_{max},并假定 ω 及 P_h 不变,则放大以后的降雨强度可表示为

$$I_{max} = \overline{\omega}\phi(\tau_{max}, P_h) \tag{9-38}$$

将式(9-37)代入式(9-38),则有

$$I_{max} = \frac{\phi(\tau_{max}, P_h)}{\phi(\tau_0, P_h)} i \tag{9-39}$$

(3)计算成果比较。

海河“63 · 8”的代表性露点为 24.3 ℃,淮河“75 · 8”暴雨代表性露点为 25.5 ℃,为统一起见,P_h 取 200 hPa,三花区间最高露点指标为 26.5 ~27.5 ℃。据此,可以求得两场暴雨的水汽放大系数分别为 1.132 ~1.196 和 1.054 ~1.113。

为进行比较,运用传统可降水放大进行计算,相应两场暴雨放大系数分别为 1.195 ~1.291 和1.08 ~1.168,其结果比 ϕ 值放大稍微大些。因为 $\phi = \chi W$,而可降水放大将凝湿比 χ 看作不变。实质上 χ 也随着露点 τ 和 P_h 而变化。假定 P_0 =1 000 hPa,P_h =300 hPa

求得不同露点的χ值见表 9-7。

表 9-7　不同露点凝湿比χ值　（单位:℃）

τ_0	14	16	18	20	22	24	26	28	30
χ	0.003 21	0.003 17	0.002 98	0.002 85	0.002 65	0.002 47	0.002 27	0.002 09	0.001 70

由表 9-7 可知,凝湿比在高湿区比在低湿区的数值要小些。这是由于在高湿条件下,气块在上升过程中释放的潜热相对较多,因而热力图上湿绝热线较为陡峻所致。上述结果对水汽放大倍比有一定影响。这使传统 W 放大方法偏大,而且露点放大的幅度愈大,其结果偏大得愈厉害。因此,采用 ϕ 值放大,从大气热力学观点来看要更合理些。

5. 成果综合分析

1)方案汇总

运用天气系统移位法,就海河“63・8”暴雨、淮河“75・8”暴雨移置黄河三花间,从物理成因及统计途径作了改正;最后又分别用可降水和可凝水两种水汽放大方法计算不同方案的 PMP,见表 9-8 和表 9-9。

表 9-8　淮河“75・8”暴雨天气模式(3 d)

方案		实测雨量	物理成因改正		统计方法改正	
			中性气柱模式	稳定气柱模式	均值对比法	K 值移置法
移置后流域平均雨量		1	0.93	0.88	0.69	0.65
水汽放大后雨量	ϕ 值放大 $R=1.05\sim1.11$	1.05 ~ 1.11	0.98 ~ 1.03	0.92 ~ 0.98	0.72 ~ 0.77	0.68 ~ 0.72
	W 放大 $R=1.08\sim1.17$	1.08 ~ 1.17	0.98 ~ 1.09	0.95 ~ 1.03	0.78 ~ 0.90	0.70 ~ 0.76

表 9-9　海河“63・8”暴雨天气模式(3 d)

方案		实测雨量	物理成因改正		统计方法改正	
			中性气柱模式	稳定气柱模式	均值对比法	K 值移置法
移置后流域平均雨量		1	0.71	0.72	0.91	0.73
水汽放大后雨量	ϕ 值放大 $R=1.05\sim1.11$	1.13 ~ 1.20	0.80 ~ 0.85	0.82 ~ 0.87	1.02 ~ 1.09	0.82 ~ 0.87
	W 放大 $R=1.08\sim1.17$	1.20 ~ 1.29	0.85 ~ 0.92	0.87 ~ 0.93	1.09 ~ 1.17	0.87 ~ 0.94

2)各方案合理性分析

因为三花间纬度比淮河流域偏北,经度比海河流域偏西,离开水汽原地比两场暴雨原地稍远,而且三花间流域平均高程大,同时东有太行山屏障,南有伏牛山屏障,所以水汽输送条件没有两场暴雨原地那样有利;从暴雨天气系统活动的天气气候特性而言,西风带低值系统在东移过程中暴雨强度一般有渐增趋势，而东风带低值系统在北上过程中暴雨强度则一般有渐减趋势。上述气候特点，使得三花间大暴雨的均值比两场暴雨原地均值都偏小（面平均雨量，三花间为 80.0 mm，海河为 86.9 mm，淮河为 110.2 mm），加上三花间的离差系数比淮河略小，比海河更小，而且 ϕ 值移置法比均值对比法结果还要小。这种情况应是合理的。

统计方法改正与成因改正的思路不同：统计方法是用一般气候规律来处理个别暴雨改正；而成因法则针对个别天气模式在不同地理环境的水汽输送条件和地形差异来处理暴雨改正。从表 9-8、表 9-9 数据可看出：成因法改正后的"63·8"雨量比统计法所得结果要小；而用成因法改正后的"75·8"雨量比统计法结果要大些。其原因可从两种天气模式的水汽输送结构得到解释。根据三花间地形特征，水汽输送朝东的河谷喇叭口地形进入最为有利，两种天气模式水汽都是从东方和南方进入，表 9-10 给出了两场暴雨各方向水汽进入雨区的相对量。

表 9-10 "63·8""75·8"暴雨各边水汽输入比例

模式	东边输入	南边输入
"75·8"(7 日)	2.41	1.12
"63·8"(3～7 日)	1.13	0.97

表 9-10 相对数值说明，两种模式水汽输入雨区都是以东边占优势，所以这两种模式均是本流域有利于降水的天气系统。但"75·8"从东边输入比重比"63·8"大，因而移位三花间后削减的数量相对要少些。这就是用成因法改正后，使得"63·8"雨量减少较多，而"75·8"减少较小的主要原因。由于本方案是研究三花间遭遇与"63·8""75·8"相似天气条件下的相应雨量，这种相应雨量不宜用一般的气候规律来估算，而采用成因法所得结果较为适宜。

在物理成因改正计算方法中，又因地形雨计算采用中性气柱模式（或层流模式）和稳定气柱模式两种方法。中性气柱模式假定降水期间整个区间气柱饱和，气温直减率等于湿绝热递减率，而稳定气柱则假定小于湿绝热递减率。在其他条件相同情况下，前者产生的降水率比后者大。对比三个流域地形特征可知，海河流域向风地形坡度比三花间大，而淮河流域向风地形坡度比三花间小，所以海河地形雨相对最大，三花间次之，淮河暴雨原地地形雨最小。以上诸种情况，使得成因法改正的两种方案中，"63·8"移置改正后，采用稳定气柱模式方案所得结果比中性气柱模式方案大；而"75·8"移置改正后所得结果则与上相反。计算结果符合方案本身逻辑。

3）成果选择

雨期一些探空记录表明，中性气柱只能在水汽入流方向雨区边缘或暴雨中心附近观测到。如"75·8"暴雨在林庄附近明港站出现过接近中性气柱记录，而同期郑州站则显示为稳定气柱。因此，在暴雨期类似三花间这样大面积假定只有部分地区为中性气柱比较适宜。据此，认为设计值应在两方案范围内确定较佳。

物理成因改正方法的精度，主要决定于移置前后水汽调整比值以及两处地形雨计算误差。水汽调整方法的基本原理与传统方法一致,但处理方法较细致,因此调整比值并不逊于传统方法的精度。而地形雨计算精度则与方法本身理论的成熟程度以及具体处理技术有关。由于移置前后两个地区所采用处理技术是一致的。而最后需要的是两处地形雨的差值。因此,由方法不妥所导致的误差可望由两处地形雨相减运算过程互相抵消一部分。另外,本次所用方法中,地形雨值只占实测雨量的百分之几,对成果的相对值影响有限。

在两种水汽放大方案中,根据前述理由,建议采用 ϕ 值放大方案,对移置模式应采用高露点下限进行水汽放大。

9.3.6 黄河三花间暴雨的中尺度数值模拟方法简介

研究暴雨,不仅要考虑大、中、小天气系统的相互作用,还应考虑地形和中尺度天气系统的作用,而后者是十分重要的,不仅要考虑降水的动力作用,还要考虑云物理作用。目前,开展这方面的全面研究还有困难,解决这类问题办法:一是组织各种类型大、中、小尺度天气系统观测和试验;二是进行数值模拟和试验。当然,这两者又是密切关联的。现利用 R. L. Lavoie(1972 年)提出的模式,对黄河流域三门峡至花园口地区暴雨“73·7”进行模拟。该模式考虑了地形对暴雨的作用,中尺度天气系统和云物理在暴雨中发生作用。该模式 R. L. Raddaty 和 M. L. Khandekar 在 1979 年已用于加拿大西部平原上的极大降雨中,获得成功[15]。

9.3.6.1 基本概念

首先假定大气的铅直结构分为三层,与地面相接的为常数流动层($Z_s \sim Z_0$),其厚度 10~50 m,它的温度层结为超绝热直减率,表示近地层空气不稳定,有向上的热通量,也假定有大量的摩擦风切变;其上为空气充分混合的混合层($h \sim Z_s$),它的温度层结为中性即 $\gamma = \gamma_d$,或 $\partial\theta/\partial Z = 0$,其顶仍可有逆温层。混合层以上为深厚的稳定层,它的温度层结为 $\gamma < \gamma_d$。

假定混合层中空气是充分混合的,故空气在铅直方向上的性质是相同的,在对高度积分时,风、位温、比湿等气象要素做常数处理。另外,常数流动层与混合层之间,混合层与稳定层之间的相互作用,都采用参数化办法进行处理。

由于常数层中大气处于不稳定状态,其下又有各种地形和糙率等的影响,故常数流动层中暖而湿的空气不断向混合层中运动,使混合层中的水汽和热量不断增加,从而使混合层中产生扰动——产生中尺度系统,并出现云和降水。这种降水过程可以用 Lavoie 模式来模拟。

9.3.6.2 模式的数学形式

混合层大气性质及其变化可用 5 个方程表示,即水平动量方程、热力学方程、连续方程、水汽守恒方程和流体静力方程等,以此推求混合层中的降水率,具体方程略。

9.3.7 关于地形降水计算物理过程

气象学中对地形雨研究的内容:大尺度因子,以确定越过山丘的空气特征,包括风速、风向和空气湿度;在山地上和绕过山脉的空气运动的动力学,确定气层厚度和空气在哪些气层中上升;云的微物理过程,确定凝结成的云滴如何增长、下降成雨或雪,或雨雪在背风坡是否蒸发。在降水过程中,地形的作用在于抬升暖湿空气,使得云中水汽加速凝结,加速造雨过程,从而降水量有所增加。

在大尺度地形影响下,向风坡的降水量较大。例如"75·8"和"63·8"暴雨,而且在太行山的向风面,形成一条与山脉走向大致相平行的多雨带。地形强迫抬升作用会产生对流降水单体。台风受台湾山地的影响,地面天气图上出现几个低压,风场分裂,出现局地涡旋。在喇叭口地形容易产生暴雨中心,例如"75·8"暴雨出现在林庄,"63·8"暴雨中心在獐狉,台湾的百新暴雨和留尼旺暴雨中心出现在锡拉奥斯等。边界层山地存在另一种准常定的波长量级为35~50 km的小尺度系统——多数为涡旋,个别为辐合线。

两种凝结物组成的云,水成云在山坡,而在其上方为由天气系统造成的混合云。后者中的水滴落入前者,水滴迅速增长为雨,从而使降水量增加。然而,在山脉的向风面降水量大,成为暴雨中心,是一种常规现象。但在水汽供应充沛,对流性不稳定气层较厚时,在第二排山脉的向风面亦可发生相当可观的雨量。

9.4 可能最大暴雨计算运用实例

以下将利用一些大型水利工程可能最大暴雨计算成果,来着重介绍有关水文气象计算研究情况。

9.4.1 运用天气系统移位法估算陆浑水库可能最大暴雨[12]

9.4.1.1 移置淮河"75·8"暴雨雨图安置原则

1.安置原则

一是平移;二是林庄安置于陆浑坝址附近。

2.理由

(1)根据华北阶地边缘经向类暴雨带轴线、暴雨极值带位置有出现于长波地形坡度梯度最大值的东侧现象。本流域及其附近纬向坡度梯度最大值轴线通过嵩县。

(2)三花间几个经向类暴雨带轴线和最大24 h雨量极值分布图最大雨带轴线位置都在陆浑附近或其东侧通过,与华北地区的规律一致。

(3)从理论上说,特大暴雨带轴线与中心落区位置处应该是上升速度与水汽条件最佳配合处。根据同类型暴雨期露点场分析,伊洛河中、下游是水汽最多地区。国外一些沿山区垂直方向剖面各处液态水含量观测指出,大气中液态水含量最大中心位于山坡坡脚处上空,高度在850 hPa(1 500 m)以下。所以,上升速度与水汽条件最佳配合处理应偏于该轴线的东侧。

(4)从本流域地形条件看,总趋势是西南高、东北低,嵩县处于熊耳山与伏牛山余脉之间喇叭口腹地,两侧高程均在700 m以上。显然,将"75·8"暴雨中心位置放在嵩县位置,不利于整个暴雨带沿山坡分布,这样难以保证暴雨机制不发生重大变化。

3.结论

如将林庄中心放在陆浑坝址附近,既可照顾到上述气候特点、地形特点和暴雨带维持条件,又是比较危险的位置,以此估算陆浑可能最大暴雨的基础比较合适。

9.4.1.2 移置区与设计流域地形垂直速度计算中地面气象要素场处理原则

1. 移置区("75·8"原地)

按代表时次值勾画等值线图,内插各网点值。其中,风向场选14时,凝结高度场选每天20时资料为代表。此外,风向场还进行适当调整,即在河谷深处,调整风向使其顺河谷而行。

由于每天2时、8时、14时、20时风速大小有变化,采用这4个时次资料平均值。

2. 设计地区地面气象要素场

(1)平移海平面气压场。

(2)平移地面温度场,按0.6 ℃/100 m 做高度订正。

(3)平移风速场。

(4)风向场则按有关经向类暴雨下地面流场模型作为移置后地面流场,并在个别河谷深处的网格点风向,按山势走向做了调整;凝结高度场,是移置原地凝结高度与地面气压差值场后,将移置后凝结高度与地面气压差值场与设计流域地面气压场叠加,得到设计流域凝结高度场。这样能更好地反映雨型特征,其结果也比较合理。

9.4.1.3 水汽改正

由于两地高差较大,需做水汽改正。本方案用了边界高程障碍改正。以网格点高程做控制,以淮河"75·8"暴雨可降水输送速度场分析,水汽入流方向系东南方向。因此,凡网格点高程低于相应水汽输送方向上边界层高程,则扣除边界以下高程水汽,反之则扣除网格点高程以下水汽值。

9.4.2 三花间可能最大暴雨计算

9.4.2.1 PMP降雨历时时段的确定

1. 根据三花间暴雨特性及防洪要求确定

(1)根据实测较大暴雨时程分配规律,一次大暴雨多为两场降雨过程,中间相隔1~3 d,降雨历时5~7 d。

(2)根据1761年历史洪水记载,大雨5昼夜。

(3)从三花间频率计算看,经常选用1 d、5 d、12 d作为设计时段。为此,本设计时段也采用5 d暴雨为重点进行计算。

2. 设计指标的选用

1)最大露点

气团原地最高月平均海温为29~30 ℃,用探空实测可降水统计分析气团最大水汽下地面露点为25.8~26.5 ℃,实测最大地面露点为27.5 ℃。从露点资料条件,结合安全考虑,单独水汽放大时最大露点取27.5 ℃,水汽与效率同时放大取26.5 ℃。

2)入流平均高程

由东南方向入流口处,用太行山500 m高程至东南伏牛山500 m高程间200 km宽的地方,用10 km一点,共21点高程算术平均值356 m为入流障碍高程。

3）效率因子

用降雨强度求得。

9.4.2.2　**移置可能性、组合可能性分析内容要点**

海河“63·8”移置可能性，气象分析表明类似海河“63·8”暴雨的环流形势与天气系统有可能在本区出现。

（1）三花间与海河、淮河地区邻近气候区划情况分析。

（2）三地暴雨及其气象成因特性比较（暴雨历时、雨带形势、环流形势、天气系统对比）。

（3）历时文献中暴雨过程比较。

9.4.3　黄河流域三门峡以上可能最大暴雨估算

9.4.3.1　**基本思路**

三门峡以上流域面积为68.8万km^2，流域缺少大面积大暴雨资料，东南有太行山、南有秦岭高山阻挡，移置外流域暴雨有一定困难。托克托以上流域面积为38.6万km^2，历年洪量比较稳定，主要大洪水来自托克托—三门峡区间的30.2万km^2。利用典型暴雨进行水汽、效率放大，推求托克托—三门峡区间5 d PMP，推求相应5 d可能最大洪量，利用实测5 d洪水与长历时洪量相关，推求不同历时可能最大洪量。

9.4.3.2　**典型选择**

以实测与调查的大面积暴雨和峰高、量大的大洪水（见表9-11）做模型，进行合理放大。

表9-11　陕县、龙门、华县大水年洪峰流量、洪量

时间（年-月-日）	洪峰流量（m^3/s）	5 d洪量（亿m^3）			12 d洪量（亿m^3）			45 d洪量（亿m^3）		
		陕县	龙门	华县	陕县	龙门	华县	陕县	龙门	华县
1843-08-10	36 000	92.5			125			260～280		
1933-08-10	22 000	51.8	25	21.5	91.8			220		
1967-08-11	16 100	18.9	18.5	1.0	76.2	65.2	8.4	195.6	>181.7	20.7
1954-09-05	13 900	33.1	23.5	6.5	69.0	47.5	12.3	163	107	38
1964-08-14	13 800	28.3	22.4	4.0	66.5	54.0	8.5	182	130	35.2
1953-08-27	12 100	16.8		0.2				99.5		
1959-08-21	11 900	25.8	20	4.4	68	50.6	8.7	159	126	17
1958-08-22	9 540	31.1	13.8	14.6	82	36.9	28.2	199	103.5	51
1966-07-30	7 800	21.5	11.7	10.8	57.6	35	19	138	95.4	33.4

1. 1933 年 8 月典型

利用实测降雨、洪水、简易天气图资料，综合分析：暴雨时间为 8 月 6 日、7 日、9 日 3 d，雨型为西南—东北向，位于渭河上中游的散度河，泾河的东川、西川，泾河上游崆峒峡及托克托—龙门区间的清涧至延安一带，各有一 200 mm 以上暴雨中心。“33 · 8”暴雨天气形势在 500 hPa 天气图上副热带高压脊线呈东西分布，脊线位置在 30°N，西伸脊点 105°E 持续稳定；暴雨天气系统 6 日、7 日西风槽转暖切变，9 日为另一低槽；南海北部湾有强台风登陆，有利于西南暖湿气流向黄河中游输送大量水汽。

“33 · 8”暴雨在泾河、渭河和托克托—龙门区间同时产生大洪水。泾渭河 5 d 洪量达 21.5 亿 m^3，龙门 5 d 洪量达 25 亿 m^3，两区洪水在陕县相遇，洪峰流量达 22 000 m^3/s，5 d 洪量达 51.8 亿 m^3，属两区同时来水的峰高量大洪水类型。

2. 1954 年 9 月与 1967 年 8 月两场暴雨组合典型

在 500 hPa 天气图上环流属 P_1 型，西太平洋副热带高压呈东西向分布，强烈北抬西伸，700 hPa 天气系统是横切变带低涡，再转移动性低槽两天气过程衔接时间为 24 h，从过程演变看是可能的。该组合典型在陕县形成的 5 d 洪量与“33 · 8”典型形成的相当，但在暴雨区分布与和洪量地区组成上有所不同。1933 年典型在泾渭河和托克托—龙门区间各有一暴雨中心，泾渭河所产生的 5 d 洪量稍大于托克托—龙门区间 5 d 洪量，而组合典型主要雨区与 5 d 洪量主要集中于托克托—龙门区间，是以北干流来水为主与泾渭河来水相遭遇的典型。

3. 1843 年典型

1843 年历史洪水是近 100 年来调查最大洪水。陕县洪峰 36 000 m^3/s，5 d 洪量 92.5 亿 m^3，峰、量均较 1933 年洪水相应值大 70% ~80%，可认为是一场大面积高效暴雨形成的。初步分析是北干流与泾渭河同时来水，其洪水组成与“33 · 8”洪水或“54 · 9”洪水相类似。其洪水过程线上涨时间约 2 d，降落时间约 5 d，过程形状与 1933 年相似。

9.4.3.3 水汽因子计算

典型年暴雨代表性露点选择，代表站原则选择水汽入流途径上雨区边缘的暖区范围内；水汽来源孟加拉湾，故一般选择在南侧。

分站统计持续 12 h 露点，然后群站平均求得代表性露点。

1933 年 8 月仅有西安一站地面露点资料，参照其他典型年群站暴雨代表性露点与西安站暴雨代表性露点的比值进行改正。

可能最大露点：采用实测资料中同时段或邻近时段各代表站持续 12 h 最大露点的平均值，作为可能最大露点。选择最大露点时要进行天气图检查，排除在反气旋控制下晴好天气的数值。

9.4.3.4 动力因子极大化

1. 实测典型暴雨效率计算

利用“54 · 9”、“67 · 8”两场暴雨雨深图，计算托克托—龙门区间、泾河、渭河三个区间 1 d 面平均雨量，以及托克托—龙门区间、托克托—三门峡区间相应于 43 000 km^2、111 990 km^2面积的 1 d 平均雨量，再利用两场暴雨代表性露点查算可降水，求出各区间及相应面积的效率，见表 9-12。

表 9-12 各典型年暴雨区间最大 1 d 暴雨效率

区间	面积(km^2)	"54·9"	"67·8"	"33·8"
泾河	43 200	3.18		6.97
渭河	46 800	2.60		5.33
托克托—龙门区间	43 000	4.06	5.35	
	111 990	2.42	2.92	4.17
全区	43 000	5.80	6.56	
	111 990	4.16		

2. 可能最大暴雨效率估算

黄河中游托克托—陕县区间实测大面积暴雨洪水虽已有 1933 年 8 月为最大，但其重现期仅几十年一遇，无论与本区历史大暴雨或邻近地区实测大暴雨比较，都不能算作高效暴雨，其他实测更小。因此，只能以本区历史暴雨洪水资料来估计可能最大暴雨效率，以邻近实测、调查特大暴雨效率作为本区参考。

1）历史暴雨效率估算

面雨深计算：利用托克托—龙门区间、泾河、渭河洪峰流量与 1 d 暴雨面雨深、5 d 洪量与 5 d 面雨深相关插补历史暴雨相应最大 1 d、5 d 面雨深。代表性露点计算，按暴雨区位置，选择实测相似暴雨的代表性露点作为替代。

经比较，渭河 1898 年雨区偏于中下游，与"54·8"的过程相似；1843 年暴雨洪水与 1933 年的相似；泾河 1841 年暴雨洪水与 1843 年的相似。

效率计算：确定代表性露点后，就可计算效率，具体见表 9-13。

表 9-13 黄河中游各区间历史特大暴雨洪水效率估算

区间	托克托—龙门	泾河张家山	渭河咸阳
历时洪水年份	1843	1841	1898
洪峰流量(m^3/s)	31 000	16 700	11 550
一日面雨深 H_1(mm)	59	96	65
代表性露点 T_d(℃)	23.6	23.6	24.5
效率 η(%)	5.06	8.63	6.08

2）1843 年托克托—陕县区间 5 d 面雨深计算

根据实测的几个大水年洪水地区组成关系，将 1843 年 5 d 洪量分配到泾河、渭河及托克托—龙门区间，再根据三个分区 $H_5 \sim W_5$ 相关，求出各区间 5 d 面雨深，见表 9-14。

表 9-14　托克托—三门峡区间 1843 年 8 月暴雨过程 5 d 面雨量计算

典型年份		5 d 面雨深 H_5(mm)	$H_{5,1843}/H_{5,1933}$
1933.8		73.9	
1843.8	按"33·8"典型分配	101.6	1.37
	按"54·9"典型分配	118.3	1.60
	按"67·8"典型分配	92.7	1.26
	按"58·8"典型分配	106.7	1.44
	各方案平均	105.0	1.42

3)本区历史最大暴雨效率确定

可见,按不同典型年分配,1843 年暴雨托克托—三门峡区间 5 d 面雨深变化在 92.7～118.3 mm,平均为 105.0 mm,为 1933 年 5 d 面雨深的 1.42 倍。由于 1843 年洪水特性与 1933 年洪水特性相似,可以假定 1843 年暴雨代表性露点与 1933 年相同,则它们的暴雨深倍比等于效率的倍比,则取 1933 年暴雨效率放大倍比为 1.4。

4)邻近流域特大暴雨效率比较

利用海河"63·8"、淮河"75·8"暴雨 1 d 雨量资料,计算各面积雨深关系,确定暴雨代表性露点资料,估算相当于黄河中游各分区面积 1 d 雨深(未进行形状改正),计算相应效率,结果见表 9-15。

表 9-15　邻近流域实测特大暴雨相应黄河中游各区间面积的 1 d 降水效率

典型暴雨	分析项目	托克托—龙门区间 (111 990 km^2)	泾河 (43 200 km^2)	渭河 (46 800 km^2)
"63·8"	H_1(mm)	90	190	180
	T_d(℃)	24.3	24.3	24.3
	η_1(%)	4.8	11.0	10.4
"75·8"	H_1(mm)	95	197	18.5
	T_d(℃)	25.5	25.5	25.5
	η_1(%)	4.2	10.3	9.7
"35·7"	H_1(mm)	141	256	247
	T_d(℃)	24.4	24.4	24.4
	η_1(%)	9.1	16.6	16.0

5)各区可能最大暴雨效率及效率放大倍比计算

由表 9-13、表 9-15 可知,本区内各分区历史暴雨最大效率为:托克托—龙门区间 5.1%、泾河张家山 8.6%、渭河咸阳 6.1%。邻近流域暴雨效率最大的是长江"35·7"暴雨,相应托克托—龙门区间 9.1%、泾河 16.6%、渭河 16.0%,为本流域历史最大效率的 1.5～2.7 倍。海河"63·8"、淮河"75·8"暴雨相应泾河、渭河面积的降雨效率均大于本区历史最大效率,相应托克托—龙门区间面积的效率略小于本区历史最大效率,但"63·8"暴雨、"75·8"雨量图不全,估算的效率可能偏小。

用本区内各分区的历史暴雨最大效率与邻近流域特大暴雨效率比较，明显偏小，其数值可能尚未达到高效。但各分区同时采用历时暴雨最大效率，其托克托—三门峡区间总效率与1843年托克托—三门峡区间效率相近，可认为达到高效。根据现有资料采用各区间历史最大暴雨效率作为可能最大暴雨效率，则各区间可能最大效率与典型年暴雨效率的比值，即为效率放大系数 K_η，详见表9-16。

表9-16　各典型年暴雨效率放大计算依据

项目		托克托—龙门区间	泾河张家山	渭河咸阳
可能最大暴雨效率 η_m(%)		5.1	8.6	6.1
典型年暴雨效率 $\eta_{典}$(%)	1933.8	3.6	6.11	3.82
	1954.9	2.4	3.3	2.6
	1967.8	2.9		
效率放大系数 K_η	1933.8	1.42	1.41	1.60
	1954.9	2.12	2.61	2.35
	1967.8	1.76		

6）水汽、效率放大倍比系数的选用

"33·8""54·9""67·8"三场暴雨露点、效率均未达到可能最大，故需对水汽、效率放大。

单独进行水汽放大时，采用地面露点推求的水汽放大系数；当水汽、效率联合放大时，采用按探空资料计算的水汽放大系数。

对于1933年典型按托克托—龙门区间、泾河、渭河三个分区效率均放大至可能最大效率，放大系数为1.41～1.6，按托克托—三门峡区间全区效率放至可能最大效率，放大系数为1.4。各区统一采用 $K=1.4$、$K_W=1.4$ 进行水汽效率联合放大。各放大方案见表9-17。

表9-17　各典型年暴雨水汽、效率放大系数计算

典型	方案	托克托—龙门			泾河			渭河		
		K_W	K_η	$K_{总}$	K_W	K_η	$K_{总}$	K_W	K_η	$K_{总}$
1933.8	①	1.4	1.4	2.0	1.4	1.4	2.0	1.4	1.4	2.0
	②	1.4	1.4	2.0	1.6		1.6	1.6		1.6
1843.8	①	1.4		1.4	1.4		1.4	1.4		1.4
	②	1.6		1.6	1.6		1.6	1.6		1.6
1954.9	①	1.27	2.12	2.69	1.27	2.61	3.32	1.27	2.35	2.98
	②	1.56		1.56	1.56		1.56	1.56		1.56
1967.8	①	1.49		1.49	1.49		1.49	1.49		1.49
	②	1.59		1.59	1.59		1.59	1.59		1.59

9.4.3.5 1991 年补充分析计算

1990 年世界银行审查黄河小浪底水利枢纽工程规划时，要求做黄河三门峡水利枢纽可能最大洪水分析。为此，开展本次工作。

1. 基本思路

河口镇以上来水按 6 000 m^3/s 的洪水处理。

三门峡出现可能最大洪水的必要条件是龙门、华县同时出现大水，即需斜向类暴雨；洪峰以河龙间来水为主，泾渭洛河来水受渭河下游堤防标准影响(50 年一遇)，同时考虑华县、龙门同时出现大洪水时，渭河出口受龙门洪水顶托等，造成倒灌影响，渭河最大洪峰流量按 10 000 m^3/s 计。因此，本次仅对河口—三门峡区间 PMP 进行分析计算。

2. 河口—三门峡区间 PMP 定性特征估计

河口—三门峡区间 PMP 定性特征估计具体见表 9-18。

表 9-18 河口—三门峡区间 5 d PMP 定性特征

序号	项目	特征
1	大气环流形势	盛夏纬向类、过渡型
2	暴雨天气系统	冷切变、三合点
3	雨区分布形式	西南—东北向(斜向类)分布
4	暴雨落区及暴雨中心位置	泾渭洛河上中游和无定河、窟野河中下游降水中心位于吴堡上下
5	降雨时程分布	5 d 出现两次大面积日暴雨，两次强降雨间隔 2 ~ 3 d，主峰在后，前期多雨
6	出现季节	7 ~ 8 月

3. 可能最大暴雨计算

1) 区间典型暴雨主要特征表

区间典型暴雨主要特征表见表 9-19。

表 9-19 河口—三门峡区间典型暴雨主要特征

暴雨特征	暴雨特征量	
	1977 年 7 月 5 日	1933 年 8 月
暴雨落区	泾河、渭河、洛河、延水、无定河、三门峡、湫水河	泾河、渭河、洛河、延水、无定河、三门峡、汾河
雨型	斜向类	斜向类
中心日雨量(mm)	招安站 219	
代表性露点(℃)	24.4	23.2
河龙区间面雨深(mm)	40.3	52
咸阳以上面雨深(mm)	33.6	45
张家山以上面雨深(mm)	56.1	92
洑头以上面雨深(mm)	45.9	
河龙区间降水效率 η(%)	3.2	4.6

2)暴雨放大指标

根据河三间典型暴雨代表性露点分析,以及对陕西、山西1951~1975年历史最大露点的普查,求得河三间可能最大露点27.7 ℃,河三间平均高程1 270 m,查得可降水量为72.9 mm。河龙间可能最大降水效率取4.7%。

3)典型暴雨极大化

(1)"33·8"暴雨降水效率接近河龙间可能最大效率,只采用水汽放大,最大露点为27.7 ℃。

(2)对"77·7"暴雨进行水汽、效率联合放大,综合放大倍比2.04。

4)暴雨组合方案选择与极大化

利用1954.9.3与1977.7.5两场暴雨组合,组合方案降雨过程见表9-20。

表9-20 河三间暴雨组合模式

项目	1954年9月			1977年7月		5 d量
	2日	3日	4日	4日	5日	
河龙间面雨深(mm)	(25.1)	(26.6)	0	8.5	40.3	100.5
咸阳以上面雨深(mm)	6.1	28.9	0	5.1	33.6	73.7
张家山以上面雨深(mm)	5.5	31.1	0	15.0	56.1	107.7
洑头以上面雨深(mm)	10.1	28.4	0	13.7	45.9	98.1
天气过程		三合点			三合点	

注:为使河龙间与泾渭洛河同时出现大暴雨,对河龙间1954年9月2~3日雨深进行了调整。

组合合理性:河三间出现的1843年、1933年和1977年等暴雨分析,泾渭洛河与河龙间同时出现大暴雨的情况是存在的。对河龙间1954年9月2~3日雨深进行了调整,符合地区大暴雨规律。选择两场斜向类大暴雨间隔2 d进行组合,符合河三间多年实测及调查暴雨(洪水)资料统计规律。

组合模式极大化:对1977.7.5暴雨进行水汽、效率同时放大,放大系数为2.04;1954.9.3暴雨只进行水汽放大,最大露点采用27.0 ℃,水汽放大系数为1.4。

4.三门峡坝址PMF估算

根据本区资料条件,以及各区产流特点,时段洪量采用各区建立的降雨—径流关系进行估算,无控制区洪量采用1933年型暴雨洪水各区洪量所占比例进行估算,12日洪量采用分区建立的W_5—W_{12}相关法进行估算。坝址最大洪峰流量采用各站洪水过程按洪水演进法进行推算至坝址。

9.4.4 淮河"75·8"特大暴雨移置宿鸭湖水库计算可能最大暴雨研究

9.4.4.1 简要说明

宿鸭湖流域地理位置在东经113°19′~114°19′、北纬32°34′~33°11′,控制流域面积4 498 km^2。林庄位于流域内西北侧板桥水库附近。整个流域位于伏牛山余脉的东南角,是山丘向平原地区的过渡地带。流域平均海拔略高于100 m,淮河"75·8"暴雨以林庄中心，相应的区域地面平均高程只相差100 m左右。

9.4.4.2 内容简介

1. 主要参数确定

(1)凝结高度处的地形上升速度为1 hPa/s的12 h降雨量计算。用暖湿气流入流方向上代表站阜阳站5日、6日、7日3 d 20时探空资料，按式(9-3)和式(9-8)计算代表时段的降雨量，作为推算各日地形雨的依据，结果见表9-21。这样，主要求出实际的凝结高度处地形上升速度，就可很方便地算出雨量。

表9-21 降雨率查算表

日期	凝结高度(hPa)			
	980	960	940	920
5日	5 817	5 717	5 617	5 517
6日	5 795	5 666	5 539	5 410
7日	5 797	5 685	5 573	5 461

(2)凝结高度以下各波长垂直速度的衰减系数。应用阜阳站探空资料，计算了各日不同波长下的a_1值，结果见表9-22。

表9-22 a_1值计算成果表

日期	L1	L2	L3	L4	L5
5日	0.148 6	0.074 2	0.037 1	0.018 6	0.009 3
6日	0.272 3	0.131 1	0.068 1	0.034 0	0.017 0
7日	0.195 2	0.097 6	0.048 8	0.024 4	0.012 2

2. 若干处理规定

(1)在宿鸭湖流域与相应被移置的林庄暴雨区各取21个相应网格点，各点距相隔9′。

(2)计算中选取了两个计算方案：林庄中心暴雨平移确山以东12 km(刘店附近)；林庄中心平移瓦岗(实际上在瓦岗东北方向约1 km处，以保持相应网格点重合)。

3. 天气系统调整办法

由于移置区与设计流域为近邻，相应区域相对高差不大，且入流方向上亦无明显的山脉障碍，故采取下列简要处理办法：

(1)不作位移或基地高程水汽修正，仅考虑地形修正，令$\Delta W=0$，见式(9-20)。

(2)按林庄平移确山以东12 km与瓦岗相对位置关系，平移海平面气压场、气温场、凝结高度场和风速场。

(3)平移风向场。但考虑到地形对风向的可能影响，在高山背风山坡与河谷深处将风向调整到沿山势走向的方向。

4. 计算成果

地形雨修正计算成果见表(略)。

根据一般对移置可能性的条件分析，结合设计流域与移置区具体地形条件，我们认为将林庄暴雨中心平移至宿鸭湖流域任何位置都是可能的。将林庄中心暴雨移置到宿鸭湖流域中部显然是“暴雨下山”情况，经移置改造后雨量将是削减的。两方案地形雨移置总改正量只占实际降雨量的5% ~15%，且都是削减的。可见计算结果符合定性概念。从改正后两方案雨图来看，基本保持了原先雨型，这也表明两计算方案都是可能的。那么中心位置放置何处？显然应视对设计流域最危险条件而定。

地形对降雨的影响不仅有迎风坡的增量，亦有背风坡的削减量。两方案计算结果表明，中心位置放置不同位置，设计流域与相应移置区的地形雨、迎风坡与背风坡效应不同。可见，地形雨改正量的大小不仅取决于设计流域地形条件，而且直接与原暴雨区（移置区）地形条件和气象条件有关。

通过上述分析可以明确提出，为使林庄中心区域移置到宿鸭湖流域，经地形雨改正后求得最大雨量应满足两个条件：一是林庄主要暴雨中心区域移入宿鸭湖流域上；二是地形雨总削减量最小。由此推论，凡是类似地区“暴雨下山”时，都可以应用这两个判别标准来选择合适的移置位置。

9.4.4.3 成果简要评述

上述方法成功之处在于将上升速度的垂直变化与大气稳定度和地形波长建立了一定联系，从而运用到暴雨移置中地形雨的计算，使之得到一张经过修正计算的完整的降雨量空间分布图。显然，它与统计修正法有着质的区别。它的不足之处在于理论模式还过于简化，处理中不可避免人为因素的影响。算例成果表明，此法用在爬坡风比较重要的特大暴雨移置中还是可行的。另外，尽管理论本身与技术上不完善，但移置前后两个地区采用的处理技术是一致的，且最后需要的是两处地形雨的差值，故方法不足导致的误差可望部分抵消。

本算例中主要处理了淮河“75·8”暴雨中心1万 km^2 内地形雨计算。根据天气分析经验，特大暴雨中心附近区域之上的大气接近中性层结，故本算例采用中性层结模式，稳定度因子处理大大简化，减少了一系列产生误差的环节，成果比较可靠。

参考文献

[1] 叶笃正，杨鉴初，高由禧，等. 黄河流域的降水[M]. 北京：科学出版社，1956.

[2] 竺可桢. 中国近五千年来气候变迁的初步研究[J]. 考古学报，1972(1)：35.

[3] 游景炎. 暴雨带内的中尺度[J]. 气象学报，1965，35(3)：293-304.

[4] 河北省气象局气象台. 1963年8月上旬华北区特大暴雨分析[A]. 华北区第一届气象技术经验交流会议论文汇编[C]，1965.6.

[5] 水利水电科学研究院，河北省水利厅水文总站、勘察设计院，水电部北京勘察设计院. 1963年8月上旬海河流域特大暴雨初步分析[Z]. 文[64]1.

[6] 河北省水利厅. 河北省治水学术讨论会综合意见[Z]. 1964.11

[7] 黄委规划处下游组. 三门峡至秦厂历史洪水文献摘记[Z]. 1963.

[8] 水科院等六单位. 黄河上中游各省历史文献水旱灾情汇总表[Z]. 1968.11.

[9] 王荣华. 东亚温带低气压路径[J]. 气象学报，1963，33(1)：15-24.

[10] 郑梧森,易维中,宴宗镇. 内蒙古乌审旗1977年8月特大暴雨调查与初步分析[J]. 水文,1981(2):46-49,29.

[11] 吴和赓,高治定. "77·8"乌审旗特大暴雨在西北部分地区可移置范围分析[J]. 人民黄河,1980(1):34-40.

[12] 高治定,刘占松. 淮河"75·8"暴雨移置问题分析与讨论[Z]. 1983.5.

[13] 高治定. 运用天气系统移位法估算陆浑水库可能最大暴雨[Z]. 全国局地气候学术会议交流文件. 1987.8.

[14] 黄委勘测规划设计院. 三门峡以上和三花区间特大暴雨洪水能否同时发生的气象条件分析[Z]. 1991.3,(油印本).

[15] 高治定,熊学农. 暴雨移置中一种地形雨计算方法[J]. 人民黄河,1983(5):40-43.

第10章 气候统计和专题应用研究及分支学科综合评述

10.1 西线调水工程气候环境指标分析计算及应用

10.1.1 概述

南水北调西线调水工程年调水量200亿 m^3，由长江源区的通天河、雅砻江、大渡河调水至黄河上游。该工程调水量大，引水线路长，引水工程包含引水水库、引水渠系和受水区水库工程等。工程地处青藏高原，高原气候环境特殊性将给工程设计、施工、运行、管理带来一系列问题。因此，结合工程规划阶段水文分析计算工作的开展，需要对工程所在地区气候环境做一较全面分析、计算，为工程设计、施工、运行、管理提供一些必要的气候环境条件的分析、计算成果。

鉴于引水线路所在地区气象测站少，提供的气候环境指标成果，主要作为工程规划阶段的成果，应看作一个框架性指标成果。这些成果主要用来帮助进行合理的工程规划。例如，在项目早期研究阶段，提出了明渠输水工程方案。但结合引水线路严寒气候环境条件，明渠输水将在长达5个月以上时间存在冰冻问题，对引水安全影响大。为此，规划中又进行了修改，认为提出长隧洞输水方案比较合适。另外，其他气候指标条件，对未来设计、施工、运行和管理阶段可能预见的问题，均需要在规划阶段适当了解，从而为后续阶段工作提供一些参考依据，不过在工程设计、施工、运行、管理各阶段，可能在需要解决具体气候环境影响问题时，还应结合具体情况，适当增设气象站，开展需要的观测项目，再予以补充分析、计算。

10.1.2 西线调水区有关水文地理环境情况简介

调水区涉及的流域位于青藏高原东南侧，区内地势整体上西北高、东南低，各河流大体平行发育，走向为北南略偏东。调水河流的发源地多在海拔5 000 m以上，上游河源地区多为丘状高原地貌，分布有许多起伏不大的浑圆形山包，河谷宽浅，相对高差小，山坡侵蚀，风化严重；自河源区向坝址处逐步由丘状高原地貌向岭谷山原地貌过渡，河谷束窄，岭、谷高差加大。

调水区总体上海拔在2 500~6 200 m，平均海拔4 252 m，海拔3 500~4 500 m的地区占调水区面积的比例在90%左右，其中4 100~4 500 m的比例超过40%。引水坝址以上地区基本以浅切割高山区为主，海拔一般在4 500 m左右，地势起伏平缓，相对高差一般小于400 m，河源处常有湖泊和沼泽草甸存在；引水坝址以下地区基本为中等切割的高山宽谷区，海拔多在3 000~4 500 m，相对高差增大，各支沟地形呈波状起伏，主河谷切割较深,在河岸两侧多形成一级或多级阶地。

调水区划分成4个子流域共15个河段:雅砻江干流甘孜以上,包括温波以上、温波—热巴(坝址)区间、热巴—甘孜区间等3个河段;鲜水河道孚以上,包括东谷以上、东谷—朱倭区间、泥柯以上、泥柯—朱巴区间、朱巴—朱倭—道孚区间等5个河段;绰斯甲河绰斯甲以上,包括壤塘以上、河西以上、壤塘—河西—绰斯甲区间等3个河段;足木足河足木足以上,包括班玛以上、安斗以上、班玛—安斗—斜尔尕区间、斜尔尕—足木足区间等4个河段。

调水区总体上植被覆盖度较高,河源区以高原草甸为主,自河源区向坝址处乔木林和灌木林所占比例逐步增大。区域内高覆盖的高寒草甸、高寒灌丛草甸和高寒草原占总面积的比例达54.63%,乔木林和灌木林所占比例也分别达到9.09%和10.76%。其他土地类型面积较少,如湖泊和冰川仅占总面积的1%左右,主要分布在各河流上游接近河源的地区及热巴—甘孜区间。

另外,调水区的土壤较薄,透水性较好,各调水河流4 200 m以上的河源地区有零星片状多年冻土带分布(过渡型),以下仅有零星岛状多年冻土带(极不稳定性)存在,其他大部分为季节性冻土区。

10.1.3 气候指标分析计算

本次共收集了23个气象站的气象与气候资料,资料年份大部分至2005年。有关气候特征统计资料,以青海、四川、甘肃等省气象局提供的1961～1990年气候统计资料为基础,项目包括气温与地温、降水、气压、风向与风速、湿度、蒸发以及灾害性天气的统计成果等。有关测站情况及资料应用情况见表10-1。

表10-1　调水区及邻近地区气象站情况一览表

序号	站名	站号	位置		高程(m)	特征值资料年数(年)	记录年份
			经度	纬度			
1	清水河	56034	97°08′	33°48′	4 418	30	1957～2005
2	玉树	56029	97°01′	33°01′	3 681	30	1951～2005
3	玛多	56033	98°13′	34°55′	4 272	30	1951～2005
4	达日	56046	99°39′	33°45′	4 272	30	1959～2005
5	久治	56067	101°29′	33°26′	3 629	30	1955～2005
6	班玛	56151	100°45′	32°56′	3 750	30	1960～2005
7	石渠	56038	98°06′	32°59′	4 200	30	1961～2005
8	甘孜	56146	100°00′	31°37′	3 394	30	1951～2005
9	炉霍	56158	100°40′	31°24′	3 250	30	1957～2005
10	道孚	56176	101°07′	30°59′	2 957	30	1957～2005
11	新龙	56251	100°09′	30°56′	3 000	30	1961～1996

续表 10-1

序号	站名	站号	位置		高程(m)	特征值资料年数(年)	记录年份
			经度	纬度			
12	德格	56144	98°34′	31°44′	3 201	30	1961～1996
13	巴塘	56247	99°06′	30°00′	2 589	30	1961～1990
14	理塘	56257	100°16′	30°00′	3 949	30	1961～1996
15	阿坝	56171	101°42′	32°54′	3 275	30	1955～2005
16	壤塘	56164	101°04′	32°20′	3 285	28	1963～2005
17	色达	56152	100°20′	32°17′	3 894	30	1961～2005
18	马尔康	56172	102°14′	31°54′	2 664	30	1953～2005
19	小金	56178	102°21′	31°00′	2 369	30	1961～2005
20	雅江	56267	101°02′	30°02′	2 926	30	1960～2005
21	丹巴	56263	101°53′	30°53′	1 950	29	1962～1990
22	若尔盖	56079	102°58′	33°35′	3 440	30	1957～2005
23	红原	56173	102°33′	32°48′	3 492	30	1960～2005

注:记录年代为收集资料的最长年份;特征值资料年数指气候指标统计采用年数,多采用1961～1990年期间资料年数。

10.1.3.1　太阳辐射和日照时数

引水地区海拔均在3 000 m以上,太阳直接辐射占年总辐射的55%左右,变化范围为5 500～7 000 MJ/(m^2·年),是太阳能资源较丰富地区。年日照时数大多超过2 000 h,为太阳能利用提供了有利条件。

10.1.3.2　气温与地温

1. 气温

调水地区年平均气温分布与地势高低变化一致,由东南向西北方向随高程增加而递减,变化范围为-4～8 ℃,年平均气温为0 ℃地区的海拔在3 900 m上下。一些站点年平均气温值统计内容可参见表10-2。

表 10-2　调水区及邻近地区测站气温值统计

流域名称		雅砻江				大渡河				黄河	
		雅砻江干流		鲜水河		绰斯甲河		足木足河			
测站名称		石渠	甘孜	炉霍	道孚	色达	壤塘	班玛	阿坝	玛多	达日
高程(m)		4 200	3 394	3 250	2 957	3 894	3 285	3 750	3 275	4 272	3 968
平均气温(℃)	1月	-12.3	-4.5	-3.7	-2.3	-11.1	-4.9	-7.6	-7.6	-17.0	-12.7
	7月	8.5	13.9	14.6	15.8	9.9	13.1	11.7	12.6	7.4	9.2
	全年	-1.5	5.6	6.4	7.9	0.0	4.8	2.6	3.5	-4.1	-1.1
	年较差	20.8	18.4	18.3	18.1	21.0	18.0	19.3	20.2	24.4	21.9

续表 10-2

流域名称		雅砻江				大渡河				黄河	
		雅砻江干流		鲜水河		绰斯甲河		足木足河			
极端最高气温(℃)	1月	7.8	15.4	17.5	19.5	11.2	17.3	12.8	15.7	4.2	8.3
	7月	22.7	28.0	29.3	30.9	22.9	29.2	26.0	26.5	22.2	22.9
	全年	25.5	30.5	31.0	32.0	23.7	29.4	28.1	28.0	22.9	24.6
极端最低气温(℃)	1月	-35.9	-26.5	-24.0	-21.9	-36.3	-23.5	-25.9	-33.9	-48.1	-32.3
	7月	-6.2	0.7	0.1	1.0	-5.0	-0.5	-1.7	-1.1	-5.1	-4.4
	全年	-37.7	-28.7	-24.0	-21.9	-36.3	-23.5	-25.9	-33.9	-48.1	-34.5
累积日平均负气温(℃)		-1 451	-309	-229	-133	-1 200	-359	-695	-624	-2 217	-1 432
日平均负气温时间	初日(月-日)	10-08	11-14	11-17	11-29	10-18	11-09	10-29	11-03	09-28	10-10
	终日(月-日)	04-29	03-03	02-11	01-24	03-23	02-21	03-31	03-22	05-11	04-22

注:累积日平均负气温系用所有月平均负气温按日数累积值。日平均负气温初日、终日系经验公式计算。

由表 10-2 可以看出,调水地区气温年较差比较小,一般在 18~21 ℃范围内,总的特点是冬寒夏凉。1 月为最冷月,4 000 m 以上地区 1 月月平均气温低于 -11 ℃,极端最低气温低于 -36 ℃;7 月为最热月,平均气温 10 ℃左右,极端最高气温低于 24 ℃。接近 3 000 m高程的道孚站 1 月平均气温为 -2.3 ℃,极端最低气温也达 -21.9 ℃;7 月平均气温为 15.8 ℃,极端最高温度为 32 ℃;全年平均气温 7.9 ℃。

第一期工程引水线路位于 3 500 m 高程附近,冬季日平均低于 0 ℃时间可达 5 个月左右,累积负气温超过 -600 ℃之多,可见,调水区冬长严寒是其基本特点之一。另外,调水地区过渡季节(3~5 月和 9~10 月)并不明显,气温回升与降低幅度不大,全年以冬半年和夏半年来区分更为合适。区域内年平均气温日较差大部分达 16 ℃以上,从全国范围看属于高值地区之一。气温日较差的最大值出现于云量最少的冬季,最小值出现于雨季内的 7 月。

2. 地温

调水区地面温度的变化过程与气温变化基本一致,由东南向西北递减,其变化范围为 2~11 ℃。地面极端最高温度达 60 ℃以上,地面极端最低温度均低于 -25 ℃,最低达 -40 ℃以下,具体统计项目可参见表 10-3。

表 10-3 调水区测站地面温度特征值统计 （单位:℃）

测站名称	1月			7月			全年		
	平均	极端最高	极端最低	平均	极端最高	极端最低	平均	极端最高	极端最低
石渠	-10.3	29.0	-36.1	12.4	61.1	-4.6	2.0	61.1	-36.6
甘孜	-3.6	37.9	-32.0	18.6	64.9	0.0	8.9	68.1	-32.7
炉霍	-2.5	38.2	-25.5	19.5	67.0	3.1	10.1	67.0	-25.5
道孚	-2.7	40.0	-27.6	19.7	66.6	-0.7	10.0	68.8	-27.6
色达	-9.0	30.5	-38.2	14.0	57.0	-5.1	3.6	61.9	-38.2
壤塘	-3.5	35.5	-28.7	17.8	59.8	-0.5	8.2	66.5	-28.7
班玛	-7.6	35.7	-39.2	16.5	72.0	-3.6	5.4	72.0	-39.2
阿坝	-6.7	39.3	-41.5	17.0	63.3	-2.3	6.3	63.3	-41.5

将表 10-2 与表 10-3 对照，调水区各站 7 月平均地面温度高于平均气温 4 ℃左右，而冬季各站的平均地面温度仍高于同期平均气温，但差值仅 2 ℃左右。可见，冬季地表向大气热传输的作用比夏季弱。

表 10-4 是调水地区 4 个测站 1 月、7 月各层平均地温统计。由表 10-4 可见，近地表层冬季与夏季温度变化大，随着深度加深而变得缓慢和滞后。冬季 1 月地温是表层低、深层高，夏季 7 月则与之相反。另外，地温在地层以下超过 3 m，其年内温度变化不大。据有关部门对青藏公路沿线多年冻土区土壤温度随地层深度的变化研究，土壤温度随深度的变化主要发生在地层以下 10 m 多的土层内，至 15 m 深处土壤温度变化基本消失。

表 10-4 调水地区有关测站 1 月、7 月各层平均地温

月份	测站	各深度平均地温(℃)							
		5 cm	10 cm	15 cm	20 cm	40 cm	80 cm	160 cm	320 cm
1	甘孜	-2.2	-1.4		-1.0	-0.6	1.5	4.1	8.3
	道孚	-1.8	-1.3	-0.8	-0.5				
	班玛	-4.5	-4.1	-3.6	-3.2				
	阿坝	-4.2	-3.5	-3.2	-1.2	-0.9	1.1	3.4	6.1
7	甘孜	18.5	18.4	18.6	18.1	17.7	17.1	13.7	10.5
	道孚	18.9	18.6	18.8	18.5				
	班玛	16.1	15.8	15.4	15.0				
	阿坝	16.7	16.3	16.0	16.2	14.9	13.2	11.2	8.6

冻土分布和冻融变化与气温、地温分布及季节变化密切相关，调水地区海拔愈高、纬度愈高，最大冻土深度愈深。表 10-5 为一些有关测站实测最大冻土深度资料，据分析，引水线路所在高程的最大冻土深度可达 110 cm 左右，各引水河流的河源区最大冻土深度可

超过 150 cm。

表 10-5　调水区有关测站累年各月最大冻土深度　（单位:cm）

时间	石渠	甘孜	炉霍	色达	壤塘	班玛
7 月	0	0		0	0	0
8 月	6	0		3	0	0
9 月	7	0		9	1	5
10 月	17	4		12	8	10
11 月	47	18		34	17	30
12 月	78	62		72	57	67
1 月	126	94		134	97	100
2 月	146	95		163	96	118
3 月	>150	87		165	76	119
4 月	>150	5		159	8	111
5 月	149	0		146	0	8
6 月	149	0		7	0	4
全年	>150	95		165	97	119

10.1.3.3　降水

1. 降水量的时空分布

从降水的空间分布看，调水地区降水主要受偏南暖湿气流影响，偏南主要来自印度洋，由印缅地区登陆，向北进入高原东部。由于暖湿气流受喜马拉雅山阻挡，一部分暖湿气流翻越喜马拉雅山，经青藏高原主体直接进入调水地区；一部分经偏东路径，经由横断山脉河谷溯源而上；再有部分暖湿气流绕高原东侧，经由四川盆地北上。在暖湿气流北上过程中水汽沿途削减，降水量也逐渐减少，使得调水地区年水量西北部少、东南部多，其中雅砻江干流的河源地区年雨量最少，在 550 mm 左右，向东至壤塘、阿坝一带年雨量约达 750 mm。一期工程引水地区及邻近地区多年平均年、月降水量见表 10-6。

从降水的季节变化看，按旬平均雨量占年平均雨量的 1.5 倍值作为雨季起、止标准（见表 10-6），调水地区大部分雨季开始于 5 月下旬，在接近各调水河段的河源地区，雨季开始时间要推迟到 6 月上旬；雨季结束时间大部分在 9 月下旬，只是在引水地区偏南、偏东的道孚、阿坝可推迟到 10 月上旬。全年大部分降水集中在雨季，6 ~ 9 月降水量占全年降水量的 75% 左右，但在偏东的阿坝至马尔康一带在 70% 左右；5 ~ 10 月降水量占年降水量的比例达到 90% 左右（见表 10-7）。这充分反映了调水地区冬半年干、夏半年湿的特点。

表 10-6 调水区各站雨季起、止旬和主、次峰出现时间及雨量 （单位:mm）

测站名称	旬平均雨量的1.5倍	雨季起始旬		雨季主峰旬		雨季次峰旬		雨季终止旬	
		时间	雨量	时间	雨量	时间	雨量	时间	雨量
炉霍	27.1	5 月下旬	27.4	6 月中旬	51.4	8 月下旬	45.6	9 月下旬	36.7
道孚	24.3	5 月下旬	25.1	6 月中旬	50.3	8 月下旬	37.6	10 月上旬	25.2
色达	26.8	6 月上旬	37	7 月上旬	51.4	8 月下旬	49.2	9 月下旬	30
壤塘	31.5	5 月下旬	36	7 月上旬	59.1	9 月上旬	53.5	9 月下旬	41
班玛	27.2	6 月上旬	29.7	7 月上旬	60	9 月上旬	44.4	9 月下旬	31.7
阿坝	29.6	5 月下旬	35.7	7 月上旬	50	9 月上旬	51.1	10 月上旬	31.6
马尔康	31.6	5 月下旬	47.3	6 月下旬	53	9 月中旬	48.3	10 月上旬	33.3

另外，从表 10-7 可见，调水地区雨季内降水量还呈明显的双峰型起伏变化，第一个雨峰一般出现在 6 月中旬至 7 月上旬，第二个雨峰则出现在 8 月下旬至 9 月上旬，7 月下旬至 8 月中旬为雨量相对较小时段。两个峰值段相比，前者量大，持续时间更长些，最大旬雨量多出现在 7 月上旬，只有鲜水河炉霍、道孚最大旬雨量出现在 6 月中旬。

总体来说，调水地区位于高原东部，雨季中旬雨量变动与南亚高压进退和西太平洋副热带高压季节性位移关系密切。南亚高压移至青藏高原起始时间在 6 月上旬，而后移向高原北部，预示高原季风活跃。随着 7 月西太平洋副热带高压北进，更有利于印度洋暖湿气流源源不断绕高原东侧北上，使高原东部降雨进入盛期。8 月上旬、中旬季风达最北位置，主要雨带移至华北北部，高原东部降雨反而减少。8 月下旬西太平洋副热带高压南退、西伸，高原东部降雨又转入活跃期，9 月中旬后期南亚高压退出高原及西太平洋副热带高压进一步南退，高原东部雨季结束。

从降水的年际变化看，调水区雅砻江流域各站年降水量的变差系数 C_v 值一般在 0.12 ~ 0.20 范围内，大渡河各站在 0.10 ~ 0.15 范围内，是我国年降水量变化较小地区。另外，从调水区有关站年最大、最小降水量比值来看（见表 10-8），多在 2.0 以下，与我国东部相比也属较小数值，说明调水地区降水量的年际变化不大。

图 10-1 是调水区坝址附近的石渠、甘孜、东谷、朱巴、炉霍、道孚、色达、壤塘、绰斯甲、班玛、阿坝和足木足 12 个雨量站 12 个气象站平均降水量的年际变化曲线。从图 10-1 可以看出，1960 ~ 2005 年，调水区降水经历了丰—枯—丰—枯四个变化阶段，即 20 世纪 60 年代初期相对偏丰，60 年代后期到 70 年代后期相对偏枯，80 年代初期到 90 年代初期相对偏丰，90 年代后期相对偏枯，但总体来说降水量的年际变化不大，相邻年的降水量比值一般不超过 1.5。

表 10-7　调水区及邻近地部分站多年平均年、月降水量(1961～1990 年)　　(单位:mm)

河流	测站名称	1 月	2 月	3 月	4 月	5 月	6 月	7 月	8 月	9 月	10 月	11 月	12 月	全年	6～9 月		5～10 月	
															降水量	占全年	降水量	占全年
雅砻江	清水河	4.6	6.2	10.5	20	49.8	94	120.6	95.2	77.2	28.8	5.6	3.7	516.2	387	75.0%	465.6	90.2%
	石渠	5.1	6.5	12.1	21.4	55.3	112.9	125	101.8	93.6	32.1	4.8	3.1	573.7	433.3	75.5%	520.7	90.8%
	甘孜	4.3	6.2	16.6	30.5	70.4	130.3	116.9	96	113.2	39.3	7.8	3.8	635.3	456.4	71.8%	566.1	89.1%
	东谷 *	2.3	4.7	11	24.3	66.6	130.9	119.7	91.6	105.1	36.3	5.1	2.6	600.2	447.3	74.6%	550.2	91.7%
	朱巴 *	2.2	3.7	13.2	31.9	71	137.9	128.8	105.4	122.9	36	5.2	1.9	660.1	495	75.0%	602	91.2%
	炉霍	2.7	4.1	12	31	71.1	137.5	129	111.9	120.8	40.2	5.1	2.1	667.5	499.2	74.8%	610.5	91.5%
	道孚	1.5	3	9.6	24.6	59.5	127.6	115.4	98.5	108.8	37.7	3.4	1.6	591.2	450.3	76.2%	547.5	92.6%
大渡河	色达	3.8	6.9	13.2	22.6	60.4	133.4	144.3	103	117.1	34.1	6.3	3.6	648.7	497.8	76.7%	592.3	91.3%
	壤塘	3.5	6.5	15.3	33.2	87.7	151.7	149	115.8	136.6	46.6	6.7	3.2	755.8	553.1	73.2%	687.4	90.9%
	绰斯甲 *	2.7	4.7	14.7	33.1	84.8	154.8	129.9	106	134.5	44.1	7.2	2.4	718.9	525.2	73.0%	654.1	91.0%
	班玛	4.5	8	15.6	30	73.7	123	136.4	100	120.5	46	7.2	2.2	667.1	479.9	71.9%	599.6	89.9%
	阿坝	6.1	7.8	17.4	32.9	83.6	131.6	139.7	109.7	131	55.7	8.3	3.5	727.3	512	70.4%	651.3	89.6%
	足木足 *	1.1	3.3	14.7	34.2	81.8	133.2	121.7	91.1	119.3	44.1	4.4	1.2	650.1	465.3	71.6%	591.2	90.9%
	马尔康	2.5	5.7	19.2	46.8	102.2	150	134.3	103.3	137.3	54.6	7.4	2	765.3	524.9	68.6%	681.7	89.1%
	金川	1.1	4	14.2	38.3	85.4	157.8	131.9	111.6	145.3	36.2	6.4	1.1	733.3	546.6	74.5%	668.2	91.1%
黄河	玛多	2.5	3.8	6.7	9.6	28.7	55.1	68.9	60.3	47.7	17.4	3	1.9	305.6	232	75.9%	278.1	91.0%
	久治	4.3	7.3	18.6	40.8	84.7	133.5	151.5	127.5	145.8	50.5	8.3	3.2	776.0	558.3	71.9%	693.5	89.4%
	达日	4.6	5.5	12.1	23.5	56	103.7	114.2	95.1	93.8	31.7	5.3	2.8	548.3	406.8	74.2%	494.5	90.2%
	红原	7.3	9.1	23.4	46.7	94.7	132.6	128.5	109	129	67.5	12.5	4.3	764.6	499.1	65.3%	661.3	86.5%

注: * 表示水文站。

表 10-8　调水区有关测站年最大、最小雨量　（单位：mm）

河流名称	测站名称	变差系数 C_v	最大年雨量		最小年雨量		最大年雨量与最小年雨量的比值
			雨量	出现年份	雨量	出现年份	
雅砻江干流	清水河	0.13	669.9	1989	342.3	1990	1.96
	石渠	0.12	714.9	1961	364.3	2002	1.96
	甘孜	0.12	832.0	1995	490.0	1972	1.70
鲜水河	朱巴	0.15	968.7	1985	497.2	1978	1.95
	炉霍	0.15	918.4	1985	484.4	1978	1.90
	道孚	0.17	844.8	1993	406.9	1961	2.08
绰斯甲河	色达	0.12	829.6	1993	460.3	2002	1.80
	壤塘	0.11	895.1	1989	545.2	2002	1.64
	绰斯甲	0.13	957.0	1993	476.6	2002	2.01
足木足河	班玛	0.12	833.9	1989	442.6	2002	1.88
	阿坝	0.10	868.9	1983	541.7	2002	1.60
	足木足	0.14	849.7	1998	466.4	2002	1.82

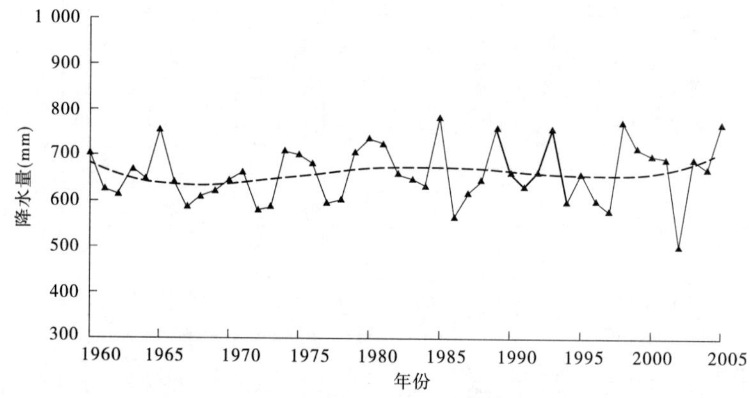

图 10-1　调水地区坝址附近降水量的年际变化曲线

2. 降水日数和降水强度

调水地区降水多为大于或等于 0.1 mm 的阵性降水，全年达 130 ~ 165 d，这是高原天气的一个特点。从地区差别来看，在各引水坝址以上区域是大于或等于 0.1 mm 降水日最多地区，达 160 d 左右，向东、向南随高程降低，全年大于或等于 0.1 mm 的降水日数有所减少，详见表 10-9。由于大于或等于 0.1 mm 的阵性降水日数多，故调水地区一次最长连续降水日数可达 20 d 以上。

由表 10-9 可见，全年大于或等于 10.0 mm 的降水日数比大于或等于 0.1 mm 的日数急剧减少，仅有 18 ~ 24 d。其分布特点与降水大于或等于 0.1 mm 雨日数相反，地势高的河源区全年大于或等于 10.0 mm 的降水日数较少，向东、向南随高程降低，全年大于或等于 10.0 mm 的降水日数增加，壤塘一带是调水区中全年和汛期大于或等于 10.0 mm 的降水日数最多中心区，平均达 23.2 d。从降水大于或等于 25.0 mm 降水日数来看，调水地区全年已不足 2 d，基本上只出现在汛期几个月中，而降水大于或等于 50.0 mm 降水日数基本上没有。由此可见，调水地区降雨日数虽多，但一般降水强度不大，但个别测站降水仍可达到暴雨标准，如阿坝 1968 年 7 月 12 日降水量达 67.8 mm，壤塘 1989 年 7 月 9 日降水量达 62.6 mm，其他各站尚未出现过日雨量超过 50 mm 的情况。

表 10-9　调水区及邻近地区测站全年和汛期各等级降水日数

测站	≥0.1 mm 日数		≥10.0 mm 日数		≥25.0 mm 日数		≥50 mm 日数	
	全年	6～10 月	全年	6～10 月	全年	6～10 月	全年	6～10 月
石渠	164	100.8	15.6	14.3	0.5	0.5	0	0
甘孜	147	95.2	20.1	17.2	1.1	1.0	0	0
炉霍	145.9	97.6	21.7	18.4	1.8	1.8	0	0
道孚	132.4	89.6	17.6	15.9	1.3	1.3	0	0
色达	161.6	100.8	18.9	17.3	1.2	1.2	0	0
壤塘	161.2	103.7	23.2	19.9	1.9	1.8	0	0
班玛	164	101.9	19.1	16.7	1.1	1.1	0	0
阿坝	164.7	102.6	21.7	19.1	1.8	1.7	0	0
达日	161.6	96.1	14.2	12.9	0.9	0.9	0	0
久治	172.1	106.1	23.4	20.2	2.2	2.2	0	0
红原	172.8	99.6	22.4	18.6	2.1	2.0	0.1	0
马尔康	154	96.8	23.9	19.6	2.9	2.6	0	0
金川	139.3	93.6	24.2	20.3	2.6	2.5	0.2	0.2

3. 降水的阵性与分布不均匀性

由于高原地形形成的热力对流和局部地形造成的垂直运动，调水地区降水出现明显的阵性，且有显著的日变化特点。在靠近河源的较宽阔平坦地区，降水多出现在 14～20 时的 6 h 中，在高差大而又较狭窄的河谷地区，午夜降水最多。

从现有稀疏测站降水资料看，调水地区降水分布的不均匀性主要表现在年雨量自东向西减少，从一些降水过程看，调水地区壤塘至阿坝一带经常为降水过程的降水中心。关于引水地区因降水的垂直变化所造成的降水分布不均匀性究竟有多大影响，目前尚难以具体确定。但从地形变化看，在阿柯河克柯坝址以上的大部分区域是处于朝向东南的山坡前沿，其后缘山脊高程达 4 800 m 左右，距该山脊东南方向 30 km 远处为开阔平坦的河谷地带，高程降到 3 300 m。显然，阿柯河克柯坝址以上大部分区域处于有利的东南暖湿气流的迎风坡上，该地区年雨量应比位于平坦河谷的阿坝站年雨量还要大，数值可能达

800 mm 以上。

从调水地区的其他部分看,各坝址以上地区平均高程较高,河谷与山岭相对高差较小,降水的地区差异应较小,而总的趋势是随高程增加,降雨减小。各引水河段坝址以下区间,河谷与山岭相对高差明显加大,山谷风的作用增强,降水随高度变化较大。据《四川气候》研究,川西高山高原地区最大降水高度带达 3 500 m 左右,降水量的垂直梯度在 30 mm/100 m 以下。

4. 降雪与积雪

调水地区海拔较高,全年气温在 0 ℃以下时间较长,全年降雪量占年降水量有一定比例。根据调水区及邻近地区的曲麻莱、玉树、清水河、石渠、甘孜、炉霍、道孚等 7 个气象站 1992 ~2005 年降雪量(包括雨夹雪量)、降水量资料,综合分析调水区各高度带年降雪量占年降水量比例,结果见表 10-10。据此可见,年降雪量占年降水量的比例在调水区引水坝址以上地区达 20% 以上,全年降雪量可超过 100 mm;引水坝址以下地区为 10% 左右,降雪量可达 60 mm 以上。

表 10-10　各高度带年降雪量占年降水量比例

高度带(m)	>4 400	4 400 ~4 200	4 200 ~4 000	4 000 ~3 500	3 500 ~3 000	<3 000
年降雪量占年降水量比例(%)	>50	50 ~40	40 ~30	30 ~20	20 ~10	<10

表 10-11 是调水区及邻近地区部分测站降雪、积雪统计情况。由表 10-11 可见,在高程较高的地带实际降雪日数较多且积雪较深,而调水区各引水坝址以上地区多在海拔 4 000 m 以下,河源地区的实际降雪日数在 120 d 左右,积雪日数达 80 ~100 d,最大积雪深度在 20 cm 上下;引水坝址以下地区,随高程的降低全年降雪日数与积雪日数明显减少,降雪日数为 80 d 左右,积雪日数在 40 d 左右,最大积雪深度在 15 cm 上下。

表 10-11　调水区及邻近地区测站年降雪、积雪情况统计

测站	海拔(m)	降雪初日	降雪终日	降雪日数(d)	积雪日数(d)	最大积雪深度(cm)
石渠	4 200	8 月 19 日	7 月 18 日	149.4	103.5	21
甘孜	3 945	10 月 4 日	5 月 23 日	60.8	35.4	19
炉霍	3 250	10 月 15 日	5 月 10 日	46.6	24.1	16
色达	3 894	9 月 1 日	6 月 26 日	121.7	81.8	22
道孚	2 957	10 月 25 日	4 月 21 日	31.4	31.4	12
壤塘	3 285	9 月 28 日	5 月 31 日	79.0	43.1	14
班玛	3 750	9 月 12 日	6 月 16 日	102.1	54.0	17
阿坝	3 275	9 月 21 日	6 月 1 日	83.6	50.7	18
马尔康	2 664	10 月 29 日	4 月 22 日	34.3	13.5	14
金川	2 167	12 月 9 日	3 月 9 日	10.6	1.8	4

10.1.3.4 气压与含氧量

气压和大气中的含氧量随高程增加而减少。调水地区海拔在 3 500 m 上下，由此引起的低压缺氧问题将直接影响到内燃机的机械效率和施工人员生活，因此了解调水区的气压和大气中含氧量变化规律具有重要意义。

1. 气压时空变化特点

气压随高程升高而降低，调水地区色达站海拔 3 894 m，年平均气压为 633.1 hPa，是调水地区实测最低值；道孚站海拔 2 957 m，年平均气压 709.3 hPa，为调水地区实测最高值。调水区及邻近地区年平均气压见表 10-12。

表 10-12　调水区及邻近地区各站年平均气压、含氧量对照

测站	海拔高度 (m)	气压 (hPa)	气温 (℃)	绝对湿度 (hPa)	含氧量 (kg/m^3)
石渠	4 200	611.0	-1.5	4.0	0.182
甘孜	3 394	673.9	5.6	5.7	0.194
炉霍	3 250	690.3	6.4	6.0	0.199
道孚	2 957	709.3	7.9	6.6	0.204
色达	3 894	633.1	0	4.6	0.187
壤塘	3 285	682.7	4.8	5.7	0.198
班玛	3 750	663.4	2.0	5.1	0.195
阿坝	3 275	683.0	3.5	5.8	0.199
马尔康	2 664	734.7	8.6	7.3	0.210
金川	2 167	780.5	12.2	9.1	0.221

从气压的年内变化来看，调水地区月平均气压最大值出现在 10 月，最低值出现在 2 月。此外，调水地区气压年变化较小，气压的年较差在 8 hPa 左右。

2. 含氧量

空气中的含氧量与气压、温度、湿度均有关，一般采用下式计算大气中的含氧量：

$$\rho = \frac{80.66 \times 10^{-3}}{T}(P - 0.378 \times e) \qquad (10\text{-}1)$$

式中：ρ 为大气中的含氧量，kg/m^3；T 为气温，K；P 为气压，hPa；e 为水汽压，hPa。

根据计算，海拔高度 3 500 m 的地区，含氧量仅为海平面的 69%，这对调水区施工人员生活、内燃机的使用效率都将带来一定影响。调水区及邻近地区各站含氧量详见表 10-12。

3. 沸点温度

水的沸点温度随气压降低而降低。换言之，高程越高，沸点温度越低，各高程沸点温度详见表 10-13。

表 10-13 海拔高度与水的沸点对照

海拔高度(m)	0	1 000	1 500	2 000	2 500	3 000	3 500	4 000	4 500	5 000
沸点(℃)	100	96.6	95.0	93.3	91.7	90.0	88.4	86.9	85.3	83.6

10.1.3.5 风与风压

调水地区各地平均风速、最大风速有随高度增加而加大趋势,风向则受局部地形影响变化显著。调水地区色曲的色达站年平均风速最大,达 2.2 m/s;其次是鲜水河的炉霍站,为 2.1 m/s;而大渡河其他各站年平均风速多小于 1.6 m/s。年最大风速以甘孜站最大,为 27.7 m/s;其次是色达和班玛站,为 23.0 m/s 左右,其他多在 20.0 m/s 上下。全年盛行风向及最大风速的风向多为西北风,而阿坝站全年盛行风向是东风、最大风速的风向为南风。调水区有关站多年平均风速、最大风速见表 10-14。

全年大风日数(风力≥8 级)仍以色达站出现最多,平均达 70.3 d,壤塘站最少,仅有 12.6 d,其他在 30 ~60 d。调水地区 2 ~5 月平均风速较大,大风日数较多,年最大风速也多出现在这个时间。例如,色达站极端最大风速(10 min 平均)23.7 m/s 的记录出现在 1973 年 4 月 21 日,只有阿坝站年最大风速 18.3 m/s 的记录出现在 1988 年 6 月 6 日。

风荷载是建筑物结构设计中的主要荷载之一,它取决于风压力大小。风压力大小不仅取决于风速大小,还与空气密度有关。风压力计算公式如下:

$$W_0 = \frac{1}{2g}\rho v^2 = \frac{1}{a}v^2 \tag{10-2}$$

式中:W_0 为风压,kg/m^2;ρ 为空气密度,kg/m^3;g 为重力加速度,m/s^2;v 为风速,m/s;a 为风压系数。

当气温为 15 ℃、气压为 1 013.3 hPa 时,干空气的密度 $\rho = 1.225\ kg/m^3$,此时的风压系数为 16。据计算,海拔 3 500 m 处风压系数为 22,风压力只及海平面的 0.73,这对调水区工程设计也将产生一定影响。

10.1.3.6 湿度与蒸发

1. 湿度

调水地区地势高,气温低,大气中水汽含量少,各站年平均水汽压在 4.6 ~6.6 hPa 范围内,而成都站年平均水汽压高达 16.3 hPa,可见调水地区是比较干燥的。另外,各站年内各月水汽压随温度升高而有所增加,1 月平均水汽压最小,数值在 1.3 ~2.3 hPa,7 月平均水汽压最大,均超过 9 hPa,炉霍达 11.6 hPa。

调水地区年平均相对湿度一般在 60% 左右,相对湿度的各月变化也是夏半年大于冬半年。1 月各站平均相对湿度在 40% ~50% ,7 ~9 月均达 70% 以上。

2. 蒸发

从调水地区年蒸发量空间分布看,各调水河段坝址以上地区蒸发量小于相应坝址以下区域的蒸发量;从各调水河流看,则以达曲、泥曲的引水坝址至道孚区间年蒸发量最大。如该区间炉霍站年平均蒸发量达 1 590.3 mm,但位置偏北、高程相当的阿坝站年平均蒸发量仅为 1 257.4 mm,相差较大。另外,壤塘站年平均蒸发量仅 1 186.9 mm,是调水区各站实测最小,情况较为特殊,这与该地区比较湿润有关。各站年、月平均蒸发量见表 10-15。

表 10-14　1961～1990 年部分站月、年平均风速、最大风速及风向统计

测站	项目	1 月	2 月	3 月	4 月	5 月	6 月	7 月	8 月	9 月	10 月	11 月	12 月	全年
甘孜	平均风速(m/s)	1.5	2.2	2.6	2.6	2.4	2.0	1.7	1.6	1.6	1.7	1.4	1.2	1.9
	最大风速(m/s)	19.0	20.0	21.3	27.7	24.3	27.3	21.0	20.0	21.0	21.3	24.0	21.0	27.7
	最大风速风向	W	NNE	2G	N	W	W	N	W	WSW	W	W	N	N
炉霍	平均风速(m/s)	1.7	2.3	2.7	2.6	2.6	2.3	2.0	2.0	2.0	1.9	1.7	1.5	2.1
	最大风速(m/s)	11.0	11.7	14.7	17.0	14.0	15.7	12.0	12.0	12.0	10.3	10.3	10.3	17.0
	最大风速风向	NNW	NW	WSW	WNW	NNW	NW	2G 2T	NW	NNW	2G 2T	W	WSW	WNW
色达	平均风速(m/s)	2.4	2.7	2.9	2.6	2.5	2.2	1.9	1.7	1.7	1.8	2.0	2.1	2.2
	最大风速(m/s)	21.0	19.3	22.3	23.7	22.7	19.7	22.3	20.0	18.0	19.3	17.7	20.0	23.7
	最大风速风向	NW	2G 2T	NW	NW	NW	NW	NNW	NW	2G 2T	WNW	NW	WSW	NW
壤塘	平均风速(m/s)	1.3	1.8	2.0	1.8	1.5	1.2	1.1	1.1	1.1	1.2	1.2	1.1	1.4
	最大风速(m/s)													
	最大风速风向													
班玛	平均风速(m/s)	1.5	1.8	2.1	2.1	2.0	1.7	1.4	1.4	1.4	1.5	1.5	1.4	1.6
	最大风速(m/s)	15.0	16.0	18.7	23.0	16.0	15.3	16.0	13.0	15.7	14.0	14.0	16.0	23.0
	最大风速风向	2G 2T	NNW	NW	NNW	N	NNW	WNW	NNE	NNW	NW	N	NNW	NNW
阿坝	平均风速(m/s)	1.2	1.6	2.0	2.0	2.0	1.6	1.3	1.3	1.4	1.3	1.1	1.0	1.5
	最大风速(m/s)	12.3	12.7	13.7	13.0	13.7	18.3	14.0	16.0	14.0	12.0	10.0	13.0	18.3
	最大风速风向		WNW	WSW	2G 2T	2G 2T	S	NNE	WSW	WSW	W		2G 2T	S

注:“G”表示个,“T”表示天。

表 10-15 调水区及邻近地区部分站 20 cm 口径蒸发器蒸发量(1961~1990 年)

测站名称	年、月平均蒸发量(mm)												
	1月	2月	3月	4月	5月	6月	7月	8月	9月	10月	11月	12月	全年
石渠	61.1	75.2	116.5	130.9	153.3	142.0	144.8	137.4	98.9	84.8	66.3	60.6	1 271.8
甘孜	72.6	102.0	151.7	180.2	219.7	184.4	173.6	165.3	135.2	125.4	87.1	65.1	1 662.3
炉霍	72.9	97.8	146.8	173	203.3	174.1	166.0	160.6	124.6	117.9	86.7	66.6	1 590.3
道孚	67.4	95.4	152.4	168.9	207.7	179.4	166.4	170.0	129.9	118.1	77.9	58.8	1 592.3
色达	64.3	79.9	114.8	132.0	172.3	160.3	154.0	144.6	106.2	98.2	74.4	64.9	1 365.9
壤塘	50.9	66.2	101.9	128.9	151.3	131.6	134.0	131.8	95.6	86.7	61.3	46.9	1 187.1
班玛	53.7	66.9	107.5	138.3	160.0	146.9	146.5	145.0	104.8	84.3	62.4	52.8	1 269.1
阿坝	56.0	72.3	114.5	133.9	162.5	141.1	134.5	141.3	101.8	86.2	62.1	51.2	1 257.4
达日	48.1	81.1	100.8	128.6	149.3	139.1	145.1	139.2	102.2	84.0	59.1	48.0	1 224.6
久治	81.2	70.8	104.5	124.3	135.4	123.1	136.2	131.9	95.1	81.1	62.8	59.2	1 205.6
马尔康	78.5	104.6	153.9	173.0	192.0	161.5	156.6	154.8	108.5	106.0	87.9	69.5	1 546.8
金川	69.9	110.9	171.3	194.0	218.6	183.3	169.3	168.9	119.2	110.5	84.1	59.9	1 659.9

从蒸发量年内各月分配看,最大月蒸发量多出现在 5 月,最小月蒸发量出现在 12 月。另外,年蒸发量的年际变化小,经用炉霍、色达、壤塘、阿坝 4 个测站 20 年以上年蒸发量系列资料计算,年蒸发量的变差系数 C_v 值均不足 0.10。

10.1.3.7 其他灾害性天气

调水地区气候环境比较恶劣。除前面介绍的严寒、干旱、雪灾、低压、缺氧外,霜冻、雷暴与冰雹等灾害性天气也比较频繁。全年霜期长达 8 个月,年霜日数长达 130~230 d。各地区年平均霜冻、雷暴、冰雹日数见表 10-16。

雷暴与冰雹是既有联系又有区别的强对流天气现象。雷暴天气一般出现在 3 月中旬以后和 10 月底以前,且以 5~9 月居多。阿坝、色达一带是调水区雷暴的多发中心,全年雷暴日数分别达 88.3 d、82.2 d。调水地区年冰雹日数多发区与雷暴日数多发区一致,全年冰雹日数达 15 d 以上,其中以色达冰雹日数最多,达 24.8 d。冰雹的质量一般不足1 g,但阿坝曾出现直径 4.4 cm 质量 14 g 的大冰雹,这只是测站观测资料分析结果,实际单点和区域性降雹次数及强度均可能超过测站观测数值。

表 10-16 调水地区及邻近地区测站年霜冻、雷暴、冰雹日数统计 （单位:d）

测站名称	霜冻日数	雷暴日数	冰雹日数
石渠	170.2	65.5	21.6
甘孜	150.3	79.1	7.4
炉霍	134.1	76.5	8.6
道孚	148.0	78.7	5.2
色达	230.5	82.2	24.8
壤塘	170.9	58.9	13.7
班玛	177.9	71.6	16.0
阿坝	190.5	88.3	18.5
达日	221.9	66.1	14.9
久治	212.7	73.1	19.3
马尔康	148.3	68.3	4.6
金川	91.2	75.1	3.9

10.1.4 调水工程沿线气候特点与工程关系概述

南水北调西线第一期工程引水线路在3 500 m高程上下，穿行于雅砻江干流及支流鲜水河、大渡河支流绰斯甲河及足木足河的上游源区，最后穿越巴颜喀拉山，到达黄河上游。引水线路基本上处于高原亚寒带湿润区。总体来看，引水线路所处的气候环境比较恶劣，它既有冬长严寒所造成的诸种困难，又有低压、缺氧等高原特有气候特点带来的问题，但也有可利用的气候环境条件。现结合引水线路沿线的气候环境与引水工程规划、设计及管理有关的一些问题，简要概括调水线路沿线一些重要的气候环境特点及工程建设中应注意的问题。

(1)冬长而严寒、夏凉爽，这是整个引水坝址以上区域气温变化的一个基本特点。就引水工程所在沿线情况看，每年11月至次年3月逐月平均气温均在0 ℃以下，1月平均气温低于-6 ℃，极端最低气温低于-20 ℃，整个冬半年累积日平均负气温达-600 ℃上下，冬半年严寒程度与黄河内蒙古河段相当。夏季7月平均气温低于13 ℃，极端最高气温不超过26 ℃，极端最低气温则低于0 ℃。在冬季严寒的气候条件下，加之降雪和积雪的影响，对施工人员生产、生活，以及施工机械正常运转都将带来一定的困难。另外，各引水坝址河段均有不同程度冰凌问题，给调水工程造成一定程度冰害与冻害影响，因此在工程规划、设计与管理上均需认真对待，必要时应做专题研究。

(2)土壤季节性冻融。引水线路所有工程，包括坝、库区、输水线路及其他配套工程，分布在较厚层季节性冻土区域。由于气温的季节变化，表层土壤 40 ~ 80 cm 或更深层土壤发生冻融，因此冻胀力和融化深陷，可使建筑物与道路基础、管道等遭受严重破坏。随着土壤中水分的冻结和融化，还会形成许多奇特的冻土现象，如融动滑塌、道路翻浆等。

(3)低压、缺氧，这是高原气候的一个固有特点。引水线路年平均气压在 650 hPa 左右，含氧量仅为海平面的 69%。在这样低压、缺氧的条件下，施工机械效率降低，施工人员劳动效率降低，将使工程费用大大增加，这是引水工程不可回避的一个问题。

(4)大风雪。调水地区冬、春季节，特别是冬末春初，冷空气频繁入侵，风大雪多，常出现大风雪伴随强降温天气。这不仅对当地畜牧业的危害严重，对引水工程施工与建成后的工程管理带来许多困难，应予以重视。

(5)太阳能、风能资源较丰富。根据我国太阳能资源开发利用区划研究，调水线路沿线位于太阳能资源较丰富带。而调水线路所在地区恰好也是燃料特别缺乏地区，据近年来在青藏高原一些太阳能试点开发实践，在这一带地区开发太阳能，在经济上是可行的。根据四川省气象局对四川省风能资源研究，引水线路所在地区风能密度在 75 W/m^2 以上，可利用小时数年平均在 2 000 h 以上。

由于太阳能和风能在利用时受到气候、季节和地理等多种因素的影响，该地区夏半年太阳能资源较丰富，冬半年风能资源较丰富，两种能源可互相补充。充分利用这两种清洁能源，既有利于改善工程管理条件，又能促进当地经济发展。关于太阳能和风能资源开发利用问题，建议在工程深入阶段，做进一步专题研究。

(6)雷暴、冰雹等强对流天气。引水地区是雷暴、冰雹的多发地区。这对电力线路、建筑物安全构成威胁，也需要认真对待。

10.2 西线调水工程引水坝址设计年径流计算研究

10.2.1 概述

南水北调西线工程除涉及从通天河、雅砻江干流引水外，还有从雅砻江支流鲜水河及大渡河上游支流足木足河与绰斯甲河引水。其中，在通天河河源区治家与同家之间有岗桑寺水文站 1956 年 9 月至 1958 年 6 月共 20 个月实测径流量资料，其他各引水河段坝址水文站均距常规水文站较远，各河坝址以上集水面积占相应下游常规水文站集水面积均小于 15% 以上，1992 年开始在雅砻江河源区温波设置专用水文站。1997 年在估算雅砻江各引水坝址时利用了温波专用水文站 1992 ~ 1996 年 5 年实测年径流量资料，与下游常规水文站甘孜站同期径流资料，建立相关关系，再利用甘孜 1956 ~ 1991 年资料将温波径流量插补成延长至 1956 年。在利用温波与甘孜同期 5 年径流资料建立相关关系时运用了最小二乘定线与人工定线两个方案计算成果如何衡量问题，在随后几年内其他引水河段相继建立了 5 个专用水文站后，均出现了同类性质问题。雅砻江温波坝址与甘孜用月径流量相关法建立的相关曲线见图 10-2，平均年径流量插补成果见表 10-17 。

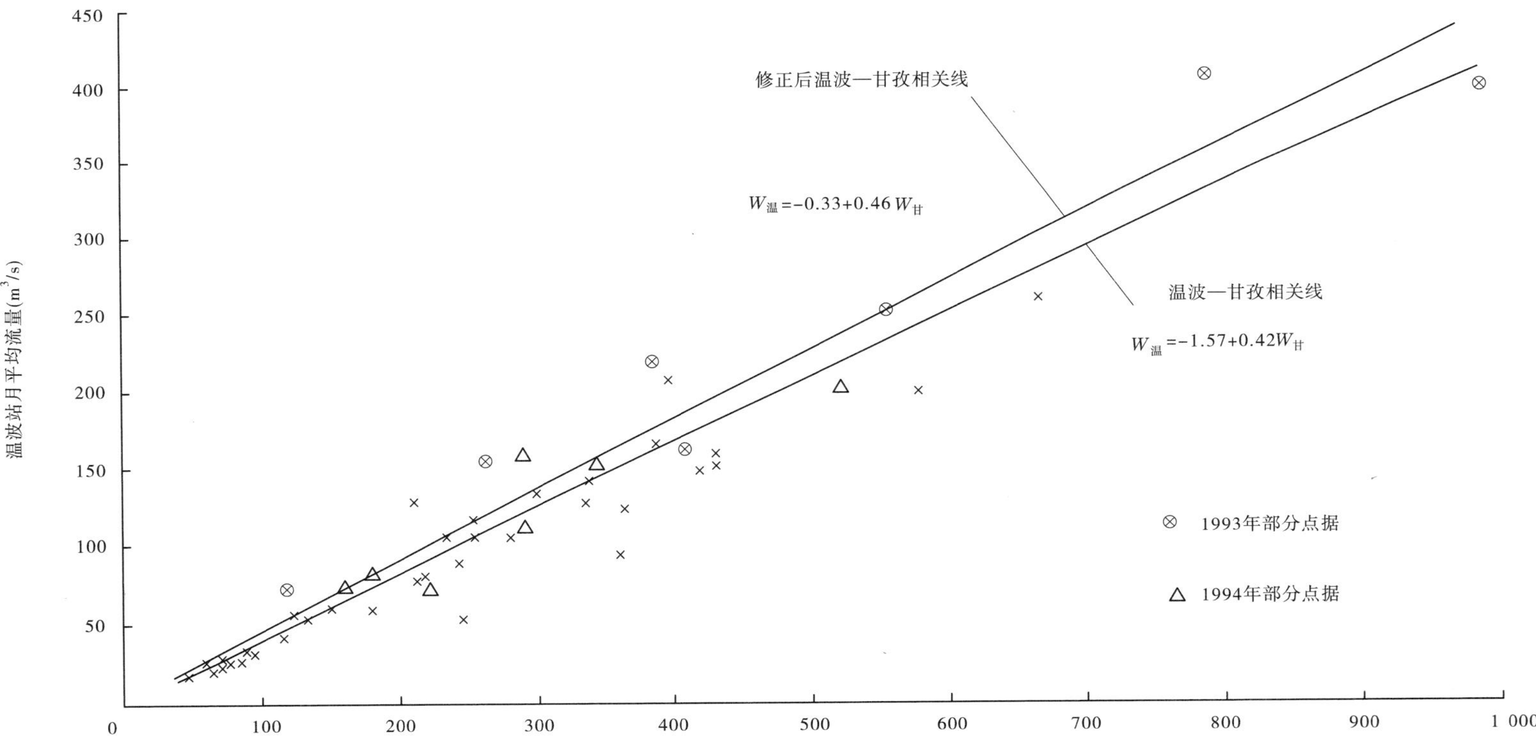

图 10-2　温波—甘孜月径流量相关曲线

表 10-17　雅砻江各引水坝址多年平均年径流量插补成果　（单位：亿 m^3）

典型	方案	托克托—龙门			泾河			渭河		
		K_w	K_η	$K_{总}$	K_w	K_η	$K_{总}$	K_w	K_η	$K_{总}$
1933.8	①	1.4	1.4	2.0	1.4	1.4	2.0	1.4	1.4	2.0
	②	1.4	1.4	2.0	1.6		1.6	1.6		1.6
1843.8	①	1.4		1.4	1.4		1.4	1.4		1.4
	②	1.6		1.6	1.6		1.6	1.6		1.6
1954.9	①	1.27	2.12	2.69	1.27	2.61	3.32	1.27	2.35	2.98
	②	1.56		1.56	1.56		1.56	1.56		1.56
1967.8	①	1.49		1.49	1.49		1.49	1.49		1.49
	②	1.59		1.59	1.59		1.59	1.59		1.59

由表 10-17 可见，1967 年各法计算温波坝址多年平均年径流量中，面积比法最大，人工定线法次之，而最小二乘法最小。显然，利用甘孜及其以下测站多年平均年径流量，按面积比向上游推算至温波的多年平均年径流量显然偏大，这可利用上下游降雨产流条件的差别得到合理解释，而利用同期 5 年的甘孜与温波实测年径流量插补成果比之要小得多，因已利用温波实测径流资料，已在一定程度上反映了温波站实际径流特性，故月径流量相关法成果应好于面积比分配法成果。但月径流相关法因定线方法不同，成果仍相差 9.6%，其中哪个成果更接近实际，仍是个问题[1]。在当时讨论成果选用中，主要强调了 1933 年两个最大月径流量的重要性，认为必须通过这两点中间来人工定线，并强调说明这是水文分析计算中的通行规则。因此，最后采用了月径流相关法中的人工定线法成果为推荐成果。

10.2.2　上、下游站月径流量相关法中有关人工定线与最小二乘法定线的讨论

10.2.2.1　两方法物理含义差别

利用上、下游站（或有紧密同步关系的邻近两站）短系列径流量（年或月），运用相关法时，利用一站长系列径流资料来插补延长另一短系列测站径流资料时，一般有最小二乘法与人工定线法两种方法，现将其方法作一概念性比较：

最小二乘法，是建立在两站实测数据上的统计法（有线性与非线性），具有明确的考核准则（相关显著性检验），插补后所得长系列均值也基本反映了短系列两站均值的相对关系，但在使用中，对插补特小（特枯年、月）值，可能得到明显不合理数值（如年、月径流为负值点据）。

人工定线法，基本上是建立在两站实测点据基础上的相关法，但往往为照顾一些偏离点据集中趋势线较远的点据，而进行人工确定相关线。这样做对推求插补成果总体均值水平而言，无法掌握，但对推求个别极值点据可能有一定帮助。

10.2.2.2　月径流相关插补实验例证

为分析上、下游测站不同丰、枯组成情况所建立的相关关系对插补成果的影响，利用

鲜水河上游朱巴站与下游道孚站不同丰、枯组合年段进行相关(最小二乘法)插补试验,结果见表10-18。可见,当用于建立相关的实测系列均值偏丰,且下游站较上游站偏丰程度大时(如1999~2003年系列),或者上、下游测站水量均偏枯,且上游站偏枯程度更大时(如2001~2003年系列),则插补出上游站多年平均年径流量比实际值小;相反情况,用来建立相关关系的实测段径流量偏多,而上游站偏多程度大于同期下游站偏多程度(1960~1967年),则插补的上游站成果比实测值大。另外,插补成果偏大、偏小程度与用来建立相关关系的上、下站短系列段均值偏多(少)程度的差值相当,见表10-18、表10-19。

表10-18 朱巴站、道孚站不同年段年径流量均值丰枯程度对比

资料年限	朱巴站		道孚站	
	年径流量均值(亿 m^3)	年径流量丰枯程度(%)	年径流量均值(亿 m^3)	年径流量丰枯程度(%)
1960~2003年	19.83		44.81	
1999~2003年	20.31	2.4	48.93	9.2
2001~2003年	17.40	-12.3	42.10	-6.0
1960~1967年	21.15	6.7	46.93	4.7

表10-19 朱巴站不同年段月径流相关插补成果偏离程度检查

序号	相关方案	测站	插补的年径流量均值	
			数值(亿 m^3)	偏离程度(%)
1	1999~2003年全年相关	朱巴	18.38	-7.3
2	1999~2003年11月至次年5月/6~10月	朱巴	18.39	-7.3
3	2001~2003年全年相关	朱巴	18.34	-7.5
4	2001~2003年11月至次年5月/6~10月	朱巴	18.49	-6.8
5	1960~1967年全年相关	朱巴	20.20	1.9
6	1960~1967年11月至次年5月/6~10月	朱巴	20.24	2.1

如果以两站全系列资料的线性相关线(最小二乘法)作为标准(图略),则前两个年段资料所率定的相关线偏于标准线的下方,而1960~1967年段资料所确定的相关线则在标准线的上方。这个比较,直观地反映了插补成果偏离方向及大小的原因。在实际插补应用中,上游站的多年平均径流量是需要推求的,故对其实测段径流丰、枯程度只能靠雨量的地区分布情况来判断。这样的做法,利用成因分析(雨量资料条件),来帮助定量计算成果合理确定,体现了成因与统计相结合的思路。这也就是水文气象相结合的实质。

10.2.3 专用站相关法径流插补成果应用实例分析

在插补计算各专用站多年逐月径流量时,为增加相关关系的稳定性,以及希望取得比较合理的月径流量系列,特别是尽量避免出现插补出负值或异常偏小的月径流量,采用了多方案相关比较。在建立相关关系时,主要采用拟合误差最小原则,进行线性相关分析、指数曲线型相关(相关系数在0.90以上);在资料使用上,既建立全年月相关,又根据汛期、非汛期上、下游测站来水比例不同的特点,应用分段月径流建立相关,最后又按径流量大小,将全部资料大小分两段,在统计法则定线基础上,又分别采用目估适线建立线性相关作适当修正。现列举鲜水河东谷、泥柯及绰斯甲河壤塘3个专用站不同方案径流插补成果进行比较,成果见表10-20。

表10-20　各专用站不同年段资料、不同相关线型及定线方法插补成果比较

序号	相关测站	相关资料年限(年-月)	相关方案	插补成果	
				测站	年径流量(亿 m^3)
1	东谷—朱巴	2001-06~2003-12	汛期(6~10月)非汛期(11月至次年5月)线性	东谷	11.5
2	东谷—道孚—朱巴	2001-06~2003-12	分级线性相关(分级点道孚—朱巴80 m^3/s)	东谷	9.74
3	东谷—道孚—朱巴	1960~1967、2001~2003	分级线性相关(分级点道孚—朱巴80 m^3/s)	东谷	11.71
4	东谷—朱巴	2001-06~2003-12	全年指数相关	东谷	11.4
5	泥柯—朱巴	2001-06~2003-12	分级线性相关(分级点道孚—朱巴50 m^3/s)	泥柯	11.5
6	泥柯—道孚	2001-06~2003-12	分级线性相关(分级点道孚—朱巴150 m^3/s)	泥柯	10.5
7	泥柯—朱巴	2001-06~2003-12	全年指数相关	泥柯	11.5
8	壤塘—绰斯甲	1999-05~2003-12	全年线性相关	壤塘	15.6
9	壤塘—绰斯甲	1999-05~2001-12	汛期(6~10月)非汛期(11月至次年5月)线性	壤塘	15.3
10	壤塘—绰斯甲	1999-05~2003-12	汛期(6~10月)非汛期(11至次年5月)线性	壤塘	15.6
11	壤塘—绰斯甲	2001-12~2003-12	汛期(5~10月)非汛期(11月至次年4月)线性	壤塘	14.82
12	壤塘—绰斯甲	1999-05~2003-12	分级线性相关(分级点道孚—朱巴300 m^3/s)	壤塘	15.3
13	壤塘—绰斯甲	1999-05~2002-12	全年指数相关	壤塘	14.8

注:分级相关均为目估定线,其余均为统计最小二乘法定线。

由表10-20可见,不同资料年段,不同的相关线型及不同的定线方法,对同一测站插补系列的多年平均年径流量大小均有所影响。但线型不同,或者全年相关,与分期、分级相关,对插补成果影响多在2%左右,但采用资料年段不同时,或者采用不同测站资料来建立相关时,插补成果可能出现8%~16%的差别。这样的差别主要是上、下游站用于相关分析的实测年段径流丰枯程度的差异所造成的,丰、枯程度差异越大,插补的年径流均值偏离真值的程度越大。

这样的分析思路与方法的建立，在西线调水一期工程规划研究中得到应用，取得了一定成效。但在实践中，受传统习惯影响，仍存在一定争议。

10.3 南水北调西线工程规划研究中水文气象计算专题运用研究

10.3.1 概述

在21世纪初以来几年中，结合西线调水一期工程水文计算要求，主要由中国科学院寒旱所开展了水文气象专题研究。研究成果有：《南水北调西线一期工程引水地区与黄河上游丰枯水年气象成因条件分析》及《南水北调西线一期工程各调水河段产汇流特性与变化规律研究》两个专题。其中，第一项成果是水文气象学专题报告，主要研究内容为：①引水区和黄河上游降水天气过程特征研究；②引水区和黄河上游丰枯水典型年气象成因分析；③引水区和黄河上游气温和降水的变化规律、机制和趋势的研究；④引水区1922～1932年是否存在持续11年枯水段研究。以下将就其研究成果作概要介绍。第二项成果主要内容有：①引水区分为12个河段的水文特性相似性分析及产汇流规律分析；②建立能同时考虑降雨径流和融雪径流，基于水资源地理信息系统基础上的水文模型；③利用已建立的水文模型，计算东谷站、朱倭站、泥柯站、壤塘站、班玛站、安斗站1960～2002年逐年、月径流量，分析成果的合理性。本节仅就其中有关西线一期工程引水区径流变化趋势分析与预测部分作一简要介绍[1-3]。

10.3.2 引水区暴雨特性及其气象成因简要分析

南水北调西线工程引水区出现日降雨大于50 mm日数少、范围小，洪水主要是由日降雨大于5 mm的持续性降水造成的，将这类过程定义为强降雨。

10.3.2.1 强降雨过程及其气象成因概述

青藏高原东南部降雨，既受西风带天气系统影响，又受副热带天气系统影响。为初步了解各引水区洪水形成与遭遇的降雨规律，就各引水区较大典型降雨过程资料综合了次强降雨过程形成的季节、可能量级、一次强降雨地区过程时空分布规律关系与地区差别等，并相应进行了次强降雨过程气象条件初步分析，综合了次强降雨过程的天气形势基本类型。

10.3.2.2 强降雨过程的气象成因

(1)环流形势，主要有一槽一脊型与两槽一脊型两种基本类型。

(2)天气系统，有高原横切变、西风槽、涡切变和低涡等。

(3)水汽来源，主要有三条：一是印度洋暖湿气流以云系方式，经雅布河谷，穿越唐古拉山、横断山到达高原东部；二是印度洋暖湿气流由孟加拉湾沿横断山脉河谷或绕高原东侧北山；三是西太平洋副热带高压西伸、副热带高压西南边缘的东南气流，将南海北部湾水汽输送至高原东侧。

10.3.2.3 强降雨过程的基本特性

为具体分析引水区较大洪水基本特性,比较全面综合了引水区强降雨过程的基本特点,主要有以下几个方面。

1. 最大日降雨的特点

暴雨发生的频次少,其出现次数呈西北向东南递增分布;降雨强度小,最大日降雨量小于 70 mm;最大日降雨量的年际变化小。其原因:一是引水区位于青藏高原腹地,海拔高,山脉呈西北—东南或南北走向,并远离水汽源地;二是引水区洪水期多受西南季风控制,来自孟加拉湾或南海的水汽,沿途受高山层层阻挡,并被强迫抬升而凝结,边输送边降落,水汽到达引水区上空时,含量已较少;三是青藏高原夏季热力与动力作用,易形成有利于降雨的切变线系统,故综合因素导致引水区降雨强度小,最大日降雨年际间变化平稳,变幅小。

2. 强降雨时间分布特点

(1)集中出现在 5 ~ 10 月。强降雨日 90% 集中出现在 5 ~ 10 月,随日降雨量级增加,其相应日数出现更集中的趋势。引水区东、西侧比较,5 ~ 10 月强降雨日数集中程度,大渡河不及通天河。

(2)强降雨出现的季节稳定。有两个明显集中期:一是出现在 6 月下旬至 7 月下旬;二是出现在 8 月下旬至 9 月上中旬。

(3)强降雨持续历时长。一次中到大雨持续历时 3 ~ 5 d,总降雨量 30 ~ 50 mm。

(4)强降雨多接连出现。引水区强降雨过程往往间隔数日,接连出现两次以上降雨过程,接连两次强降雨过程一般 10 ~ 15 d,三次可达 20 d 左右,且主雨峰多集中在 1 ~ 2 d 内。

3. 强降雨的空间分布特性

(1)强降雨过程雨区东西分布范围广。引水区(包括通天河、雅砻江、大渡河)一次强降雨从西向东各站降雨时程分布基本一致,故可造成引水区同时形成大洪水、较大洪水。

(2)强降雨范围由南向北递减。这与北高南低地形变化有一定关系。

(3)强降雨频次由东向西递减。

10.3.3 引水地区与黄河上游丰枯水年气象成因分析

10.3.3.1 概述

南水北调西线一期工程引水地区主要涉及道孚以上鲜水河以上地区(达曲与泥曲)及大渡河绰斯甲站以上地区(色曲、杜柯河)、足木足站以上地区(玛柯河与阿柯河),共计 8 条支流约 5 万 km^2。黄河上游地区是指兰州以上地区。

由中国科学院寒旱所研究完成的该两区水量丰枯关系气象成因研究,是跨流域大型水利工程水文分析计算的一个重要课题,也直接关系到工程建设规模论证。而水量丰枯与天气气候的变化特别是降水的变化密切相关,研究引水地区和黄河上游丰枯水年的气象成因条件,可加强对各引水河段暴雨和降水变化与洪水、径流的关系和发展规律的认识,以进一步论证径流与洪水计算成果合理性[1-2]。

10.3.3.2 南水北调西线引水地区与黄河上游天气过程特征分析内容要点

1. 降水过程时空分布

1) 雨型分类

在综合了引水区、黄河上游 18 次降雨过程基础上，归纳了基本雨型(纬向带状分布和西北—东南向、东北—西南向带状分布的两类斜向类)。

2) 雨区移动规律

两种类型：一是自西北方向向东南方向移动，但在移动过程中降水中心可能会在引水区、黄河上游地区交界附近南北摆动，或略微有东西摆动，且降水量会有波动，降水量会有先加强后减弱，再加强后过程结束的趋势；二是在引水区、黄河上游地区交界且位于研究区域稍偏东处有降水先产生，随后范围向四周扩大，然后缩小至降水中心，雨区中心位置扰动范围不大或向东、南移。

3) 降水过程水汽来源

从 8 场大洪水年平均的 7 月 850 hPa、600 hPa 水平风场图(图略)可以看出，对流层低层的风主要从阿拉伯海和孟加拉湾地区吹向高原东部。

8 个大水年 18 次降水过程各边界的水汽通量，以降水过程标注日期为中心取 5 d 算术平均。在水汽汇合过程中，水汽可从各个边界汇入，但占主要作用的还是南边界流入的水汽，18 次降水过程中南边界流入最大水汽通量为 51.21 kg/(m · s)，最小为 24.31 kg/(m · s)，量值大多在 40 kg/(m · s)附近，基本上占净水汽通量的 50% 以上，同时由于分析区域处于西风带中，不可忽视西边界水汽汇入的作用，一般情况下，西边界的汇入远小于南边界水汽通量的流入，但仍占次大比例，偶尔会起着与南边界相等的贡献。

水汽通量散度主要有两种类型：第一种类型在个例中占大多数，共 15 例，该类型下西线引水区上空存在辐合中心，在高原北部边缘上存在一辐散中心，二者中心相距不超过 5 个经度，辐合中心位于 90°E ~95°E、33°N 附近的引水区内，不同过程中心会有所偏离，但引水区都比黄河上游的辐合强度大。第二种类型仅有 3 例，同第一类相比，辐合辐散中心都向西移动，辐合中心偏移的幅度更大，两中心经度差值接近 10°，黄河上游上空处于水汽通量辐合边缘区甚至是辐散区。

南水北调西线引水区和黄河上游地区水汽通量的辐合究竟是水汽平流造成的，还是因为风场的辐合而形成的？通过对比 18 次降水过程水汽通量散度的这两种分量，发现非常一致的是，风场辐合的贡献远远超过了水汽辐合的作用。

南水北调西线工程引水区和黄河上游地区水汽通量散度的特征主要取决于风场。而各降水过程在不同边界的水汽通量的差异在很大程度上也取决于风场。分析 850 hPa 流场发现，在 18 个个例中除个别实例(840716)过程高原东侧为较平直的西南气流而使南海水汽无法到达高原上外，其他过程偏南气流均在高原东侧为东南风，高原南侧为一致的南风，这表明在低层既有孟加拉湾，又有南海的水汽向高原东部输送。分析 600 hPa 流场及 500 hPa 高度场可发现，随着高度的增加，自南海向高原输送的水汽在减小，高原水汽主要来自孟加拉湾。

探讨三种水汽通量类型的风场特点，第一种类型，伊朗高压强度不强，孟加拉湾向北输送水汽以西南气流为主。第二种类型，即西边界为负的流场特点是高原西南边缘附近地区有东风分量，且500 hPa、600 hPa印度地区流场辐合中心偏东。第三类中东西边界水汽通量相差不大，造成这一现象的主要原因是西风带中短波槽不断东移，而由孟加拉湾向南输送水汽的反气旋环流较弱。

通过对比还发现，如果印度地区出现闭合低压中心，位置对于南风气流的引导很重要。如果偏西，南风气流依然强大；若偏东，会削弱南风分量。

2. 降水过程环流形势与影响系统

根据冷、暖空气路径的不同，将影响降水的环流形势分为以下三类：

(1)经向类，该类环流形势特点为有冷空气从巴湖或贝湖南下，印度低压和副热带高压作用使偏南气流北上，分析区域处于冷暖空气交汇处，是产生降水的最主要的形势。

(2)纬向类，该类环流形势特点为西风气流较平直，受东移短波槽影响产生降水。

(3)南支类，该类西风环流形势特点为中国西部25°N～40°N有越过高原的西风槽，在槽前降水产生。

降雨产生的影响系统在500 hPa流场上主要表现为辐合区、高原低涡以及以反气旋为主的流场上存在着的西风短波槽。几类影响系统的主要特征是：①辐合区。被分析区域位于北部气旋性环流底部和南部反气旋环流北侧气流相会处。②高原低涡。高原上500 hPa存在一个闭合的低压。③以反气旋为主的流场上有气旋性曲率。

3. 主要认识

(1)降水过程大部分多于5 d，过程降水量空间分布类型可分为纬向类和斜向类两种，斜向类占大多数，其中斜向类又可分为西北—东南向、东北—西南向两种，以西北—东南向的类型发生较多。在降水发生过程中，降水中心主要是由研究区域的西北方向向东南方向移动，在移动过程中会有南北摆动或东西摆动，或中心变动不大，但范围先加大后减小。

(2)南水北调西线工程引水区和黄河上游区域水汽通量主要从南边界获得，由于地形的作用，北边界存在较稳定的强度不大的净收入，西边界不太稳定，会出现负收入，相对其量值强度变化较大。

(3)南水北调西线工程引水区和黄河上游地区发生降水时，该地区600 hPa水汽通量主要为辐合，中心位于引水区内的95°E、33°N附近，但引水区的辐合强度总大于黄河上游地区。风场散度对于水汽通量散度的贡献最大。

(4)南水北调西线工程引水区和黄河上游地区输送水汽的低层源区既有孟加拉湾，又有南海地区，而高层则以孟加拉湾为主。

(5)影响降水的环流形势主要分为纬向类和经向类、南支类三种，影响系统除一般分析得到的辐合、低涡外，还有一种就是以反气旋环流场为主的流场上存在气旋性质的风场。

10.3.3.3 南水北调西线引水地区与黄河上游丰枯水典型年气象成因分析

1. 西线引水区、黄河上游各分区径流丰枯与降水、气温关系

1)达曲与泥曲

以鲜水河道孚水文站的资料来确定两支流总体各年径流量的丰枯，以炉霍气象站和道孚气象站降水和气温资料距平值系列来反映该流域降水和气温的变化。

道孚站流量经历了两个变化阶段,即20世纪60年代初期到80年代中期的相对偏枯期,80年代中期到90年代后期的相对偏丰期,表现为枯—丰式的变化。该流域径流的变化存在准3年显著性周期。降水和径流的变化趋势线很一致,同样经历了两个变化阶段:20世纪60年代初期到80年代初期的相对偏少期,80年代中期到21世纪初的相对偏多期,表现为少—多式的变化。气温的变化分为三个阶段,即20世纪60年代初期到60年代后期的相对偏暖期,70年代初期到80年代中期的相对偏冷期,90年代初期到90年代后期的相对偏暖期,呈现一种暖—冷—暖式的变化。该流域径流、降水和气温都表现为明显增加的趋势。

计算达曲和泥曲流域1957~2003年共47年径流和降水的相关系数为0.80,通过99%显著性检验,而1961~2000年共计40年径流和温度的相关系数为0.29,由此可见径流与降水的关系密切。

2)色曲和杜柯河

色曲和杜柯河流域位于引水区的中部,是大渡河的支流。该流域有绰斯甲水文站,色达气象站和塘壤气象站。以绰斯甲水文站的资料来确定该流域各年径流量的丰枯,以色达气象站、塘壤气象站和绰斯甲气象站降水资料距平值系列和色达气象站、塘壤气象站气温资料距平值系列,来反映该流域降水和气温的变化。

绰斯甲站流量经历了三个阶段:20世纪60年代中后期到70年代初期的相对偏枯期,70年代中期到80年代中期的相对偏丰期,90年代的相对不变期到21世纪初的相对偏枯期,表现为枯—丰—枯式的变化,中间丰水的阶段比较长。对于20世纪90年代到21世纪初而言,存在准3年显著性周期。降水经历了三个变化阶段:20世纪60年代中期到80年代初期的偏少期,80年代中期到90年代中期的偏多期,20世纪90年代后期,降水明显减少,表现为少—多—少式的变化。总体来看,气温的变化呈现一种波动上升的趋势。该流域径流和降水都呈现一定的减少趋势。

计算色曲和杜柯河流域1963~2003年共41年径流和降水的相关系数为0.86,通过99%显著性检验,而1963~2000年共计38年径流和温度的相关系数为-0.08,由此可见径流和降水的关系密切。

3)玛柯河与阿柯河

玛柯河和阿柯河流域位于引水区的东部,是大渡河的支流。该流域有水文站足木足,气象站班玛和阿坝。以足木足水文站的资料来确定该流域各年径流量的丰枯,以班玛气象站、阿坝气象站和足木足气象站降水距平值系列和班玛气象站、阿坝气象站气温资料距平值系列,来反映该流域降水和气温的变化。

足木足站1960~2003年流量经历了四个变化阶段,即20世纪60年代初期到60年代中期的相对偏丰期,60年代后期到70年代中期的相对偏枯期,70年代后期到80年代后期的相对偏丰期,90年代的相对偏枯期,表现为丰—枯—丰—枯式的变化。通过径流的小波分析,20世纪80年代后存在3~5年显著性周期。降水经历了四个变化阶段,即20世纪60年代初期的相对偏多期,60年代中期到70年代中期的相对偏少期,70年代后期到90年代后期的相对偏多期,21世纪近几年来的相对偏少期。表现为多—少—多—少式的变化。而且从80年代以来变化的幅度很大。气温的变化表现为很明显的升高趋势。该流域径流和降水总的趋势是增加的。

计算玛柯河和阿柯河流域 1960 ~ 2003 年共 44 年径流和降水的相关系数为 0.84,通过 99% 显著性检验,而计算 1966 ~ 2000 年共计 35 年径流和温度的相关系数为 -0.07,由此可见径流与降水的关系密切。

4)黄河上游唐乃亥以上

以唐乃亥水文站的资料来确定该流域各年径流量的丰枯,选用唐乃亥水文站以上黄河流域的红原、若尔盖、玛多、达日、兴海气象站降水资料和玛多、达日、兴海气象站气温资料的距平值系列,来反映该流域降水和气温的变化。

1960 ~ 2003 年唐乃亥站流量经历了两个变化阶段:20 世纪 60 年代中期到 80 年代后期的相对偏丰期,90 年代初期到现在的相对偏枯期,表现为明显的丰—枯变化。通过径流过程的小波分析,20 世纪 60 年代后期和 70 年代中期存在准 4 年的显著性周期,80 年代后期存在准 3 年的显著性周期。降水大体经历了三个变化阶段:20 世纪 60 年代初期到 70 年代初期的相对偏少期,70 年代中期到 90 年代初期的相对偏多期,90 年代中期到现在的相对偏少期,表现为少—多—少的变化。气温的变化,在 60 年代后期到 70 年代相对偏冷,80 年代到 90 年代偏暖,气温总体的变化表现为很明显的升高趋势。总体来讲,该流域径流明显减少,降水的减少幅度不如径流明显。

5)引水区道孚、绰斯甲、足木足三站径流和降水系列

引水区 1963 ~ 2003 年径流量经历了四个变化阶段,即 20 世纪 60 年代初期的相对偏丰期,60 年代后期到 70 年代后期的相对偏枯期,80 年代初期到 90 年代初期的相对偏丰期,90 年代后期的相对偏枯期,表现为丰—枯—丰—枯式的变化。通过小波分析,该流域存在 3 ~ 4 年的振荡周期,但不太显著。降水的距平变化和径流的变化趋势线很一致,经历了四个变化阶段,即 20 世纪 60 年代初期的相对偏多期,60 年代中期到 70 年代后期的相对偏少期,80 年代初期到 90 年代后期的相对偏多期,21 世纪近几年来的相对偏少期。表现为多—少—多—少式的变化。而且从 80 年代以来变化的幅度很大。气温的变化表现为很明显的升高趋势,尤其是 70 年代中期以来升高得更为明显。平均来讲,近 40 年来,引水区径流和降水是明显增加的,但 20 世纪 90 年代后期出现减少趋势。

计算 1963 ~ 2003 年共 41 年径流和降水的相关系数为 0.88,通过 99% 显著性检验,而计算 1966 ~ 2000 年共计 35 年径流和温度的相关系数为 -0.03,由此可见,径流与降水的关系密切。

6)黄河兰州以上

黄河兰州水文站位于兰州,选取兰州水文站的资料来确定该流域各年径流量的丰枯,用兰州以上黄河流域的红原、若尔盖、玛多、达日、兴海、贵德、兰州气象站降水资料和玛多、达日、兴海、贵德、兰州气象站气温资料的距平值系列,来反映该流域降水和气温的变化。

兰州站流量经历了两个变化阶段,即 20 世纪 60 年代初期到 80 年代后期的相对偏丰期,80 年代后期到现在的相对偏枯期,表现为明显的丰—枯变化。从 80 年代中期开始流量表现出明显下降的趋势。通过径流的小波分析,存在 3 ~ 6 年显著性周期。降水变化基本经历了三个变化阶段,20 世纪 60 年代初期到 70 年代初期的相对偏少期,70 年代中期到 80 年代后期的相对偏多期,90 年代初到现在的相对偏少期,表现为少—多—少的变

化。气温的变化经历了两个阶段,即20世纪60年代到80年代中期的相对偏冷期,80年代后期到90年代后期的相对偏暖期。气温的变化表现为很明显的升高趋势。总地来讲,该流域径流也是明显减少,降水的减少幅度不如径流明显。

计算1960~2000年共41年径流和降水的相关系数为0.75,通过99%显著性检验,而径流和温度的相关系数为-0.16,由此可见径流与降水的关系密切。

7)兰州—唐乃亥区间

唐乃亥段和兰州段的降水在近41年来总体变化趋势不是很明显,但是兰州水文站的径流量减小的趋势非常明显,为了进一步研究这种现象,采用兰州站径流量减去唐乃亥站径流量系列作进一步的分析。同时,选取位于唐乃亥和兰州间的气象站贵德站、兰州站的降水和气温资料来分析气候变化。

唐乃亥—兰州区间1960~2003年流量的变化,20世纪60年代到现在呈现出直线下降的趋势,而且这种趋势在近年来更加明显。通过径流的小波分析,存在2~6年显著性周期。降水表现出稳定不变的总体趋势。只是进入20世纪80年代,降水的变化趋势波动比以前有大幅度的减小,从总体上来看,温度表现为波动上升的趋势,而且近年来上升的趋势更明显。

计算1960~2000年共41年径流和降水的相关系数为0.69,通过99%显著性检验,而径流和温度的相关系数为-0.38,由此可见径流与降水的关系密切。

2.各流域水量丰枯相似性分析

1)丰枯阶段比较

将南水北调西线一期工程引水地区及黄河上游各个流域的流量按K_p值分成5种年别。

南水北调西线一期工程引水区和黄河上游各流域年流量丰枯水年的分类定级如表10-21所示,由表10-21可以看出,引水区各流域以平水年为主,其余依次为偏枯水年、偏丰水年、特丰年、特枯年。黄河上游和引水区不同,黄河上游以偏枯水年为主,其余依次为平水年、特丰水年、偏丰水年、特枯水年。总体来讲,引水区以正常偏丰年为多,黄河上游以正常偏枯年为多。

表10-21 南水北调西线一期工程引水区和黄河上游各流域年流量丰枯水年的分类定级

年别	特丰年	偏丰年	平水年	偏枯年	特枯年
标准	2	1	0	-1	-2
K_p	≥1.3	1.3~1.1	1.1~0.9	0.9~0.7	≤0.7

注:K_p=年径流量/多年平均径流量。

由此可见,引水区和黄河上游的径流量会同时出现较长时间枯水的年段,如1969~1973年连续4年偏枯(平),1977~1978年连续2年偏枯(平),1994~1997年连续4年偏枯(平),2001~2002年连续2年偏枯(平);同时会出现较长时间的丰水年段,如1975~1976年连续2年,1981~1982年连续2年,见表10-22。

2)各流域年际变化关系

南水北调西线一期工程引水区和黄河上游各流域年流量丰枯分级对比统计结果如

表 10-23 所示，由表 10-23 可以看出，引水区各流域之间具有较好的一致性，其中一致性最好的是绰斯甲和足木足，其次是道孚和绰斯甲，最后是足木足和道孚。黄河上游唐乃亥段和兰州段的一致性也很好。但引水区和黄河上游年流量的差异就比较大。

表 10-22　引水区和黄河上游丰枯水年段的分析

项目	引水区	黄河上游	共同的年段
枯水（平水）年段	1967 ~ 1973 1977 ~ 1978 1994 ~ 1997 2001 ~ 2002	1969 ~ 1974 1977 ~ 1980 1987 ~ 1988 1990 ~ 1998 2000 ~ 2003	1969 ~ 1973 1977 ~ 1978 1994 ~ 1997 2001 ~ 2002
丰水（平水）年段	1965 ~ 1966 1974 ~ 1976 1979 ~ 1982 1988 ~ 1990 1992 ~ 1993 1998 ~ 2000	1961 ~ 1964 1966 ~ 1968 1975 ~ 1976 1981 ~ 1986	1975 ~ 1976 1981 ~ 1982

表 10-23　南水北调西线一期工程引水区和黄河上游各流域年流量丰枯分级对比统计

流域	相同级	相差一级	相差二级	相差三级	相差四级
道孚、绰斯甲	22	19	0	0	0
道孚、足木足	18	19	4	0	0
道孚、唐乃亥	8	19	10	3	1
道孚、兰州	8	20	10	2	1
绰斯甲、足木足	23	16	2	0	0
绰斯甲、唐乃亥	8	24	7	2	0
绰斯甲、兰州	10	24	4	3	0
足木足、唐乃亥	17	20	4	0	0
足木足、兰州	15	21	5	0	0
唐乃亥、兰州	27	14	0	0	0
兰 - 唐、道孚	14	13	11	2	1
兰 - 唐、绰斯甲	13	16	10	2	0
兰 - 唐、足木足	11	22	8	0	0
兰 - 唐、唐乃亥	14	22	4	1	0
兰 - 唐、兰州	26	11	4	0	0
引水区、唐乃亥	11	22	7	1	0
引水区、兰州	14	20	6	1	0

注：表中所比较的时间段为 1963 ~ 2003 年，兰 - 唐是兰州站径流量 - 唐乃亥站径流量系列。

3）典型年环流场分析

选取径流降水典型年从环流角度进行分析。对典型年再次进行分析归类，选择1989年、1993年代表典型丰水年，1969年、2002年代表典型枯水年，1967年代表典型枯（引水区）丰（受水区）年，1980年代表典型丰（引水区）枯（受水区）年。

1989年夏季高度场和流场，从500 hPa高度场和高度距平场（计算距平时用1971～2000年的平均值，下同）可以看出，1989年夏季西太平洋副热带高压明显偏强西伸，我国南部存在一个正距平中心，其强度大、范围广，几乎覆盖了我国长江以南地区；青藏高原到川西北地区为负距平区，中纬度西风带在青藏高原中部地区有西风槽存在；南海和孟加拉湾有较强的偏南风气流，流场距平场反映出在我国南海有强大的偏东风气流距平，孟加拉湾地区为偏南风距平，高原东南部和川西北地区为偏南风气流距平；南亚高压脊线位于30°N，且中心在90°E，较偏东。这样就有大量的暖湿空气从我国南海和孟加拉湾向西、向北进入川西北地区，加上西风槽的作用，引水区和黄河上游降水增多，径流增大。

从1993年夏季的高度场和高度距平场可以看出，1993年夏季西太平洋副热带高压比1989年弱，位置稍偏东，但从距平场看，我国南部沿海地区为正，所以副热带高压还是偏强的，青藏高原和我国北方基本为负距平控制，中纬度西风带在青藏高原中部地区有较强的西风槽存在；孟加拉湾有较强的偏南风气流，流场距平场反映出孟加拉湾地区有强大的偏南风气流距平，高原东南部和川西北地区为偏南风气流距平，但南海东部为北风和西风距平，南海气流不易到达高原和川西北地区；南亚高压脊线位于28°N，且中心在87°E，比1989年要弱。这样暖湿空气从孟加拉湾进入川西北地区，加上明显的西风槽作用，使得引水区和黄河上游降水增多，径流增大。

从1969年夏季高度场和高度距平场可以看出，1969年夏季西太平洋副热带高压比较弱，位置偏南，我国北方、青藏高原到江南地区基本为负距平，在高原南部，虽然存在西风槽，但位置偏南，强度弱；南海和孟加拉湾虽然有较强的偏南风气流，但青藏高原东南部和川西北地区为偏西北风控制，从南海、孟加拉湾北上的暖湿空气在强大的西风气流的作用下在高原东南侧发生偏转，吹向我国东部地区，很难到达川西北地区，南亚高压脊线位于30°N，且中心在87°E，中心强度较大，但范围较小，引水区和黄河上游降水减少，径流减小。

从2002年夏季高度场和高度距平场可以看出，2002年夏季西太平洋副热带高压也是偏弱偏南的，我国北方为正距平，南方为负距平，在青藏高原东部有一高压舌存在；南海和孟加拉湾为偏北风距平，南风气流弱，但青藏高原东南部和川西北地区为偏东风距平，南海、孟加拉湾的暖湿空气不易北上，南亚高压脊线位于30°N，且中心在86°E，强度弱。引水区和黄河上游降水减少，径流减小。

从1967年夏季高度场和高度距平场可以看出，1967年夏季西太平洋副热带高压偏弱，但是较偏北的，我国为负距平控制，在青藏高原中西部有西风槽存在；南海有弱偏南风距平，孟加拉湾为偏北风距平，南亚高压脊线位于31°N，且中心在84°E，强度弱，中心偏西，由于西风槽的存在可能会在高原西部有较多的降水，而引水区降水较少，这样引水区就是枯水年，黄河上游是丰水年。

从1980年夏季高度场和高度距平场可以看出，1980年夏季西太平洋副热带高压偏强，我国基本为正距平控制；南海和孟加拉湾有弱偏南风距平，南亚高压脊线位于31°N，且中心在85°E，但强度很高，所以南亚高压的存在可能会在引水区有较多的降水，这样引水区就是丰水年，黄河上游是枯水年。

典型年的分析结果表明，南亚高压脊线偏北（30°N～35°N）和中心位置偏东（85°E～105°E），西太平洋副热带高压偏强西伸，青藏高原中部地区有西风槽存在是西线引水区和黄河上游夏季降水增多、径流增大的两大因素。

4）连续丰枯水年段环流场分析

选取连续的丰水段：1979～1982年；连续的枯水段：1969～1973年、1994～1997年。下面再从环流场的角度分析。

从1979～1982年夏季平均的高度场和高度距平场可以看出，平均来讲，该阶段夏季西太平洋副热带高压偏强西伸，长江以南地区为正距平，青藏高原和我国北方基本为负距平控制，中纬度西风带在青藏高原中部地区有较强的西风槽存在；孟加拉湾有较强的偏南风气流，流场距平场反映出孟加拉湾地区有强大的偏南风气流距平，高原东南部和川西北地区为偏南风气流距平，但南海为北风和西风距平，南海气流不易到达高原和川西北地区，南亚高压脊线位于30°N，且中心在87°E，中心强度很强。这样暖湿空气从孟加拉湾进入川西北地区，加上明显的西风槽的作用，使得引水区和黄河上游降水增多，径流增大。这和1993年的情形基本类似。

从1969～1973年夏季平均高度场和高度距平场可以看出，平均来讲，该阶段夏季西太平洋副热带高压明显偏弱，位置偏南，东亚地区均为负距平，在高原南部，虽然存在西风槽，但位置偏南，强度弱；南海和孟加拉湾均为较强的偏西风气流距平、南风不强，青藏高原东南部和川西北地区为偏西北风控制，从南海、孟加拉湾北上的暖湿空气在强大的西风气流的作用下在高原东南侧发生偏转，吹向我国东部地区，很难到达川西北地区，南亚高压脊线位于30°N，且中心在85°E，且强度弱，中心偏西，引水区和黄河上游降水减少，径流减小。这与1969年情形类似。

从1994～1997年夏季平均的高度场和高度距平场可以看出，平均来讲，该阶段夏季西太平洋副热带高压也是偏弱偏南的，我国北方为正距平，南方为负距平；南海和孟加拉湾为偏西北风距平，南风气流弱，青藏高原东南部和川西北地区为偏东风距平，南海、孟加拉湾的暖湿空气不易北上，南亚高压脊线位于30°N，且中心在80°E，强度弱，且中心位置很偏西，引水区和黄河上游降水减少，径流减小。这与2002年的情形类似。

连续丰、枯水年的分析结果也表明，南亚高压脊线偏北（30°N～35°N）和中心位置偏东（85°E～105°E），西太平洋副热带高压偏强西伸，青藏高原中部地区有西风槽存在是西线引水区和黄河上游夏季降水增多、径流增大的两大因素。

5）小结

（1）南水北调西线引水区的三个流域20世纪60年代后期到21世纪初期的流量大体经历了四个变化阶段：20世纪60年代初期的相对偏丰期，60年代后期到70年代后期的偏枯期，80年代初期到90年代初期的偏丰期，从90年代后期开始的相对偏枯期，表现为丰—枯—丰—枯式的变化。相应地，引水区降水也呈现为多—少—多—少式的变化。径流存在准3年的显著振荡周期。引水区气温是呈明显升高趋势的，尤其是70年代中期以来升高更为明显。平均来讲,近 40 年来,引水区径流和降水是增加的,但 20 世纪 90 年代后期出现减少趋势。径流和降水呈很好的相关关系。达曲和泥曲流域的径流和降水在 20 世纪 60 年代初的偏丰和 90 年代末的偏枯都不太明显,因而流量呈现明显的枯—丰的变化。

(2)黄河上游地区流量经历了两个变化阶段:20 世纪 60 年代初期到 80 年代后期的相对偏丰期,80 年代后期到现在的相对偏枯期,表现为明显的丰—枯变化。径流存在 3 ~ 6 年的显著性周期。降水变化基本经历了三个阶段:20 世纪 60 年代初期到 70 年代初期的相对偏少期,70 年代中期到 80 年代后期的偏多期,90 年代初到现在的相对偏少期,表现为少—多—少的变化。气温表现为很明显的升高趋势。总地来讲,该流域径流明显减少,降水的减少幅度不如径流明显。

(3)南水北调西线一期工程引水区和黄河上游各个流域的径流都各具有一定的一致性。就引水区而言,绰斯甲和足木足的一致性最好。唐乃亥段和兰州段也有一定的一致性。

(4)南亚高压脊线偏北(30°N ~ 35°N)和中心位置偏东(85°E ~ 105°E),西太平洋副热带高压偏强西伸,青藏高原中部地区有西风槽存在是西线引水区和黄河上游夏季降水增多、径流增大的主要因素。

3. 南水北调引水区和黄河上游气温降水的变化规律、机制和趋势

(1)引水区和黄河上游地区降水与气温的经验正交函数分析(EOF 分析)是在引水区与受水区共选择 25 个较完整的 1967 ~ 2000 年月降水数据的站点,分春(3 ~ 5 月)、夏(6 ~ 8 月)、秋(9 ~ 11 月)、冬(12 至次年 2 月)四季作 EOF 分析。从引水区和黄河上游地区四季降水 EOF 分析第一特征向量场分布可以看出,除春季外,各季的第一向量场全区表现为一致的正值,表明夏、秋、冬三季各站降水主要表现为一致变化。春季降水 EOF 分析第一向量场表现为异常的东北—西南反位相变化趋势,负值中心在引水区的甘孜,零线从久治过中心站至曲麻来,基本是引水区和黄河上游地区的分界线。而第二向量场才表现为全区一致的正值,表明春季降水的主要特征是引水区和黄河上游地区的反向特征,其次才为各站一致变化的特征。

夏季的降水明显高于其余各季,是年降水的主要组成部分。夏季降水第一向量场全区为一致的正值,方差贡献为 33.2%,载荷向量最大的区域在引水区。第二向量场呈东北—西南方向反向变化,方差贡献为 25.0%,其中引水区除阿坝外,其余都是负值,正值的高值中心在黄河上游地区的东部地区,表明引水区和黄河上游地区的降水存在反向变化特征。第三向量场主要反映降水的西北—东南反向变化的特征,西北地区为负值区,方差贡献为 10.7%。

采用引水区和黄河上游地区四季降水 EOF 分析中全区一致型时间系数的变化曲线,因为春季第二向量场才是全区一致型,用的是第二向量场的时间系数,其余各季为第一向量场的时间系数。分析指出,被研究区域春季降水近 40 年来在 1972 年以前呈下降趋势,1972 ~ 1996 年降水呈增加趋势,1996 年以后又有下降趋势。夏季在 1971 年以前和 1982 ~ 1994 年降水呈减少趋势,1971 ~ 1982 年及 1994 年以后降水呈上升趋势,秋季的降水变化趋势和夏季的相似,冬季的降水近 40 年来基本呈上升趋势但在 1995 年以后急剧下降。

从线性拟合可以看出,春季和冬季的降水在近 40 年来是明显上升的,而秋季的降水则明显减少,夏季的降水有微弱的下降趋势。

我们对气温也作了 EOF 分析,四季气温 EOF 分析第一向量场全区均为一致的正值,其中各季的第一向量场的方差贡献分别为:春季为 73.2%,夏季为 74.8%,秋季为 66.6%,冬季为 64.5%,高值中心在引水区。

由气温第一向量场的时间系数曲线分析,春季在 1971 年以前和 1983 年以后的气温是呈升高趋势的,1971 ~ 1983 年之间气温呈下降趋势,夏季仅 1971 ~ 1978 年为平缓的下降趋势,其余时间均为上升趋势,特别是进入 20 世纪 90 年代以后,气温的上升趋势更为明显。秋季的气温一直呈上升趋势,冬季的气温也是波动升高的。从线性趋势可以明显看出各季的升温趋势。

(2)引水区和黄河上游地区的分区及其各区气温和降水的年际和年代际变化。

从各个小区夏季降水的年际和年代际变化图可以明显地看出,引水区和黄河上游地区近 50 年来夏季的降水有着明显的区别,黄河上游地区中的三个区中(见表 10-24),A 区和 C 区近 50 年的降水变化平缓,在 20 世纪 80 年代偏少,90 年代中前期降水较多,后期降水又有下降趋势,B 区的降水和引水区中各区的降水变化规律较为相似,在 20 世纪 50 年代后期及 80 年代降水较多,整个 70 年代和 90 年代中前期降水较少,90 年代后期又有上升趋势。综合起来看引水区和黄河上游地区,除黄河上游地区中 B 区的降水变化与引水区较为相似外,其余两区与引水区的降水变化基本相反。B 区、F 区和 G 区的降水高于其余各区。

表 10-24　引水区和黄河上游地区分区特征

分区		代表站
黄河上游地区	A	玛多
	B	达日
	C	临夏、临洮
引水区	D	曲麻来、清水河
	E	玉树
	F	甘孜
	G	阿坝

我们对各区夏季降水也做了线性拟合,从线性拟合趋势看,近 50 年来,研究区域的西北地区呈减少趋势,东南地区呈上升趋势。具体来讲,黄河上游夏季降水在减少,引水区 D、E 两区夏季降水也为减少趋势,但 F、G 两区的夏季降水在增加。

根据以上站点的降水资料,我们用小波分析方法分析了被研究区域近 50 年来的降水周期变化,小波指数为正,表示处于多雨时期,反之处于少雨时期。各区降水主要存在两种周期,准 3 年周期和准 22 年周期,其中准 3 年周期通过了置信度为 95% 的显著性检验,但各区存在自己的特点。A 区降水的准 3 年周期在 20 世纪 50 年代中期到 60 年代中期、70 年代中期和 80 年代后期比较显著,其余时段不明显。B 区降水准 3 年周期的显著性阶段在20世纪70～90年代。C区降水准3年周期的显著性阶段在20世纪60年代和70年代。D区在20世纪60年代后期至70年代准3年周期明显，20世纪90年代准2年周期显著。E区在20世纪50年代、70年代后期和80年代后期以后准3年的周期显著。F区除20世纪70年代末到80年代初外，其余阶段准3年周期均显著。G区在20世纪70年代后期至80年代前期准3年周期显著，其余时段不明显。

从各个小区年平均气温的年际和年代际变化看，引水区和黄河上游气温的变化规律是基本一致的，最明显的是升温趋势，A区、D区和F区的升温幅度要弱一些。各区气温的5阶多项式拟合曲线接近于线性拟合直线。

各区相应的年平均气温的小波分析结果表明，各个小区的年平均温度的小波分析图基本一致，气温的振荡周期主要是2～5年的小周期和准11年的周期。

(3)小结。

①黄河上游和南水北调西线引水区夏、秋、冬三季降水以一致的变化为主，说明降水主要受某些因子共同影响和控制，这三季降水第二位的特点是黄河上游与引水区之间存在反位相的变化。春季降水的主要特点则是黄河上游与引水区之间存在反位相的变化，其次才表现为一致的变化。此外，在该区域四季降水还存在西北—东南向的反位相变化。两区的气温均以一致升温为主。

②各区降水主要存在两种周期，准3年周期和准22年周期，其中准3年周期通过了置信度为95%的显著性检验，准3年周期在各年代的显著性不同。气温的振荡周期主要是2～5年的小周期和准11年的周期。

③引水区和黄河上游地区近50年来夏季的降水有着明显的区别，黄河上游地区的三个区中，A区和C区近50年的降水变化平缓，在20世纪80年代偏少，90年代中前期降水较多，后期降水又有下降趋势，B区的降水和引水区中各区的降水变化规律较为相似，在50年代后期及80年代降水较多，整个70年代和90年代中前期降水较少，90年代后期又有上升趋势。综合来看，引水区和黄河上游地区，除黄河上游地区中B区的降水变化与引水区较为相似外，其余两区与引水区的降水变化基本相反。B区、F区和G区的降水高于其余各区。

10.3.3.4 南水北调引水区1922～1932年出现持续枯水年段的可能性

1.引水区不存在近10年来持续枯水情况

已有的研究表明，近10年来，黄河上游存在持续枯水现象。前述表明，引水区情况并不完全一致，特别是达曲和泥曲流域在近10年是增温增湿的。各代表站平均的1951～2000年夏季降水的平均值曲线表明，引水区的汛期降水没有明显的下降趋势，但存在连续4年的偏枯期，在引水区并没有黄河上游地区近10年来的持续枯水现象。

2.从树木年轮看1922～1932年出现持续枯水年段的可能性

利用采自青海南部高原曲麻来、治多地区的树木年轮样本，建立了该地区高原树木年轮年表序列，并绘制了湿润指数的变化曲线(见图10-3)，通过分析发现，在重建的453年中，显著的干旱时段有6个，其中1918～1933年为其中之一，曲麻来、治多为引水区域中的站点，在我们所画的站点分布和分区示意图中，为D区，虽然不是重点引水区域，但也可以说明引水区在1922～1932年期间的降水应该是偏枯的。

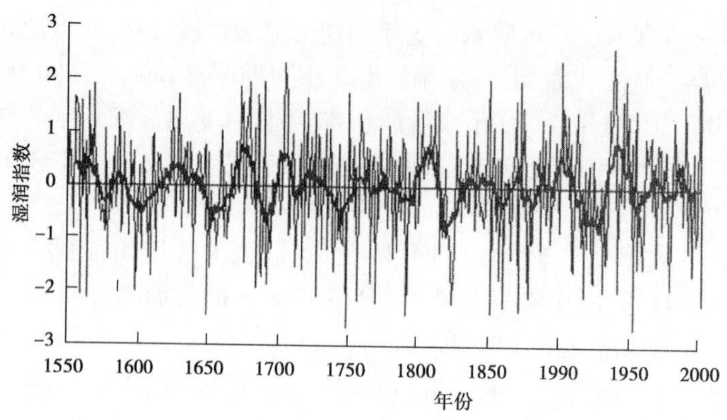

图 10-3 1550～2000 年青海南部高原地区春末夏初湿润指数变化

依据班玛经过精确定年的树木年轮年表，用逐步回归方法重建了阿坝的过去气候（见图 10-4），得出 1846～1934 年 88 年间降水大致在平均值附近波动，从阿坝降水重建图中可以看出，在 1922～1932 年间，降水大部分在平均值以下，至少可以说明，在 1922～1932 年间，阿坝和班玛地区的降水不是偏丰的（班玛和阿坝为 G 区）。

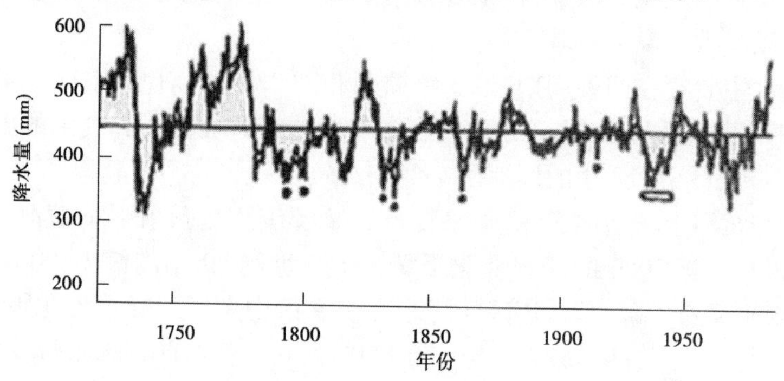

图 10-4 根据树木年轮建立的阿坝降水变化曲线

图 10-5 为依据树木年轮重建的沱沱河冬季的平均气温（汪青春等，利用乌兰树木年轮重建沱沱河冬季气温序列），考虑到气温和降水的密切关系（气温高，蒸发旺盛，空气中水汽含量增加，降水增加；反之，降水减少。当然，影响降水的机制很复杂，不能说温度低降水就少，降水主要还是由环流形式决定的）。又因为冰川和积雪融水是长江上游的重要径流来源，温度降低，冰川和积雪消融过程减弱，径流量也有减少趋势。在图 10-5 中 1922～1932 年间的温度为一波谷，本来猜想在 1922～1932 年间有可能为枯水，但是我们用沱沱河的冬季气温分别和沱沱河夏季降水、引水区夏季降水作了相关分析，却发现相关系数均为负，且达到 −0.46，这说明在 1920～1930 年间引水区的降水应是偏丰的。

3. 从 ENSO 事件看 1922～1932 年引水区存在持续枯水现象的可能性

ENSO 事件作为反映海洋与大气相互作用的气候信号，对季风气候系统的影响十分显著，并导致亚洲季风常常出现异常现象。

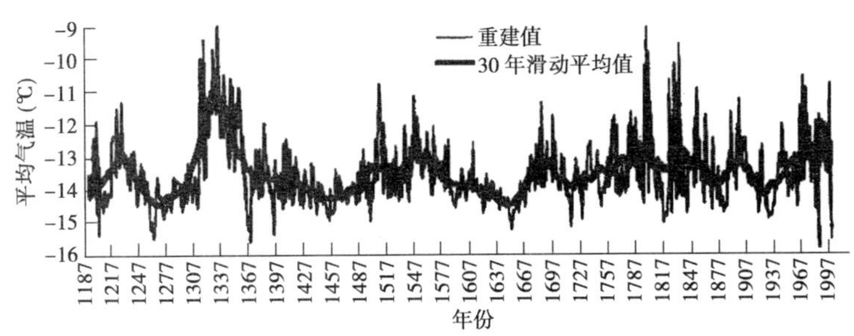

图 10-5　1187～1997 年沱沱河平均气温变化

对 ENSO 事件影响年的确定原则为：①凡 ENSO 事件从夏季开始或持续到夏季以后，则以次年为 ENSO 的影响年；②从春季开始的 ENSO 事件若持续到秋季以后，则当年和次年均是 ENSO 事件的影响年；③从上年秋季到当年夏季之间，先有暖事件，后又发生冷事件，则当年为冷事件影响年；反之，先有冷事件后有暖事件时，当年为暖事件影响年。

从表 10-25～表 10-27 可以看出，平均来讲，当 ENSO 暖事件发生时，影响年引水区的汛期降水减少的概率较大，基本上都是负距平。而 ENSO 冷事件发生时，引水区的夏季降水基本为正距平，这与文献[2]（黄河源区降水与径流过程对 ENSO 事件的响应特征）和文献[4]（百余年的 ENSO 事件与北京汛期旱涝的统计关系）的研究结果相同。

表 10-25　ENSO 强暖和弱暖事件发生后引水区降水变化

弱暖事件			强暖事件		
发生年	影响年	引水区在影响年的汛期降水距平（mm）	发生年	影响年	引水区在影响年的汛期降水距平（mm）
1952	1953～1954	－35	1972	1972～1973	－54.5
1963	1964	3.3	1982	1983	41
1968	1969～1970	－15	1986	1987～1988	－30.5
1976	1977	－32	1997	1997～1998	－1

表 10-26　ENSO 强冷和弱冷事件发生后引水区降水变化

弱冷事件			强冷事件		
发生年	影响年	引水区在影响年的汛期降水距平（mm）	发生年	影响年	引水区在影响年的汛期降水距平（mm）
1962	1963	25	1973	1974	－2
			1975	1975～1976	6.1
			1988	1989	27

表 10-27 ENSO 中暖和中冷事件发生后引水区降水变化

中暖事件			中冷事件		
发生年	影响年	引水区在影响年的汛期降水距平（mm）	发生年	影响年	引水区在影响年的汛期降水距平（mm）
1957	1957 ~ 1958	-13.4	1954	1955 ~ 1956	21.5
1965	1965 ~ 1966	-22.5	1964	1964	4.2
1991	1991 ~ 1992	-13.5	1970	1971	-13.2
1993	1993 ~ 1994	6.5			
1994	1995	-32			

王绍武等对最近百年来 ENSO 事件及强度的研究结果，在 1922 ~ 1932 年期间共发生 ENSO 事件 7 起，其中冷事件 3 起，暖事件 4 起，冷事件有 1 起为弱冷事件，2 起为中冷事件，暖事件中弱暖事件和中暖事件各 2 起。结合以上所得结果，可以初步认为，在 1922 ~ 1932 期间，引水区的降水偏枯。

4. 小结

综合以上的分析结果我们认为，在 1922 ~ 1932 年间，南水北调西线引水区平均来讲是少雨枯水的，但降水持续偏少、水量持续偏枯的可能性不大。

10.3.3.5 主要结论

（1）降水过程大部分大于 5 d，过程降水量可分为纬向类和斜向类两种，斜向类占大多数，其中斜向类又可分为西北—东南向、东北—西南向两种，以西北—东南向的类型发生较多。在降水发生过程中，降水中心主要是由研究区域的西北方向向东南方向移动，在移动过程中会有南北摆动或东西摆动，或中心变动不大，但范围先加大后减小。

（2）南水北调西线工程引水区和黄河上游区域水汽通量主要从南边界获得，比例大于 50%，最大可达 150%，由于地形的作用，北边界存在较稳定的强度不大的净收入，西边界不太稳定，会出现负收入，相对其量值强度变化较大。

（3）南水北调西线工程引水区和黄河上游地区发生降水时，该地区 600 hPa 水汽通量主要为辐合，中心位于引水区内的 95°E、33°N 附近，但引水区的辐合强度总大于黄河上游的。风场散度对于水汽通量散度的贡献最大。

（4）南水北调西线工程引水区和黄河上游地区输送水汽的低层源区既有孟加拉湾，又有南海地区，而高层则以孟加拉湾为主。

（5）影响降水的环流形势主要也可分为纬向类和经向类两种，影响系统除一般分析得到的低涡、切变线外，还有一种比较特殊的就是以反气旋环流场为主的流场上存在气旋性质的风场。

（6）南水北调西线引水区的三个流域 20 世纪 60 年代后期到 21 世纪初期的流量大体经历了四个变化阶段：20 世纪 60 年代初期的相对偏丰期，60 年代后期到 70 年代后期的偏枯期，80 年代初期到 90 年代初期的偏丰期，从 90 年代后期开始的相对偏枯期，表现为丰—枯—丰—枯式的变化。相应地，引水区降水也呈现为多—少—多—少式的变化。径流存在准3年的显著振荡周期。引水区气温是呈明显升高趋势的，尤其是70年代中期以来升高更为明显。平均来讲，近40年来，引水区径流和降水是增加的，但20世纪90年代后期出现减少趋势。径流和降水呈很好的相关关系。达曲和泥曲流域的径流和降水在20世纪60年代初的偏丰和90年代末的偏枯都不太明显，因而流量呈现明显的枯—丰的变化。

(7)黄河上游地区流量经历了两个变化阶段：20世纪60年代初期到80年代后期的相对偏丰期，80年代后期到现在的相对偏枯期，表现为明显的丰—枯变化。径流存在3～6年的显著性周期。降水变化基本经历了三个阶段：20世纪60年代初期到70年代初期的相对偏少期，70年代中期到80年代后期的偏多期，90年代初期到现在的相对偏少期，表现为少—多—少的变化。气温表现为很明显的升高趋势。总体来讲，该流域径流明显减少，降水的减少幅度不如径流明显。

(8)南水北调西线第一期工程引水区和黄河上游地区各个流域都各具有一定的一致性。就引水区而言，绰斯甲和足木足的一致性最好。唐乃亥段和兰州段也有一定的一致性。

(9)南亚高压脊线偏北(30°N～35°N)和中心位置偏东(85°E～105°E)，西太平洋副热带高压偏强西伸，青藏高原中部地区有西风槽存在是西线引水区和黄河上游夏季降水增多、径流增大的主要因素。

(10)黄河上游和南水北调西线引水区夏、秋、冬三季降水以一致的变化为主，说明降水主要是受某些因子共同影响和控制的，这三季降水第二位的特点是黄河上游与引水区之间存在反位相的变化。春季降水主要的特点则是黄河上游与引水区之间存在反位相的变化，其次才表现为一致的变化。此外，在该区域四季降水还存在西北—东南向的反位相变化。

(11)各区降水主要存在两种周期，准3年周期和准22年周期，其中准3年周期通过了置信度为95%的显著性检验，准3年周期在各年代的显著性不同。气温的振荡周期主要是2～5年的小周期和准11年的周期。

(12)引水区和黄河上游地区近50年来夏季的降水有着明显的区别，黄河上游地区中的三个区中，A区和C区近50年的降水变化平缓，在20世纪80年代偏少，90年代中前期降水较多，后期降水又有下降趋势，B区的降水和引水区中各区的降水变化规律较为相似，在20世纪50年代后期及80年代降水较多，整个70年代和90年代中前期降水较少，90年代后期又有上升趋势。综合来看，黄河上游地区除B区的降水变化与引水区较为相似外，其余两区与引水区的降水变化基本相反。B区、F区和G区的降水高于其余各区。各区气温呈大体一致的升温趋势。

(13)在1922～1932年间，南水北调西线引水区平均来讲是少雨枯水的，但降水持续偏少、水量持续偏枯的可能性不大。

10.3.4 未来气候变化情景下各调水河段径流变化趋势预测[5]

10.3.4.1 未来气候变化情景

从过去四十年来南水北调西线一期工程调水区的降水、气温和径流变化的分析成果可以认为,气温表现为持续的上升,而降水和径流主要表现为波动,并没有明显增加或减少的趋势。因此,在确定未来气候变化情景下南水北调西线一期工程调水区的径流变化趋势时,采用了以下两种气候情景:①降水不变,气温增加 0.5 ℃;②降水不变,气温增加 1 ℃。

10.3.4.2 未来气候情景下的径流变化

利用分布式水文模型和过去四十多年的气象资料模拟了在未来:①降水不变,气温增加 0.5 ℃;②降水不变,气温增加 1 ℃情景下径流量的变化情况。结果表明,坝址以上河段受气温升高影响所导致的径流减少更为明显,具体见表 10-28。

表 10-28 南水北调西线一期工程调水区各站未来气候情景下的径流变化

站名	集水面积 (km^2)	多年平均径流量 (亿 m^3)	气温升高 0.5 ℃		气温升高 1 ℃	
			年平均 (亿 m^3)	变化率 (%)	年平均 (亿 m^3)	变化率 (%)
东谷	3 824	11.42	11.3	-1.27	11.1	-2.51
朱倭	4 280	13.47	13.3	-1.17	13.2	-2.34
泥柯	4 664	13.15	12.8	-2.83	12.4	-5.49
朱巴	6 860	20.59	20.1	-2.30	19.7	-4.46
道孚	14 465	45.98	45.2	-1.67	44.5	-3.27
壤塘	4 910	15.80	15.4	-2.46	15.0	-4.87
绰斯甲	14 794	51.75	50.8	-1.77	49.9	-3.53
班玛	4 337	13.50	13.1	-2.71	12.8	-5.48
安斗	1 764	6.75	6.7	-1.17	6.6	-2.57
足木足	19 900	73.48	72.1	-1.93	70.5	-4.12

从表 10-28 中可以看出,在气温升高的情景下,各水文站的径流变化率并不相同,对河流上游的站点影响更大,其中对泥柯站影响最大,其次是班玛站,这说明上游地区对气温变化更为敏感。

10.4 河道与水利工程的凌汛计算问题研究

10.4.1 概述

10.4.1.1 江河与工程凌汛问题研究开展情况简介

在我国北方地区和青藏高原上的河流,以及在这些地区兴建水利工程及跨河工程均不同程度地存在冰情影响,在一定条件下,往往造成严重的凌汛灾害。黄河勘测规划设计有限公司多年来在借鉴黄委水文局、河务局,以及西北水利水电勘测设计研究院等水利勘测设计单位、科研部门、高等院校等部门有关凌汛问题研究成果,并主要参考了俄罗斯等国家在这方面的研究成果[6-8]，陆续开展了小浪底、古贤、海勃湾、黑山峡等水利枢纽工程，南水北调西线工程，新疆伊犁河有关水利枢纽工程的凌汛计算研究以及黄河宁蒙河段堤防工程及一些河段跨河工程凌汛计算研究等，2006 年起又受水利部水利水电规划设计总院委托，负责承担水利工程《凌汛计算规范》（SL 428—2008）编制工作，通过近 30 年来相关资料收集、调研及与多部门合作，对河流与水利工程凌汛研究有了比较全面的了解，取得一批生产与研究成果。

河流与水利工程凌汛计算问题的研究，是水文科学的一门分支学科，但又与气象学应用有密切关系，是气象学科与水文学科的一个具体结合点。以下将在简要评述江河与水利工程凌汛分析计算基本内容基础上，重点介绍其中水文与气象结合的特点，有关分析思路与方法要点，来评述这个分支学科中水文气象学应用特点。

10.4.1.2 江河与工程凌汛计算问题基本特点

1. 研究的物理现象与涉及范围

主要是研究河流及其与水利工程和跨河工程在所接触的水体液态与固态之间相互转换——相变过程中，所形成的物理现象及可能造成的危害。因此，凌汛问题主要研究河道冰情及其变化过程和对水利工程的影响，涉及河流水情（动力条件）、河道条件（边界条件）、气象条件（热力条件），但这些条件又与有关工程布局、规模、设计、运用与管理情况等密切有关。

2. 研究思路与方法

利用水文、气象、河道地形、有关的水利工程规模与设计指标、运用管理方式等相关实际资料，通过相关水文、气象信息资料观测、统计分析与计算、模型试验等手段，来定性、定量计算有关部位水体相变过程中有关物理特征量，以及这个过程中不同阶段因冰凌堵塞可能造成的壅水类型与严重程度，为河流与工程防凌汛问题提供依据。

3. 涉及的主要研究内容

从应用研究角度看，又分为两大类：一是江河凌汛的预报问题；二是水利工程（包括跨河建筑物）防凌汛计算。

从涉及内容看，前者主要根据现状水情、气象及河道情况，对江河凌情变化做出适时预报，为江河及有关水利工程防凌汛问题决策提供适时服务。后者，则主要利用河道一定设计条件下（典型年或典型年段）水情、气候、河道情况，与水利工程规划、设计有关指标综合分析，来分析计算对凌汛影响，往往通过多方案比较，来寻求避免与控制可能发生的凌汛灾害，为工程设计、运用与管理提供决策依据。

10.4.1.3 江河与工程凌汛计算研究中水文与气象结合问题

江河与工程凌汛计算研究中，江河凌汛有其独立性，但水利工程凌汛问题与所在江河凌汛问题研究不可分开，又与一般江河凌汛问题有所区别。在这些问题研究中，水文与气象结合内容主要是围绕水体（动水水体）相变过程中，以热力作用条件分析为中心，它主要涉及水体与环境热交换，以气温等气象条件为主，但也包括与河床下垫面的热交换等内容。在实际问题研究中，其水文与气象结合具体内容还需要根据工程的特点来予以选择。因此，江河与水利工程凌汛分析计算按服务对象与要求，基本分为两类，它们所涉及的水文与气象结合点与涉及内容不同，研究思路、方法、回答问题不同，主要分为：

一是冰情与凌汛适时预报问题,其水文与气象结合点是根据河道或水利工程所直接影响河段冰情变化过程中与适时气象条件关系分析为出发点,来提供不同预见期有关气象要素预报(主要是气温)。这类气象预报对象是直接提供研究冰情变化规律不同需要的有关气象要素定量预报,其预报内容与常规气象部门预报在地点、时间、内容和精度要求上有所不同,但运用的预报思路、方法与常规气象预报技术并无本质差别。二是为水利工程规划、设计、运用与管理决策服务,以工程所涉及的河段冰情与凌汛规律影响为分析出发点,主要研究河道(或相似河道)历史上冬季影响冰情的几种基本气候条件(不同典型年、典型年段),分析这些类型气候条件下(需要结合动力条件与河道边界条件),对工程所涉及河段冰情与可能形成的凌汛问题影响进行分析计算。另外,工程类型不同,涉及的气象条件不同,直接影响到气象与水文结合内容有所不同。

10.4.1.4 不同类型水利工程规划、设计与运用管理的凌汛计算研究中气象学应用研究内容与方法

主要有两种基本类型:一是以水库、堤防为代表的水利工程。这类工程凌汛形成过程主要发生在冬季较严寒且顺河而气温是“上暖下冷”的河流上,涉及的热力条件主要用气温指标来表达,包含河段沿程日平均气温稳定在零下的最早、最晚时间,日平均负气温、日最高气温、最低气温等指标。

这类指标常取自沿河气象台站气候统计资料,如有同期沿河水文站气温观测资料,需注意来自两个系统资料不同年代观测方法的不同(测次、场地设置)对资料代表性、一致性的影响。

在分析计算中,利用其沿程气温转负时间差别反映封河、开河基本规律,为可能形成的凌汛形势提供分析依据;多利用累积负气温指标反映严寒程度,与形成凌汛灾害的流凌量、冰量建立一定统计关系。另外,在一些河流如新疆伊犁河流域研究水利工程与河道凌汛影响时,注意到下游河道凌汛灾害往往出现在最严寒季节,这与自蒙古强冷空气通过东西向的天山山脉南下时,造成的一种逆温效应,导致河谷气温比较高山坡低得多,可能引起山坡积雪融化,为下游河段冰坝形成提供了一定动力条件有关。目前,因观测资料限制,对此尚处于推测认识阶段。

二是明渠引水工程的凌汛问题。这类工程相当于新开河道。因此,一般可借用相近地区、流向基本一致、水量规模大致相当的天然河道凌汛问题进行初估。但还需要通过渠道沿程冬季热力条件分析计算,结合渠道布局与有关设计条件,对沿程冰情及可能发生的凌汛做出估计,为采取必要措施来控制与避免凌汛灾害提供依据。这类工程有关气象学应用问题,主要是渠道沿程与环境热交换的计算。

目前,主要采用苏联研究的一套严寒地区河流(明渠)水体与环境(大气、土壤)热平衡交换计算半经验、半理论公式来处理,需要利用的气象要素资料包含冰期太阳辐射、气温、云量、水气压、风速、降水量等。

10.4.2 雅砻江调水入黄工程冬季引水问题的论证[8]

该工程引水口设置在雅砻江甘孜以上的温波—仁青里干流河段,年平均引水量40亿~50亿m^3。引水方式分自流和提水两种,各引水方式中又有几条比选线路。自流引水

方式中,各线路均系全隧洞方案,隧洞长 94 ~131 km。提水方式各方案扬程达 322 ~422 m,为二~四级提水。其中,除温波—柯曲线有明渠 64 km 和 32 km 长的短隧洞外,其余方案为全隧洞或长隧洞方案,各方案隧洞长 60 ~80 km。各引水线路均向东北方向延伸,最后穿越巴颜喀拉山,到达黄河上游达日、吉迈等河源头。各引水线路位于海拔3 900 ~4 300 m,穿行高原亚寒带地区。这里冬季持续时间长,温度低、降水量少,积雪日数多、积雪深度较大,还有低压、缺氧等不利条件。

10.4.2.1 引水线路附近天然河道冰情分析

1. 引水线路及邻近地区年、月气温

气温变化是反映水体失(吸)热变化,进而影响冰情发展的一个重要指标。引水线路缺少实测气温资料,鉴于引水线路在石渠、达日、甘孜 3 站之间,据 3 站气温资料分析,气温地区分布与高程、位置有密切关系,故借引水线路邻近区,位于巴颜喀拉山南北 26 个气象站 30 年气温均值资料,与测站位置、高程建立三元回归方程,包括年、月平均气温差值公式,日平均气温稳定大于或等于零初日、终日,累计负气温插值公式,插补出各引水方案引水线路主要水工建筑物所在位置(坝址、泵站、隧洞进口、渠道入黄口等)年、月平均气温,气温转负、转正日期以及累计日平均负气温等。

2. 引水线路各部分相应位置上的天然河道冰情分析

利用上述相关关系、提供的气温特征值,再根据在北方一些河道断面气温特征值与冰情特征统计相关图查得各引水线路关键部位的初冰日期、流凌日期、封冻日期、终冰日期、最大河心冰厚等资料,对引水线路冰情做初步估计。

3. 引水线路冰情分析

在以上各引水工程主要部位冰情初步估算基础上,结合我国北方一些引水工程冬季冰情特点,大致估计各引水工程主要部位可能发生的冰情及其对正常引水的影响。

1)枢纽水库与初级引水口

按蓄水要求,引水初级水库坝高 140 ~290 m,一般库水面积 300 ~400 km^2。根据国内外一些大型水库建库前后所在河段水体储热巨大变化情况,估计冰情变化:

(1)封冻起始日期比原天然河道封冻日期推迟较多,但解冻日期也相应推迟。结合天然河道冰情特征日期估算值,估计水库封冻日期在 12 月上中旬,解冻日期在 3 月中旬。

(2)最大封冻厚度估计在 0.6 m 左右。

(3)水库水温属分层型,结合丰满水库表层水温 1 月、2 月接近零度,水深 10 m 处水温 1.3 ℃和 1.1 ℃,可作为引水口水库 1 月、2 月水温初估值。

根据水库水温结构,参照国内外引水口布置经验,引水口位置应远离支流入口;引水口位置放置在水面 15 m 以下水深。有效防止流凌进入引水渠。

2)隧洞

在缺少隧洞实测洞温资料的条件下,借用严寒地区一些电站具有的人工涵洞、输水洞等实测洞温资料,初步估计引水隧洞覆盖层厚达几百米,洞温受地温影响大,洞内气温变化小,冬季也可保持在 0 ℃以上。由此推测:冬季水体由明渠流入隧洞后,至少不会继续失热,并可能转入吸热过程;水体进入隧洞后,原挟带的一些流凌,不会再增加,而会减少,甚至消失。

3）抽水站前的调节池

提水引水方式中，不同高程上还需设置几级泵站，为此还需布置相应调节池。其面积与平均水深比水库相应要小而浅。调节池水温受水体热量变化、环境变化影响大，故可参照严寒地区小型水库实际水温特点，其水温特点可作以下估计：水温垂直分布为混合型；严寒季节调节池水温接近0 ℃，其冬季冰情比枢纽水库要严重得多，对其后续明渠冰情发展有严重影响。

因此，在提水方案中，要求调节池应布置得尽量大些，以窄深式较好。应尽力避免调节池与长明渠再衔接方案。

4）渠尾入黄口

引水渠尾穿过巴颜喀拉山到达黄河上游，是引水线路最寒冷段。由引水线路各控制点气温插补资料分析，1月该位置平均气温达 -12 ~ -14 ℃。但因水流经长隧洞入黄时挟带冰凌极少，在入黄口附近不会形成冰凌严重堵塞问题，但其后紧接是水库，水库末端河段冰塞问题是否对引水渠入水库口造成什么影响，需具体再分析。

4. 冬季引水条件分析

1）两种引水方式

综合以上分析，冬季正常引水的关键在于引水渠道的明渠部分和各级提水泵站前沿的调节池。对处理明渠冰情而言，无论是抽水方案或是自流方案，在冬季引水有两种运行方式：一是冰盖下输水；二是带冰运行。

带冰运行又有两种情况：冬季气温不太低，不易形成稳定冰盖，一般需要流速大于1 m/s，形成不了冰盖；冰盖下运行，则需要冬季气候严寒，容易形成坚实冰盖，流速控制在1 m/s以下。

2）冬季明渠冰情发展热力条件

热平衡计算与分析：

参照俄罗斯学者提供的一套公式，计算太阳总辐射、反射辐射、有效辐射、蒸发热损失、对流热损失、水流动力加热、降水失热等项内容，计算明渠沿程水温变化，由此估算长明渠零温断面距渠首位置，以及零温断面以下10 km、50 km处明渠流凌密度和多年平均1月流凌总量，对选择长明渠方案提供决策依据。

3）冬季明渠冰情与流速关系

（略）。

5. 冬季引水条件的综合分析

（1）两种引水方式均由甘孜以上河段建立一大型水库，天然河道流凌被水库承蓄。引水口布置在正常水位以下15 m深处。这样，既可避免水库中冰凌进入渠线，又能提高明渠段水温，保证整个冬季100 km长明渠段水温在0 ℃以上。

（2）关于隧洞冬季引水主要防止大量冰凌流入隧洞。隧洞本身洞内气温明显高于洞外气温，故应当在入、出洞口加以封堵，可保证冬季正常运用。

（3）在零温断面以下明渠段，将有水内冰形成。在1月，设计流速达2 m/s，零温断面以下10 km长明渠，一昼夜形成567 m^3 的冰量（密实体），这样形成冰量能力在50 km处，流凌密度不足10%。因此，冬季选择明渠引水时，提高进口水温，控制较大流速，是实现冬季正常引水的一个重要措施。

(4)流速因素是水体热交换中一个重要参数，又是决定冰情形态发展的一个重要条件，若流速控制在 1 m/s 以内，自流或提水方案中均可采用冰盖下运行；设计流速控制在 2 ~4 m/s 时，只能采用输冰运行方式。

(5)提水方案中，调节池小，引出水温接近 0 ℃，其流经明渠时不断形成水内冰而进入第二调节池，则第二调节池难以保证冬季正常引水，需专门研究。

6. 冬季不引水方案的时间选择

在超前期规划中需要研究冬季不引水方案。那么冬季不引水时间如何确定？在参照新疆、青海等省(自治区)引水式电站的引水渠流凌密度与气温关系，以日平均气温低于 -5 ℃的起止时间作为流凌密度迅速发展的时间指标。由此，按石渠、达日 1971 ~1980 年冬季逐日平均气温资料，稳定低于 -5 ℃的起止时间为 11 月上旬至次年 3 月上旬。另外，从气温逐日变化过程看，从 11 月上旬到中旬，日平均气温聚集急剧降到 -10 ℃，而在 3 月底前日平均气温维持在 -8 ℃以下，前、后均无多大调整余地。因此，如果希望绕过冬季最严寒时段再行引水，则可将 11 月上旬末至 3 月初作为不引水时段。

10.4.3 《凌汛计算规范》(SL 428—2008)编制中有关热平衡计算方法的研究

10.4.3.1 **概述**

《凌汛计算规范》(SL 428—2008)编制中，因研究河流冰情需要，涉及冬季河流水体与周边环境热交换问题。《水利水电工程水文计算规范》(SL 278—2002)(简称《规范》)的附录 E.2.2 和其条文说明中的 6.4.4 所提供的计算原理与方法是否还仍然有效，具体方法有否需要补充完善的地方，是编制规范时需要面对的问题。

为此，利用原附录方法，经过我国东北、华北、西北及青藏高原东部，涉及我国主要江河凌汛发生地区共 56 个点 11 月至次年 3 月逐月日多年平均热交换率计算，并且与美国、俄罗斯现流行的方法计算结果进行验算比较后，经过检查、修改和补充整理，在原基础上整理、提出一套较全面、完整的方法。

需要修改、补充的部分如下：

(1)对水流热平衡因素分析内容略作了补充。

在《规范》中的附录 E 冰情分析计算中的式(E.2.2 -2)中，对各冬季 11 月至次年 3 月期间水流热交换因素的贡献均作为单向考虑，描述过于简化，从有利于正确理解与计算分析，增加对各项热平衡交换作用的说明。

(2)对《规范》中条文说明的 6.4.4 内容作了补充、修改。

①在太阳总辐射计算方法上，增加我国利用理想大气太阳辐射量的研究成果来计算太阳总辐射量的经验公式和相应附表资料。

增加这个计算方法主要考虑：《规范》条文说明中的 6.4.4 条中式(14)是引用苏联 К.И. 拉辛斯基公式。该公式提供的计算参数 J_1、J_2 仅为 38°N ~50°N 地区经验关系曲线，而我国北方地区在 38°N 以南的河流仍有凌汛问题，例如黄河下游，黄河小北干流和高原东、北部地区河流的凌汛洪水问题。《规范》条文说明中的 6.4.4 条中式(14)对高程影响未能考虑。随着水利工程建设事业发展，在一些河流中上游水利工程中对凌汛设计问题的提出，如南水北调西线工程开展，在高原东部3 000 m以上地区兴建大型、长距离引水工程凌汛问题分析计算研究需求的提出，在计算中也需要解决高程对太阳辐射的影响。

②《规范》条文说明中的6.4.4条中式(14)直接取自原《水利水电工程水文计算规范》(SDJ 214—83)中式(附6.3.2-2)。引用该公式有误。其错误是在单位转换过程中，J_1、J_2是查图取得的，而图中纵坐标已转换成焦耳，则公式中其他系数不应再乘以单位转换的折算系数。J_1、J_2的单位转换成焦耳后，计算公式应为

$$(S_1 + S_2) = 0.46NJ_1 + (1 - N)J_2 \tag{10-3}$$

式中：$S_1 + S_2$为日辐射量，MJ/(m^3·d)；N为云量(十分率)；J_1、J_2为随纬度、时间而变化的函数，可分别由图查(查算图具体可参见《凌讯计算规范》(SL 428—2008，第21、22页)得，MJ/(m^2·d)，该式未考虑高度订正，使用时应予注意。

另外，附属该公式有查J_1、J_2的附图，其中J_2图中的纵坐标标示有误，应将J_1改为J_2。

10.4.3.2 对原《规范》附录提供的热平衡计算方法的评述

1. 采用的苏联计算公式具有一定的分析论证基础

苏联P.B.多钦科在1987年所著《苏联河流冰情》中，对苏联在20世纪80年代以前的水流热交换因素计算方法作了总结性评述，认为这些方法是经过系统研究，包括对于热平衡各分量的测量、主要计算公式的严格分析和论证，还有热量损失的直接测量资料；这些公式得到广泛的实际计算，并且进入了规范性的文件。

2. 该计算方法基本适用于我国北方地区

(1)通过我国东北、华北、西北及青藏高原东部56个点的多年1月平均日敞露水面散热率计算(包括太阳辐射、散射辐射、对流与蒸发等因素)，相对关系合理，主要呈现随纬度的变化。位于53°28′N的呼玛漠河站达47.2 MJ/(m^2·d)，而到达38°02′N的石家庄站仅有5.2 MJ/(m^2·d)，从其中位于38°N以北的38个站11月至次年3月逐月多年平均日散热率变化过程看，变化关系也是合理的。

高度变化可通过改变太阳辐射及气候条件，影响水体热交换的因素。同纬度下，高程越高，严寒期间水面失热率也越大。例如，位于49°13′N的海拉尔站高程612 m，比位于49°10′N、海拔242 m的嫩江站多年1月日平均散热率大6%；但位于38°11′N、海拔2 787 m的祁连站比位于38°02′N而高度仅有80.5 m的石家庄站多年1月日平均散热率大2倍。

(2)从几个单项热交换因素比较看计算结果也是合理的。例如，由太阳辐射计算公式比较，在高程低于600 m、38°N~50°N地区苏联经验公式与中国公式计算成果比较接近。在42°N以北地区利用理想大气计算的水体吸收的太阳总辐射比苏联经验公式要大5%~10%，在38°N~42°N则比苏联经验公式计算结果小10%左右；在海拔600 m以上地区，随着高程增加，用中国公式计算结果明显大于苏联经验公式计算的结果。这种地区差异关系，呈现较稳定地区规律。在实际运用中，对高程超过600 m地区计算太阳总辐射量时，可选择我国经验公式进行估算。

为比较对流热交换与蒸发热交换计算，利用P.B.多钦科研究所计算的不少苏联河流站点秋冬季结冰期多年平均热平衡均值，现将其中阿穆尔河(黑龙江)哈巴洛夫斯克站

与我国松花江下游富锦站11月(相当于11月中旬中)平均值作对照,见表10-29。

表10-29　两站秋冬结冰期各热平衡因素比较　(单位:W/m^2)

测站	辐射平衡项值	对流热交换项	蒸发热交换项
哈巴洛夫斯克	32	128	64
富锦	36	89	46

注:辐射平衡项系水面吸收的辐射与有效辐射之差。

哈巴洛夫斯克站纬度偏北约半度多,同期哈巴洛夫斯克站气温与水温差值要更大些,由表10-29可见,两站各项热交换因素项的数值相对关系基本合理。也可以认为,将苏联热平衡因素公式用于我国北方地区计算也是基本可行的。

(3)太阳辐射计算热平衡因素公式运用时需注意的问题。

在计算地点海拔超过600 m或纬度低于38°N时,计算太阳总辐射量的公式可采用我国利用理想大气太阳总辐射公式。而38°N以北地区可以用两种太阳总辐射公式计算、比较后,确定取舍。

3. 关于所推荐计算公式能否反映当代研究水平问题

这次编制的热平衡因素的计算公式采用了苏联在20世纪80年代以前的公式,现经过20多年,将这方面研究进展情况简要说明如下:

(1)河冰形成条件分析计算由单一热力学方法走向热力学与动力学结合方法。

水流的热平衡因素计算虽然主要是一个热力学问题,但是用它主要是分析计算河冰的形成与融解。而河冰的形成与融解不仅涉及周界环境热交换率,而且还与水流紊动强度和流速有关。近年来,在河冰形成过程中,已较普遍将河冰热力学与动力学研究相结合。但是,作为与周界热交换率计算还是运用20世纪90年代以前研究的方法。

(2)在20世纪80年代后期,苏联、美国介绍了一些新的有关热平衡因素的计算方法。这些方法对河冰形成机制认识与计算有新的认识,在部分公式上的概念、形式或者参数上有所变化,但尚未脱离经验性公式范畴。

目前,我们收集到的主要有苏联多钦科在1987年所著《苏联河流冰情》和沈洪道在1986年介绍的《河冰水力学》,现将主要几项热交换因素计算公式列于表10-30中。

由《苏联河流冰情》所介绍的多钦科计算方法与我们推荐方法相比,主要变化:一是将太阳辐射和水面辐射综合在一起,并借用Stefan-Boltzman辐射定律概念,介绍了3套计算公式;二是该著作中所介绍的各3套蒸发与对流热交换计算公式参数与我们推荐公式仍然相同,但公式系数有所变化(还有单位不同的影响)。因此,比较我们所采用的苏联热交换因素计算方法,虽然在概念与公式形式上有一定变化,但并未脱离经验公式这个实质内容。利用我国北方一些实测资料用于对流与蒸发公式验算,结果表明,我们采用公式与多钦科介绍公式相差5%左右。而公式中增加的K、$f(\Delta t)$经验系数,也增加了地区使用的不确定性。

表10-30中沈洪道《冰水力学》中所介绍的几个热交换因素计算方法从公式的概念至内容上与多钦科《苏联河流冰情》计算中介绍的更为接近。只是沈洪道介绍的美国所运用的方法中,将辐射平衡量仍分解为短波辐射与长波辐射,而太阳总辐射(短波辐射)计

算公式形式也有自身特点，在公式中 a、b 参数是与月份有关的具有物理单位($\mathrm{cal/(cm^2 \cdot s)}$)的经验系数；长波辐射采用辐射定律概念建立的经验公式；而沈洪道介绍的对流与蒸发交换公式则采用了多钦科所介绍的表 10-30 中该两类的第二个公式。另外，沈洪道的介绍还有水到冰盖的紊流热交换计算方法等研究。

表 10-30　三种来源的水流热平衡因素公式对照表

公式出处	公式物理含义	公式形式
《水利水电工程水文计算规范》(SL 278—2002)推荐公式	太阳总辐射	$(S_1 + S_2) = 0.46NJ_1 + (1-N)J_2$
		$(S_1 + S_2) = (S_1 + S_2)_0(a + bR)$
	反射辐射	$S_3 = k(S_1 + S_2)$
	有效辐射	$S_4 = 10.89 \times (1 - 0.9N) + 0.377 \times (t_s - t_q)$
	蒸发热交换	$S_5 = EL\gamma \times 10^{-3} \qquad L = 2\,500 - 2.39\,t_s$
		$S_5 = 0.732 \times (1 + 0.134W)(f_m - f)$
	对流热交换	$S_6 = 0.481 \times (1 + 0.3W)(t_s - t_q)$
沈洪道	太阳总辐射	$\Phi_{ri} = [a - b(\Phi - 50)](1 - 0.006\,5N^2)$
	反射辐射	$\Phi_{fi} = \alpha\Phi_{ri}$
	有效辐射	$\Phi_b = 1.171 \times 0.97 \times 10^{-7}[T_{sk}^4 - T_{ak}^4(C + d\sqrt{ea})(1 + KcN_c^2)]$
	蒸发热交换	$\Phi_e = (1.56K_n + 6.08V_a)(e_s - e_a)$
	对流热交换	$\Phi_c = (K_n + 3.9V_a)(T_s - T_a)$
多钦科	辐射平衡	$S_p = (S_{п.р} + S_{р.р})[1 - (1-k)N_0](1-r) - S_{эф}(1 - cN_0^2) - 4\sigma_\sigma\varepsilon T^3(T - T_2)$
		$S_p = (S_{п.р} + S_{р.р})k_и k_т[1 - k_и N_и - k_{в+е}(N_0 - N_и)] \cdot \dfrac{1-\alpha}{1-\gamma\alpha} - \sigma_\sigma\varepsilon T^4(b_1 + b_2)$
		$S_p = [(S_{п.р} + S_{р.р})(1-r)(1 - 0.14N_0 - 0.53\,N_и)] - \sigma_\sigma\varepsilon T^4 + [(0.62 + 0.05\sqrt{e})(1 + 0.12\,N_0 + 0.12\,N_и)]\,\sigma_\sigma T_2^4$
	蒸发热交换	$S_r = 3.87(e_0 - e_2)\sqrt{1 + 0.2W_2^2}$
		$S_r = 2.95(e_0 - e_2)(k + W_2)$
		$S_r = 4.1(e_0 - e_2)[1 + 0.8W_2 + f(\Delta t)]$
	对流热交换	$S_r = 3.87(t_0 - t_2)\sqrt{1 + 0.2W_2^2}$
		$S_r = 1.89(t_0 - t_2)(k + W_2)$
		$S_r = 2.64(t_0 - t_2)[1 + 0.8W_2 + f(\Delta t)]$

注：沈洪道公式单位为 $\mathrm{cal/(cm^2 \cdot d)}$，多钦科公式单位为 $\mathrm{W/m^2}$。

另外，就是沈洪道与多钦科所介绍的计算方法能否代表在这个方面最新的研究进展问题，据了解1996年第十三届国际冰工程会议交流文件中，沈洪道的《河冰过程的研究现状》文章中仍介绍了他们1984年在这方面的研究成果。由此初步估计，上述研究基本上代表了在热平衡计算技术方面的最近水平。

由上述分析可见，我们现推荐的以苏联在20世纪70年代以前研究的热交换因素计算公式为主的水流热平衡交换计算方法，虽然在近年来已在方法上有新的研究与变化，但尚未有重大、实质性进展。

(3)从计算方法实用性看，现编制的计算方法概念清楚、计算比较简便；比较各方法计算结果，也具有较好的可比性。

为说明各计算方法计算成果的可比性，选择我国东北、西北、华北与青藏高原东部多个点据资料，用沈洪道在《河冰水力学》介绍的各公式(简称美国法)与我们编制的公式进行了验算对比，结果见表10-31、表10-32。由表10-31、表10-32可见，用两站计算方法计算严寒冬季1月敞露河流水面日平均6种主要热交换因素之和值，在我国北方各地区域平均情况差距不大，但是对具体地点的数值而言，随着高程的增加，或者纬度在38°N以南地区，两站方法计算的综合结果变动幅度加大，特别是在青藏高原东部的长江黄河上游地区更为突出。从12月至次年2月逐月敞露河流水面日平均6种主要热交换因素之和值的两站计算方法的结果比较看，12月、2月日平均散热率综合地区平均值为负值，表明用我们编制(推荐)的计算方法计算结果的失热率不及沈洪道介绍的美国所采用的方法。

表10-31　编制方法与美国方法的6种热平衡因素合计值比较

区域	高程	站点数	分析项目	比值(%)		
				12月	1月	2月
38°N以北	600 m以下	21	平均	-7	3	2
			最大	3	21	25
			最小	-16	-8	-8
38°N以北	600 m以上	14	平均	-8	5	-3
			最大	3	23	38
			最小	-17	-6	-31
38°N~35°N	600 m以下	5	平均		72	
			最大		168	
			最小		26	
38°N~32°N	600 m以上	16	平均	-16	2	-15
			最大	10	43	208
			最小	-29	-16	-147

注："-"表示编制方法计算值小于美国方法。

表 10-32　两法计算的代表站多年平均冬季逐月 6 种日平均热平衡因素之和值比较

（单位：MJ/(m^2·d)）

地点	纬度 (°　′)	高程 (m)	推荐公式计算结果				美国公式计算结果			
			12 月	1 月	2 月	3 月	12 月	1 月	2 月	3 月
呼玛漠河	53　28	296	-42.3	-43.5	-34.7	-18.2	-46.2	-47.2	-36.7	-16.4
哈尔滨	45　41	172	-30.3	-34.6	-25.9	-5.98	-32.4	-35.7	-26.7	-4.43
哈巴河	48　03	532.6	-29.8	-34.8	-27.6	-6.89	-33.9	-38.2	-30.0	-5.20
通辽	43　36	178.5	-23.2	-26.5	-18.8	-1.89	-24.2	-26.3	-19.0	-0.49
承德	40　58	375.2	-13.2	-15.2	-7.64		-12.8	-13.1	-6.14	
临河	40　46	1 039.3	-17.63	-19.5	-11.2	3.32	-19.1	-19.5	-12.0	5.67
伊宁	43　57	662.5	-9.31	-14.4	-7.39		-10.5	-13.9	-6.91	
喀什	39　28	1 288.7	-5.79	-8.00	0.54		-6.94	-7.08	0.65	
河曲	39　23	861	-12.5	-11.8	-5.04		-12.2	-11.8	-5.04	
惠民	37　30	11.3	-5.21	-9.19	-3.13		-5.63	-7.32	-0.91	
西宁	36　37	2 265	-9.33	-10.4	-3.06		-10.9	-10.1	-4.27	
贵德	36　02	2 237	-6.42	-7.34	0.22		-9.0	-8.05	-2.29	
玉树	33　01	3681	-7.72	-7.4	0.64		-9.75	-6.87	-1.34	
班玛	32　56	3 750	-7.67	-7.44	-1.97		-10.6	-7.77	-2.25	

注：散热率为负值系失热。

10.4.3.3　小结

(1)根据上述几个方面分析、检查，现编制的水流热交换因素计算公式仍以苏联 20 世纪 80 年代以前的经验公式为主，但考虑到我国 38°N 以南地区，以及青藏高原东部地区河流仍有凌汛问题，故增加我国有关太阳总辐射计算的经验公式后，组成一套实用公式。

这套公式主要适用于初冬流凌期间敞露水面失热率计算。以此，估算河流流凌量。这套公式主要部分虽采用苏联 20 世纪 80 年代以前的研究成果，但它在形成过程中，经过较严格分析、论证、观测和应用。从发展看，用 20 世纪 90 年代以来俄罗斯、美国所介绍的新近使用公式与之相比，在分析河流冰凌形成物理过程方面，认识上虽已有所进展，但在水流热平衡因素分析计算上，公式仍未脱离经验公式范畴。就各具体公式变化看，长波辐射的热因素计算部分公式物理含义更为明确，但仍为半理论半经验公式；蒸发与对流因素计算公式的参数未变，只是公式形式有所变化；沈洪道所介绍的公式不能计算 11 月的失热率。通过我国严寒地区河流一些代表性站点实测资料计算，现编制的方法与沈洪道所介绍的代表美国 20 世纪 90 年代以来的方法（实际上也反映了俄罗斯新近研究的计算方法进展状况），计算的 6 种热交换因素计算成果综合值差距也很小。因此，现编制的热平衡因素计算公式仍然是可行的，只是在用于 38°N 以南及高度在 600 m 以上地区时，对太阳总辐射计算公式应选择我国经验公式,并通过区域多点资料计算,对采用计算成果进行区域合理性检查、分析后取值。

(2)流动水体热力交换计算中,是气象学与水文相结合的主要落脚点,表现在利用气温、太阳辐射、云量、蒸发、风速、降水等气象要素资料用来计算水体与环境热交换量,以此估算反映冰情的有关特征量。而这些气象要素可取用冬季不同月、旬、日系列资料,这些资料多取用多年平均值,为气候特征值资料,在取用典型过程资料时,从使用角度看,不能作为适时资料,应作为一定年代气候资料来对待。因此,这一方面气象学应用,可看作水文气候学的应用范畴。

10.5 南水北调西线一期工程冬季引水问题综合论证

10.5.1 概述

南水北调西线一期工程系由雅砻江上游支流鲜水河的支流达曲开始引水,经泥曲到达大渡河上游绰斯甲河支流色曲及杜柯河,再经足木足河支流玛柯河及杜柯河等 6 条支流联合引水,最后穿越巴颜喀拉山,在贾曲入黄口附近汇入黄河。整个引水线路在 3 500 m 高程上下,冬季严寒,月平均气温低于 0 ℃时间长达 5 个月,极端最低气温在 -30 ℃上下。这样严寒的气候条件,是否会影响冬季正常引水,是需要认真研究的问题[6]。

就工程引水期选择问题曾做过以下考虑:通天河、雅砻江输水线路处于高原亚寒带,冬季日平均气温 0 ℃以下的时间为 5 ~8 个月,大渡河输水线路附近的日平均气温 0 ℃以下的时间为 3 ~5 个月。各输水线路进出口初冰期一般在 10 月底至 11 月初,封冻期在 11 月,终冰期在 2 ~4 月。为此,通天河、雅砻江抽水方案在冬季日平均气温稳定低于 -5 ℃的 12 月至次年 3 月共 4 个月不引水,大渡河抽水方案海拔较低,气候条件相对较好,引水期取 9 个月,即 12 月至次年 2 月共 3 个月不引水;自流方案引水线路主要为长隧洞,保温性能较好,引水期取 10 个月,即 12 月和次年 1 月不引水。可见,上述分析是将西线工程各线路受严寒条件影响程度作为冬季是否引水的重要因素来考虑,并以此确定相应的引水期。引水期长短及时间的选择,关系到工程规模和投资问题。

目前,国内外在高寒地区已建成多个长距离输水工程。这些工程在冬季运用上积累了不少经验和教训。为此,结合我国吉林省、辽宁省和新疆维吾尔自治区,对已建和正在建设的大型引水工程进行了实地考察,综合所了解的情况看,南水北调一期工程冬季能否实现正常引水问题不仅涉及气候环境严寒程度,而且与工程本身布局特点,以及相关防冰、防冻措施及运行管理的情况有关。无疑,严寒的气候条件下的冰与冻是影响冬季正常输水的两个重要因素,然而在同一地区不同的工程布局特点与设计条件,所遇到的冰与冻的情况会有很大差异,对冬季引水影响情况也就有很大的不同,管理条件与管理水平不同也直接影响到冬季引水正常与否。为此,有必要对一些重要方案的冰情作一些分析比较,以供方案的选择。

南水北调西线一期工程布局的主要特点为“五坝七洞一渠”串联而成。结合工程线路冰情分析需要,现将工程具体布局特征和有关指标分述如下:

(1)“高坝与低坝“相结合,即引水河流的引水枢纽中达曲的阿安、泥曲的仁达、杜柯河的上杜柯、玛柯河的亚尔堂、阿柯河的克柯引水枢纽为高坝,坝高 63 ~ 123 m,而色曲河西坝址为无坝引水(不足 10 m 水深的挡水低坝),阿柯河的克柯引水枢纽也有按无坝引水设计考虑的。高坝水库引水水深均超过 30 m,而低坝引水水深不足 10 m。

(2)“深埋长隧洞与高架短渡槽”相结合,即利用线路通过的支流使隧洞自然分为 7 段,最长的 76 km,最短的 7.59 km,隧洞埋深数十米至数百米。各洞段设计流速为 1.86 ~ 3.05 m/s。隧洞过支流时由 5 条渡槽衔接(中线),渡槽最长 602 m,最短 149 m。渡槽高度为 24.7 ~ 76.4 m。

隧洞与引水枢纽有两种衔接方式:隧洞与上杜柯水库、扎洛水库为串联,即隧洞通过两水库内衔接;其他为并联,即水库通过库内支洞与隧洞衔接。

(3)“短明渠”,即隧洞出口后沿贾曲西侧入黄段,为 16.1 km 长明渠。

(4)线路有关的工程指标有利于冬季引水:隧洞与明渠均采用明流流态;隧洞径大小为 4.77 ~ 9.76 m,隧洞流速变化范围为 1.86 ~ 3.05 m/s;明渠采用梯形断面,水深 7 m,上口宽 30 m,明渠设计流速为 1.1 m/s。

10.5.2 水文气象分析计算内容简介

10.5.2.1 渠线沿程气候概况

利用巴颜喀拉山南北 26 个气象站有关气温特征值与高程、位置进行回归分析,插补出各引水枢纽及隧洞末端处冬半年逐月多年平均气温、累计负气温、日平均气温转正、转负日期。引水线路从 11 月至次年 3 月月平均气温均在 0 ℃以下,每年 10 月下旬日平均气温转负,日平均气温转正时间要到次年的 3 月中旬,日平均负气温持续时间达 140 d 左右,累计负气温达 -800 ℃以下。沿线极端最低气温可达 -30 ℃左右。该地区冬半年气温严寒情况与黄河内蒙古河段情况相当。

全年降水量主要集中在 5 ~ 10 月,约占年降水量的 85%。一般 11 月至次年 3 月降水少,且以降雪形式为主。

10.5.2.2 冰情

利用邻近引水河段的雅砻江温波,黄河上游吉迈、玛曲及其支流黑白河的若尔盖站较长系列冰情特征日期与各站所在地区气温、水温资料,进行综合比较。这些站平均初冰日期所在旬平均气温为 -3.0 ℃左右、水温为 0.6 ℃左右。初始平均流凌日期所在旬平均气温要低于 -4.0 ℃,水温在 -0.4 ℃以下。流凌终止日所在旬平均气温在 -1.0 ℃上下,旬平均水温大于 0.5 ℃,终冰日期所在旬平均气温、水温条件与流凌终日情况大体一致。

利用这些邻近河流测站冰情平均特征日期与同期气温、水温关系,再参考引水河流坝址专用水文站实测冰情特征日期统计结果,给出修正后的东谷、泥柯、色曲、壤塘、班玛及安斗等坝址和专用站各冰情平均特征日期。

10.5.2.3 利用热平衡法计算低坝布局方案的流凌量

低坝布局方案要保持冬季正常运用,对流凌问题需要特别研究、解决。为此,首先要了解每年河道有多少流凌量。

根据现有资料条件，采用热平衡计算法与水文学方法进行对比计算。首先运用黄河上游大夏河冯家台站 1972 ~1984 年完整的 11 年实测流冰量与两种方法计算的流凌量成果进行比较，确定有关的计算参数，再用于计算坝址河段流冰总量，最后经综合分析确定。利用热平衡法计算流凌量简介。

1. 计算原理与方法

根据热量平衡原理，计算河段日产冰量可用式(10-4)、式(10-5)估算：

$$Q_f = \beta \times L \times B \times \sum S/(335 \times \gamma_i) \tag{10-4}$$

$$\sum S = S_1 + S_2 - S_3 - S_4 - S_5 - S_6 + S_7 + S_8 + S_9 - S_{10} \tag{10-5}$$

式中：Q_f 为计算河段日产冰量，密实体，m^3/d；β 为河段敞露度，$\beta = 1 - \eta$，η 为疏密度；L 为计算河段长度，m；B 为计算河段平均敞露水面宽，m；335 为结冰潜热，MJ/t；$\sum S$ 为冬季一昼夜单位水面热损失，$MJ/(m^2 \cdot d)$；S_1 为太阳直接辐射热；S_2 为太阳散射辐射热；S_3 为反射辐射热损失；S_4 为水面有效辐射热；S_5 为水面蒸发热损失；S_6 为水面对流热损失；S_7 为旁侧入流的热交换；S_8 为河床与水流间的热量交换；S_9 为水流动力加入热量；S_{10} 为降水进入河中的热交换量。

计算中，$S_1 + S_2$ 值是用国家气象局气象科学研究院提供的高原地区理想大气总辐射量$(S_1 + S_2)_0$，再按式(10-6)进行计算的。

$$S_1 + S_2 = (S_1 + S_2)_0 \times (a + bR) \tag{10-6}$$

式中：R 为日照百分率；a、b 为经验系数，选自中国科学院自然资源综合考察组编制的《我国的太阳能资源及其计算》中提供的我国北方部分地区 a、b 数据表，分别为 0.17、0.83。

$S_3 \sim S_{10}$ 各项计算均采用《水利水电工程水文计算规范》(SL 278—2002)提供的公式，具体如下：

$$S_3 = k(S_1 + S_2) \tag{10-7}$$

式中：k 为反射率。

$$S_4 = 10.89 \times (1 - 0.9N) + 0.377 \times (t_s + t_q) \tag{10-8}$$

式中：t_s 为水温，℃；t_q 为设计断面所在河段日平均气温，℃。

$$S_5 = EL\gamma \times 10^{-3} \tag{10-9}$$

$$L = 2\,500 - 2.39\, t_q \tag{10-10}$$

式中：E 为蒸发量，mm，用断面冬季实测蒸发量资料；L 为汽化潜热，MJ/t；γ 为水的容重，t/m^3。

$$S_6 = 0.481 \times (1 + 0.3W)(t_s + t_q) \tag{10-11}$$

式中：W 为计算河段日平均风速，m/s。

S_7 略去。

S_8 由《水利水电工程水文计算规范》(SL 278—2002)提供的资料表查得。

$$S_9 = 847Q\gamma i/B \tag{10-12}$$

式中：Q 为计算时段日平均流量，m^3/s；i 为水面比降。

$$S_{10} = 0.001PC\gamma(79.6 - 0.5\, t_q + t_s) \tag{10-13}$$

式中：P 为日降雪量，mm。

2. 计算成果

限于资料条件限制，在计算黄河大夏河冯家台及河西、克柯坝址河段散热率时，采用的气温、日照百分率、平均风速等均用各代表站多年月平均值作为各月的日平均值，蒸发量、降水量日值则用多年月平均降水量除以各月日数，推求 11 月至次年 3 月逐月多年平均一昼夜散热率，见表 10-33。以此，计算各月的日平均流冰量，最后以平均流凌期，计算累积凌期多年平均流冰总量。

表 10-33 各河段 11 月至次年 3 月逐月日平均散热率（单位:$MJ/(m^2 \cdot d)$）

测站及河段	逐月日平均散热率				
	11 月	12 月	1 月	2 月	3 月
冯家台河段	-0.26	-4.81	-6.31	-1.37	2.79
河西	-2.43	-8.03	-8.59	-5.03	0.41
克柯	-3.25	-7.30	-7.42	-4.1	0.73

注:冯家台河段气象资料借用临夏站的。

按式(10-4)计算流冰量时，需要合理选择有关参数，首先统计了冯家台河段 1973 ~ 1985 年 106 次流冰量实测成果，其有关参数的平均值见表 10-34。

表 10-34 黄河大夏河冯家台河段流冰量实测的有关参数成果

时间	疏密度 η	冰花厚(m)	冰速(m/s)	水面宽(m)	折算系数	流凌日数(d)
11 ~ 12 月	0.27	0.08	1.06	26.4	0.62	34
1 ~ 3 月	0.25	0.08	0.9	25.6	0.59	65

冯家台河段 1973 ~ 1985 年每个冰期平均流冰总量为 70.8 万 m^3，其中 11 ~ 12 月为 33.6 万 m^3，1 ~ 3 月为 37.2 万 m^3。根据冯家台河段至上游夏河河段(相距 110 km)实测水文资料分析，估计冬季几个月份河段平均冰流速约 1m/s，河段平均水面宽 22 m(无冰情时的水面宽)。因此，估计一昼夜内通过冯家台河段断面的流凌上溯流程可达 86.4 km 之远。如将这个流程、河道平均宽及计算的散热率和实测流凌疏密度代入公式计算，则整个流凌期产生的平均流凌总量达 176 万 m^3，这个计算值远大于实测值。其计算偏大的原因有两方面:其一，86.4 km 河段可能有部分河段形成冰盖，敞露河长应小于 86.4 km；其二，流凌过程中均会有岸冰存在，敞露河宽应小于同流量下无岸冰时的自由水面宽度。通过试算，调整河长与水面宽，可以获得较满意的结果，具体见表 10-35。

在计算河西、克柯坝址河段流凌量时，几个参数选用原则:一是流凌疏密度和畅露度与冯家台河段的相应数值相同；二是在选择计算的敞露河段长时，采用了一些假定。首先，根据坝址以上河流实际情况，仅取用主干曲河段(未超过冰流速一昼夜流程)，其上游更小的支曲未在计算之中。其次，选择敞露河段长度时，考虑河西坝址以上初选河长有 30 km，河滩较宽，故敞露河长选用 20 km，克柯坝址以上主干曲短，按 10 km 计，加之河道比降较大，敞露河长就采用 10 km。据此，两个坝址河段多年平均流凌总量估算成果见表 10-35。

表 10-35　各河段流凌期流凌总量估算

项目	单位	冯家台		河西		克柯	
		前冬	后冬	前冬	后冬	前冬	后冬
疏密度 η		0.3	0.3	0.3	0.3	0.3	0.3
畅露度 $\beta=1-\eta$		0.7	0.7	0.7	0.7	0.7	0.7
一昼夜冰凌流程 L_1	10^3 m	86.4	86.4	>30	>30	>10	>10
计算的敞露河长 L	10^3 m	$0.8L_1$	$0.65L_1$	24	20	10	10
无岸冰时河段水面宽 B_1	m	22	22	15	15	15	15
有岸冰时河段敞露水面宽 B	m	$0.6B_1$	$0.55B_1$	10	9	10	9
流凌日数	d	35	31、34	46	64	46	64
日平均流凌量	10^4 m^3	0、0.98	0.97、0.21	0.13、0.44	0.35、0.21	0.08、0.17	0.16、0.09
流凌总量	10^4 m^3	33.4	37.3	15.6	17.7	6.6	7.8

注：日平均流凌量一栏中前冬、后冬的每格数据有上下两个，分别为 11 月、12 月及 1 月和 2～3 月的日平均值。

3. 散热率成果合理性分析

首先，散热率计算公式主要来源于《水利水电工程水文计算规范》(SL 278—2002)，过去曾利用其验算过黄河吴堡—龙门河段多年平均流凌量，结果表明用该法来进行估算还是可行的。本次计算也首先用于冯家台河段进行验算，再用于坝址河段估算，方法一致，对两处散热率计算成果的基础一致，具有可比性。

其次，河段平均敞露度选用 0.7 是依据流凌疏密度为 0.3 的条件。参照了达曲东谷站 2001 年 11 月 15 日至 2002 年 3 月 9 日共 82 个流凌日平均流凌疏密度达 0.4 和冯家台 110 次平均疏密度为 0.26 的情况，采用这个数据还是比较适中的。

再次，采用的敞露河长与河宽是根据河段地形资料结合外业调查了解的情况，分析确定的。河西坝址以上主干曲长约 30 km，按冯家台计算河段长采用一昼夜平均流程的 65% 计，采用的计算河长为 20 km，而克柯坝址以上主干曲很短，已不足 10 km，现按 10 km 计算。计算中均未考虑小支沟流凌的汇入。平均敞露水面宽是根据外业查勘情况的一个估计自由水面宽度的基础上，再参照冯家台河段计算中敞露河宽占无岸冰的自由水面宽度的比例，人为选定的。两坝址敞露水面宽均采用 9～10 m，占自由水面宽的 65%。这样用于估算流凌量的产凌面积不至于明显偏大。最后流凌日数是根据坝址河段水文、气候资料综合分析，按整个冬季河段不封冻情况来估计的。

10.6　宁蒙河段冬季气温对河段凌汛影响及与水库防凌调度关系研究

气温因子在水库防凌方案编制阶段是一个待定因子，而目前气温中长期预报精度有较大局限性，故在水库防凌方案研究中，如何适当、有针对性地考虑气温因子，尚是一个薄弱环节问题。为此，我们分析、归纳宁蒙河段冬季气温时空变化规律对河段分段冰情及分段凌汛形势的影响，并以此初步探讨在龙羊峡水库、刘家峡水库防凌方案编制研究中，提出河段气温对凌汛影响的主要关系，为水库防凌方案编制研究提供相关依据[9-11]。

10.6.1 冬季河道气温条件对河道凌情影响

10.6.1.1 宁蒙河段冬长严寒，且沿程严寒时间“上短下长”，严寒程度是“上暖下冷”格局，为河道凌情发展提供了有利条件

利用1951～2010年的月平均气温资料统计，宁夏银川冬季累计日负气温均值－549 ℃，最严寒冬季达－1 070 ℃，最暖冬－271 ℃，内蒙古河段靠下游的托克托均值－934℃，最严寒冬季达－1 676 ℃，最暖冬－558 ℃。这样的严寒冬季条件，造成河段较严重的冰情，宁蒙河段冰厚一般平均达0.67 cm，最薄平均冰厚0.40 cm，最厚达1.35 cm。这为河道凌汛发展提供了比较有利的冰凌条件。利用1990～2010年4个最暖冬与4个最严寒冬季冰坝个数比较看，前者为3.0个，后者为5.3个。这表明严寒程度不同、冰情不同，对凌汛形势影响有所差别。

10.6.1.2 各分段气温沿程空间分布特点不同对冰情的影响

（1）石嘴山—巴彦高勒河段冬季气温比巴彦高勒以下河段偏高，严寒时间偏短，但上、下游控制站气温在零下时间及累积日负温的差距最大[1]。在对凌情影响上，还直接受气温更偏暖的宁夏河段凌情影响，且流凌、封河期直接受兰州—宁夏河段来水、灌溉引水、退水影响，下泄流量变化大，且水温也有一定变化，故本河段平均冰厚较薄（0.55 m），上、下站封河、开河时间差距最大，在流凌封河期遭遇河段气温冷暖变化大时，封河形势不稳定性较大，可出现封河偏早或二次封河情况。另外，河段比降较大，当流量较大，遇强降温过程，冰塞壅水比较严重；开河期是内蒙古河段首开河段，且本河段开河次序也基本是“上早下迟”，当上游来水量较大时，在一些峡谷河段也可形成冰坝。石嘴山、巴彦高勒两站开河凌峰流量在龙羊峡水库运用以来，均较无水库运用前减小25%，即直接减轻本河段开河动力条件，近20年来本河段开河期冰坝个数已很少。

（2）巴彦高勒—头道拐（托克托）河段，是内蒙古河段冬季气温最低、低气温维持时间最长的河段，在本河段严寒程度分布上基本维持“上暖下冷”，在负气温维持时间上“上短下长”的基本特征，但这两指标上、下断面差距明显不及内蒙古上段河段[1]。

本河段流凌、封河时间比上段早得较多，开河时间要迟得多。河段平均冰厚要明显厚于上段（0.7 m左右），这些特征量在上、下端控制站的差距明显小于内蒙古上段河段上、下控制站差异情况。封河期本河段最大槽蓄水增量1999～2008年均值为9.77亿m^3，为上河段最大槽蓄水增量的3倍，但平均100 km河长最大槽蓄水增量仅1.81亿m^3/100 km，不及上河段2.31亿m^3/100 km。可见，从上、下河段累计日负气温水平差异与河段最大槽蓄水增量关系看，河段最大槽蓄水增量与河段严寒程度关系并不非常敏感。开河期本河段是内蒙古河段冰坝主要发生河段。本河段易形成冰坝的地点多，出现频次明显比上段多，如本河段严寒程度大，平均冰厚明显大于上段情况，加上开河期上段先行开河，有利于冰坝形成，故就近10年来平均年出现冰坝次数为3.5，也多于同期上段水平。

(3)按巴彦高勒—头道拐河段冬季气温沿程分布的差异程度大小,又可分为磴口(巴彦高勒)—三湖河口段及三湖河口—头道拐(托克托)段,致使两段凌汛特点还有所差异。

本河段长达520 km,沿程气温变化也具有明显分段差异,总体看,巴彦高勒—三湖河口与三湖河口—头道拐两个分河段相比,气温沿程递减率是"上大下小",故在分段上、下控制站流凌初始日期、封河、开河日期相比,上段差距较大,而下段差距小。从封河日期看,首封河段往往并不在头道拐河段,而较多出现在三湖河口—包头河段;开河时间上,三湖河口以上基本是"上早下迟",而三湖河口以下开河次序并不固定,比较常出现分段乱开情况,昭君坟、头道拐开河日期还可能比三湖河口开河日期还早的情况。开河时间"下早上迟"情况应是有利于缓解其上游河段开河壅水负担,但又可分段各自形成冰坝的情况。如2008年春开河期三湖河口段3月18日、19日分别出现冰坝,而下游侧包头市南海子河段在3月14日、17日分别出现冰坝。

10.6.1.3 内蒙古河段分段逐月、旬气温时间分布差异性,对分段凌汛特点差异影响

(1)下段强降温偏早,封河日期提前,可能形成小流量封河,紧接冬灌退水,可加重冰塞壅水。如一般内蒙古河段大多数年份封冻初日出现在12月上旬前后,封河出现日期所在旬平均气温多在-7 ℃以下。包头站12月上旬多年平均气温-7.9 ℃,故该旬是首封日期集中期。从年际间变化看,11月中旬旬平均气温能达到这个低值水平的最早旬有两年,1976年、2009年的11月中旬平均气温分别为-8.1 ℃、-8.4 ℃,再有就是11月中旬平均气温达到-4 ℃水平,下旬平均气温也达到-7℃以下水平,也能造成中旬后期封河。这样在下旬以前封河,与宁蒙河段冬灌引水期相遇,一般河道流量偏小,故形成小流量封河,封河后冰下过流能力偏小。这种情况下,又逢宁夏灌区退水,造成较大流量进入石嘴山以下,可能形成巴彦高勒上、下河段封河不稳定,还可能形成比较严重冰塞壅水。如1997年11月中旬封河后(是气温偏高封河特例),下旬开河,12月上旬平均气温降至-9.1 ℃,形成二次封河。而1993年11月中旬平均气温虽也只有-4.8 ℃,后期紧接强降温过程,封河后下旬与12月上旬平均气温-10 ℃、-8.4 ℃,但遇较大退水影响,导致巴彦高勒附近严重冰塞壅水,造成灾害。

(2)12月至次年2月期间上、下河段气温过程仍有较大起伏变化,对首封河段以上河段封河时间差距有一定影响。12月以后,各站前、后旬气温波动幅度较大,又是一种情况,这对河段封河情势的稳定性,以及分段槽蓄水增量大小与分段转移情况有一定关系,鉴于气温与这些因子之间相关关系比较复杂,有待进一步分析研究。

(3)开河期逐旬气温的升降变化与沿程高低分布类型不同,与开河形势有密切关系。根据一些冰凌年度资料比较分析,冰盖融化起始阶段的旬平均气温需达到-2 ℃以上水平,就可出现冰盖部分融化、变薄情况。由此,可按这个指标来概略判断封冻河段解冻初期时间。根据1982~2008年共26个冰凌年度冰坝偏多(9年)、偏少(5年)年度情况,分析内蒙古河段各控制站2~3月逐旬气温变化情况。

①冰坝偏多情况,开河期巴彦高勒以下河段旬平均气温超过-2 ℃,至开河所在旬仅有两旬时间,且开河日所在旬的平均气温多在3 ℃以上,升温过程比较迅猛。其中,开河时间偏晚(下旬初中期)情况下,巴彦高勒以下河段,3月中、下旬平均气温在-2 ℃以上;而在开河时间偏早情况下,3月上、中旬平均气温在-2 ℃以上。从该类型具体年度看,3

月中旬可出现气温猛升的情况，如2008年春，包头2月下旬至3月中旬旬平均气温分别为-2.5 ℃、1.4 ℃、5.5 ℃，三湖河口3月21日开河。这与上、中旬气温快速提升，促使槽蓄水增量急剧释放有密切关系。这为冰坝形成提供了有利条件。

②冰坝偏少情况，开河期巴彦高勒以下河段旬平均气温超过-2 ℃，至开河所在旬延至2月下旬，基本上达到3旬或更多，冰坝偏少年的开河前冰盖融化时间要明显长于冰坝偏多年情况，显示气温在0 ℃上下回升时间较长。

在这类型典型年中，还可在2月中旬平均气温回升至零上，但2月下旬又降至-4 ℃附近，3月上旬再明显回升，至中旬开河。如1990年春情况，三湖河口2月中旬至3月中旬逐旬平均气温分别为-0.6 ℃、-5.7 ℃、-0.6 ℃、2.5 ℃，其他各站均有相近的变化过程。

开河过程内蒙古巴彦高勒—托克托河段气温沿程分布的“上暖下偏冷”的情况已不明显，特别是在三湖河口以下，2月中旬至3月中旬，各旬上、下游站气温相比，出现下站高于上站情况，气温沿程分布与基本情况出现倒置的情况。如1992年三湖河口开河日期在3月23日，而下游两站均在3月20日开河。显然，下游河段较上游河段先开河，有利于文开河形势发展，不利于冰坝形成。

③内蒙古河段上段开河期气温条件与巴彦高勒以下河段有所不同，其开河期所在旬平均气温明显偏低，多在-1.0 ℃以下开河，而巴彦高勒以下河段开河期所在旬平均气温多在2 ℃左右，显示上、下两河段开河期受上游来水条件影响不同，以及河道条件对开河影响不同，故也反映在与气温关系上有所差异。

10.6.1.4 近20年来宁蒙河段冬季回暖明显，但封河期、开河期出现一些异常冷暖变化对凌情影响较大

近20年来，内蒙古河段冬季气温明显回暖，包头站1987～2009年累计日负气温均值-765 ℃，而1951～1986年达-1 024 ℃，相差-259 ℃。在这个冬季气温回暖背景下，给宁蒙凌情形势带来一定的影响。

(1)累计日负气温仍存在较大的年际变幅，对凌情影响不容忽视。包头站1951～1986年段，其年度累计日负气温最大变幅为-736～-1 645 ℃，而近20年来最暖年出现在2001～2002年，为-515 ℃，最冷年出现在2009～2010年，达-924 ℃。在河道冬季来水条件同样情况下，这个差值对河道平均冰厚、最大槽蓄水增量、开河期冰坝个数等均可产生一定影响。

(2)一个冰凌年度中，11月、12月逐旬平均气温过程仍可能出现异常升降温变化，如2009年11月中旬，包头旬平均气温-8.4 ℃，为近60年来同期最低，11月18日8时在包头市东河区磴口段出现首封，封河流量在400 m^3/s附近，是明显偏小的。后续气温持续偏低，本年度最大槽蓄水增量16.2亿m^3。

(3)开河期异常增温过程，有助于槽蓄水增量急剧释放，对防凌不利情况也时有发生。如2008年春，开河期气温异常偏高，且磴口以上河段升温幅度大于其下段。2月下旬起气温回升快，较多年平均偏高2.2 ℃，3月宁夏、内蒙古河段上段月平均气温偏高4 ℃左右，而包头偏高3.1 ℃。各站在3月上、中旬气温增幅要更大些，磴口分别高出4.1 ℃、5.0 ℃，包头高出3.5 ℃、4.8 ℃。其中，包头3月中旬气温达5.5 ℃，也为近60年来3

月中旬气温最高值，这样为河段槽蓄水增量急剧释放提供了有利条件。巴彦高勒—三湖河口河段开河日起 3 d 内河段槽蓄水增量释放，使三湖河口流量逐日增量达 439 m^3/s、1 116 m^3/s、1 108 m^3/s，致使开河后的第 4 天出现凌峰流量，达 1 650 m^3/s，而同时三湖河口瞬时最高水位 1 021.22 m，日平均水位达 1 021.11 m，达本凌汛年度最高日平均水位，较 18 日增高 0.25 m，较 16 日增高 0.41 m。这种开河期，流量剧增，带来水位剧增，较大凌峰流量提供搬移大量冰凌能力和冰凌聚堵能力，为三湖河口下游易堵塞河段形成冰坝壅水，造成大堤溃决，提供了有利凌水条件。

10.6.2 水库防凌调度备用预案编制研究中气温条件应用

根据现状宁蒙河段河道情况、来水条件情况，凌汛期宁蒙河段最大槽蓄水增量是影响凌汛形势的关键指标，应作为水库防凌调度基本控制目标。研究这个指标的形成、发展、转移、释放过程与河道条件、气温条件，以及上游来水条件关系，作为水库防凌方案编制的依据。其中，河道条件可用主要控制站平滩流量（或冰下过流能力）为主要指标；气温条件涉及凌汛期严寒程度及气温过程时空变化，现以包头凌汛期累计日负气温作为基本控制指标，来参与宁蒙河段最大槽蓄水增量研究；水库下泄流量控制可分三个时期，流凌封河期，考虑与小川—兰州区间来水情况，再对宁夏灌区引水、退水进行反调，以形成适宜的封河流量；稳封期，控制封河形势的稳定性，并应以控制河段最大槽蓄水增量水平，避免造成严重冰塞壅水灾害，控制封河期持续、过高壅水上滩情况，为安全开河提供一定基础条件；开河期，调控槽蓄水增量释放过程，削减主要控制站凌峰流量，保持文开河形势，控制、避免冰坝壅水灾害。

气温因子的选择与应用：

(1)流凌、封河期，包头旬平均气温低于 -7.0 ℃时，划分气温下降类型有两类：强降温偏早型，出现时间在 11 月中、下旬。这类首封河段封河流量偏小，影响后续过流能力偏小的时间较长，对增加稳封期最大槽蓄水增量影响应在水库控泄流量水平上适当考虑；强降温正常型、偏晚型，旬平均气温达 -7.0 ℃及以下时间分别出现在 12 月上旬、中旬，可作为同一类型处理，只是注意避免正常型封河流量偏大，冰塞壅水比较严重的可能性。

(2)稳封期，以包头站 1951～2010 年冬季累计日负气温系列，并着重考虑近 20 年来冬季回暖情况，分三类型：严寒型（A 型，-1 000 ℃以下）、偏寒型（B 型，-1 000～-750 ℃）、暖冬型（C 型，-750 ℃以上）3 个等级，按河道平滩过流能力大小划分年段基础上，再按严寒等级分别分析上游兰州 11 月下旬至次年 2 月水量与宁蒙河段最大槽蓄水增量定量关系，具体见表 10-36。

(3)开河期，以 3 月中、下旬旬平均气温分别升高至 4.5 ℃、6.0 ℃与否，分三类：缓慢回升型，气温升至 0 ℃时间较早、较长，但 3 月中旬、下旬平均气温分别低于 4.5 ℃、6.0 ℃（磴口气温）；急剧升温偏早型，3 月中旬平均气温超过 4.5 ℃；急剧回升偏晚型，3 月下旬平均气温超过 6.0 ℃。这个阶段，需考虑开河气温变化类型对最大槽蓄水增量释放影响，鉴于槽蓄水增量组成情况复杂性[2]，分析确定开河期不同气温变化类型下，水库加大下泄流量的控泄力度及其时间，来有效控制槽蓄水释放过程问题比较复杂，尚待进一步研究。

表 10-36　年段不同严寒程度类型下兰州 11 月下旬至次年 2 月
水量与石嘴山—头道拐河段最大槽蓄水增量相关分析成果　（单位：亿 m^3）

时段	气温分类类型	各等级来水量相应石嘴山—头道拐河段最大槽蓄水增量（亿 m^3）								变幅（亿 m^3）
		30	35	40	45	50	55	60	65	
1995～2010 年	B	9.4	11.3	13.3	15.3	17.5	19.2	21.2	23.1	±1.2
	C	9.3	11.0	12.7	14.4	16.2	17.9	19.6	21.3	±2.5

注：平滩过流能力在 1 500 m^3/s 以下。

10.7　水文气象计算应用综合评述

第 9 章与本章前六节内容，比较全面、概要地介绍了在黄河水利规划、大型水利水电工程规划设计中，水文气象计算应用开展的情况。从内容来看，涉及的可能最大暴雨计算、西线调水工程水文气象统计计算，以及所涉及的有关工程规划、设计、施工、管理等方面应用的一些专题研究，这些均比较充分地体现了水文与气象结合应用于工程水文计算的情况。因此，可以概略地讲，水文气象计算已在水文气象学中显示出其独特的内容与效果，已可以形成水文气象学中一门分支学科。以下将对本分支学科应用情况作简要综合评述。

10.7.1　分支学科各部分简要评述

10.7.1.1　可能最大暴雨研究

1. *方法基本特点*[12]

（1）所有计算与分析（包括面平均雨深及其时空分布等）都是针对设计流域进行的。

（2）充分注意利用野外调查和历史文献考证所获得的几百年来的特大历史雨情、水情、灾情及相关气象信息。加强了利用实测暴雨、洪水及气象信息应用分析，并且注意利用邻近流域特大暴雨资料参与计算研究。例如，在黄河三花间可能最大暴雨洪水计算中，除充分利用原有收集整理有关实测与历史雨情、水情资料外，数次与河海大学、河南省气象台合作，加强了实测、历史暴雨洪水水文气象规律研究，比较完整地整理出 1761 年 8 月 14～18 日特大暴雨时空分布特点，以及同期浙江沿海台风活动情况，为认识三花间该场特大洪水期暴雨时空分布基本特点及可能气象成因条件提供了一定依据，并先后利用海河“63・8”、淮河“75・8”暴雨及相应暴雨天气形势分析，来共同分析、解释三花间极值暴雨的特性。

（3）在黄河三花间可能最大暴雨研究中，通过水文气象综合分析，拟定可能最大暴雨定性特征，以此为拟定暴雨模式和选择计算方法提供依据。这方面的认识提出与内容概化，对其他同类研究起到了一定启示作用。

（4）形成一套完整计算方法，包含可能最大暴雨与洪水计算两个部分。可能最大暴雨计算方法内容：暴雨模式选择，暴雨模式当地暴雨模式、移置模式、组合模式、推理（物理）模式，对特大流域还应用重点时空组合法与历史暴雨洪水模拟法；暴雨模式放大，有水汽与效率放大。在雨洪转换计算上,主要依据常规水文计算方法,只是特别注重径流系数的选择问题。因此总体看,在计算方法上,强调依据水文气象规律认识基础,采用多种方法和多种方案,经综合分析,合理选定。

(5)对采用成果的合理性,要从多方面进行检查。这包含对模式拟定、放大参数选择与量化依据、可能最大暴雨计算成果选定以及相应洪水计算过程处理与成果确定。在实际研究中,除本身计算过程情况综合分析外,注意地区相关同类成果比较,其中包括与相关频率计算成果比较。

2. 成果特点

(1)经对完成的10多个工程计算成果综合评价来看,比较可信。这主要是一些有利条件以及多方合作研究的结果。在这些计算中,按中小面积与特大面积采用不同方法。主要计算地区处于我国第一阶地及边坡地带,高程多在1 500 m及以下,地势变化相对平缓,呈阶梯形势。实测、历史雨情、水情、灾情资料比较丰富、完整,且经多年收集、整理对这地区历史特大暴雨、洪水信息资料了解比较充分,相应暴雨天气、气候规律分析比较充分。在暴雨转换洪水的计算过程中,充分吸取有关水文分析经验,故这些计算成果可信度相对较好。

(2)计算成果中完成了一些具有一定创意的成果。主要有:一是可能最大暴雨定性特征估计内容的提出与应用;二是有关暴雨移置中,利用层流模式计算地形雨,为暴雨移置中地形雨改正计算提供了一些应用经验;三是与内蒙古气象台等单位合作,研究了黄河中游“77·8”特大暴雨重现(可移置)范围,其研究内容与方法对同类问题研究提供了一些有益借鉴。

3. 存在问题

(1)暴雨过程中面雨量资料可靠性是计算的重要基础资料。雨量站设置位置与密度问题,对计算成果有一定影响。黄河中游雨量站多设置在河谷地带,且在20世纪50~60年代站点比较稀疏,西北地区局地强对流天气突出,局地破记录特大暴雨不时出现,故这个时期一些特大暴雨面雨量计算精度较差。另外,缺少大区范围内不同历时、不同面积降雨量统计对比分析,以及缺乏系统的相应暴雨天气学对比分析,这些对不同历时、不同面积可能最大暴雨成果影响不能忽视。

(2)受气象科学发展水平所限,对暴雨成因认识有限,还局限在粗浅的天气学分析认识的基础上,在降雨定量成因条件分析上尚不能做出非常确定的回答,故可能最大暴雨计算的水汽、效率因子分析的物理根据还很粗浅,有相当的任意性,特别是效率因子的控制,在实际应用中变幅比较大,对成果取用影响大。

(3)各种计算方法均有各自存在的不足。当地暴雨放大法,受实际发生暴雨的代表性与极大性影响,可直接影响计算的可能最大暴雨定性特征估计不足;暴雨组合法,涉及暴雨天气过程组合合理性,在放大环节上也存在同样问题;暴雨移置法,移置的可能性分析仍比较粗浅,且暴雨发生区与移置区地形条件存在较大差距时,对移置可能性及地形雨处理带有较大不确定性。

(4)动力因子放大问题突出,放大倍比取值范围变化幅度比水汽放大倍比取值范围大,对成果影响大,比较难以确切掌握。

4. 对现有方法水平的基本评价

就治黄中完成的可能最大暴雨、洪水成果看,其技术发展为单一工程设计计算应用服务,到完成了多座大、中小流域控制工程可能最大暴雨洪水计算研究,部分成果已交付使用。从综合评价看,这些项目成果技术水平总体还只能是在粗浅气象、地形、地理因素参与分析基础上的具有一定成因依据的水文气象统计法。

10.7.1.2 气候统计指标应用简要评述

在西线调水工程项目建议书第7专题"水文气象分析"编制过程中,考虑工程位于青藏高原东部边缘,主要涉及雅砻江干流上游及其支流鲜水河、大渡河上游支流绰斯甲河与足木足河,包括雅砻江甘孜和道孚以上地区、大渡河双源汇合口绰斯甲与足木足以上地区,总面积为82 080 km^2。调水区受季风和青藏高原地理环境诸因素影响,分属高原亚寒带气候区和寒温带湿润气候区。因此,在区域气候统计分析计算时,针对地区特点,计算项目较多,分析内容较全面、详细。

1. 成果基本特点

(1)各气候特征指标用于水文计算的目的比较明确,重点解决调水工程规划中应注意了解的气候特征指标,有些指标则与设计、施工与管理有关,但早期提前研究了解,有利于论证工程建设的有利条件和应注意规避的问题。

(2)统计项目全面、详细。综合概括了西线调水线路重要的高原气候环境特点,统计项目包含太阳辐射、日照、气温、降水、霜期、湿度、地温、蒸发量、风、霜冻、雪灾、冰雹、雷暴等灾害性天气,以及气压、含氧量等。对各项指标有较完整分析与统计,可供工程规划、设计、施工、管理提供必要的基础概念与参数。

(3)对各统计指标应用作了必要说明。例如:从引水工程所在沿线气温情况看,每年11月至次年3月逐月平均气温均在0 ℃以下,1月平均气温低于-6 ℃,极端最低气温低于-20 ℃,整个冬半年累积日平均负气温达-600 ℃上下,冬半年严寒程度与黄河内蒙古河段相当。夏季7月平均气温低于13 ℃,极端最高气温不超过26 ℃,极端最低气温则低于0 ℃。在冬季严寒的气候条件下,加之降雪和积雪的影响,对施工人员生产、生活,以及施工机械正常运转都将带来一定的困难。另外,各引水坝址河段均有不同程度冰凌问题,给调水工程造成一定程度冰害与冻害影响,因此在工程规划、设计与管理上均需认真对待,必要时应对"土壤季节性冻融"开展专题研究。引水线路所有工程,包括坝、库区、输水线路及其他配套工程,分布在较厚层季节性冻土区域。由于气温的季节变化,表层土壤40~80 cm或更深层土壤发生冻融,因此冻胀力和融化深陷,可使建筑物与道路基础、管道等遭受严重破坏。随着土壤中水分的冻结和融化,还会形成许多奇特的冻土现象,如融动滑塌、道路翻浆等,故了解地温资料很有必要;降水涉及调水区水资源量问题,是一个不可缺少的常规项目;低压、缺氧是高原气候的一个固有特点。引水线路年平均气压在650 hPa上下,含氧量仅为海平面的69%。在这样低压、缺氧的条件下,施工机械效率降低,施工人员劳动效率降低,将使工程费用大大增加,这是西线引水工程不可回避的一个问题;其他还有大风、雪、太阳能、风能资源,以及雷暴、冰雹等强对流天气与工程的关系等。

2. 存在问题

(1)在目前水文计算规范中,已经包含了气候统计内容,但具体分析计算内容与深度并无明确的要求,特别是对工程规划、设计、施工与管理中应予考虑的气候统计指标的要求未完全具体化、规范化。

(2)目前气候统计指标一般均采用30年系列,随着气候较长期的变化,以及气象部门所能提供的指标系列统计年限变化,如目前有1951~1980年、1961~1990年、1971~2000年,随时间变化,还会有新的统计资料,如何使用这些资料,应予以研究考虑。

10.7.1.3 对一些专题研究报告应用简要综合评述

1. 基本特点

(1)紧密结合工程水文计算要求开展相应专题研究,研究成果弥补了常规水文计算的不足。例如,围绕西线调水工程水文气象报告内容,在气候统计计算方面做了比较全面、深入的分析与计算,为加强调水坝址年径流量计算的可靠性,将统计计算与成因分析相结合开展的专题研究,来改善各引水坝址年径流成果。为此,委托中国科学院寒旱所开展的有关调水区与受水区天气、气候变化规律及关系专题研究,涉及多方面水文气象问题,为工程规划、设计提供了许多新的认识;数次开展了引水线路凌汛问题专题研究,为保证冬季引水提供必要的依据。为不同引水线路与方案,进行必要论证。其他有关《凌汛计算规范》(SL 428—2008)编制中热力因子计算论证和黄河上游河段凌汛问题专题研究,是从不同角度来参与工程水文计算问题研究。

(2)专题研究成果涉及内容已较多,在思路、方法与内容上,具有一定的启示性、创新性。例如,在研究西线引水坝址设计年径流系列时,一般利用坝址所设的水文站短期的年、月径流量资料与下游较长系列年、月径流量建立相关,来进行插补延长,并往往采用人工定线成果,但通过类似地区的上、下均有长系列径流资料进行统计论证,结果表明短系列建立相关进行插补,不同统计线型以及人工定线虽具有一定成效,但插补成果可靠性主要取决短系列下两站径流丰枯关系,这可通过相应降雨系列来予以判断,来帮助确定进行插补时的定线关系。这样专题研究具有较强实用性,在思路与方法上,体现统计与成因具体相结合。再如,中国科学院寒旱所完成的西线调水区两个水文气象专题研究,在系统归纳调水区与受水区径流、洪水的天气、气候背景分析中,采用多方法进行综合研究,并采用分布式水文模型研究气温变化对径流的影响,表明在同样降水影响下,引水河流引水坝址以上河段受气温变化减小程度影响明显大于下游河段。在调水区雅砻江甘孜以上河段及黄河上游河段凌汛问题研究,以及有关《凌汛计算规范》(SL 428—2008)编制中有关凌汛形成的热力学计算方法研究,均根据不同对象,采用相应具有一定创新性研究,为同类问题研究提供了一定启示性。这些在相关工程水文计算中弥补了过去认识的不足,为工程规划、设计、施工与管理提供了新的论据。

2. 存在问题与改进

专题研究项目原则上应编入有关水文计算规范内容。目前,水利水电工程水文计算规模对工程规划、设计从资料到分析计算,提供了较全面的具体要求。但鉴于工程规模、应用目标不同,所处水文气候环境差别,可能遇到问题不同,而往往因资料条件限制、工程与环境关系的复杂性,对常规计算需要在一定方面做补充分析论证,例如南水北调西线调水工程，涉及调入水量较大，引水线路所经过的水文气候环境关系复杂，防洪（防凌洪）问题较复杂，特别是目前面临气候回暖影响明显，在工程规划、设计及管理中可能遇到何种问题，需要进行必要的专题研究，甚至需经过不同角度的多次专题论证，建议这些要求在有关规范编制中应有所体现。

10.7.2 对本分支学科的综合评述

（1）分支学科建立的条件与必要性。多年来，在治理黄河中，开展了一批大型水利水电工程规划、设计研究，根据工程水文分析计算需要，提供了相应水文气象定量计算内容，其中：一是用于大型水库工程设计洪水计算需要，开展的一定时段内、控制区间可能最大暴雨洪水计算，这部分内容已编入设计洪水计算规范；二是控制站或区间代表站系列气候特征量统计，主要考虑工程设计地区气候条件对工程规划、设计等可能的影响，来提供有关气候特征定量指标，并进行必要分析、综合，这部分内容在有关水文计算规范中虽已有所规定，但内容有待完善；三是根据工程规划、设计中水文分析计算需要，开展的一些水文气象专题研究，其主要作为某些特定工程水文计算内容的补充，也可纳入本分支学科的内容，这部分内容，尚无相关规程来约束。现从南水北调西线工程水文气象分析计算涉及的内容看，上述三方面内容比较全面、充分，说明水文气象计算这门分支学科建立条件已具备。从目前一些大型水利工程设计成果看，这部分内容还有待逐步完善。例如，我们认为，南水北调中线工程，在第一阶地边缘，由南向北因引水工程相当于开了一条大河，而该地带是我国南北向特大暴雨发生地区，按近几百年情况看，类似海河“63·8”暴雨的发生频率约百年一遇。从现有水文计算规程看，未对这类水文气象计算问题提出相应要求，对相应防洪问题论证不够充分。可见，推动这门分支学科发展很有必要，建议在常规水文计算规范基础上，补充增加水文气象计算的有关内容。

（2）分支学科主要特点。从三个部分内容来看，有以下一些共同点：利用气象信息资料及气象学原理与方法来提供水文计算所需依据；方法中除水文与气象结合外，比较充分体现了定性与定量相结合、统计与成因相结合的思路与方法；三个内容之间区分明显，从不同角度回答水文计算问题，但其各部分成果与水文气象规律分析相关成果则存在一定联系，只是在内容上及应用上的区别还是清楚的。

10.7.3 分支学科未来发展

（1）我国可能最大暴雨研究，可通过加强对近几百年历史文献中较严重暴雨洪水过程及天气学特点加强研究与归纳，与现代同类天气学研究成果进行统一。加强特大暴雨定量成因研究，改进暴雨放大技术。

（2）大型水利水电工程气候分析计算的意义与作用尚未引起足够重视，如内容的规范化等问题，尚有待解决。

（3）在水文学、气象学进一步发展的基础上，加强水文气象计算应用研究，例如气候变化对水文环境影响和对已用水文计算成果影响等问题。

参考文献

[1] 高治定,等. 月径流相关法插补径流系列的实践与讨论[J]. 人民黄河,2005(9):30-31.

[2] 中国科学院寒旱所. 南水北调西线第一期工程引水地区与黄河上游丰枯水年气象成因分析研究报告[Z]. 2004 年 10 月(内部报告).

[3] 王根绪,沈永平,刘时银. 黄河源区降水与径流过程对 ENSO 事件的响应特征[J]. 冰川冻土,2001(1).

[4] 吴正华,储锁龙. 百余年的 ENSO 事件与北京汛期旱涝的统计关系[J]. 气象,1999(9).

[5] 中国科学院寒旱所. 南水北调西线第一期工程各调水河段产汇流特性与变化规律研究[Z]. 2004 年 10 月(内部报告).

[6] 蔡琳,等. 中国江河冰凌[M]. 郑州:黄河水利出版社,2008.

[7] 马喜祥,白世录,袁学安,等. 中国河流冰情[M]. 郑州:黄河水利出版社,2009.

[8] 黄河勘测规划设计有限公司规划处. 南水北调西线第一期工程有关冬季引水问题的调研报告[Z]. 2003.

[9] 高治定. 黄河内蒙古河段冬季气温时空分布特点及形成原因分析[J]. 黄河规划设计,2012(4).

[10] 马健军. 浅析黄河巴盟段凌汛期河道槽蓄水量变化规律[J]. 蒙古水利,2001(1).

[11] 高治定,宋伟华. 宁蒙河段冬季气温状况与水库防凌调度关系研究[J]. 黄河规划设计,2013(1).

[12] 王国安. 可能最大暴雨和洪水计算原理与方法[M]. 北京:中国水利水电出版社,郑州:黄河水利出版社,1999.

第 11 章　水文气象学分类应用综合评述

11.1　概　述

上述第 4 ~ 10 章概要介绍了黄委水文局、黄河勘测规划设计有限公司等单位,结合黄河流域水文预报、流域规划与大型水利水电工程规划、设计、运用与管理需要,在常规水文分析计算的基础上,开展的水文气象预报、水文气象规律分析与水文气象计算的研究内容。总体来看,这些成果主要有以下几个方面特点:一是应用研究紧密结合了流域防洪、兴利的需要,着重解决了流域规划治理与工程设计、应用与管理生产实践中水文预报、水文水利分析与计算问题。多年来不断开拓进取,形成了水文气象学的分支学科;二是对应用气象学科的内容有所扩充,将天气学、云物理学、雷达气象学与气象卫星学、天气气候学、气候学与古气候学等方法应用到实际业务与研究中;三是强调了从大的空间、时间尺度上来合理利用实测及历史资料的研究思路,形成了定性与定量相结合,成因与统计相结合的研究方法。

因此,从多学科交叉应用相结合的特点上讲,在水文与气象学领域内的应用思路、方法上有所开拓,期望通过本著作,对水文气象学发展起到积极推动作用。下面主要针对我们的应用经验及不足,结合未来发展问题,进行简要评述。

11.2　水文气象学分类应用的主要经验

11.2.1　紧密结合生产实际,紧随气象学科发展

水文气象学应用是紧密结合黄河流域水文预报与工程水文分析、计算需要来开展的,并随气象学等学科的发展,应用成果水平也有明显提高。

水文预报主要结合黄河防洪、防凌及水资源调度需要不断发展,由初期直接依托气象部门预报,到自主建立专业气象预报机构,并紧随现代气象预报技术发展,不断改进、提高气象预技术水平,来满足现代水文预报衔接的要求。并由此逐步建立了明确、独立的需求关系,由水利部门开展的相应气象预报,与气象部门提供的日常气象预报还是有所区别的。需求不同,对各地区的预报时效、精度和预报项目也不同。但是从应用气象预报产品,利用气象科学技术发展为水利应用服务的基本思路应是一致的,开展相关气象预报的研究思路与方法是可借鉴的。另外,在水利部门开展水文气象预报具有一定的双重性。可以充分吸取气象预报思路与方法,包含有效使用国内外气象监测、预报产品,来不断改进、提高自身水文气象预报水平;也可将相关水文信息资料与水文规律性、预测性研究成果,融合到水文气象预报思路与方法中,这应是水利部门开展水文气象预报特有的条件。

水文气象规律分析与计算主要服务于本流域规划、工程设计、施工与管理，涉及内容包含洪水（包含凌汛洪水）、泥沙、径流，以及有关水文气候背景条件分析等。在实践中，水文气象学应用针对流域规划、治理不同阶段的要求，涉及范围、层次、内容均不同。如在水文气象预报方面加强了小花间短期暴雨预报方法的研究，以及欧洲气象中心天气预报成果在黄河短、中期气象预报中的应用研究等，紧跟气象科技发展，预报水平不断提高；在工程水文分析方面，将洪水（凌洪）、径流等水文现象与气候条件联系起来，加强了水文时空变化规律研究。如黄河中游暴雨及其气象成因研究，三门峡—小浪底河段古洪水"一致性"时期专题研究，黄河中游近270年来历史暴雨等级指标系列、黄河上中游近541年年径流量系列插补延长应用研究等；在水文计算方面，开展的可能最大暴雨、洪水计算研究，在水文与气象结合分析基础上，中游水库汛期分期设计洪水计算，西线调水工程的水文气象专题研究等。

11.2.2 各分支学科中气象学等学科应用呈多样性

（1）水文气象预报方面，在短期洪水预报的基础上，结合大型水库防洪调度应用，加强了未控区间暴雨洪水预报研究，增长花园口洪水预报的预见期。在短期暴雨预报方法上不断研究与改进，目前已达较高水平。另外，结合黄河水文特点，也开展了降雨、气温的中、长期预报。这些研究成果，既有常规气象预报思路与方法，也有融合黄河水文信息资料，在预报思路与方法上有其特点。

在工程水文计算方法研究上有所改进。作为20世纪工程水文计算方法重要进展的可能最大暴雨研究，使现代天气学在工程水文计算中得到充分应用。其主要表现在应用天气学原理与方法给实测暴雨水汽、效率放大、暴雨移置、暴雨组合等分析环节提供了明确的物理依据和取用原则，形成了一套较完整的分析思路与方法。我们在这方面的研究，以以往国内外分析经验为基础，结合我们在历史洪水调查方面的有利条件，对明清以来有关黄河及邻近流域历史雨情、水情、灾情信息给予了充分利用，用现代天气学研究了暴雨成因，对黄河三花间、海河、淮河等流域区间特大洪水的雨情特点加以综合，提出了可能最大暴雨定性特征估计内容。在暴雨移置、暴雨组合等具体处理方法上，也有所改进，如海河"63·8"暴雨由北向南移置过程中，暴雨历时变化问题，各区域地形对暴雨定量影响的改正计算方法研究等。

（2）应用气象学多门分支学科来参与水文预报和工程水文计算，凸显了水文与气象学科的相互交融。在水文预报方面，由初期直接应用气象部门的预报结果，到建立专业气象机构，自行研究预报所需气象因子，结合气象科技进步，及时充实了相关信息收集、引用手段，并也逐步利用水文信息充实相关水文气象预报，增强了预报的时效性。

结合工程水文计算需要，在气象学分支学科应用上，除天气学原理与方法的应用外，在气候学、天气气候学、历史气候与古气候学等方面均有所应用。气候学应用主要涉及气候指标对工程规划方案影响，以及气候条件变化对水文情势影响等问题研究，部分气候学指标用于大气与水体热交换计算，研究冬季水面与大气热交换来服务于防凌；天气气候学应用主要在黄河暴雨洪水特性及其气象成因条件研究，以及可能最大暴雨计算研究等方面；而历史气候学、古气候研究主要是将有关历史气候学成果与水文学研究成果结合，解决工程水文实际问题,如利用气象部门近500年来旱涝等级研究成果加以解析,结合青铜峡、三门峡水尺志桩资料,提出了近541年来黄河上中游年径流量系列和近270年来黄河中游河三间区域性暴雨等级指标系列,这两套指标系列也可看作水文气候学领域的一项成果。

水文与气象学科交叉应用方面,如黄河三门峡1470~2010年近541年径流系列的插补延长,1732~2010年主要利用了水文资料(1732~1918年青铜峡、三门峡水尺志桩资料,1919~2010年水文站实测资料),1470~1731年则主要用500年旱涝等级资料,将历史气候学指标转化为径流系列,这套完整的径流系列是水文气象两学科交叉应用的结果;而利用气象学方法对1732年以来河三间暴雨等级指标的建立,则利用了不同洪水的流量和相应水位关系,将三门峡志桩资料转化为洪水等级指标,再转化为区域性暴雨数量等级指标,与实测暴雨构成完整的1732~2000年近270年暴雨等级指标系列,这个系列可以看作水文学指标转化为气象学指标的一种尝试,是一种新的结合应用;利用古气候学一些研究成果,探讨黄河中游近几千年来气候与环境的变化,为工程设计洪水计算中提取"一致性"年代的古洪水信息时间控制提供依据,这也是古气候学与水文学结合应用研究的一项新的尝试。

11.2.3 在思路与方法上,体现了定性与定量相结合、统计与成因相结合的特点

在气象预报方法研究上,定性与定量、统计与成因相结合,是一般采用的基本思路与方法。

工程水文水利计算中,一般比较注重定量计算与统计学的应用,较少进行定性分析和成因分析。传统工程水文水利分析计算中,一般强调以研究流域或区间为主,以实测资料系列为根据,对能否从时空领域扩大信息资料来源并加以合理使用的问题,往往比较忽视。从自然界水循环过程来看,大气中水汽流动与转化,可看作水体进入陆地的成因条件,再者气象学科本身的研究思路与方法上,注重时间、空间尺度关系和统计特征与物理过程关系。因此,当气象学应用于工程水文计算时,有利于将气象科学的思路、方法以及相应研究成果引入,有利于改进工程水文计算中这方面不足,促进工程水文计算的发展。有关这方面认识与体会有以下几个方面:

(1)将气象信息应用到工程水文计算中,加强了定性及成因分析,更是增加工程水文信息量,提高分析能力的一个重要手段。在工程水文分析计算中,主要强调了依据相关水文信息数量,对其密切相关的物理现象之间的关系和相关信息资料往往并不在意。如研究设计洪水、设计年径流量时,一般要求一定年限的资料条件即可,对相应降水及气象、气候分析信息利用程度不高。多年来结合工程水文计算实际需要,尽量从加强定性分析、成因分析着手,尽可能增加工程水文分析计算依据信息条件。例如,我们对黄河中游区域性暴雨分类及各类型暴雨环流形势、影响系统及动力条件、水汽输送和大气不稳定度指标条件的综合,补充了传统工程水文计算依据的信息资料,当然这些信息资料不是简单地加入具体计算,但能在我们合理、有效利用常规工程水文信息资料中发挥重要作用。又如在南水北调西线工程规划中,对调水区气候特性的分析亦可视为工程水文信息分析的补充。

(2)将气象信息应用到工程水文计算中，加强了定性及成因分析，加深了传统工程水文信息规律性认识，促进了水文资料的有效利用。例如，有关历史洪水重现期的定夺问题，一般按其出现年代来简单确定其重现期，黄河 1843 年特大洪水重现期由 200 年一遇，通过淤沙沉积年代考证外延至千年一遇。这样做已是在一定程度上贯彻了定性分析、成因分析。但仅按此分析使用这个资料，还是忽视了一个问题，就是千年来黄河流域水文气候环境变化对洪水规律可能带来的影响，随着古洪水研究的发展，有关古洪水信息“一致性”提取时间的控制，就显得更为突出。我们在 20 世纪 90 年代中期开展的小浪底水库工程古洪水研究中，利用古气候、古环境演变成果从定性、成因角度分析了不同历史时期气候变化及对黄河中上游水文环境变化的影响，以及对洪水规律的可能影响，这样既补充论证了 1843 年洪水重现期定为千年的合理性，也为合理、有效利用古洪水信息加入计算提供了可靠依据，进一步论证了原工程设计洪水计算成果的可靠性。又如近 270 年来历史暴雨等级指标系列的建立，从定性、成因两个方面增强对洪水长期演变规律的认识，为预测未来河三间暴雨洪水长期演变提供了条件。在 20 世纪 90 年代初期，曾利用这个指标演变规律，推测了未来 20 ~ 30 年黄河河三间区域性暴雨偏少的趋势。

(3)定性分析、成因分析的基本思路，为传统水文计算方法改进提供了借鉴。在进行水资源规划设计计算中，所在流域实测径流资料往往比较短，借用邻近地区较长实测径流资料进行插补延长，是实际计算中较常见的方法。传统的工作方法，就是将计算站与参证站同期径流资料建立相关，一般可建立线性相关关系。关于相关线的确定有两种做法：一种是人工定线，一般从计算指标偏安全的角度，凭借对资料的认知和经验确定，具有一定主观性；另一种就是完全凭借最小二乘法定线，依据相关显著性检验，来衡量计算成果的可靠程度。而实际工作中，这两种定线方法不能随意使用。按照成因分析、定性分析思路，借助气象资料及空间规律特性对点群关系中的异常点进行分析，通过对插补的定量系列成果进行定性判断、合理性分析对相关线调整，是相关线确定环节的关键。例如，在西线南水北调项目中，利用早期资料建立雅砻江温波站与甘孜站年径流量相关关系，用后期实测资料加以验证，若按人工定线，插补的成果会偏大 7% 左右；若按最小二乘法定线，则插补的成果会偏小 2% 。而实际工作中并无实测资料可以验证，如何定出较为合理的相关线呢？一是可以利用邻近河流上下游站长短系列反映出来的丰枯关系，二是若本地区雨量资料条件比较好，则可以利用两站所在流域雨量资料长、短系列偏离程度关系，对插补出的长系列径流资料是偏大或偏小做出定性判断。这是将纯统计定量计算，结合雨量资料做出定性判别的实例，体现的是定性与定量、统计与成因相结合的思路。这方面再举一个应用实例，就是解决库尾冰塞壅水计算中有关参数的选择问题，在研究海勃湾水库库尾冰塞计算时，将以往刘家峡、万家寨等水库库尾冰塞计算中提出的方法、计算参数研究成果进行综合，以冰塞成因条件分析为基础，分析出库尾河道比降变化与相关参数关系，将原具体计算公式转变为普遍公式，在《凌汛计算规范》(SL 428—2008)中加以推广，这项具体计算方法的改进，也是受成因分析原则的启发而成。

11.2.4 从两学科结合应用上看，具有一定的创意性与超前性

通过上述将气象学在水文气象预报与工程水文分析计算中的应用特点，在创意性方

面主要归纳如下:一是在气象学多分支学科中的遥测、遥感技术、信息计算技术参与到应用过程中,使分析计算手段与成果水平均得到一定提升。为从水文气象学的应用走向多学科交叉应用,提供了技术条件;二是成果多体现了研究与生产实践相结合,定性与定量分析相结合,统计与成因相结合的原则,为水文气象预报和工程水文计算学科发展,积累了经验。三是部分成果在学科交叉内容、分析思路与方法上,以及应用前景上,具有一定的创意性和超前性。如黄河中游 541 年年径流系列的插补延长、近 270 年区域性暴雨年等级指标系列的建立。这些成果既为过去对径流、洪水演变规律的认识提供了条件,又为气候变化对黄河径流、洪水影响研究打下了基础。

一些具有创新性特点成果情况简要归纳如下。

11.2.4.1 水文气象预报方面

(1)充分应用现代气象预报的信息、思路、方法,研究完成较先进的多功能专家预报系统。

(2)在预报方案编制过程中,注意吸取有关水文信息及其规律分析方法与成果,充实相关水文气象预报系统,形成具有黄河特色的预报方法。

(3)应用现代信息处理技术,及时、有效、全面处理预报业务信息资料。

(4)经不断研究改进,形成了一套完整、严密、基本反映现代水文气象预报水平的业务系统,为黄河防洪、防凌、水资源调度决策系统提供有力技术支撑。

11.2.4.2 水文气象规律分析方面

(1)暴雨及天气型分类,为黄河上中游洪水类型与成因关系进行了综合研究,提高了洪水分析计算的可靠性。

(2)应用现代暴雨及天气形势分析思路,来分析综合明清以来黄河及邻近地区历史雨情、水情、灾情,结合历史调查洪水成果,将黄河历史洪水与实测洪水规律统一起来,并通过建立河三间区域性暴雨等级指标方法,加强了黄河暴雨洪水规律性认识。建立的黄河上、中游干流控制站历史径流系列,加强了黄河径流长期演变规律认识,为水资源利用提供了有力依据。

(3)应用天气气候学、气候学、古气候学等学科相关研究成果,来分析归纳黄河中游主要产洪区洪水分期性、古洪水选样的气候的一致性,为防洪与洪水资源化提供可靠依据。

(4)利用暴雨天气、气候学研究思路与方法,对黄河中游“77 · 8”特大暴雨、海河“63 · 8”特大暴雨重现范围进行论证,对我国非常暴雨的分类研究等。对极值暴雨可能发生范围的研究,提高了极值洪水可能出现范围的认知。

(5)利用天气气候学分析黄河上、下游冬季凌汛期气温变化规律,为研究河段凌汛规律以及防凌调度研究提供了依据。

11.2.4.3 水文气象计算方面

(1)对可能最大暴雨分析技术改进的探讨。对暴雨移置可能性论证方法的改进;对暴雨组合方法的探讨(过程类型、组合时序、组合个数等),暴雨移置计算中地形雨改正计算的方法运用(“75 · 8”“63 · 8”暴雨移置三花间可能最大暴雨、“75 · 8”暴雨移置淮河宿鸭湖流域),这些研究均有利于可能最大暴雨分析技术的发展。

(2)南水北调西线工程规划中气候条件分析、气候指标统计分析归纳,以及由此为工程规划研究提出的相关建议,在气候学成果用于工程规划研究方面,具有一定示范性。

(3)结合工程水文计算要求,进行多项专题研究。

在河流与工程凌汛计算研究中,全面综合国内外有关气象、气候学在凌汛分析计算中的分析成果,通过主持《凌汛计算规范》(SL 428—2008)编制和黄河、伊犁河等流域工程凌汛计算研究,取得一批实用成果,在库尾冰塞计算等具体公式的改进方面取得一些进展。利用遥测、遥感技术信息来改进水文模型,来分析气候回暖变化对调水区径流变化影响。

11.3 水文气象学应用中存在的问题

11.3.1 各分支学科均需加强水文气象学交叉应用研究

水文气象学三个分类应用研究中,从学科交叉内容看,气象学与水文学本身发展较快,新理论与新方法、网络技术等仍有待进一步开发、应用。

11.3.1.1 水文气象预报

从该学科发展要求来看,加强气象因子预报与相应水文预报融合问题,如黄河三小间短时暴雨预报与区间洪水预报如何直接衔接,是当今应尽快研究解决的问题。其他气象要素预报程序与相应水文预报程序有机结合也是待解决的问题。另外,对旱涝、冷暖等涉及黄河防洪、防凌安全及水资源重大调配问题,如何加强与水文极值事件密切联系的气象因子预报,应予加强研究。从目前情况看,水利部门的专业水文预报与气象预报人员有效合作尚需继续改进。

(1)如何衡量水文气象预报项目精度。在实际应用中,短、中、长期气温预报方案或应用成果评定均采用一般气象预报评定方法。但若气温预报是用于冬季河道防凌,则应考虑凌汛与气温关系来满足不同阶段对气温预报的要求。另外,对一些冷、暖极值事件升、降温过程的预报也应根据不同河段凌汛特点,给予不同的关注。如黄河下游在暖冬有可能出现河道不封冻情况,但还与河道下泄水量过程有关,现在小浪底水库可有效调节,应结合水库运用,对气温条件预测过程进行选择。凌汛期对气温逐日预测过程的精度要求也不完全一样,重点是保证关键时期、关键河段的气温预报。

(2)人类活动影响和水文情势变化影响,对水文气象预报也提出不同要求。不同区域的防洪及水资源利用中,对不同历时降雨预报的要求有明显差别。如主汛期三花间暴雨短期预报问题,随故县、小浪底水库相继建成,暴雨预报重点区域变为小陆故花间,沁河河口村水库建成运用后,未控制区变成小陆故河花间,这对预报方案研制提出新的要求。

常规水文、气象站点雨量资料、自计雨量站点与雷达测雨资料如何有效应用,因涉及不同时期资料来源不同,人类活动影响变化,如何充分利用不同时期雨洪关系资料,在暴雨预报方案研制与预报中是一个有待进一步解决的问题。

(3)水文预报与气象预报耦合问题,特别是短期暴雨与洪水预报耦合预报方案研制问题需要继续研究。

11.3.1.2 水文气象规律分析与计算

水文气象基本规律与计算方面的问题也比较突出。例如:目前提出的水文天气气候学的问题还是一个新的概念。天气气候学是用天气学的观点和方法来研究气候形成及其变化规律的学科。而水文天气气候学,则是运用天气、气候学原理与方法,研究一些特定的水文现象与变化规律。解决流域规划修编与水利工程运用管理中遇到的新问题,实际上需要从天气学观点和方法,结合气候学来研究一些水文现象,用来区分人类活动对水文规律变化的影响;又如水利工程运用、人类活动、气候变化对河流产汇流规律影响及相应对策研究,这些均需要水文学与气象学相结合,而且所运用的思路方法与过去所熟知有很大不同。随着社会需求不断提高,科技不断进步,在流域规划治理与工程运用管理方面,还会不断提出新问题,水文气象学运用研究内容与方法会得到进一步发展。

11.3.2 水文与气象学科的合作关系有待改善

就目前水文气象学科中水文学与气象学的关系来看,基本可看作是气象学在水文学中的应用。这种情况出现有其客观条件,首先是这门学科分支的发展,主要是满足水文学科在生产实践中的需要,其次就是从事这门学科的技术力量,虽有专业气象部门参与,但往往由水文专业、气象专业分别研究,缺乏专业之间的沟通。水利部门设置的专业气象机构与水文预报部门的有效沟通也有待改善。再者就是分析计算内容与成果往往虽具有气象学科所涉及的专业内容,但分析水平与常规气象分析有一定差距,有些也不便于直接引用。另外从部门合作的关系看,气象与水文部门合作之间,因学科内容之间不同和习惯因素影响,往往看作是一种“供求”关系,气象部门应重视从中吸取经验来改善气象学科内容。

11.3.3 三个分类应用研究成果应加强沟通

从黄委看,三个分类应用研究中,水文气象预报工作主要由水文局承担,其他两类研究多由黄河勘测规划设计有限公司等单位承担,从学术发展及水文气象学科的发展角度,各单位间应加强技术交流和资料、成果共享。

11.4 展 望

多年来黄委在流域水文气象预报与工程水文分析计算实践中取得一批气象学应用成果。应用过程中,在研究思路、方法与内容方面与气象部门的沟通还有待加强,需进一步及时从气象学近期发展成果上吸取经验来推动流域水文气象预报与工程水文分析计算技术的改进,今后有必要继续拓展、加深与水文气象学科领域的合作。以下就黄委有关部门近期可以考虑开展的一些研究问题及期望目标做一浅议,来探讨水文气象学及其各分支学科未来发展。

(1)继续加强与气象部门合作,进一步提升流域水文气象预报水平,在相关气象因子预报水平提升基础上,进一步研究有关气象因子预报与相关水文预报直接融合与沟通,建成有效的水文气象预报流程。

(2)继续运用有关雨、洪的气象气候研究成果,对黄河中上游历史雨情、洪情、灾情资料进一步整理分析,提供比较可靠的1723年以来黄河上中游年径流量系列,分析近几百年来径流长期演变规律,在流域规划治理与工程设计中,在适应气候变化决策中发挥应有作用。

(3)将我们在历史雨情、洪情、水情、灾情方面综合研究的思路与方法,与我国大区天气学、气候学研究成果相结合,总结、归纳我国大江大河雨、洪基本规律,为参与更多地区水利规划事业发展提供一些技术支撑。

(4)在可能最大暴雨研究基础上,运用现代天气气候学对我国各地极值暴雨过程分类开展深入的天气学分析,开展数值模拟模型研究,来对现今实测暴雨放大、暴雨移置、暴雨组合方法的技术缺陷予以改进,同时加强对小面积高强度暴雨的天气学研究,来改进现有设计暴雨等值线图的不足。

(5)随社会经济发展的需要,在流域规划及工程设计会不断提出新的要求,在涉及的水文计算问题研究时,其思路与方法仍应坚持水文气象结合途径,并且应进一步加强多学科交叉应用研究。

(6)黄河泥沙问题是黄河治理中的关键问题。这方面研究应加强多学科的交叉,除加强人类活动影响外,也应适当从气候变化影响角度来开展研究。

(7)南水北调西线调水工程水文计算问题,在深度与广度方面均有待加强,如调水区各分区径流丰枯变化关系的统计关系需从天气气候背景条件来进一步归纳;各调水区径流对气温变化相应程度差别,以及未来气候回暖变化对调水工程应用影响。随着工程研究阶段深入,陆续开展相关气候环境条件对工程设计、施工运用阶段的影响及可利用条件的影响研究。加强西线调水区径流与黄河上、中、下游及华北地区径流长期演变规律分析研究,为进一步协调东、中、西线调水工程优化应用提供依据。

(8)当今气候回暖变化是世界性问题。关于气候变化对黄河水文情势的影响,除涉及降水变化规律问题外,气温升高本身影响也不可忽视。从三个分支学科看,气候变暖情况下,对水文气象预测带来什么影响,如何解决;水文气象规律将产生什么变化,需加强分析思路与内容可能变化研究;水文情势规律变化,对常规水文计算的影响与处理方法研究等。

(9)随着黄委与国外技术交往的加强,应抓住有利时机,积极收集有关世界天气、气候资料,加强国际水文气象预报与工程水文计算经验的收集与交流,以不断提高成果质量,将黄委以往在水文气象学领域的研究成果加以宣传,发挥其积极作用,推动学科进一步发展。

参 考 文 献

[1] 高治定,宋伟华. 水文气象学再分类问题探讨[J]. 黄河规划设计,2015(2):28-31.

[2] 高治定. 历史文献资料参与黄河暴雨洪水规律研究情况回顾[J]. 黄河规划设计,2015(3):1-4.